煤型关键金属矿床丛书
Coal-hosted Ore Deposits of Critial Metals

煤型镓铝矿床
Coal-hosted Gallium-Aluminium Deposit

代世峰　赵　蕾　王西勃　任德贻　姜尧发　著

科学出版社
北京

内 容 简 介

煤型关键金属(包括镓、铝、锗、铀、稀土等)矿床丛书向人们展现了煤炭除了燃烧和作为重要化工原料以外,还可以作为关键金属元素的重要来源。本书是煤型关键金属矿床丛书的第一本。全书包括煤型关键金属矿床概述和常用的测试方法,煤型镓铝矿床的岩石学特征、矿物组成和赋存状态、微量元素的丰度与富集成因,准格尔电厂燃煤产物中金属元素的赋存与分布等。

本书可供从事煤地质学、矿床学、地球化学、矿物学、冶金学等相关专业领域的科研人员、工程技术人员及相关专业的大专院校师生参考。

图书在版编目(CIP)数据

煤型镓铝矿床=Coal-hosted Gallium-Aluminium Deposit/ 代世峰等著. —
北京:科学出版社,2020.7
(煤型关键金属矿床丛书=Coal-hosted Ore Deposits of Critial Metals)
ISBN 978-7-03-065344-4

Ⅰ. ①煤… Ⅱ. ①代… Ⅲ. ①镓-铝矿床 Ⅳ. ①P618.45

中国版本图书馆 CIP 数据核字(2020)第 092685 号

责任编辑:李 雪 崔元春/责任校对:王萌萌
责任印制:师艳茹/封面设计:无极书装

科 学 出 版 社 出版

北京东黄城根北街 16 号
邮政编码:100717
http://www.sciencep.com

北京九天鸿程印刷有限责任公司 印刷
科学出版社发行 各地新华书店经销

*

2020 年 7 月第 一 版 开本:787×1092 1/16
2020 年 7 月第一次印刷 印张:18 3/4 插页:8
字数:445 000

定价:198.00 元
(如有印装质量问题,我社负责调换)

丛 书 序

　　镓、铌（钽）、稀土元素、锆（铪）、铀、锂、钒、钼、锗、铼、铝等是重要的战略物资，对保障国民经济发展和国家安全具有重要的战略意义。特别是自 20 世纪 80 年代以来，全球关键金属矿产资源日趋紧缺，并且大部分不同类型的关键金属被少数国家控制。各国在面临经济发展带来的金属矿产资源短缺的巨大压力下，对这些关键金属的勘探、开发和安全储备均高度重视。以资源贫乏的锗为例，根据美国联邦地质调查局的数据，全球已探明的锗储量仅为 8600t，并且其在全球分布非常集中，主要分布在美国和中国，分别占全球储量的 45% 和 41%，另外俄罗斯占 10%；但是，中国精锗的年产量却占到世界总年产量（165t）的 73%，并且其大部分来源于褐煤。

　　煤是一种有机岩，也是一种特殊的沉积矿产，其资源量和产量巨大，分布面积广阔。煤由于特有的还原障和吸附障性能，在特定的地质条件下，可以富集镓、铌（钽）、稀土元素、锆（铪）、铀、锂、钒、钼、锗、铼、铝等关键元素，并且这些元素可达到可资利用的程度和规模（其品位与传统关键金属矿床相当或更高），形成煤型关键金属矿床。国内外已经发现了一些煤系中的关键金属矿床，如煤型锗矿床、煤型镓铝矿床、煤型铀矿床、煤型铌-锆-稀土-镓矿床，它们均属于超大型矿床。煤系中关键金属矿床的勘探和开发研究，是近年来煤地质学、矿床学和冶金学研究的前沿问题。从煤及含煤岩系中寻找金属矿床，已成为矿产资源勘探的新领域和重要方向。传统关键金属矿产资源日益减少，发现难度不断增加，煤系中关键金属矿床将成为其新的重要来源之一。

　　长期以来，煤炭工业快速发展对国民经济和社会发展起到了重要的作用，但与此同时，燃煤排入大气的 SO_2、氮氧化物、有害微量元素和烟尘造成了较严重的环境污染。我国煤炭入洗率低、能源利用效率偏低，使环境污染问题更加突出，因此，应该高度重视煤炭的高效和洁净化利用，以及发展煤炭的循环经济和有序地利用资源。因此，煤型关键金属矿床的研究，对充分合理地规划和利用煤炭资源及对粉煤灰的开发利用，实现煤炭经济循环发展、减少煤炭利用过程中所带来的环境污染问题具有重要的现实意义。

　　与常规沉积岩相比，煤对所经受的各种地质作用更为敏感，通过煤系中关键金属矿床中的有机岩石学、矿物学和元素地球化学记录，可揭示蚀源区及区域地质历史演化等重大科学问题。煤型关键金属矿床的形成和物质来源，是在复杂的地质构造环境和重要的地球动力学过程中进行和完成的，深刻体现了中国大陆的地质特性、自然优势和资源特色，可从新的视角、更广阔的领域丰富和发展中国区域地质和矿床学理论，从而形成国家重大需求与前沿科学问题密切结合的重要命题。

　　近二十多年来，煤型关键金属矿床的研究在国际和国内都取得了较快的发展。作者在国家自然科学基金重大研究计划项目（编号：91962220）、国家自然科学基金重点国际

(地区)合作研究项目(编号：41420104001)、国家自然科学基金重点项目(编号：40930420)、国家杰出青年科学基金项目(编号：40725008)、国家自然科学基金面上项目和青年科学基金项目(编号：40472083、40672102、41272182、41672151、41672152、41202121、41302128)、"煤型稀有金属矿床"高等学校学科创新引智计划(111 计划)基地(编号：B17042)、教育部"创新团队发展计划"(编号：IRT_17R104)、国家重点基础研究发展计划(国家 973 计划，编号：2014CB238900)、全国百篇优秀博士学位论文作者专项资金(编号：2004055)、教育部科学技术研究重点项目(编号：105020)、霍英东教育基金会高等院校青年教师基金(编号：101016)及中国矿业大学"越崎学者计划"等的支持下，进行了煤中关键金属元素的赋存状态、分布特征、富集成因与开发利用等方面的研究，积累了不少重要的基础资料，发现了一些有意义的现象和规律，提出了一些新的观点，以此作为中国煤型关键金属矿床丛书编写的基础。

中国煤型关键金属矿床丛书包括《煤型镓铝矿床》《煤型锗矿床》《煤型铀矿床》《煤型铌-锆-稀土-镓矿床》《煤中火山灰蚀变黏土岩夹矸》5 部。《煤型镓铝矿床》以内蒙古准格尔煤田和大青山煤田为实例进行了剖析，这两个煤田是目前世界上仅有的煤型镓铝矿床。《煤型锗矿床》以我国正在开采的内蒙古乌兰图嘎和云南临沧矿床为实例进行了研究，并和俄罗斯远东地区巴甫洛夫煤型锗矿床进行了对比研究；对世界上正在开采的 3 个煤型锗矿床的燃煤产物中的物相组成、关键金属锗和稀土元素、有害元素砷和汞等也进行了深入分析。《煤型铀矿床》以新疆伊犁，贵州贵定，广西合山、扶绥、宜州，云南砚山为典型实例，对煤中铀及其共伴生富集的硒、钒、铬、铼等的赋存状态、富集成因，以及煤中的矿物组成进行了讨论。《煤型铌-锆-稀土-镓矿床》以国际通用的"Seredin-Dai"分类和"Seredin-Dai"标准为基础，论述了煤中稀土元素的成因、富集类型和影响因素，以及稀土元素异常的原因与判识方法；以西南地区晚二叠世煤和华北聚煤盆地(特别是鄂尔多斯盆地东缘)晚古生代煤为主要研究对象，揭示了稀土元素富集的火山灰、热液流体和地下水的成因机制，并对其开发利用的可能性进行了评价。煤中火山灰蚀变黏土岩夹矸在煤层对比、定年、反映区域地质历史演化、煤炭质量影响等方面具有重要的理论和现实意义。《煤中火山灰蚀变黏土岩夹矸》以中国西南地区晚二叠世煤及其夹矸为主要研究对象，和华北地区及世界其他地区的夹矸进行了对比研究，论述了夹矸的分布特征、矿物和地球化学组成及其理论和实际应用。

本丛书的主要材料来自作者在国际学术期刊上发表过的学术论文及作者课题组成员的博士和硕士学位论文，并在此基础上进行了系统总结和凝练。作者对 Elsevier、Springer、MDPI、Taylor & Francis、美国化学会等出版公司予以授权使用这些发表的论义表示由衷的感谢，作者在本丛书的相关位置进行了授权使用的标注。

国际著名学者，包括澳大利亚的 Colin R. Ward、David French、Ian Graham，美国的 James C. Hower、Robert B. Finkelman、Chen-Lin Chou、Lesile F. Ruppert，俄罗斯的 Vladimir V. Seredin、Igor Chekryzhov、Victor Nechaev，加拿大的 Hamed Sanei，英国的 Baruch Spiro 等教授专家给予了作者热情的指导，在此深表感谢。

在本丛书的编写过程中，得到了国家自然科学基金委员会、教育部、科学技术部、中国矿业大学(北京)各级领导和众多同志的关怀，以及周义平、刘池阳、唐跃刚等教授的鼓励和指导。

编撰本丛书的过程，也是作者与国内外学者不断交流和学习的过程。煤型关键金属矿床涉及领域广泛、内容丰富。由于作者水平所限，对一些问题的探讨或尚显不足，在理论上有待于深化，书中不足和欠妥之处，敬请读者批评指正。

作者谨识

2018 年 9 月

前　言

本书是中国煤型关键金属矿床丛书的第一部。因此，本书的第一章概略介绍了中国煤型关键金属矿床的特征；第二章介绍了煤中微量元素和矿物测试方面的特色方法；第三至第五章以内蒙古准格尔煤田和大青山煤田晚古生代煤为主要研究对象，介绍了世界上这一独特的煤型镓铝金属矿床的分布特征、常量和微量元素的赋存状态及富集成因，对高铝粉煤灰中矿物和元素的迁移转化与机制进行了有益的探讨。

本书由代世峰、赵蕾、王西勃、任德贻、姜尧发共同执笔完成。本书的特色和取得的一些新认识主要包括以下 3 个方面。

1) 煤中微量元素和矿物的测试方法

介绍了常量元素、微量元素和矿物含量的测定方法，结合国内外经验和作者实验室的条件，提出了不同元素优选的测定方法。特别是在煤和燃煤产物中矿物的准确定量方法($XRD+Siroquant$)，用密闭微波消解和电感耦合等离子体质谱($ICP-MS$)直接测定原煤中的微量元素，用 $ICP-MS$ 测定原煤和燃煤产物中的砷、硒和硼等方面具有特色。

2) 煤中镓和铝的赋存状态和地质成因

最早发现了煤中高含量的镓和铝的重要载体勃姆石、硬水铝石等煤中少见的矿物，提出了它们的沉积源区是本溪组风化壳铝土矿的认识，说明其属于自生成因；提出了煤中三水铝石、勃姆石和硬水铝石的转变机制与形成模式；发现了磷锶铝石等稀土元素的载体矿物及高度富集锂的自生成因的绿泥石。

3) 高铝粉煤灰中微量元素和矿物的分布特征

分析了不同粒径级别的高铝粉煤灰中微量元素和矿物的分布特征与机理，特别是高铝粉煤灰不同物相中的元素和矿物组合特征；提出了不同粒径级别中稀土元素的分异特征和机制及勃姆石在煤燃烧过程中的转化特征。

本书引用了内蒙古准格尔煤田和大青山煤田煤中微量元素的地球化学、煤岩学和煤矿物学等方面许多博士和硕士学位论文，包括李生盛、赵蕾、张勇、邹建华、李丹、李天骄、孙莹莹、谷兰丁、孙继华等，在此诚挚地向这些作者表示衷心的感谢。另外，中国矿业大学(北京)的田啸为本书绘制了部分图件，在此一并致以谢意。

作者谨识

2018 年 9 月

目　　录

彩图

第一章 煤型关键金属矿床概述

煤是一种具有还原障和吸附障性能的有机岩和矿产，其资源量和产量巨大，分布面积广阔，在特定的地质条件下，可以富集锂、铝、钪、钛、钒、镓、锗、硒、锆、铌、铪、钽、铀、稀土元素(包括镧系元素)、贵金属元素等有益元素，并且这些元素可达到可资利用的程度和规模。代世峰等(2014)对煤型关键金属矿床的定义如下：煤型关键金属矿床是指在特定的地质作用下，含煤岩系中高度富集关键金属，并适合在当前技术经济条件下开采利用的煤层、夹矸或煤层的围岩，亦称之为与煤共(伴)生关键金属矿床。国内外已经发现了一些煤型关键金属矿床(庄汉平等，1998；Hu et al.，1999；戚华文等，2003；Dai et al.，2006；代世峰等，2006a；Zhuang et al.，2006；黄文辉等，2007；Seredin and Finkelman，2008；Dai et al.，2010a，2012a，2012b，2012c，2012d，2013a，2013b，2014a，2017a，2017b，2018a)。例如，在哈萨克斯坦、吉尔吉斯斯坦和我国新疆伊犁、吐哈等侏罗纪含煤盆地中，都发现了煤层顶板砂岩层及部分煤层中共(伴)生的大型铀矿床，其中有的已形成生产能力；在我国云南临沧、内蒙古乌兰图嘎和伊敏，俄罗斯滨海边疆区发现了中、新生代大型或超大型褐煤-锗矿床(庄汉平等，1998；Hu et al.，1999；戚华文等，2003；Zhuang et al.，2006；黄文辉等，2007；Seredin and Finkelman，2008；Dai et al.，2012c，2015a；Dai and Finkelman，2018)。近年来，在煤或者燃煤飞灰中又陆续发现了高度富集的镓(铝)、铌、铼、钪、锆、稀土元素及银、金、铂、钯等贵金属元素(Dai et al.，2014b，2014c；Seredin and Dai，2014)。这些高含量的关键金属元素，是潜在的重要战略矿产资源，也是经济上可回收利用的煤加工的副产品。

煤型关键金属矿床的研究是煤地质学、矿床学、冶金学研究的重要方向和新领域(代世峰等，2014)。20世纪80年代以来，全球矿产资源日趋紧缺，我国也面临经济快速发展带来的矿产资源短缺的巨大压力，因此寻找和研发新型矿产资源对保证我国资源安全体系具有重要的意义。同时，煤作为有机岩，其在形成的各个阶段，对于微生物、聚积环境、温度、压力和热液等作用的影响十分敏感，会发生相应的变化并留下痕迹，煤中关键金属元素地球化学特征及其时空演化，理应能反映出聚煤盆地和区域地质构造演化(任德贻等，2006)。同时，煤型关键金属矿床的研究，对合理规划和充分利用煤炭资源、粉煤灰的开发利用、实现煤炭经济循环发展、减少煤炭利用过程中所带来的环境问题具有重要的现实意义(Seredin，2012；代世峰等，2014)，对国家关键金属资源安全保障也具有重要的战略意义。

然而，并不是所有的金属元素都能在煤中富集并达到成矿规模，根据现有的文献资料(Seredin and Finkelman，2008)，对于铜、锌、铅、钴、镍、铬、砷和锡等元素，在其传统矿床被开发的情况下，煤中的这些元素很难成为工业利用的主要来源。煤中关键金属成矿及其开发利用需要考虑如下因素(代世峰等，2014)：①煤或煤系中关键金属丰度是否异常富集，规模上是否达到成矿规模；②关键金属元素的赋存状态；③关键金属在燃烧过程中的行为及其在燃煤产物中的富集程度；④在当前技术经济条件下是否可以开发利用；⑤开发利用过程中有害物质对环境和人体健康的影响。

第一节 典型的煤型关键金属矿床

以煤型锗矿床、煤型铀矿床、煤型稀土矿床、煤型镓铝矿床、煤型铌-锆-稀土-镓矿床等煤型关键金属矿床为例，本章概述了这些矿床的成因类型、赋存状态和利用评价方法。由于中国成煤地质背景复杂多样，这些煤型关键金属矿床在中国均有发现，充分体现了中国煤田地质的地域特色性。

一、煤型锗矿床

世界上最早的煤型锗矿床是 20 世纪 50 年代末在苏联安格连河谷（现乌兹别克斯坦境内）发现的，随后在俄罗斯远东地区和中国境内陆续发现了规模更大的煤型锗矿床（任德贻等，2006；Seredin and Finkelman，2008）。在 60 年代，苏联、捷克斯洛伐克、英国和日本从煤中提炼出了工业利用的锗。煤型锗矿床已经成为世界上工业用锗的主要来源（Seredin et al.，2013）。世界上现在已进行工业化利用的大型煤型锗矿床包括云南临沧、内蒙古乌兰图嘎、俄罗斯远东地区巴甫洛夫（Seredin et al.，2013；Dai et al.，2012c，2015a），这 3 个正在开采的煤型锗矿床锗的储量约 4000t（Seredin and Finkelman，2008；Seredin et al.，2013），已经成为世界工业锗的最主要来源（占 50%以上）（Dai et al.，2012c；Seredin et al.，2013）。中国伊敏煤田五牧场煤型锗矿床是一个潜在的大型锗矿床（Dai et al.，2012c；Li et al.，2014）。另外，一些锗含量相对低的富锗煤（约 $10\mu g/g$）被用作炼焦或气化时，这些煤中的锗也是可以被提取利用的（Seredin et al.，2013）。

世界煤中锗的含量均值为 $2.2\mu g/g$，世界煤灰中锗的含量均值为 $15\mu g/g$（Ketris and Yudovich，2009）；云南临沧、内蒙古乌兰图嘎和俄罗斯巴甫洛夫矿床中富锗的褐煤或次烟煤中锗的含量比世界煤中锗的背景值高出上百倍。内蒙古乌兰图嘎煤中锗的含量为 $45\sim1170\mu g/g$（平均为 $274\mu g/g$；Dai et al.，2012c），该矿床可以提取的锗量为 1700t（Du et al.，2009）。云南临沧煤中锗的含量为 $12\sim2523\mu g/g$，大寨和中寨煤型锗矿床中锗的平均含量分别为 $847\mu g/g$ 和 $833\mu g/g$，其中大寨煤型锗矿床的探明储量为 860t，中寨煤型锗矿床的探明储量为 760t（庄汉平等，1998；戚华文等，2003；Hu et al.，2009；Dai et al.，2012c）。Dai 等（2015a）报道的云南临沧大寨 3 个主采煤层锗的含量均值达到 $1590\mu g/g$。内蒙古乌兰图嘎和云南临沧均为超大型煤型锗矿床，但对内蒙古伊敏煤田五牧场煤型锗矿床的研究资料甚少（Li et al.，2014）。

煤型锗矿床中的锗绝大部分赋存在有机质中（其中 75%~96%赋存于腐殖质中）。含锗矿物（锗的氧化物）在内蒙古乌兰图嘎煤型锗矿床中有发现（Zhuang et al.，2006），但含量很低，不具有工业价值。含锗的氧化物可能是次生矿物，来源于煤中有机态锗的氧化作用。盆地边缘或基底的花岗岩是煤型锗矿床的主要锗源（戚华文等，2003；Zhuang et al.，2006；Qi and Zhang，2007；Hu et al.，2009；Dai et al.，2012c），煤是锗成矿极有利的场所，其中腐殖质很容易将周围溶液中的锗固定下来。内蒙古乌兰图嘎煤中稀土元素的配分特点显示出金属元素的富集具有多期和多源特征，包括同生阶段早期热液和陆源供给，成岩阶段中后期热液输入（Dai et al.，2012c）。同生阶段早期热液和陆源供给阶段分别以中稀土元素富集型和轻稀土元素富集型为主，重稀土元素富集型出现在成岩后期的热液阶段（Dai et al.，2012c）。云南临沧煤型锗矿床中不同的元素组合（如 Ge-W 和 Be-Nb-U）表明，煤中高度富集的锗及微量元素和矿物组成的异常，是含 N_2 的碱性热液和含 CO_2 的火山热液混合后对围岩或煤系基底强烈淋溶作用的结果（Dai et al.，2015a）。和云南临沧煤型锗矿床不同，内蒙古乌兰图嘎煤中锗的富集及有害元素汞和砷的异常是不同的单一热液流体在不同时间侵入泥炭或煤层的结果（Dai et al.，2015a）。

内蒙古乌兰图嘎煤型锗矿床从 1971 年开始勘探开发，已经提炼出 99.99999% 的高纯锗。富锗煤燃烧后，锗在飞灰中高度富集，含量高达 1.5%～3.9%（Dai et al.，2014c），锗在煤的飞灰中主要以锗的氧化物晶体形式存在（如 GeO_2）；另外还有其他锗的载体，如玻璃质，含钙铁酸盐，固溶体存在于 SiO_2 晶体中，元素锗，含锗和钨的碳化物，含锗、砷、锑和钨的氧化物，如 $(Ge, As)O_x$、$(Ge, As, Sb)O_x$、$(Ge, As, W)O_x$ 和 $(Ge, W)O_x$（Dai et al.，2014b）等。

二、煤型铀矿床

从 20 世纪中叶在美国西部发现褐煤中共（伴）生铀矿床起，人们开始十分重视对具有战略意义的煤中铀矿产的研究。第二次世界大战以后数年内，煤中铀成为美国和苏联工业铀和军事铀的主要来源之一（Seredin and Finkelman，2008；Seredin et al.，2013）。从 20 世纪下叶迄今，在中亚哈萨克斯坦、吉尔吉斯斯坦和中国新疆伊犁、吐哈等含煤盆地中，都发现了侏罗纪煤系中砂岩层及煤层中共（伴）生铀矿体（任德贻等，2006；Seredin and Finkelman，2008；Seredin et al.，2013）。当煤灰中铀的含量达到 1000μg/g 时，就可以考虑该煤中铀的提取和利用（Seredin and Finkelman，2008；代世峰等，2014）。

世界煤中铀的含量均值为 2.4μg/g，世界煤灰中铀的含量均值为 16μg/g（Ketris and Yudovich，2009）。有机质在铀富集中的作用被大量研究所证实，铀在泥炭和煤中富集的实例也在世界很多泥炭田和煤盆地中被发现。中亚是世界上富铀煤最为集中的地区。世界上两个最大的煤型铀矿床为 Koldzhatsk 铀矿床（铀的资源量为 37000t）和 Nizhneillisk 铀矿床（铀的资源量为 60000t）（Seredin and Finkelman，2008）。中亚地区煤型铀矿床不仅规模大，而且铀的含量也较高，其中在新疆伊犁煤型铀矿床中检测到某一样品中铀的含量高达 7200μg/g，为迄今检测到的煤中铀的含量的最高值（Dai et al.，2015b）。其他一些中、小型的煤型铀矿床在俄罗斯远东地区、美国、法国、捷克和中国均有发现（Seredin and Finkelman，2008）。

煤中高度富集的铀与流经或循环于盆地中的富铀地下水有关（任德贻等，2006；Seredin and Finkelman，2008；Seredin et al.，2013）。与煤型锗矿床不同，大型煤型铀矿床中铀的富集属于后生成因，铀的富集始于煤化作用阶段；而小型煤型铀矿床铀的富集始于泥炭堆积和早期成岩阶段。小型煤型铀矿床的顶底板常常是渗透率很低的泥岩，阻止了后生富铀流体的进入（Seredin and Finkelman，2008）。煤型铀矿床的铀以有机态为主，有时会发现含铀的矿物，如钛铀矿（UTi_2O_6）和沥青铀矿（UO_2）（Dai et al.，2012b，2015c）。

Dai 等(2015b)提出了新疆伊犁煤型铀矿床的形成模式，认为煤中铀的富集不仅与侵入煤层中的富铀溶液有关，而且与煤中高含量的惰性组分(特别是有结构的丝质体和半丝质体)有关，其不仅提供了富铀溶液运移的通道，而且可作为铀沉淀的还原剂。

中国南方形成于局限碳酸盐岩台地上的晚二叠世煤层，主要分布在广西合山和宜州、贵州贵定和紫云苗族布依族自治县(简称紫云)、云南砚山等地。局限碳酸盐岩台地型的煤层厚度一般为1~2m，高度富集有机硫(4%~12%)，属于超高有机硫煤(Shao et al.，2003；Zeng et al.，2005；Dai et al.，2008a，2013b；Chou，2012)。该类型煤中铀较为富集，含量一般为40~288μg/g，其中贵定煤中铀的均值为211μg/g，砚山煤中铀的均值为153μg/g。与铀共伴生的钒、铬、钴、镍、钼、硒也高度富集(Shao et al.，2003；Zeng et al.，2005；Dai et al.，2008a，2013a，2015c)。对这种煤层高度富集的硫、铀及其他微量元素，一般有两种解释：一是海水的强烈影响(Shao et al.，2003；Zeng et al.，2005)，二是在泥炭聚积期间热液流体的侵入(如海底喷流)(Dai et al.，2008b，2013a)。中国南方晚二叠世形成于局限碳酸盐岩台地的煤型铀矿床有3种控制因素：①陆源区供给决定了煤中微量元素的背景值。在局限碳酸盐岩台地基础上形成的煤层可以具有不同的沉积源区，如砚山煤的沉积源区是越北古陆(Dai et al.，2008a)，贵定煤和紫云煤的沉积源区是康滇古陆，合山煤的沉积源区是云开古陆(Dai et al.，2013a，2015c)。②热液流体作用导致煤中关键金属元素的富集和再分配，形成了特有的 V-Se-Mo-Re-U 的组合模式(Dai et al.，2008a，2013a)；热液流体对关键金属的再分配作用主要体现在夹矸中的关键金属被热液(或地下水)淋溶到下伏煤层中，继而被有机质吸附(Dai et al.，2013a)。③绝大部分局限碳酸盐岩台地型煤受到了海水的影响，海水侵入和静海环境提供了有利于关键金属元素保存的介质条件(如 Eh 和 pH)。

三、煤型稀土矿床

稀土元素包括镧系元素(REY 或 REE+Y)。煤中稀土元素的评价，不仅要考虑稀土元素的含量总和，还要考虑单个稀土元素含量在总稀土元素中所占的比例(Seredin and Dai，2012)。从地球化学角度考虑，稀土元素用三分法可以分为轻稀土元素(LREY：La、Ce、Pr、Nd 和 Sm)、中稀土元素(MREY：Eu、Gd、Tb、Dy 和 Y)和重稀土元素(HREY：Ho、Er、Tm、Yb 和 Lu)，相应的，煤中稀土元素的富集有 3 种类型，即轻稀土元素富集型($La_N/Lu_N > 1$)、中稀土元素富集型($La_N/Sm_N < 1$ 并且 $Gd_N/Lu_N > 1$)和重稀土元素富集型($La_N/Lu_N < 1$)(Seredin and Dai，2012)。煤型稀土矿床一般以某个富集类型为主，个别煤层有可能同时属于两种富集类型(Seredin and Dai，2012)。

从稀土元素经济利用价值的角度考虑，煤中稀土元素可以分为紧要的(critical，包括 Nd、Eu、Tb、Dy、Y 和 Er)、不紧要的(uncritical，包括 La、Pr、Sm 和 Gd)和过多的(excessive，包括 Ce、Ho、Tm、Yb 和 Lu)3 组(Seredin and Dai，2012)。除了稀土元素的总含量因素，对煤型稀土矿床的评价，还需用"前景系数"(outlook coefficient)来表示，即总稀土元素中的紧要元素和总稀土元素中的过多元素的比值。根据前景系数，可以将煤型稀土矿床划分为 3 组：没有开发前景的(unpromising)、具有开发前景的(promising)和非常具有开发前景的(highly promising)(Seredin and Dai，2012)。

　　当总稀土元素($\sum$La-Lu+Y)的氧化物在煤灰中的含量大于 1000μg/g 或者钇的氧化物在煤灰中的含量大于 300μg/g 时(Seredin and Dai，2012；Seredin et al.，2013)，并且根据前景系数的评价"具有开发前景"或"非常具有开发前景"时，就可以考虑煤中稀土元素的开发利用。煤中稀土元素的富集成矿主要在俄罗斯(Seredin，1996；Seredin and Shpirt，1999；Seredin and Dai，2012)、美国(Hower et al.，1999a)和中国(Dai et al.，2012a，2014a)有发现，在保加利亚和加拿大也有富集稀土元素煤层的报道(Eskenazy，1987a；Swaine，1990)。

　　煤型稀土矿床富集成因主要有火山灰作用、热液流体(出渗型和入渗型)、沉积源区供给 3 种类型。酸性和碱性火山灰可导致煤型稀土矿床的形成。碱性火山灰成因的煤型稀土矿床往往也高度富集铌(钽)、锆(铪)和镓。稀土元素、镓、锆和铌的氧化物在煤型稀土矿床的煤灰中的含量可以高达 2%～3%(Seredin and Finkelman，2008；Seredin et al.，2013)。因此，这种火山灰作用成因类型的矿床往往是多种关键金属共富集的矿床。热液成因的煤型稀土矿床在新生代煤盆地(如俄罗斯滨海边疆区)和中生代煤盆地(如俄罗斯的外贝加尔和中西伯利亚的通古斯卡盆地)有发现，稀土元素在这些矿区煤灰中的含量一般为 1%～2%(Seredin and Finkelman，2008；Seredin and Dai，2012；Seredin et al.，2013)。

　　四川华蓥山煤型稀土矿床(K_1 煤层)中稀土元素的富集是碱性流纹岩和热液流体共同作用的结果。该矿区主采的 K_1 煤层中的 3 层夹矸是由碱性流纹岩蚀变形成的碱性夹矸，高度富集稀土元素、铌、锆等关键金属元素。煤和夹矸中还富集热液流体作用形成的稀土元素矿物水磷镧石 $Ce_{0.75}La_{0.25}(PO_4) \cdot (H_2O)$ 或含硅的水磷镧石。煤灰中锆(铪)、铌(钽)和稀土元素氧化物的含量达到 0.573%，具有重要的潜在价值(Dai et al.，2014a)。

　　热液流体不仅可以提供关键金属元素的来源，同时对煤和夹矸中的关键金属元素起到了再分配作用(Dai et al.，2013b，2014a)。例如，Zr/Hf、Nb/Ta、Yb/La、U/Th 的值在四川华蓥山煤型稀土矿床 K_1 煤层的夹矸中明显低于其下覆的煤分层的夹矸，主要是因为 Zr、Nb、Yb 和 U 在热液淋溶过程中，分别表现出比 Hf、Ta、La、Th 更为活泼的性质，被淋溶到下伏有机质中，继而被有机质吸附(Dai et al.，2014a)。该现象在内蒙古准格尔(Dai et al.，2006)、广西扶绥(Dai et al.，2013b)等煤田，以及美国肯塔基煤田(Hower et al.，1999a)、埃默里煤田(Crowley et al.，1989)也普遍存在。我国内蒙古准格尔煤田和大青山煤田的煤型镓矿床中也高度富集稀土元素。高度富集的稀土元素主要来源于沉积源区本溪组风化壳铝土矿和夹矸经过长期地下水淋溶作用(Dai et al.，2006，2012a，2012d)，形成了特有的 Al-Ga-REE 关键金属元素富集组合。

　　煤型稀土矿床中稀土元素的赋存状态一般有如下几种(Seredin and Dai，2012)：①同生阶段来自沉积源区的碎屑矿物或来自火山碎屑矿物(如独居石或磷钇矿)，或以类质同象形式赋存于陆源碎屑矿物或火山碎屑矿物中(如锆石或磷灰石)。②成岩或后生阶段的自生矿物(如含稀土元素和铝的磷酸盐或硫酸盐矿物；含水的磷酸盐矿物，如水磷镧石或含硅的水磷镧石；碳酸盐矿物或含氟的碳酸盐矿物，如氟碳钙铈矿)。③赋存在有机质中。④以离子吸附形式存在。含轻稀土元素矿物在一些以重稀土元素富集型的煤型稀土矿床中富集，但没有发现含重稀土元素的矿物，重稀土可能以有机质或离子吸附形式存在。

四、煤型镓铝矿床

镓被称为"电子工业的粮食",与其广泛应用和价格高形成鲜明对比。多年来,煤中镓的成矿研究基本上处于停滞状态,这种状况的主要原因在于镓属于典型分散元素,在自然界中很难形成独立的矿床。内蒙古准格尔煤田发现的超大型煤型镓铝矿床(代世峰等,2006a;Dai et al.,2012a),为分散元素镓的成矿机理研究和富镓铝粉煤灰的利用提供了重要素材。本书以内蒙古准格尔煤田的黑岱沟矿、哈尔乌素矿、官板乌素矿,以及大青山煤田的阿刀亥矿、大炭壕矿、海柳树矿太原组主采煤层为例,进行了详细剖析与研究。

内蒙古准格尔煤田黑岱沟矿煤中镓平均含量为 44.8μg/g,该矿床镓的保有储量为 6.34 万 t(代世峰等,2006a),铝的保有储量为 14850 万 t。而在该矿床被发现以前,中国镓的工业储量仅为 10 万 t(涂光炽等,2004)。根据美国联邦地质调查局资料,世界镓的工业储量为 100 万 t。准格尔煤田黑岱沟煤型镓矿床中镓主要存在于勃姆石(化学式为 AlOOH)中,部分存在于高岭石中(Dai et al.,2006;代世峰等,2006b)。与黑岱沟矿煤中镓的载体不同,官板乌素矿煤中镓的主要载体是磷锶铝石(Dai et al.,2012a)。阿刀亥矿煤中镓的主要载体是黏土矿物和硬水铝石,其中硬水铝石是三水铝石受到岩浆入侵后发生脱水而形成的产物(Dai et al.,2012d)。由于煤层富集勃姆石和硬水铝石,该煤型镓矿床亦高度富集铝,煤的燃烧产物(主要是飞灰)中 Al_2O_3 的含量大于 50%,属于高铝粉煤灰。在煤的燃烧产物中,有含量较高的特征矿物刚玉存在,不同粒径级别的飞灰中刚玉的含量差别很大,在粒径小于 25μm 级别的飞灰中,刚玉含量为 10.5%,而在粒径大于 125μm 级别的飞灰中,刚玉含量仅为 1.1%(Dai et al.,2010b,2014b)。

准格尔煤田黑岱沟矿煤中镓、铝及其载体勃姆石属于沉积成因,来源于鄂尔多斯盆地北偏东隆起的本溪组风化壳铝土矿(Dai et al.,2006,2012a)。在泥炭聚积期间,鄂尔多斯盆地北部隆起的本溪组风化壳铝土矿的三水铝石胶体溶液被短距离带入泥炭沼泽中,在泥炭聚积阶段和成岩作用早期经压实脱水凝聚而形成了勃姆石(Dai et al.,2006)。在准格尔煤田北部的大青山煤田阿刀亥矿煤中,铝的主要载体是硬水铝石,与黑岱沟矿和官板乌素矿相比,阿刀亥矿煤的变质程度较高($R_{o,ran}$=1.58%),主要与岩浆热液导致的接触变质作用有关(Dai et al.,2012d)。阿刀亥矿煤中富集的硬水铝石是勃姆石经过岩浆烘烤作用后转变形成的(Dai et al.,2012d)。

在煤中镓的利用评价方面,我国国家标准(赵跃民,2004)把煤中镓的工业品位定于 30μg/g,这不完全合理(Dai et al.,2012a;代世峰等,2014)。主要是因为此标准未考虑煤层厚度、煤的灰分产率等因素。由于煤中镓的提取源是煤的燃烧产物粉煤灰,煤的灰分产率较高,粉煤灰中镓的含量不一定高;相反,在煤的灰分产率低、镓的含量也较低的情况下,粉煤灰中镓的含量不一定低。如果煤层厚度较薄,即使煤中镓的含量较高,但矿体规模小,那么也不能达到开发利用的程度。因此,在考虑煤层厚度和煤的灰分产率的同时,以煤灰中镓的含量评价其开发利用情况更具有合理性;同时也需要考虑多种关键金属元素的共同提取利用(代世峰等,2014)。在煤灰中镓的含量为 50μg/g,同时煤中 Al_2O_3 的含量大于 50%、煤层厚度大于 5m 的情况下,就可以考虑镓和 Al_2O_3 的共同开发(Dai et al.，2012a)。

内蒙古准格尔煤田煤中铝和镓的成功提取，为煤型镓铝矿床的开发利用提供了典范(Seredin，2012)，但在煤型镓铝矿床开发过程中，要注意其他关键元素的综合利用，如稀土元素、锂和硅等(Dai et al.，2008b，2012a；Sun et al.，2013)。

内蒙古准格尔煤田超大型煤型镓铝矿床的发现，在国际上引起了较大反响。例如，俄罗斯科学院 Vladimir V. Seredin 博士在 *International Journal of Coal Geology* 发表评述文章，对该矿床的发现做出了的评价(Seredin，2012)，其认为："这是煤地质学上的第三个重要历史事件""中国煤地质学家在过去 10 年的最重要发现""从准格尔煤中利用关键的金属元素，不仅对中国，而且对其他国家有潜在的重大价值""煤中镓和镓矿床的发现，让煤中关键金属的提炼、传统或替代能源选择向前迈进了重要一步"。这是 Elsevier 自 1981 年创刊(*International Journal of Coal Geology*)以来，首次以评述性文章介绍某一项研究成果。

五、煤型铌-锆-稀土-镓矿床

世界上已探明铌的工业储量为 3245.9 万 t(Nb_2O_5)，我国已探明储量为 11.65 万 t，仅占世界的 0.36%。同时，我国铌资源原矿品位低、粒度细、结构复杂、可选性差且回收率低(何季麟，2003)，与其他关键金属锂、铍、钽等相比显得更为紧缺。

受煤中碱性火山灰蚀变黏土岩夹矸(碱性夹矸)高度富集铌、锆、稀土元素、镓等关键金属元素及其在测井曲线上表现出的高度自然伽马正异常的启发，在滇东和重庆发现了煤型铌-锆-稀土-镓矿床(Dai et al.，2010a)。通过对滇东 300 多个钻孔的物探测井曲线、岩心样品矿物学、岩石学和地球化学分析，发现在云南东部上二叠统宣威组含煤建造下段，普遍存在厚度很大的(一般为 5～8m，局部超过 10m)，高度富集铌、锆、稀土元素和镓的多金属矿层，这些关键金属元素的丰度均远远超出其相应的工业品位(一般为工业品位的 2～5 倍)(Dai et al.，2010a)。这些元素的高度富集归因于同时期大规模碱性火山灰喷发；这是多种关键金属共同富集的新矿床类型。根据矿层的岩石结构-构造特征，初步将其分为碱性火山灰蚀变黏土岩、碱性凝灰质黏土岩、碱性火山凝灰岩和碱性火山角砾岩(Dai et al.，2010a)。

这种碱性火山灰是峨眉山大火成岩省地幔柱消亡阶段的产物。富含铌、锆、稀土元素、镓的碱性火山灰降落沉积后，在成岩作用早期或后期阶段，又遭受了热液作用，其直接证据是鲕绿泥石在关键金属矿体中的普遍存在及 H-O 同位素的组成特征(Dai et al.，2018b)。热液作用不仅导致一些稀土元素矿物的形成(如氟碳钙铈矿、磷铝铈矿、磷钇矿等)，碱性火山灰中富集的稀土元素亦可被热液流体淋出，再沉淀形成含稀土元素的矿物，如水磷镧石等。

该类矿床的发现和成矿机制的研究，解决了煤地质学界关于碱性火山灰能否在煤系中富集并成矿这一长期备受争议的问题。国际期刊 *Coal Combustion and Gasification Products* 的主编 James Hower 教授、美国能源部国家能源技术实验室的 Evan Granite 教授等联合在国际期刊 *Minerals* 发表了评述文章(Hower et al.，2015)，评价："煤中薄层夹矸是火山灰成因 Nb-Zr-REE 矿床预测的理论基础,这种预测通过 Dai 等在中国云南发现的厚层碱性火山灰成因的矿床得以成功验证""据我们所知,这是第一个把夹矸的基础理论应用到关键金属矿床发现的成功实例"。英国谢菲尔德大学 David Spears 教授发表了评述文章(Spears,2012),认为"与夹矸的研究结合,Dai 等在中国云南发现了厚度达 10m 的新型关键金属矿层,其由多层含 Nb-Zr-REE-Ga 的凝灰质矿层组成"。

第二节　煤型关键金属矿床利用过程中的环境问题

煤型关键金属矿床在富集关键金属元素的同时,往往也能富集甚至高度富集有害微量元素。这些有害微量元素在煤型关键金属矿床开发利用过程中可能会对环境和人体健康造成危害,值得高度关注。

云南临沧煤型锗矿床中富集有害元素砷、铀、铯、铍、氟、铊(Dai et al.,2015a),其中在云南临沧煤型锗矿床一个煤样品中检测到铍的含量高达 2000μg/g,高出世界煤中铍含量均值的 1250 倍,是目前世界上煤中检测到铍含量最高的煤。Hu 等(1999)、Yudovich(2003)、Zhuang 等(2006)、Qi 和 Zhang(2007)、Li 等(2014)的研究亦表明煤型锗矿床富集这些有害元素。有害元素在云南临沧富锗煤的燃烧产物飞灰中高度富集,如铍(340μg/g)、氟(8010μg/g)、锌(5661μg/g)、砷(3910μg/g)、锑(452μg/g)、铯(279μg/g)、铊(70.2μg/g)和铅(5539μg/g)(Dai et al.,2014b),这些有害元素含量之高,在煤的燃烧产物飞灰中非常罕见。在关键金属锗的提炼过程中,其对人体健康和周围居民的危害及对空气的污染值得高度关注。这些有害元素主要附着在粒径非常细小的飞灰中,更容易进入人体肺部,危害人体健康。例如,在云南临沧富锗煤燃烧后的布袋尘中,玻璃质小球体(直径约 1.5μm)含有 2%的锌和 0.7%的锡(Dai et al.,2014b)。另外,在云南临沧富锗煤燃烧后的飞灰中,发现有含砷的氧化物,如$(Ge, As)O_x$、$(Ge, As, Sb)O_x$、$(Ge, As, W)O_x$ 等(Dai et al.,2014b)。

在煤型铀矿床中,往往富集 V、Se、Cr、Mo 等微量元素,形成特有的 U-Se-Mo-Re-V 富集组合。例如,新疆伊犁、云南砚山、贵州贵定、广西合山等煤型铀矿床中,均富集这些有害元素。煤型铀矿床有时会富集氟。例如,广西合山煤中富集氟,合山 3[上]、3[下]和 4[上]煤中氟含量均值分别为 1166μg/g、2126μg/g 和 1671μg/g,分别是世界煤中氟含量均值的 14.2 倍、25.9 倍和 20.4 倍,后生热液形成的萤石是煤中氟的主要载体(Dai et al.,2013a)。

第三节　煤型关键金属矿床的一般特点

煤型关键金属矿床在矿床规模、关键金属富集特征、矿体分布等方面一般具有如下特点(代世峰等,2014;Dai and Finkelman,2018)。

1)大多数煤型关键金属矿床的发现、勘探和开发相对较晚,属于新型关键金属矿床

煤中关键金属元素的开发利用有 3 个历史性时刻(Seredin,2012):第一个是第二次

世界大战后煤中铀的开发利用;第二个是煤中锗的提取开发;第三个是煤型镓铝矿床的发现和利用。虽然煤中金的开发利用有 100 多年的历史(19 世纪末和 20 世纪初,在美国怀俄明州和犹他州的煤中提取出了金和银),锗的开发利用有 50 多年的历史,但煤-镓(铝)、煤-铌、煤-稀土、煤-钪都属于近些年发现的。例如,煤型稀土矿床最早发现于俄罗斯远东地区新生代含煤岩系中(Seredin,1991);煤型镓矿床于 2006 年发现于中国内蒙古准格尔煤田(Dai et al.,2006;代世峰等,2006a),于 2011 年建成实验工厂(Seredin,2012);煤型铌-锆-稀土-镓矿床于 2010 年发现于云南东部(Dai et al.,2010a)。根据国内外研究现状、世界关键金属资源分布和紧缺程度,煤型稀土矿床的开发利用将是第四个历史性时刻。

2)煤型关键金属矿床资源量/储量巨大,一般为大型或超大型关键金属矿床

已经发现的煤型锗矿床、煤型镓铝矿床、煤型稀土矿床、煤型铌-锆-稀土-镓矿床均属于大型或超大型矿床。其一方面与煤炭资源较为丰富有关。煤是一种特殊的沉积矿床,具有分布稳定、厚度大、面积分布广等沉积特点,关键元素具有绝对资源量大的显著特征。另一方面与煤型关键金属矿床的地质成因(火山灰和热液活动)有关。

3)煤型关键金属矿床中往往是多种关键金属元素共同富集

煤型关键金属矿床中往往不是某单一关键金属元素富集,由于受多种地质作用及关键金属元素多来源的影响,往往是多种关键金属元素共同富集,为多种关键金属元素共同开发利用提供了可能。例如,云南临沧煤型锗矿床中富集了铀和贵金属元素(Seredin,1991;Dai et al.,2015a),内蒙古乌兰图噶煤型锗矿床中富集了钨、金、银、铂、钯等元素(Zhuang et al.,2006;Dai et al.,2012c),新疆伊犁煤型铀矿床中富集了钼、铼和硒元素,而贵州贵定、广西合山、云南砚山煤型铀矿床中富集了钒、硒、钼和铼元素(Shao et al.,2003;Zeng et al.,2005;Dai et al.,2008a,2013a,2015a,2015c),广西合山和扶绥煤中富集了稀土元素(Dai et al.,2013a,2013b),华蓥山煤型关键金属矿床中富集了铌(钽)、稀土元素、锆(铪)(Dai et al.,2014a)。

4)煤型关键金属矿床层位稳定,勘探和开发的难度和成本相对较低

与传统的金属矿床相比,煤层的厚度及其空间分布相对稳定,因此煤型关键金属矿床也具有空间分布稳定的特征(包括煤层本身、煤层的顶底板及煤系地层)。在煤田普查、详查、精查、勘探阶段,积累了大量的煤岩学、煤化学、区域构造、区域地球化学、沉积岩石学、水文地质学、古生物地层的基础资料;煤层开采本身,一般也是关键金属矿床开采的过程;煤层相对简单的赋存状况、基础地质资料的积累和煤层的开采特征,大大降低了煤型关键金属矿床勘探和开发的难度和成本。

5)煤型关键金属矿床中往往富集多种有害元素

如上所述,煤型关键金属矿床中往往富集多种有害元素,因此,必须对其技术经济和环境进行全面的评估,以最大限度减少或消除煤型关键金属矿床在开发利用过程中对环境和人体健康的潜在危害。

6) 煤型关键金属矿床可以赋存于煤层中，也可以赋存于煤系中不含煤的层段或煤层的围岩中

煤型关键金属矿床可以赋存于煤层中，也可以赋存于顶板、底板、夹矸中，甚至赋存于含煤岩系不含煤的层段，如滇东煤-铌-锆-稀土-镓多种关键金属(Dai et al.，2010a)。另外，煤型关键金属矿床还可以赋存于含煤岩系中岩浆侵入的岩体中(Seredin and Finkelman，2008；Seredin and Dai，2012；Seredin et al.，2013)。

7) 煤型关键金属矿床具有实现循环经济发展的特点

我国煤炭资源量居世界前列，也是世界上煤炭生产量和消费量最大的国家。我国发电用煤占总煤炭用量的 1/3 以上，粉煤灰已成为中国工业固体废物的最大单一排放源。中国的粉煤灰综合回收利用率很低，并有严重危害环境和公众健康的风险。富含金属煤的燃烧产物可以高度富集镓、锗、稀土元素、铀、铌、钼、钨等关键金属，这些粉煤灰的堆积构成了"人工关键金属矿床"，研究这些关键金属元素从煤到粉煤灰的迁移过程、金属元素的赋存状态及其可提取性，对综合开发利用粉煤灰具有重要作用，可以实现煤炭经济循环发展。

8) 煤和含煤岩系是多种关键金属元素未来需求的主要来源

随着传统关键金属矿床的高强度开发和利用，这些传统关键金属矿床的资源量和储量日渐枯竭，以现在的开采水平和速度，再过 10～30 年，我国的稀土元素、锗、铌、钨等稀有战略资源将面临枯竭危机，而煤和含煤岩系将成为关键金属元素最具有希望的源区(Seredin and Dai，2012；Seredin et al.，2013)。不可否认的是，煤型关键金属矿床的研发也存在一些问题和困难，如煤型锗关键金属矿床、煤型铀关键金属矿床中富集有害元素，煤型铌矿床铌的提取技术等。但随着关键金属需求量的增加、煤型关键金属矿床理论的提升、关键金属提取技术的发展，这些问题和困难正在或将会得到解决。

第四节　煤型关键金属研发趋势

煤型关键金属矿床现在已经成为煤地质学和煤地球化学研究的热点和前沿研究领域，煤型关键金属矿床的研发主要有如下几个趋势(代世峰等，2014；Dai and Finkelman，2018)。

(1)注重煤炭资源和关键金属资源共同勘探开发，会大大降低煤型关键金属勘探开发的成本、缩短勘探开发的周期。

(2)煤型关键金属矿床往往是多种关键金属共同富集，因此注重多种关键金属元素的共同开发和提取，可提高资源的利用效率，降低关键金属开发的成本。

(3)注重煤型关键金属矿床中有害元素的研究。由于煤型关键金属矿床一般也会富集有害元素，研究这些有害元素的分布规律、赋存状态和成因机制，有利于在关键金属提取开发利用过程中减少环境污染和对人体健康的危害。

(4)注重关键金属元素的成矿机制和成矿模式的研究。煤型关键金属元素的成矿机制研究，不仅可以为区域地质历史演化提供煤地球化学和煤矿物学的基础资料，而且可以

为寻找和研发同类型矿床提供矿床的判识标志和方向。

(5)注重粉煤灰中关键金属的赋存状态、迁移转化和主控因素的研究。煤中关键金属元素利用的最佳途径是从粉煤灰中进行提取,粉煤灰中关键金属的赋存状态直接决定了关键金属提取技术的选择。另外,通过对关键金属在粉煤灰中赋存特征的变迁的研究,也可以推断关键金属元素在煤中的赋存形式和成因机理。

煤型关键金属矿床的研究是一个充满希望和挑战的研究领域,前者是因为煤和含煤岩系是将来关键金属开发和利用的主要来源之一;后者是因为这是一个新的研究领域,涉及了多学科的交叉和融合,包括煤地质学、地球化学、矿床学、选矿学、冶金学、环境化学等多个学科。同时,我国煤炭资源量居世界前列,成煤时代多、分布面积广,在特殊的地质背景下,形成了多种类型的煤型关键金属矿床,体现了我国的煤炭和关键金属资源特色,寻找和研发这些新型的关键金属资源矿床,必将会对我国关键金属资源安全、经济稳步发展、提高资源的利用、发展循环经济、减轻环境污染起到重要作用;煤型关键金属矿床也将成为加大战略资源储备的重要物质基础和来源。

第二章 煤型关键金属矿床常用的测试方法

本章主要介绍了煤型关键金属矿床常用的测试方法(主要有煤岩学、煤矿物学和煤地球化学测试分析技术),着重介绍了作者近些年开发的测试技术和方法,包括直接进行煤样品消解测试煤中微量元素的电感耦合等离子体质谱(ICP-MS)方法,特别是煤、粉煤灰或沉积岩中的砷、硒、硼、铕;煤、粉煤灰或沉积岩中矿物组成的测试和定量方法(X射线衍射分析+Siroquant,XRD+Siroquant)及其和X射线荧光光谱(XRF)的相互印证方法。对光学显微镜,带能谱仪的扫描电镜,煤、粉煤灰或沉积岩中常量元素测试的X射线荧光光谱法,微量元素的仪器中子活化分析(INAA),离子选择性电极法测试样品中的F,自动测汞仪(DMA-80)测试样品中的Hg等进行了概略介绍。

第一节 电感耦合等离子体质谱测试样品中的微量元素

电感耦合等离子体质谱分析是20世纪80年代发展起来的一种新型测试技术,因其具有检测限低、灵敏度高、谱线相对简单、线性范围广、可测定元素周期表中大部分元素并可同时测定多种元素等特点在地学研究领域得到了快速发展。

国标测定煤中的大部分微量元素的含量一般采用原子吸收分光光度法。美国材料与试验协会(ASTM)测定煤中大部分微量元素的含量一般采用电感耦合等离子体发射光谱(ICP-OES)法。此外,在测定煤样中的微量元素时,国标方法和ASTM方法的测定对象都是煤的高温灰(500℃)。然而,利用煤的高温灰进行测定的方法对于具有一定挥发性元素(如As、Se、Sb等)的检测结果会产生很大偏差。本书运用ICP-MS分析测试技术时测定对象为原煤,不仅避免了高温过程中元素的挥发性问题,还减少了高温处理过程中的误差,方法更为简便可靠。

运用ICP-MS分析测试技术可测试样品中的大部分微量元素。用UltraClave高压微波反应器(milestone)进行样品消解,微波消解的最初压力是50bar[①],最高温度为240℃(持续75min),微波消解程序见表2.1。煤样消解的用样量为50mg,试剂包括5mL浓度为65%的HNO_3和2mL浓度为40%的HF(有时会加入1mL浓度为30%的H_2O_2);岩石和煤灰样品的消解用样量为50mg,试剂包括2mL浓度为65%的HNO_3和5mL浓度为40%的HF(有时会加入1mL浓度为30%的H_2O_2)。优级纯的HNO_3和HF经过亚沸腾蒸馏后使用。多元素标准样品(Inorganic Ventures:CCS-1、CCS-4、CCS-5和CCS-6)用于微量元素含量的测试校正。Dai等(2011)对运用ICP-MS技术测试样品中的微量元素进行了详细阐述,此处不再赘述;本章重点介绍样品中As、Se和B的ICP-MS检测方法。

---

① 1bar=10^5Pa。

表 2.1　微波消解程序

步骤	时间/min	温度/℃	压力/bar	微波功率/W
1	12	60	100	1000
2	20	125	100	1000
3	8	160	130	1000
4	15	240	160	1200
5	60	240	160	1000
冷却时间/min			60	

一、用带碰撞反应池的电感耦合等离子体质谱测试样品中的 As 和 Se[①]

在过去的几十年间，不同的测试方法已经用于测定煤和燃煤产物中的 As 和 Se，如原子吸收光谱法(AAS)、原子荧光光谱法(AFS)、电感耦合等离子体发射光谱法、仪器中子活化分析法(INAA)等，国标与 ASTM 标准均利用氢化物发生-原子吸收法测定煤中的 As 和 Se。但以上方法均有一定的局限性。例如，原子吸收光谱法和原子荧光光谱法每次只能测定一个元素；电感耦合等离子体发射光谱法和仪器中子活化分析法可同时测定多个元素，但是前者仪器检测限较高，不适用于地质样品中痕量 As 和 Se 的测定，后者仪器昂贵，分析周期较长，且仪器操作技术比较复杂。

ICP-MS 技术存在的多原子离子质谱干扰成为影响其分析结果准确性的最为严重的问题。产生多原子离子干扰的主要的来源是采用 Ar 作为等离子气体、样品中的基体元素(O、C、N、Cl)及样品处理过程中加入的无机酸(HNO_3、HCl)等。例如，$^{40}Ar^{35}Cl$ 对 ^{75}As 及 $^{40}Ar^{38}Ar$ 对 ^{78}Se 的干扰会导致样品中 As 和 Se 含量测试结果不准确。近年来，碰撞/反应池技术(CCT)被认为是一种有效去除多原子离子干扰的方法，因此，本书采用碰撞/反应池技术与 ICP-MS 相结合用于煤和燃煤产物中 As 和 Se 的测定。

鉴于煤中 As 和 Se 的易挥发性，传统的加热酸解法消解时间长，容易产生交叉污染，另外 As、Se 的损失造成实验结果不准确，因此选用密闭高压微波消解系统进行样品前处理，针对常用的 HCl、H_2SO_4 等易对测定元素产生质谱干扰，选用 HNO_3-HF 体系进行微波消解。准确称取 50mg 美国国家标准与技术研究院(NIST)标准煤样至聚四氟乙烯(PTFE)消解管中，加入 5mL HNO_3 和 2mL HF(对于燃煤产物样品则加入 2mL HNO_3 和 5mL HF)即可开始消解，待消解完毕后，由于 As 和 Se 易挥发，无须赶酸，将样品消解液直接转移至 100mL 容量瓶中，摇匀后待测。

为了保证 ICP-MS 方法测定元素含量的准确性和灵敏度，在测定之前需调整 ICP-MS 仪器的工作参数，使仪器达到最优工作状态。为了显著消除基于 Ar 产生的对 ^{75}As($^{40}Ar^{35}Cl$)及 ^{78}Se($^{40}Ar^{38}Ar$)的干扰，需加入 H_2(6.67%)和 He(93.33%)的混合气作为碰撞气体用于优化 CCT 模式参数，使质量数为 80 的多原子离子在空白液(浓度为 2%的 HNO_3)中的响应值<2000cps[②]。在仪器的优化条件下所得到的标准曲线相关性好，检测限低，精密度好(表 2.2)，能够满足测试要求。

---

① 本节主要引自 Li X, Dai S F, Zhang W G, et al. 2014. Determination of As and Se in coal and coal combustion products using closed vessel microwave digestion and collision/reaction cell technology (CCT) of inductively coupled plasma mass spectrometry (ICP-MS). International Journal of Coal Geology, 124: 1-4. 该文已获得 Elsevier 授权使用。

② cps 表示 counts per second，译为"每秒计数"。

表 2.2　As 和 Se 的标准曲线和检测限

元素	同位素	线性范围/(μg/L)	相关系数	检测限/(μg/L)	RSD/%
As	75	1～100	0.999982	0.024	1.654
Se	78	1～100	0.999936	0.095	1.996

注：RSD 表示相对标准偏差。

在优化好的 CCT 模式下对 NIST 标准煤样和燃煤产物样品中的 As 和 Se 的含量进行测定，并且使用在线加入 ^{103}Rh 内标法校正仪器信号的短期漂移，测试结果见表 2.3，两种元素的测试结果和标准值之间的相对误差均小于 10%，准确度高；在样品的测试过程中，^{103}Rh 的回收率在 100.78%～106.38%，这表明仪器稳定性很好。

表 2.3　NIST 标准煤样和燃煤产物样品中 As 和 Se 的测定值及与标准值的比对

元素	NIST 1632c				NIST 1635			
	标准值/(μg/g)	测定值/(μg/g)	相对误差/%	回收率/%	标准值/(μg/g)	测定值/(μg/g)	相对误差/%	回收率/%
As	6.18±0.27	6.24	0.97	103.88	0.42±0.15	0.38	9.52	100.78
Se	1.326±0.071	1.41	6.33		0.9±0.3	0.91	1.11	
元素	NIST 2685b				NIST 1633b			
	标准值/(μg/g)	测定值/(μg/g)	相对误差/%	回收率/%	标准值/(μg/g)	测定值/(μg/g)	相对误差/%	回收率%
As	12	12.11	0.92	106.38	136.2±2.6	132.08	3.02	102.36
Se	1.9	1.83	3.68		10.26±0.17	10.41	1.46	

实验证明微波消解-ICP-CCT-MS 是一种可靠地用于测定煤及燃煤产物中 As、Se 含量的方法。运用微波消解及 HNO$_3$-HF 加酸体系对样品进行前处理无须赶酸，方便快捷，有效避免了 As 和 Se 的挥发；以 ^{103}Rh 作为内标，在工作参数优化条件下采用 CCT 模式进行 As 和 Se 含量测试，方法检测限低，所测 As 和 Se 含量相对误差较小，准确度高，表明 CCT 模式与 ICP-MS 联用可以有效去除基于 Ar 产生的对 ^{75}As(^{40}Ar^{35}Cl)及 ^{78}Se(^{40}Ar^{38}Ar)的干扰。

二、密闭微波消解 ICP-MS 方法测定煤中的硼[①]

对于煤中硼的研究，一方面是因为它可以用作古盐度的指示剂，对于研究成煤的沉积环境具有重要意义；另一方面硼是一种有害元素，煤中高含量的硼会带来一定的环境问题，特别是会对陆地植物产生毒效作用。

之前很多研究表明煤中硼主要运用原子发射光谱法及电感耦合等离子体-原子发射光谱法(ICP-AES)进行测定，但是这两种仪器的准确度均不高，且仪器检测限高。同时，这些技术还存在一个很大的不足，即都不能直接使用原煤样品进行测定，而是通常使用高温灰样品。这样，煤中有机态的硼具有挥发性进而导致煤中硼的测定结果偏低。

① 本节主要引自 Dai S F, Song W J, Zhao L, et al. 2014. Determination of boron in coal using closed vessel microwave digestion and inductively coupled plasma mass spectrometry (ICP-MS). Energy & Fuels, 28: 4517-4522. 该文已获得美国化学会授权使用。

电感耦合等离子体质谱法也存在一定的缺点，如多原子离子干扰及记忆效应。因此，煤中硼的测试的主要问题就是避免有机态硼的挥发及消除硼的严重的记忆效应。本书在克服了这两个难题的基础上描述了一种简单、快速、准确的测定煤中硼的方法——微波消解-电感耦合等离子体质谱法。

为了避免有机态硼的挥发，本方法的测定直接基于原煤样品而非高温灰化样品。此外，ICP-MS 要求样品测试前必须完全消解为液体，而传统的电热板所耗样品量大，消解周期长，硼损失严重，因此选用密闭高压微波消解系统进行样品前处理，准确称取 50mg NIST 标准煤样至 PTFE 消解管中，加入 0.5mL H_3PO_4、3mL HNO_3 和 1mL HF 即可开始消解，整个消解过程只需要不到 3h，每次可消解样品 40 个。另一种加酸体系（HNO_3-HF）也用于消解和测试 NIST 标准煤样，测试结果见表 2.4，可以看出不加 H_3PO_4 消解的样品测得的硼含量远远小于其标准值，而加入 H_3PO_4 消解的样品测得的硼含量满足实验要求。其原因在于硼与 HF 反应会形成 BF_3 并在赶酸阶段挥发造成损失，而加入 H_3PO_4 后，硼与 H_3PO_4 结合生成难挥发的稳定络合物，起到了固硼作用。

表 2.4　不同加酸体系下标准煤样中 ^{10}B 的测定值

样品	标准值/(μg/g)	H_3PO_4-HNO_3-HF		HNO_3-HF	
		测定值/(μg/g)	相对误差[①]/%	测定值/(μg/g)	相对误差/%
SRM1632c	62±2	62.1	0.16	bdl[②]	
SRM2682b	39	40.6	4.10	17.5	55.13
SRM2685b	109	109.9	0.83	3.4	96.88

注：① 相对误差=|测定值−标准值|/标准值×100%；
　　② bdl 表示低于检测限。

为了保证 ICP-MS 测定元素含量的准确性和灵敏度，在测定之前需调整 ICP-MS 仪器的工作参数，使仪器达到最优工作状态。此外，测试过程中还对不同的测试条件，如分辨率、冲洗液、同位素和内标的选择进行了对比研究以实现测试方法的最优化。

通过不同分辨率下对同一样品进行 11 次重复测量所得到的相对标准偏差（表 2.5）可知，高分辨率模式下所得到的硼含量更加准确。

表 2.5　不同分辨率下 NIST 标准煤样 ^{10}B 含量的相对标准偏差

样品	^9Be		^{103}Rh		^{115}In	
	高分辨率	普通分辨率	高分辨率	普通分辨率	高分辨率	普通分辨率
SRM 1632c	2.57	3.72	3.68	3.01	0.68	3.91
SRM 2682b	2.88	6.69	2.25	5.53	3.35	7.10
SRM 2685b	0.94	4.55	1.65	4.35	1.76	4.86

因为硼在测试过程中易产生严重的记忆效应，所以测试中选择合适的冲洗液可以有效避免进样过程中样品的交叉污染，确保测定结果的准确性。选用超纯水、2%的 HNO_3、2%的 HNO_3+2%的甘露醇和 2%的稀氨水进行冲洗试验，如图 2.1 所示。用 2%的稀氨水洗空白值最低，且所用时间最短，因此，选用 2%的稀氨水作为试验过程中的冲洗液。

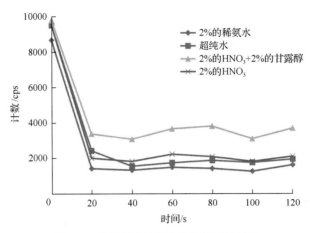

图 2.1　各种溶液冲洗背景值效果的对比

内标法不仅可以有效补偿待测元素由于基体效应引起的测量偏差，还能有效校正仪器信号的短期漂移。对于 NIST 标准煤样使用无内标或者不同内标(^{9}Be、^{103}Rh 和 ^{115}In）在线加入方式进行了 ^{10}B 和 ^{11}B 测试，测试结果见表 2.6。^{10}B 和 ^{11}B 在不同内标体系下测量值均非常相近，表明这两个同位素都适用于煤中 B 的测定；此外，相对于 ^{9}Be、^{103}Rh 和 ^{115}In 作为内标所得的 ^{10}B 和 ^{11}B 的值更接近于煤样标准值，误差更小。

表 2.6　NIST 标准样品中 B 的测试值与相关参数

内标溶液	样品	回收率/%	Cer	^{10}B				^{11}B			
				Obs	MDL 方法检测限/(μg/L)	RE 相对误差/%	决定系数	Obs	MDL 方法检测限/(μg/L)	RE 相对误差/%	决定系数
w/o	1632c		62	47.1	0.65	24.1	0.9994	46.6	0.45	24.9	0.9994
	2682b		39	30.2	0.65	22.6	0.9994	30.3	0.45	22.2	0.9994
	2685b		109	85.1	0.65	21.9	0.9994	85.5	0.45	21.6	0.9994
^{9}Be	1632c	83.75	62	54.9	0.87	11.5	0.9994	54.4	0.68	12.3	0.9995
	2682b	83.18	39	35.6	0.87	8.8	0.9994	35.7	0.68	8.4	0.9995
	2685b	83.31	109	99.9	0.87	8.3	0.9994	100.4	0.68	7.9	0.9995
^{103}Rh	1632c	78.57	62	58.0	0.77	6.4	0.9995	57.4	0.62	7.4	0.9995
	2682b	79.74	39	36.6	0.77	6.3	0.9995	36.7	0.62	5.8	0.9995
	2685b	77.52	109	106.3	0.77	2.5	0.9995	106.8	0.62	2.0	0.9995
^{115}In	1632c	78.62	62	57.8	0.84	6.8	0.9995	57.3	0.66	7.7	0.9995
	2682b	79.88	39	36.3	0.84	6.9	0.9995	36.5	0.66	6.4	0.9995
	2685b	77.75	109	105.7	0.84	3.1	0.9995	106.2	0.66	2.6	0.9995

注：w/o 表示无内标溶液；相对误差 =|Obs−Cer|/Cer×100%；由于四舍五入，相对误差可能存在 0.1%的误差；Obs 表示测定值；Cer 表示标准值。

运用微波消解及 H_3PO_4-HNO_3-HF 加酸体系对原煤样品直接进行前处理，方便快捷，空白值低，有效避免了硼的挥发；ICP-MS 在测试中采用 2%氨水作为冲洗液，使测试过程中硼的强记忆效应降低；以 ^{103}Rh 和 ^{115}In 作为内标，在工作参数优化条件下采用高分辨率模式进行硼含量测试，所得标准曲线相关性好（$r^2 > 0.999$），方法检测限低（$0.62 \sim 0.84 \mu g/L$），所测硼含量相对误差较小（$<8\%$），准确度高。该方法样品前处理操作简单、快速、准确，适用于批量测定煤中硼元素的含量。

三、阳离子交换树脂-电感耦合等离子体质谱法测定煤和粉煤灰中的铕[①]

近年来煤中稀土元素铕的研究越来越备受关注，这不仅是由于世界范围内的稀土元素需求的显著提高（Pecht et al.，2012；Hower et al.，2016；Dai and Finkelman，2018），而且由于铕对沉积环境、蚀源区供给、沉积期或后期所遭受的地质作用、区域地质历史演化等具有重要的指示意义（Bau and Dulski，1996；Seredin and Dai，2012；Dai et al.，2016）。

目前稀土元素测试的方法主要有中子活化分析、X 射线荧光光谱法、激光诱导击穿光谱法、激光烧蚀电感耦合等离子体质谱法、扇形磁场的电感耦合等离子体质谱法和四级杆电感耦合等离子体质谱法。其中四级杆电感耦合等离子体质谱法以其灵敏度高、检测限低、谱线相对简单、可测元素覆盖面广及动态线性范围较宽等优势广泛应用于煤及煤灰中包括铕元素在内的稀土元素的测试分析（Zhang et al.，2007；Ardini et al.，2010；Cai and Rui，2011）。

电感耦合等离子体质谱技术存在多原子质谱干扰，会严重影响分析结果的准确性。样品中高含量的钡所成的氧化物和氢氧化物离子会对 Eu 造成谱峰干扰（Gray and Williams，1987；Jarvis et al.，1989；Cao et al.，2001；Raut et al.，2003，2005；He et al.，2005；Zawisza et al.，2011；Loges et al.，2012；王冠等，2013），这会造成原本不存在 Eu 异常的煤及飞灰样品具有 Eu 正异常的假象，或者削弱和掩盖本身具有 Eu 负异常的样品的特征（Dai et al.，2016），因此，在高钡含量的煤及飞灰样品中应该谨慎使用 ICP-MS 测试的 Eu 数据。针对这个问题本书采用阳离子交换树脂（Bio-Rad AG50W-x8）和 ICP-MS 相结合的方法测试煤、飞灰及沉积岩样品中的铕。

本实验所选用的样品包括 4 个美国国家标准与技术研究院标准样品（两个煤样品 SRM2682b、SRM2685b 和两个飞灰样品 SRM2690、SRM2691），5 个煤样品（WLTG C6-2、LL5-K3-8、LL5-K3-13、ZJ-4-6 和 ZJ-5-12）和 4 个沉积岩样品（顶板样品 X1-1R、X1-2R 和底板样品 Z2-15F、Z2-16F）（表 2.7）。准确称取 50mg 样品至 PTFE 消解管中，加入 5mL HNO_3 和 2mL HF（对于其他样品则加入 2mL HNO_3 和 5mL HF）即可开始消解，微波消解程序参数见表 2.8。待消解完毕后，将样品转移至 15mL 的消解罐中并放在 180℃的电热板上赶酸。当杯中的溶液蒸发完后，加入 5mL 50%的金属-氧化钠-半导体（MOS）级 HNO_3，盖上盖，继续加热 4h，最后将消解罐中的溶液转移并定容至 100mL 的可溶性聚四氟乙烯（PFA）容量瓶中，摇匀后待测。

---

① 本节主要引自 Yan X Y, Dai S F, Graham I T, et al. 2018. Determination of Eu concentrations in coal, flyash and sedimentary rocks using a cation exchange resin and inductively coupled plasma mass spectrometry（ICP-MS）. International Journal of Coal Geology, 191: 152-156. 该文已获得 Elsevier 授权使用。

表 2.7 测试样品

样品名称	Ba/Eu	样品类型	样品描述
SRM2682b	2247	亚煤	美国国家标准与技术研究院标准样品
SRM2685b	292	烟煤	
SRM2690	2900	飞灰	
SRM2691	2950		
WLTG C6-2	18598	褐煤	内蒙古胜利煤田乌兰图嘎煤矿 6 号煤 (Dai et al., 2012c)
ZJ-4-6	3813	褐煤	广西百色市州景煤矿 4 号煤
ZJ-5-12	2083		广西百色市州景煤矿 5 号煤
X1-1R	202200	碳酸盐交代岩	云南临沧锗矿床大寨煤矿 (Dai et al., 2015a; Wei and Rimmer, 2017)
X1-2R	42236		
Z2-15F	51027	石英-碳酸盐交代岩	
Z2-16F	33816		
LL5-K3-8	13.18	半无烟煤	广西宜山煤田拉浪 5 号井 K3 煤 (Dai et al., 2017a)
LL5-K3-13	10.69		

表 2.8 微波消解程序参数

步骤	时间/min	温度/℃	压力/bar	功率/W
1	12	60	100	1000
2	20	125	100	1000
3	8	160	130	1000
4	15	240	160	1200
5	60	240	160	1000
冷却时间/min		60		

为了消除 Ba 的多原子离子对 Eu 的干扰，采用 Bio-Rad AG50W-x8 树脂将原液中的 Ba 和 Eu 分离开来，该树脂在使用之前需要在 6mol/L 的 HCl 溶液中浸泡 12h，湿法装柱，水洗至中性后用 10mL 1mol/L 的 HCl 平衡分离柱，然后按以下的步骤操作：

(1)第一步，将消解好的分析样品溶液上柱，进样速度为 0.2mL/min；然后收集淋滤出来的溶液。

(2)第二步，用 40mL 1.75mol/L 的 HCl 淋洗碱金属元素(如 Na、K 等)，淋洗速度为 0.5mL/min，收集淋洗液(Crock and Lichte，1982；Pin and Joannon，2007；Cao et al.，2001)。

(3)第三步，用 100mL 2mol/L 的 HNO_3 淋洗碱土金属元素(如 Ca、Ba、Mg 等)，并收集浸出的溶液(Pin and Joannon，2007；Cao et al.，2001)。

(4)第四步，用 40mL 5mol/L 的 HNO_3 淋洗 REE，并将淋洗溶液收集在 PFA 消解杯中，然后将消解杯放在 180℃的电热板上加热。当杯中的溶液蒸发完全后，加入 5mL 50% 的 MOS 级 HNO_3，将消解杯从电热板上取下并冷却至室温。

(5)将每一步的淋洗溶液都转移并定容至 100mL 的 PFA 容量瓶中，摇匀后待测。

ICP-MS 的灵敏度和准确度主要受仪器工作参数的影响，这与测定元素的准确性密切相关。所以在进行测试之前需要进行离子透镜的参数调节和峰位校准，使仪器达到最优工作状态，仪器的最佳工作参数见表 2.9。在仪器的最优工作状态下对 4 个标准样品和另外 9 个地质样品的原液与每一步淋滤液的 Eu 和 Ba 的含量进行测定。ICP-MS 测定中采用铑作为内标,通过在线加入的方式,这样既有效补偿了基体效应产生的影响,又有效监控和校正了分析信号的短期漂移和长期漂移。测试结果见表 2.10~表 2.12。表 2.11 中铑内标的回收率在 94.73%~97.24%,这表明在样品的测试过程中仪器稳定性很好。

表 2.9　ICP-MS 工作参数

工作参数	设定条件	工作参数	设定条件
射频功率/W	1400	提取时间/s	40
雾化气流速/(L/min)	0.93	冲洗时间/s	60
辅助气流速/(L/min)	0.8	四极杆偏压/V	−4.8
冷却气流/(L/min)	13.5	六级杆偏压/V	−2.1
采样深度/mm	150	重复次数	3
接口部分	镍 Xt	驻留时间/ms	10
蠕动泵转速/(r/min)	30	测量方式	峰跳
雾化器温度/℃	3	测量通道	3

表 2.10　Eu 和 Ba 的标准曲线和方法检测限

元素	同位素	线性范围/(μg/L)	相关系数	检测限/(μg/L)	RSD/%
Eu	153	1~100	0.999985	0.006	0.923
Ba	137	1~100	0.999940	0.030	1.260

表 2.11　NIST 标准煤样和燃煤产物样品的测定结果及标准值

元素	SRM2690					SRM2691				
	标准值/(μg/g)	分离前/(μg/g)	分离后/(μg/g)	相对误差/%	回收率/%	标准值/(μg/g)	分离前/(μg/g)	分离后/(μg/g)	相对误差/%	回收率/%
¹⁵³Eu	2.00	4.01	2.00	0	97.24	2.00	4.08	1.93	3.50	97.15

元素	SRM2682b					SRM2685b				
	标准值/(μg/g)	分离前/(μg/g)	分离后/(μg/g)	相对误差/%	回收率/%	标准值/(μg/g)	分离前/(μg/g)	分离后/(μg/g)	相对误差/%	回收率/%
¹⁵³Eu	0.17	0.22	0.16	5.88	97.08	0.36	0.33	0.34	5.56	94.73

通过前面对元素分离方法的介绍可知,理想状态下 Ba 和 Eu 分别存在于第三步和第四步的淋滤溶液中。由测试数据可知第三步浸出溶液中的 Ba 浓度与分离之前的溶液中的 Ba 浓度非常接近[图 2.2(a)],这表明 Ba 元素通过第三步已完全浸出,此外第四步的淋滤溶液中 Eu 浓度值和标准值之间的相对误差均小于 10%,这说明 AG50W-x8 树脂和 ICP-MS 联用可以有效地将溶液中的 Ba 和 Eu 完全分离,消除 Ba 的氧化物和氢氧化物对 Eu 元素测试产生的干扰。理论上在第三步的淋滤溶液中含有高浓度的 Ba 元素,不含或含有低浓度的 Eu 元素,但是由表 2.12 可知,在 Ba / Eu 高的样品中第三步的淋滤溶液中却检测到 Eu,这是在 ICP-MS 在检测过程中受 Ba 的多原子离子干扰引起的。这些结果清楚地表明高浓度的 Ba 会对 Eu 的测定产生干扰。图 2.2(b)表明在测试过程中 Eu 的干扰值会随着 Ba 浓度的增加而增加。

表 2.12 标准样品中 Ba 和 Eu 的标准值及样品淋溶过程中 Ba 和 Eu 含量变化

(单位：μg/g)

SRM2690 (Ba/Eu=2900)

元素	标准值	分离前	第一步	第二步	第三步	第四步
153Eu	2	4.01	bdl	0	1.87	2
137Ba	5800	6390	1.06	0.34	5852.23	112.1

SRM2691 (Ba/Eu=2950)

元素	标准值	分离前	第一步	第二步	第三步	第四步
153Eu	2	4.08	bdl	bdl	1.88	1.93
137Ba	5900	6109	0.88	0.52	6392	193

SRM2682b (Ba/Eu=2247)

元素	标准值	分离前	第一步	第二步	第三步	第四步
153Eu	0.17	0.23	bdl	bdl	0.07	0.16
137Ba	382	368.77	bdl	0.54	407.21	0.83

SRM2685b (Ba/Eu=292)

元素	标准值	分离前	第一步	第二步	第三步	第四步
153Eu	0.36	0.33	bdl	bdl	0.02	0.34
137Ba	105	97.6	bdl	0.4	113.1	bdl

LL5-K3-13 (Ba/Eu=10.69)

元素	分离前	第一步	第二步	第三步	第四步
153Eu	2.23	bdl	0.01	bdl	2.24
137Ba	19	bdl	bdl	23.94	2.15

X1-1R (Ba/Eu=202200)

元素	分离前	第一步	第二步	第三步	第四步
153Eu	0.52	bdl	0	0.62	0.01
137Ba	1895.23	0.45	0.07	2022	22.03

Z2-15F (Ba/Eu=51027)

元素	分离前	第一步	第二步	第三步	第四步
153Eu	0.44	bdl	bdl	0.45	0.03
137Ba	1493.23	0.79	0.03	1530.89	32.79

ZJ-4-6 (Ba/Eu=3813)

元素	分离前	第一步	第二步	第三步	第四步
153Eu	0.18	bdl	0	0.08	0.1
137Ba	350.47	bdl	0.42	381.32	bdl

WLTG C6-2 (Ba/Eu=18598)

元素	分离前	第一步	第二步	第三步	第四步
153Eu	0.61	bdl	bdl	0.54	0.34
137Ba	2428.27	0.4	0.4	2603.77	bdl

X1-2R (Ba/Eu=42236)

元素	分离前	第一步	第二步	第三步	第四步
153Eu	0.25	bdl	bdl	0.25	0.02
137Ba	814.53	4.02	0.09	844.67	12.66

Z2-16F (Ba/Eu=33816)

元素	分离前	第一步	第二步	第三步	第四步
153Eu	0.38	bdl	bdl	0.42	0.05
137Ba	1357.23	2.85	0.26	1690.89	22.93

ZJ-5-12 (Ba/Eu=2083)

元素	分离前	第一步	第二步	第三步	第四步
153Eu	0.24	bdl	bdl	0.08	0.17
137Ba	329.47	1.8	0.6	353.99	bdl

LL5-K3-8 (Ba/Eu=13.18)

元素	分离前	第一步	第二步	第三步	第四步
153Eu	2.59	bdl	bdl	0.03	2.41
137Ba	26.23	3.43	0.68	31.77	3.72

注：bdl 表示低于检测限。

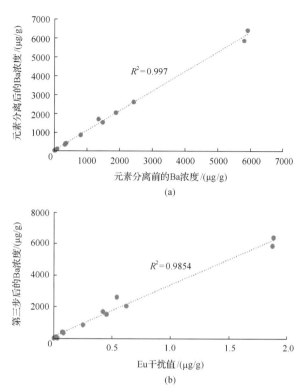

图 2.2 Ba 元素分离前后浓度的相关性及 Eu 的干扰值和样品中 Ba 元素浓度值的相关性

此外，由图 2.3 可明显看出 Ba/Eu 与被干扰的 Eu 的关系，当 Ba/Eu＜1000 时，Ba 的多原子分子对 Eu 的干扰程度很低；然而，当 Ba/Eu＞1000 时，Eu 受到的干扰程度则会升高。这表明，当 Ba/Eu＜1000 时，Ba 对 Eu 的干扰可以忽略不计，即使消解后样品未经过 AG50W-x8 树脂处理，使用 ICP-MS 测得的 Eu 值也具有可靠性。然而，当 Ba/Eu＞1000，ICP-MS 测得的 Eu 值将会高于实际值，如果没有排除 Ba 的氧化物和氢氧化物对 Eu 的干扰的话，那么测试结果不一定具有可靠性（Loges et al.，2012）。

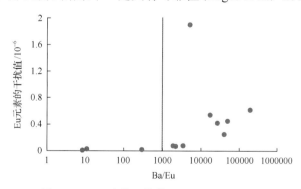

图 2.3 Eu 元素的干扰值和 Ba/Eu 的相关性

实验证明 ICP-MS 和 AG50W-x8 树脂结合可以为煤和飞灰沉积岩等地质样品中 Eu 的测定提供一种可靠的方法。AG50W-x8 树脂可以有效地将消解后的液体样品中的 Ba 和 Eu 分离，这样就可以大大减少在 ICP-MS 测试过程中 Ba 的氧化物和氢氧化物对 Eu 的干扰。

第二节　仪器中子活化分析

自 20 世纪 60 年代开始,仪器中子活化分析便用于煤中元素含量的分析,是 60～90 年代煤物质成分最重要的分析方法之一。中子活化技术就是用低能量的中子(慢中子)照射煤样,煤中的元素、稳定同位素捕获中子形成放射性同位素,该放射性同位素随后发射出 γ 射线,根据 γ 射线的能量及半衰期可以鉴别元素的种类,γ 射线的强度可以用来检测该元素的含量。仪器中子活化分析检测结果与样品的化学和物理状态基本无关,适合煤固体样品原样多元素同时测定。用仪器中子活化分析对内蒙古准格尔煤田黑岱沟矿主采的 6 号煤中的微量元素进行测试。测试条件是把分析样品破碎至 200 目;分析仪器为高纯锗 γ 谱仪(美国 Ortec 公司生产,γ 谱仪对 ^{60}Co 的 1332keV γ 线的分辨率为 1.87keV);中子质量率为 4×10^{13}n/(cm^2·s),照射时间为 8h。

第三节　高温燃烧水解-氟离子选择性电极法测试煤中总氟含量

卤素元素具有挥发性,它们在煤样品高温灰化时发生挥发而损失。而卤素元素在溶液中容易形成稳定的阴离子,因此,离子选择电极(ion selective electrode,ISE)和离子色谱(ion chromatography,IC)方法是测定这些阴离子的较好方法。在利用这些方法测定之前,必须将煤中卤素元素等被测元素分离富集到溶液中,目前分离富集的主要方法包括碱溶解(Kirschenbaum,1989)、氧弹消解(ASTM,2015)和高温水解(Godbeer and Swaine,1987),其中高温水解方法被认为是较好的前处理方法(Godbeer and Swaine,1987;Swaine,1990;Wong et al.,1992)。

Kirschenbaum(1989)、Doughten 和 Gillison(1990)等利用 ISE 方法测定煤灰中的氟,美国 ASTM 和我国制定了 ISE 测定煤中氟的技术规范,分别是《煤和焦炭中氟的测定方法》(ASTM D5987-96)(ASTM,2015)和《煤中氟的测定方法》(GB/T 4633—1997)[①]。Rigin(1987)利用 IC 方法测定了煤中的卤素元素、N、P 和 S 等元素;Cox 等(1992)论述了利用 IC 测定煤中元素的方法。

本书所采用的氟离子的测试方法是 ASTM D5987-96(ASTM,2015)和国家标准《煤中氟的测定方法》(GB/T 4633—1997)中所述的方法。ASTM D5987-96(ASTM,2015)中所述的方法采用氧弹燃烧处理样品,用 NaOH 溶液吸收氟离子,再利用氟离子选择电极测定氟离子浓度。尽管 ASTM 方法的准确度较高,但是该方法只适用于灰分小于 25% 的煤样,因此具有一定的局限性。国家标准《煤中氟的测定方法》(GB/T 4633—1997)中所述的方法则是利用高温燃烧分解样品,将煤中的氟全部转化为挥发性的氟化物(SiF$_4$ 及 HF),然后用饱和水蒸气吸收气态氟化物,再利用氟离子选择电极测定氟离子浓度,计算煤中总氟量。该方法不受煤中灰分的影响,测试对象可以是煤和岩石样品。

本书依据国家标准《煤中氟的测定方法》(GB/T 4633—1997)测定煤中的氟含量,所

---

① 该研究工作是在 2005 年开展的,新标准(GB/T 4633—2014)尚未实施。

用测试样品为 0.5g，样品粒度＜0.2mm。以水为氟吸附液，测定介质酸度 pH=6，缓冲溶液为柠檬酸三钠、柠檬酸和硝酸钾混合液，氟浓度测量采用一次标准加入法；利用该方法，当氟含量≤150μg/g 时，重复性限为 15μg/g，再现性临界差为 20μg/g；当氟含量＞150μg/g 时，重复性限为 10%（相对），再现性临界差为 15%（相对）。

第四节　X 射线荧光光谱法进行常量元素的测定

X 射线荧光光谱法是分析煤中常量元素含量的重要方法。X 射线荧光分析的基本原理是样品在 X 射线照射（Cr 或 W 靶）下，样品中的元素发生从基态到激发态的电子跃迁，这些处于高能态的价电子随后发生从高能态到低能态的跃迁，并产生能量较低的 X 射线荧光，不同元素所产生的荧光的波长（能量）不同，因此，可以根据波谱测量仪器（WDXRF）或能量测量仪（EDXRF）测定元素的含量。

本书所述的常量元素（包括 SiO_2、TiO_2、Al_2O_3、Fe_2O_3、MgO、CaO、MnO、Na_2O、K_2O、P_2O_5）用 XRF 进行测试。其有两种制样方法：第一种是将样品进行灰化（815℃），将灰化后的样品进行压片；第二种是将样品进行高温熔融（仪器为加拿大 CLAISSE 公司生产的 CLAISSE TheBee-10），准确称取 1g 样品（高温灰化）和 10g 助熔剂（锂硼酸盐，CLAISSE，超纯，50%的 $Li_2B_4O_7$ + 50%的 $LiBO_2$）置于铂金坩埚（25mL；95%的 Pt + 5%的 Au）内，滴入 3～5 滴脱模剂（LiBr，0.25g/mL），使用涡旋混匀器（HYQ-2121A）将样品和助熔剂混合均匀；将铂金坩埚和铂金模具盘分别卡好置于 CLAISSE TheBee-10 自动电熔样机上的相应位置，铂金坩埚内的样品及助熔剂熔化后被投入铂金模具盘中，冷却后供 XRF 测试。仪器所采用的无标样定量软件为 UniQuant（版本 5.46），并采用 NIST 标准样品 NIST2689 和 NIST2690 进行结果校正。

第五节　显微探针技术

显微探针技术又称微区分析方法、微束分析技术，是一大类方法的总称。它是指使用各种微束（电子束、离子束、激光束、X 射线束）激发样品，从而实现样品微小区域的物质成分或结构的定性或定量测定。显微探针技术已成为直接探究煤中微量元素赋存状态的重要手段，包括带能谱仪的扫描电镜（SEM-EDS）、电子探针（EMPA）、质子探针（PIXE）、离子探针（IM）和激光探针（LM）等。本书所采用的显微探针技术主要是带美国伊达克斯（EDAX）能谱仪（Genesis Apex 4）的场发射（FE）扫描电镜（FEI Quanta™ 650 FEG）。扫描电镜能谱结合背散射电子（BSE）图像技术是研究煤中微量元素赋存状态的有力工具。背散射电子图像的衬度主要与电子束照射区域的平均原子质量有关，因此，根据背散射电子图像的亮度分布并结合能谱可随时测定相关区域的金属元素的浓度分布，并进一步推测这些元素的赋存状态。用 Quorum Q150T ES 高真空镀膜系统对样品表面镀碳、金或铬，或者样品不喷镀导电物质，直接在扫描电镜的低真空（60bar）模式下工作。无论是高真空模式还是低真空模式，FE-SEM-EDS 的工作距离（working distance）设置为 10mm、电子束电压（beam voltage）设置为 20kV，孔径（aperture）为 6，电子束斑大小（spot size）为 4.5～5.0。用可伸缩固体背散射电子探测器（retractable solid state back-scattered electron detector）进行图像的捕获。

第六节　低温灰化和 X 射线衍射定量分析方法

利用英国 EMITECH 公司的 K1050X 型低温灰化仪对煤的粉末样品进行低温灰化处理。对一般煤样的粒径要求为 200 目，但是也不宜过细，以免在灰化过程或者低温灰样品收集过程中造成损失。灰化过程中，每隔 3h 左右翻拨一次样品，所需灰化时间随煤样的水分和挥发分含量的不同而变化，一般来说，无烟煤灰化所需时间低于 24h，烟煤为 24~48h，褐煤为 48~72h。灰化完成后对低温灰样品称重并计算出煤样的低温灰产率。

利用日本理学公司的 D/max-2500/PC 型粉末衍射仪对所得煤样的低温灰和岩石粉末样品进行 X 射线衍射分析，衍射仪利用 Cu 靶的 Kα 谱线分析样品。2θ 的范围为 2.6°~70°，步长为 0.01°。矿物的定量分析可以利用 IMD 公司的 JADE、PANalytical 公司的 X'Pert HighScore Plus 等软件，这类软件基于 ICDD PDF 卡片库，具有对未知成分样品进行寻峰、物相检索、单峰检索等基本功能，利用这些功能可完成样品的物相鉴定。

对矿物的定量分析利用 Taylor(1991)研发的 Siroquant™软件。使用 Siroquant™ 分析时，首先需要对 XRD 谱图做本底值去除和曲线校准，其次基于样品中所含矿物生成一个合成的 XRD 谱图，通过交互式调整矿物的晶体学参数(包括晶胞参数、谱线宽度、择优取向等)，直到得到一个接近实际 XRD 曲线的合成曲线(图 2.4)。最终的输出结果除了矿

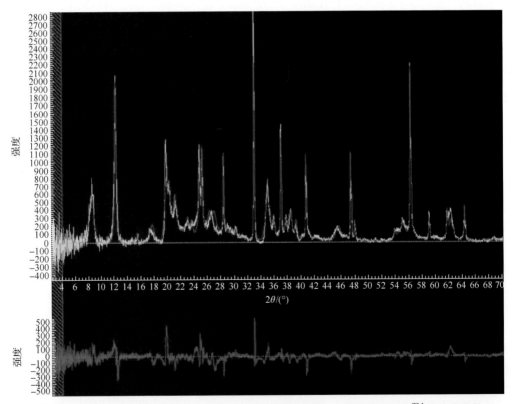

图 2.4　利用 Siroquant™ 软件导入的原始 XRD 谱图(黄线)、利用 Siroquant™ 软件生成的
衍射图(红线)，以及二者之间的差值(蓝线)(见文后彩图)

物含量的百分比，还包括单个矿物百分比的偏差(equivalent standard deviation)和总体拟合优度(overall goodness of fit)，后者用 χ^2 值表示。关于 Siroquant™对煤和岩石样品的矿物定量分析原理和方法可参考 Ward 和 Taylor(1996)及 Ward 等(2001)的研究。Siroquant™ 软件对煤和岩石样品的矿物学定量分析已经被证明具有很好的可靠性，其结果和全岩样品的化学分析结果被证明具有较高的一致性(Ward et al.，1999，2001；Zhao et al.，2012，2013)。

第七节　逐级化学提取方法

本书使用的逐级化学提取方法流程如图 2.5 所示，将密度分离和逐级化学提取实验结合起来研究煤中微量元素的赋存状态，该方法来源于张军营(1999)和 Dai 等(2004)的研究。基于该方法能够识别出煤中元素的 6 种赋存状态：水溶态、离子交换态、碳酸盐/磷酸盐结合态、有机结合态、硅酸盐结合态和硫化物结合态。

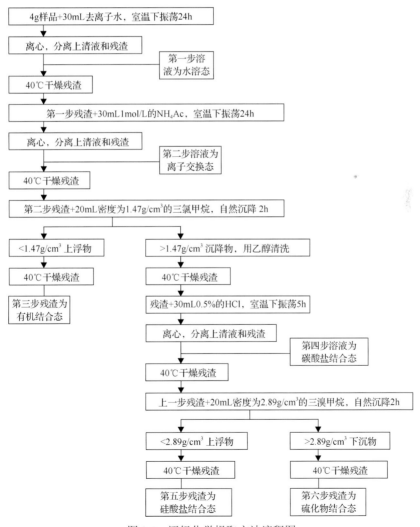

图 2.5　逐级化学提取方法流程图

实验步骤中分别提取的元素结合态为：第一步为水溶态（称取样品后用去离子水在室温下振荡 24h）；第二步为离子交换态（用 30mL 1mol/L 的 NH_4Ac 在室温下振荡 24h）；第三步为有机结合态[取三氯甲烷（$1.47g/cm^3$）密度分离的上浮物直接测定]；第四步为碳酸盐结合态（用 30mL 0.5%的 HCl 提取第三步的下沉物）；第五步为硅酸盐结合态[取三溴甲烷（$2.89g/cm^3$）密度分离的上浮物]；第六步为硫化物结合态（取三溴甲烷密度分离的下沉物）。该方法的局限性在于，若有机质中含有较多超微矿物，逐级化学提取过程中采用的密度分离并不能真正区别有机态元素，结果有可能高估有机态元素的比例。

第八节　其他检测方法

对煤的工业分析采用的标准为 ASTM D3173-11、ASTM D3174-11 和 ASTM D3175-11（ASTM，2011a，2011b，2011c），全硫和形态硫测试采用的标准为 ASTM D3177-02 和 ASTM D2492-02（ASTM，2007a，2007b）。煤的 C、H、N 测试采用的是德国 Elementar 元素分析系统公司的元素分析仪（Vario MACRO）。对煤的岩石学分析样品的制备方法和镜质组反射率测量采用的标准是 ASTM D2797/D2797M-11a 和 ASTM D2798-11（ASTM，2011d，2011e），采用的显微镜是德国莱卡公司的 DM-4500P，光度计采用的是美国 Craic 公司的 QDI 302™。显微组分的分类和术语依据 Taylor 等（1998）和 ICCP System 1994（Pickel et al.，2017）显微组分的测定方法依据 ASTM D2799-11（2011f）。

样品中 Hg 的测定采用 DMA-80 自动测汞仪（Milestone）。DMA-80 可满足美国国家环境保护局 EPA7473 分析方法的要求，样品的检测限为 0.005ng，汞标准溶液 11 次重复性 RSD≤1.5%，线性范围为 0～1000ng（低量程 0～20ng，高量程 20～1000ng）。DMA-80 自动测贡仪与目前通用的原子荧光光谱法、冷原子吸收光谱法（CAA）、双硫腙分光光度法（DSPM）相比，避免了湿化学消解的烦琐、费时及消解过程中 Hg 的挥发，具有准确度高，重现性好，稳定，操作简便、快捷等优点。

第三章 煤型镓铝矿床——以内蒙古 准格尔和大青山煤田为例

本章论述了煤中镓和铝的地球化学特征，并对内蒙古准格尔煤田的黑岱沟矿、哈尔乌素矿、官板乌素矿，以及大青山煤田的阿刀亥矿、海柳树矿和大炭壕矿晚古生代煤的煤岩学、地球化学和矿物学特征进行了对比研究，证实了准格尔煤田的黑岱沟矿、哈尔乌素矿、官板乌素矿，以及大青山煤田的阿刀亥矿属于煤型镓铝矿床，发现了煤中含镓、铝、稀土元素的矿物，如勃姆石、一水硬铝石、磷锶铝石、磷钡铝石，其中勃姆石和一水硬铝石来源于本溪组风化壳铝土矿，磷锶铝石和磷钡铝石属于自生成因，是富铝、锶和钡的溶液与成煤植物分解的磷反应而形成的。内蒙古准格尔煤田和大青山煤田的阿刀亥矿属于超大型镓铝矿床，稀土元素的利用价值也值得高度关注。大青山煤田的阿刀亥矿、海柳树矿和大炭壕矿虽然属于同一个含煤盆地，都位于阴山古陆内部，但这 3 个矿主采煤层的沉积源区不同，从而导致这 3 个矿主采煤层的地球化学和矿物组成差异明显。

第一节 煤中镓和铝的地球化学特征

一、煤中铝

Al 的原子序数是 13，它是一种较软的易延展的银白色金属，是地壳中第三大丰度的元素(仅次于氧和硅)，也是丰度最大的金属元素，占地壳元素总量的 7.57 %。铝的化学性质很活跃，因此除非在极其特殊的氧化还原环境下，一般很难找到自然金属形态的铝。铝在空气中会迅速形成一层致密的氧化铝薄膜，阻止腐蚀的继续进行。被发现的含铝的矿物超过 270 种，最主要的含铝矿石是铝土矿。

铝是轻金属，密度仅是铁的 1/3 左右。纯铝较软，在 300℃ 左右失去抗张强度，熔点为 660.4℃。铝是当今工业中常用金属之一，不仅质量轻、质地坚，而且具有良好的延展性、导电性、导热性、耐热性和耐核辐射性，是国家经济发展的重要基础原材料。利用铝及其合金制造的结构件不仅对航空航天工业非常关键，而且对交通和结构材料领域也非常重要。最有用的铝化合物是它的氧化物和硫酸盐。虽然铝在 pH 为中性的土壤中难溶并且对植物一般是无害的，但它在酸性土壤中是阻碍植物生长的首要因素。在酸性土壤中，Al^{3+} 浓度会升高，会影响植物的根部生长和功能。

煤中的 Al 主要以硅酸盐(黏土矿物、长石、水铝英石和多水高岭石等)和氢氧化物形式存在，有时与有机态结合，如密蜡石 $\{Al_2[C_2(COO)_6]\cdot 18H_2O\}$。煤中的 Al 主要来源于泥炭聚积时陆源碎屑的供给，后生成因的脉状黏土矿物在煤中亦常见(代世峰等，2005；任德贻等，2006)。勃姆石和硬水铝石常见于火山灰夹矸中，三水铝石在煤中少见，勃姆石和硬水铝石在煤中偶见，但在内蒙古准格尔煤田黑岱沟矿太原组 6 号巨厚煤层中发现有高含量的勃姆石，其是该煤层中 Al 的主要载体之一(Dai et al.，2006)。

中国煤中 Al_2O_3 的含量均值为 5.98%，SiO_2/Al_2O_3 的值为 1.42 (Dai et al.，2012b)；西南地区煤中 Al_2O_3 的含量为 2.44%～28.58%，均值为 4.92%；鄂尔多斯盆地北缘晚古生代煤中 Al_2O_3 的含量为 0.69%～16.55%，均值为 5.93%；河北开滦矿区晚古生代煤中 Al_2O_3 的含量为 1.58%～19.15%，均值为 6.88%(代世峰等，2005)。

二、煤中镓

从地球化学角度看，Ga 属于典型的分散元素。Ga 在航空电子工业、原子能工业及近代工业尖端技术中有着极其重要的作用，可以用作太阳能电池、集成电路、发光二极管、计算机存储器、冷焊剂和催化剂、低熔点合金等。全世界 Ga 的消费量很大，其中90%以上用于制造镓化合物的半导体材料。

Ga 的原子序数为 31，原子量为 69.72，原子体积为 $11.8cm^3/mol$，原子密度为 $5.904g/cm^3$，熔点为 29.78℃，沸点为 2403℃，电子构型为 $4s^24p^1$，电负性为 1.6。Ga 在其化合物中所表现的原子价从+1 价到+3 价均有，化学价虽有+1 价、+2 价，但是这两种价态的化合物在自然界因不稳定而不存在。+3 价镓的化合物是最稳定的，同时也只有+3 价镓的化合物在溶液中是稳定的，因此 Ga 在自然界中仅表现为+3 价元素。在自然界中，Ga 有两个稳定同位素 ^{69}Ga 和 ^{71}Ga，所占的百分比分别为 60.5%和 39.5%。Ga 的克拉克值为 $16\mu g/g$ (Rudnick and Gao，2004)，Ga 在自然界中很难形成独立的矿床，主要是从其他矿石的副产品中获得。在自然界中仅存在两个 Ga 的独立矿物，硫镓铜矿 $(CuGaS_2)$ 和羟镓石 $[(Ga(OH)_3)]$，其仅发现于非洲的两个矿床中，它们仅在矿物学上具有理论意义(任德贻等，2006)。

由于 Ga 原子与 Zn 原子具有类似的电子构型，决定了 Ga 的亲硫性质，但 Ga 和 Zn 所不同的是不随原子序数的增加发生内层电子的增加，Ga 的+3 价电子系分布在外部电子层，这和 Al 很相似。Ga 同 Al 的化学及结晶化学性质也十分相似，从而决定了二者的紧密共生关系。此外，Ga 有时也表现出亲 Fe 的性质，因此，Ga 在自然界中表现出三重亲和性：经常与 Al 同生及在某些场合与 Fe^{3+} 伴生，说明 Ga 具有亲石性质；Ga 的亲硫性质表现在它存在于硫化物中；Ga 还经常在铁陨石中存在，显示出其具有亲铁性质。Ga 较 Al 更趋向于亲硫及亲铁，这是它与 Al 在地球化学性质上的不同之处(任德贻等，2006)。

三、中国和世界煤中的镓含量

中国各时代煤中 Ga 含量的权衡均值为 $6.55\mu g/g$ (Dai et al.，2012b)，分布范围为 0.05～$170\mu g/g$ (任德贻等，2006)，在各聚煤期中，石炭-二叠纪煤中 Ga 含量的权衡均值最高，为 $9.88\mu g/g$，华南晚二叠世煤中 Ga 含量的权衡均值为 $8.27\mu g/g$，中国北方早-中侏罗世煤中 Ga 含量的权衡均值最低，为 $2.77\mu g/g$ (任德贻等，2006；表3.1)。

表 3.1　中国各时代煤中 Ga 的含量(任德贻等，2006)

时代	样品数/个	储量权重值	计算值/(μg/g)	权衡均值/(μg/g)	储量比例	各时代煤中元素含量分值/(μg/g)
C-P	1026	19.174	189.397	9.88	0.381	3.764
P$_2$	>336	3.950	32.700	8.27	0.075	0.620
T$_3$	11	0.216	2.407	9.48	0.004	0.038
J$_{1-2}$	775	18.707	51.885	2.77	0.396	1.097
J$_3$-K$_1$	141	4.836	36.189	7.48	0.121	0.905
E-N	33	0.885	4.218	4.77	0.023	0.110
总数	2322	47.768	316.796	6.63	1	6.63

Ketris 和 Yudovich(2009)报道的世界煤中 Ga 含量为 5.8μg/g,世界褐煤中 Ga 含量为 5.5μg/g，世界硬煤中 Ga 含量为 6.0μg/g。Finkelman(1993)报道的美国煤中 Ga 含量的均值为 5.7μg/g；英国主要煤田煤中 Ga 含量范围为 0.6～7.5μg/g,均值为 3.42μg/g(Spears et al.，1999)；德国鲁尔煤田石炭纪煤中 Ga 含量为 3.0μg/g(Mackowsky，1982)；乌克兰顿涅茨煤田石炭纪煤中 Ga 含量的均值为 12μg/g；俄罗斯的库兹涅茨克煤田晚古生代煤中 Ga 含量的均值为 6μg/g,坎斯克-阿钦斯克煤田侏罗纪煤中 Ga 含量的均值为 2μg/g (Шпирт и др et al.，1990)。根据 Bouška 和 Pešek(1999)的资料，捷克北波西米亚盆地煤中 Ga 含量的范围为 1.9～42μg/g,均值为 10.03μg/g；塞尔维亚科索沃盆地煤中 Ga 含量的范围为 4.0～89μg/g,均值为 40.2μg/g(Ruppert et al.，1996)；澳大利亚新南威尔士冈尼达二叠纪煤中 Ga 含量的范围为 1.5～82.2μg/g,均值为 16.63μg/g(Ward et al.，1999)。

四、煤中镓的赋存状态和地质成因

人们对煤中 Ga 的赋存状态的研究较少，对其赋存状态是以矿物态为主，还是以有机结合态为主，或两者兼而有之存在不同看法(任德贻等，2006)。张军营(1999)对黔西南晚二叠世煤中矿物成分的研究表明，黄铁矿中 Ga 含量为 0.81～3.17μg/g,平均为 1.8μg/g；方解石中 Ga 含量为 0.18～6.26μg/g,平均为 3.26μg/g,均低于煤中 Ga 的平均含量；而泥岩夹矸中 Ga 含量为 6.52～34.7μg/g,平均为 20.61μg/g,明显高于煤中 Ga 的均值。张国斌(2001)对天津蓟玉煤田大高庄井田煤系中煤伴生的多种关键元素，特别是对 Ga 含量及其可资利用潜力进行了研究，发现 Ga 主要富集在煤及其直接底板岩石中，个别样品中 Ga 含量达到了 30μg/g。Клер 等(1987)报道，在煤的各种矿物中，菱铁矿、黄铁矿中并不富集 Ga，Ga 主要富集在黏土矿物中。Юдович 等(1985)指出煤中矿物态 Ga 可能与细分散的沸石有关，以及与火山热液及火山灰有关。

由于 Ga 和 Al 的地球化学性质相似，煤中 Ga 大多与黏土矿物有关，以类质同象取代 Al 而赋存在含铝矿物中。岩浆岩在湿热气候下风化时，Al、Ga 具有较大的惰性，绝大部分转到残积物中，各类沉积岩中的 Ga、Al 比值(KGA)比较稳定且与岩浆岩的 KGA 值相当接近，在表生风化和沉积作用中微量的 Ga 和在内生高温地质作用下一样，赋存在性质与之相近的丰度高的含铝矿物中，在表生作用带内共同迁移和沉积(任德贻等，2006)。周义平和任友谅(1982)对我国西南地区晚二叠世煤田煤中 Ga 的分布和煤层氧化带内 Ga 的地球化学特征进行了深入研究，发现西南地区晚二叠世含煤岩系的陆源区以玄武岩为主，其中 Ga 含量为 18.3μg/g，随着玄武岩风化程度的加深，其 Ga、Al 含量渐增，在含煤岩系底部由玄武岩风化形成的铝土质粉砂质泥岩中 Ga 含量为 56μg/g，KGA 值亦增加到 3.45。显然，富含 Ga 的陆源泥质悬浮物输入泥炭沼泽。煤具有明显的富 Ga 倾向，大多数测试样品中的 KGA＞2.2，Ga 在煤中有 3 种成因类型：一种为风化壳型，分布于靠近古陆剥蚀区的沉积盆地的边缘地带，该类型 Ga 含量直接受到煤中矿物质的 Al 含量的控制。该类型 Ga 在煤中分布较均匀，但不富集。另外两种为同沉积富 Ga 型和同沉积贫 Ga 型，离陆源剥蚀区距离较远，沉积发生于泥炭沼泽的腹地，煤中 Ga 含量发生两极分化，一部分煤中 Ga 含量显著富集，每克煤灰中 Ga 含量可达几百微克，KGA 值普遍在 5 以上，部分可达 20 以上，另一部分煤中的 Ga 则大部分贫化。

第二节　研究区地质背景

一、准格尔煤田地质背景

准格尔煤田地处鄂尔多斯盆地的东北缘(图 3.1)，煤田南北长 65km，东西宽 26km，面积为 1700km²，已探明的煤炭储量为 268 亿 t。准格尔煤田是鄂尔多斯盆地煤层最富集的地带，也是沉积相变最明显的地带，石灰岩在煤田内全部尖灭，逐渐相变为陆源碎屑岩。

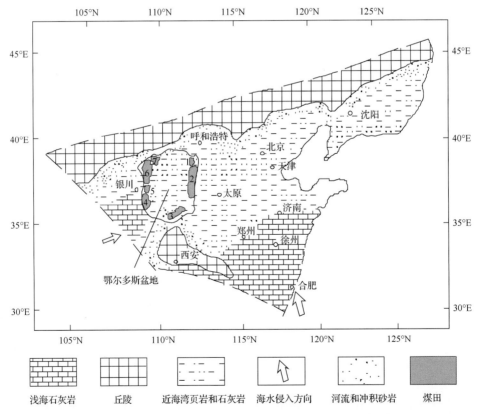

图 3.1　鄂尔多斯盆地准格尔煤田位置图和中国华北晚古生代古地理图(Dai et al., 2006)

1-准格尔煤田；2-河东煤田；3-渭北煤田；4-韦州煤田；5-横城煤田；6-贺兰山煤田；7-乌达煤田

准格尔煤田总的构造形式为一走向近于南北、倾向西、倾角小于 10°的单斜构造（图 3.2）。在这一单斜构造内部发育一系列小型波状起伏的褶曲构造，区内断层稀疏，规模不大，发育的断层均为正断层。

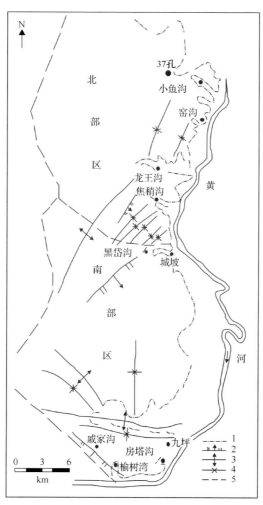

图 3.2　准格尔煤田构造纲要图(刘焕杰等，1991)
1-煤层露头；2-正断层；3-背斜；4-向斜；5-煤田边界

准格尔煤田的含煤岩系包括上石炭统本溪组、太原组和下二叠统山西组（图 3.3），为一套夹有石灰岩层的陆源碎屑含煤沉积。含煤岩系总厚 110～160m，煤系地层的底板为中奥陶统石灰岩，其上覆地层为上石盒子组、下石盒子组、石千峰组、刘家沟组等非含煤地层。

该区含煤地层的研究程度较低，地层划分存在较大分歧，问题的关键是如何确定太原组与山西组的分界。一种意见认为，根据孢粉组合特征，将 6 号煤的顶板砂岩作为山西组与太原组的分界，6 号煤应属太原组（王素娟，1982）。另一种意见则认为，根据植物化石组合特征，应将 6 号煤的底板作为山西组与太原组的分界，6 号煤应属于山西组（陈忠惠等，1984）。本书采纳第一种意见，认为 6 号煤属于太原组。

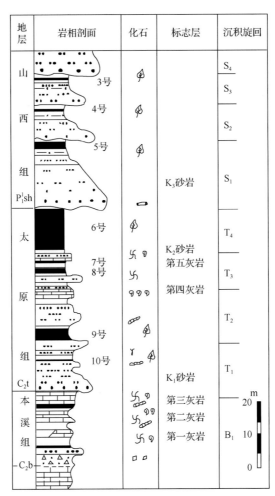

图 3.3 准格尔煤田综合柱状图(刘焕杰等，1991)

本书所采集的准格尔煤田 6 号煤煤样属于太原组。太原组厚 35～70m，可分为上、中、下 3 个部分。

太原组下部以灰色、灰白色石英砂岩为主，夹有薄层灰黑色泥岩、粉砂岩及煤层。

太原组中部以泥岩、粉砂岩为主，夹有石灰岩及薄层石英砂岩，含 7 号、8 号、9 号 3 层煤。

太原组上部主要由巨厚的 6 号煤及底板泥岩、砂岩组成，它位于太原组的顶部。准格尔煤田主采煤层 6 号煤是本区最重要的可采煤层，为结构复杂的较稳定煤层。厚度为 2.7～50m，平均厚度为 30m，是在三角洲沉积体系背景下形成的巨厚煤层。6 号煤底板为薄层的生物碎屑泥晶石灰岩，底板砂岩又称 K_2 砂岩。太原组的含煤性呈现南段差、中北段好的变化趋势。

二、太原组 6 号煤成煤前的岩相古地理

太原组的旋回特征最为明显，每个旋回的沉积相组合及其特征十分相似。太原组含煤建造沉积旋回的划分原则是将海退的开始作为旋回的起点，海进的结束作为旋回的终

点。煤层居于旋回的中部，其下为海退相组，其上为海侵相组。据此可将太原组划分为4个旋回。

据刘焕杰等(1991)的研究，准格尔煤田6号煤成煤环境较为复杂，早期主要为潟湖、潮坪、泥炭坪，后期逐渐向滨海平原沼泽过渡。

6号煤巨厚煤层(图3.4)是在堡岛沉积体系古地理格局的基础上形成的，从图3.4可看出，6号煤总体呈现北厚南薄、西厚东薄的特点，这主要与成煤前的古地理环境有关。从图3.5可以看出煤层形成前准格尔煤田总的环境格局。随着海水退却，在这一格局的基础上，堡后泥炭坪及潟湖泥炭坪广泛发育，并连为一体，6号煤开始形成。

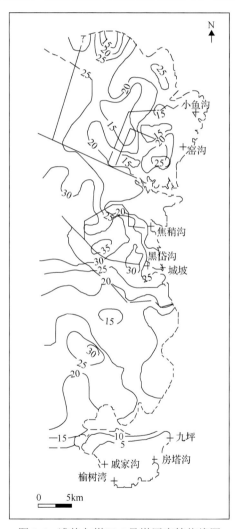

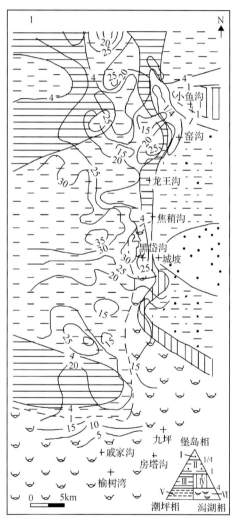

图3.4 准格尔煤田6号煤厚度等值线图
(刘焕杰等，1991)
等值线单位为m

图3.5 准格尔煤田6号煤厚度等值线及成煤前岩相古地理图(刘焕杰等，1991)
Ⅰ-堡岛相；Ⅱ-亚堡岛相；Ⅲ-亚潮坪相；Ⅳ-亚潟湖相；
Ⅴ-潮坪相；Ⅵ-潟湖相；等值线单位为m

6 号煤形成前，准格尔煤田南部南端主要为潟湖环境，准格尔煤田以北地区主要为潮坪环境所占据，堡岛相仅分布于准格尔煤田中部区的东缘黑岱沟一带，具有极其优越的成煤条件，随着海水退却，泥炭坪环境开始普遍发育，并由北向南推进，构成了广阔统一的聚煤环境，形成了巨厚的 6 号煤。而 6 号煤形成后，准格尔煤田主要处于三角洲环境。

三、大青山煤田地质概况

(一)煤田地理位置

大青山煤田位于内蒙古准格尔煤田北部，内蒙古高原南缘，阴山山脉中段，处在阴山古陆内部(图 3.6)，山势陡峻，山脉大致呈东西向分布。其南坡与呼和浩特-包头平原分界明显，沿山麓有一东西大断裂存在。大青山煤田地层的褶皱轴、逆掩断层、片理和劈理也大致呈东西向。

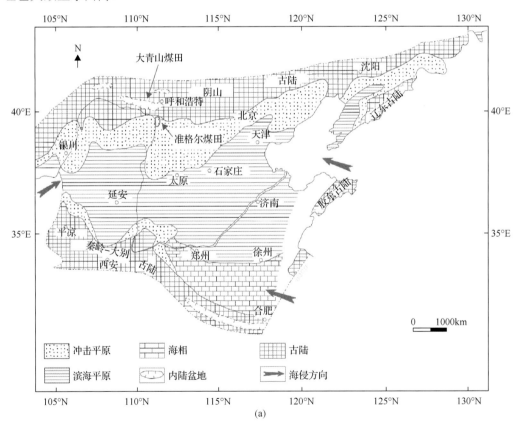

(a)

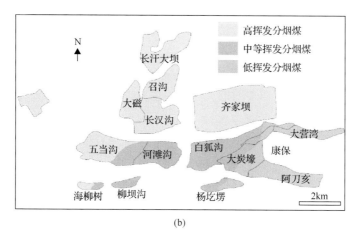

(b)

图 3.6 华北聚煤盆地古地理图和大青山煤田位置及大青山煤田的矿井分布（见文后彩图）

(a)根据韩德馨和杨起(1980)；(b)根据 Dai 等(2012d)

大青山煤田的地理坐标为 110°6′E～111°E、40°33′N～40°46′N，西自鸡毛窑子，东至万家沟(图 3.7)，东西绵延达 70km 以上，南北宽 1～10km。地层出露有太古宙桑干群、元古宙什那干群、寒武-奥陶系、石炭-二叠系、三叠系、侏罗系及第四系。其中石炭-二叠系及侏罗系为两个含煤地层，略呈东西向带状分布。

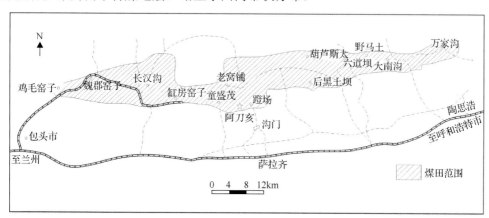

图 3.7 大青山煤田位置[据钟蓉和陈芬(1988)有所修改]

阿刀亥矿和海柳树矿分别位于大青山煤田的东南和西南方向(图 3.6)。阿刀亥矿始建于 1958 年，井田东西长 7.5km，南北宽 2.0km，勘探面积为 15km²，设计能力为年产 5 万 t，2007 年年产能力增至年产 25 万 t，井田面积为 15km²，可采储量为 4840 万 t。

(二)煤田构造

大地构造位置上，大青山煤田位置处于阴山纬向构造带中段中亚带大青山复背斜南翼。煤田基本构造形态为一轴线近东西向的不对称复式向斜，南翼受力剧烈，断裂挤压显著，地层倾角陡，呈直立乃至倒转。北翼断裂少，倾角比较平缓。东段构造复杂剧烈，西段较为简单(图 3.8)。

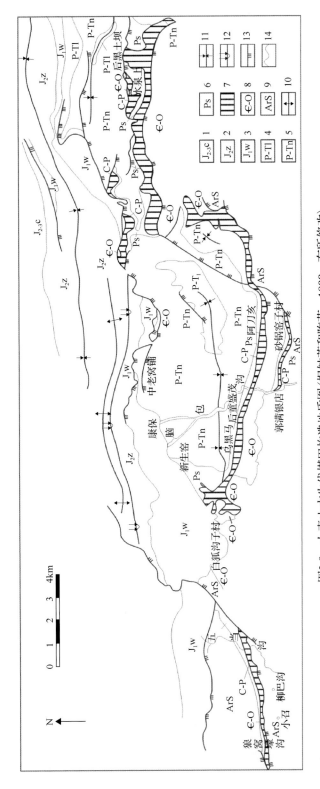

图3.8　大青山古生代煤田构造地质图 (据仲蓉利陈芬, 1988, 有所修改)

1-中·上侏罗统长汉沟组; 2-中侏罗统召沟组; 3-下侏罗统武当沟组; 4-二叠三叠系老窑铺组; 5-二叠·三叠系脑包沟组; 6-二叠系石叶湾组; 7-石炭·二叠系拴马桩组; 8-寒武·奥陶系; 9-寒武系柔子群; 10-背斜轴; 11-向斜轴; 12-倒转向斜轴; 13-逆掩断层; 14-地质界线

在岩浆活动方面，除前震旦纪花岗岩体外，尚有中生代花岗岩侵入体及安山岩、玄武岩、流纹岩等小型喷出岩体。由于煤田东缘存在中生代花岗岩侵入体，影响了煤的变质程度。煤田自西向东，变质阶段逐渐增高(图3.6)。阿刀亥矿地质构造从属于大青山煤田总的构造特征，即构造线走向近东西，发育有大型断裂构造及紧闭式倒转褶曲，其中井田内背斜为主要控制性构造。

(三)含煤地层

大青山石炭-二叠纪含煤地层为拴马桩组，一般称为"拴马桩煤系"，是1934年孙健初所命名的，为灰色石英砾岩与黏土岩、煤层等的互层，厚80～270m。

1954年李星学、顾知微等又根据岩性和含煤情况将"拴马桩煤系"划分为4层，自老而新为 $C-P_1$、$C-P_2$、$C-P_3$ 和 $C-P_4$，并将其中 $C-P_1$ 及 $C-P_2$ 与华北太原组(C_2t)相对比，$C-P_3$ 及 $C-P_4$ 与华北山西组(P_1s)相对比。但是，以煤炭工业部原117地质队为代表的某些单位，曾将拴马桩组的4层全部划分为晚石炭世，自老而新分别命名为 Cu_1、Cu_2、Cu_3 及 Cu_4。钟蓉和陈芬(1988)根据化石鉴定结果，结合岩性岩相资料，在前人工作的基础上，将"拴马桩煤系"进行了分层对比，将拴马桩组下部($C-P_1$ 及 $C-P_2$)划归为晚石炭世太原组(C_2t)，拴马桩组上部($C-P_3$ 及 $C-P_4$)划归为早二叠世早期山西组(P_1s)，并将 $C-P_1$、$C-P_2$、$C-P_3$ 和 $C-P_4$ 作为拴马桩组的4个段。拴马桩组上覆地层为石叶湾组、脑包沟组及老窝铺组，寒武-奥陶系下伏地层与拴马桩组呈平行不整合接触，本书拟采用钟蓉和陈芬(1988)的划分，拴马桩组自老而新分别为 $C-P_1$、$C-P_2$、$C-P_3$ 和 $C-P_4$。

阿刀亥矿含煤地层属石炭-二叠系，阿刀亥矿综合地层柱状图如图3.9所示，其裸露煤层已经采完，地下采掘埋深210m左右。在山顶能见到奥陶纪灰岩、风化壳铁矿、$C-P_1$ 砂岩和砾岩、$C-P_2$ 可采煤层、$C-P_3$ 砂岩、$C-P_4$ 局部可采煤层。

阿刀亥矿 $C-P_2$ 煤层为主要含煤组，据阿刀亥矿地质资料，该矿 $C-P_2$ 煤层的最大厚度为42.79m，最小厚度为4.72m，平均厚度为22.58m，属特厚、急倾斜煤层，煤层倾角为82°，煤质为高灰、低硫、含磷较高的中等变质煤，工业牌号为焦煤。该煤层结构复杂，含夹矸3～42层，夹矸层最大厚度为3.4m，最小厚度为0.02m。$C-P_2$ 煤层直接顶板以泥岩、砂质泥岩为主(多为高岭土岩)，偶见细砂岩，一般厚度为1m左右，部分地段不足0.5m，直接顶板厚度变化大，有时尖灭，致使 $C-P_2$ 煤层与 $C-P_3$ 砾岩层直接接触。$C-P_2$ 煤层有时也出现伪顶，多是高灰煤层或高岭土岩。煤层直接底板以砂质泥岩(高岭土岩)、中砂岩为主，局部含有细砂岩，厚度为0.2～2.0m，岩性及厚度变化均较大。

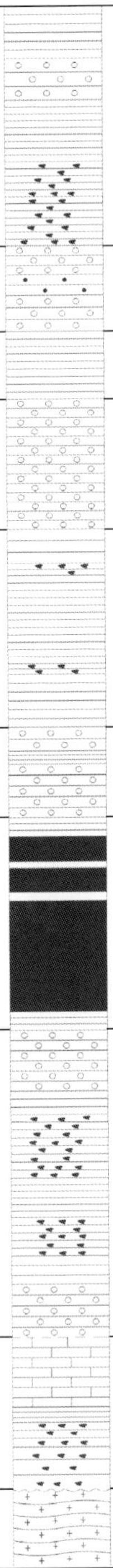

地层时代				柱状图	厚度/m 最小~最大 平均	岩性描述	图例
界	系	统	层				
古生界	二叠系	石叶湾组	P₄		25~82 / 55	以暗紫色、黄绿色、紫红色、橘红色泥岩及砂质岩为主，中部夹有10m左右厚的砾岩层，砾石成分以石英为主，该层由西往东逐渐增厚，砾岩下面有猫眼、鳞木植物化石	砂质岩
			P₃		7~48 / 20	以灰色、灰黄色砾岩为主，砾石成分以石英、燧石为主，粒径大者达20cm，分选差，磨圆好，砂质胶结，坚硬，其中夹有粗砂岩夹层	砾岩
			P₂		0~24 / 15	以紫红色、橘黄色、砖红色泥岩及砂质泥岩为主，岩性极为致密，夹有细砂岩和中砂岩条带	植物化石
			P₁		20~58 / 30	以灰黑色、灰色砾岩为主，砾岩成分主要为石英砂岩，砾石表面常有变化，可见铁色薄膜，底部有时变成砂砾岩，砂岩	粗砂岩
生界	石炭-二叠系	拴马桩组	上煤组 C-P₄		30~90 / 45	由灰色、深灰色泥岩，砂质泥岩，黑色碳质泥岩，浅灰色黏土岩及薄煤层组成，本区东部煤层较厚，发育有C-P₄层下煤组和C-P₄夹石组，本层以岩性致密为其特征。含有独特的化石组合作为对比依据，植物化石有顶氏蕨、大青山鳞木、新帝富羊齿、带羊齿等	煤
			C-P₃		15~38 / 20	灰色及灰白色砾岩，砾石成分主要为石英、燧石角闪片岩、灰岩，砾径一般为2~15cm，局部夹有0.1~0.2m泥岩，含斯氏鳞木植物化石	灰岩
			下煤组 C-P₂		10~70 / 48	为本区的主要含煤组，根据结构和灰分对比分成5个分层，煤组顶部一般由碳质泥岩、砂质泥岩等组成，煤层变薄尖灭，且常夹有泥岩、凿土等条带，本层保存良好的植物化石可作为全区的对比标志，含有假蛋脉羊齿、长方楔叶、长叶星叶、花边栉羊齿、斯氏鳞木等植物化石组合	花岗片麻岩
			C-P₁		40~130 / 70	主要由灰色及灰黄色铁质粗砂岩、砾岩、细砂岩、砂质泥岩等组成，细砂岩夹有煤层及黑色泥岩，其中含有斯氏鳞木楔叶等植物化石	
界	寒武-奥陶系		€-O		200~600 / 400	——平行不整合—— 底部有20~30m白色石英岩及紫红、淡绿色砂质泥岩，上部为灰色、浅黄色石英岩，钙质泥岩，东部中小吃素灰岩中含珠角石等动物化石	
	桑干群		ArS		不详	——角度不整合—— 由石榴子石、黑云母片麻岩、花岗片麻岩、角闪片麻岩、石英岩、蛇纹岩、大理岩等组成，有基性及酸性侵入体	

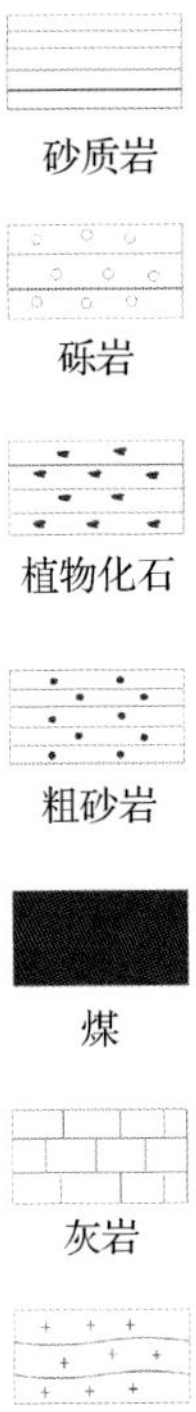

图3.9　阿刀亥矿综合地层柱状图(据阿刀亥矿资料，有所修改)

第三节　准格尔煤田黑岱沟矿[①]

　　本节论述了准格尔煤田黑岱沟矿晚石炭世主采煤层 6 号煤的岩石学、矿物学和地球化学特征。黑岱沟矿煤的镜质组反射率(0.58%)在整个鄂尔多斯盆地晚古生代煤中是最低的，而惰性组和类脂组含量是最高的(分别为 37.4% 和 7.1%)。基于矿物和常量元素组成，黑岱沟矿 6 号煤在剖面上可以划分为 4 个区域。6 号煤高度富集勃姆石(均值为 6.1%)，与勃姆石共伴生的矿物有磷锶铝石、金红石、锆石及含 Pb 矿物(如方铅矿、硒铅矿和硒方铅矿)，勃姆石来源于本溪组风化壳铝土矿，含 Pb 矿物来源于热液流体。该煤层中富集 Ga、Se、Zr、La、Hf 和 Th(富集系数 CC 大于 5)。Ga 和 Th 主要赋存在勃姆石中，含铅硒化合物矿物和硫化物矿物是煤中 Se、Pb(可能还有 Hg)的主要载体，煤中富集的 Sr 主要赋存在磷锶铝石中。煤中的稀土元素主要来源于沉积源区供给及地下水对夹矸的淋溶作用。内蒙古准格尔煤田黑岱沟矿 6 号煤高度富集 Al、Ga 和稀土元素，是一个与煤共伴生的超大型铝(镓和稀土)矿床。

一、概况与样品采集

　　从准格尔煤田黑岱沟矿主采煤层 6 号煤中共采集了 7 个分层样品，自上而下煤层编号(样品编号)分别为 ZG6-1~ZG6-7(图 3.10)，顶底板的编号分别为 ZG6-R 和 ZG6-F。共采集了 5 个夹矸样品：P1-2(在煤分层 ZG6-1 和 ZG6-2 之间)、P3-4(在煤分层 ZG6-3 和 ZG6-4 之间)、P4(在煤分层 ZG6-4 内部)、P4-5(在煤分层 ZG6-4 和 ZG6-5 之间)和 P5-6(在煤分层 ZG6-5 和 ZG6-6 之间)。

二、煤层结构与构造

　　6 号煤是准格尔煤田的主采煤层，位于太原组的上部，煤层较稳定，结构复杂(即复煤层)，厚度在 30m 左右，全区发育(表 3.2)。煤层顶板为黑色泥岩。煤层底板为灰白色细砂岩，但不稳定，常相变为粉砂岩、砂质泥岩。根据煤层宏观特征、煤层中夹层(夹矸)分布状况及矿区开采实际情况，把 6 号煤划分为 6Ⅰ、6Ⅱ、6Ⅲ、6Ⅳ、6Ⅴ、6Ⅵ共 6 个分层。

　　6Ⅰ煤分层是 6 号煤最上部的一个分层，不稳定。由于中间夹矸厚度变化大，该分层总厚度变化也大，通常为 1.00~3.00m，平均为 2.78m。宏观煤岩类型以半暗煤和暗淡煤为主，夹镜煤细条带，并富含丝炭。夹矸一般为两层，厚 0~0.8m，多为黏土岩。其顶板为泥岩或砂岩；6Ⅰ煤分层底板为黏土岩。6Ⅰ与 6Ⅱ煤分层平均间距 1.13m。

　　6Ⅱ煤分层厚 2.50~5.00m，平均为 3.26m。煤层结构极为复杂，煤和泥岩呈薄层状互层，每个细小的煤层或泥岩层薄者仅几毫米，厚者为几厘米至十几厘米，俗称"千层饼"。煤岩类型以暗淡煤为主，夹镜煤透镜体、镜煤或亮煤条带。6Ⅱ与 6Ⅲ煤分层之间有一薄层夹矸，平均厚度为 0.25m，为灰褐色黏土岩，含碳化植物细根，细根常斜穿层理。

　　① 本节主要引自 Dai S F, Ren D Y, Chou C L, et al. 2006. Mineralogy and geochemistry of the No. 6 Coal (Pennsylvanian) in the Jungar Coalfield, Ordos Basin, China. International Journal of Coal Geology, 66: 253-270. 该文已获得 Elsevier 授权使用。

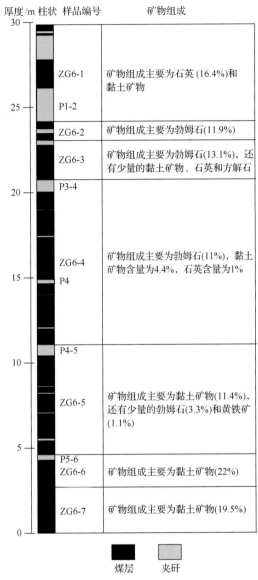

图 3.10　准格尔煤田黑岱沟矿 6 号煤样品编号、厚度和主要矿物学特征

　　6III煤分层为单一煤层,以暗淡煤和半暗煤为主,常夹 10mm 左右甚至更宽的镜煤条带,厚 1.65~3.59m,平均为 2.36m。与 6IV煤分层之间有一层厚 0.65m 左右的夹矸,全区稳定,岩性为灰白色硬质黏土岩。

　　6IV煤分层是全区最好的一层煤,厚 14.62~19.11m,平均为 16.79m。中间以一层夹矸(采样号为 ZG649JG)为界,进一步将 6IV煤分层分为 6IV-1 和 6IV-2 分层。6IV-1 分层以半暗煤为主,夹多层亮煤甚至镜煤细层或条带。煤层内生裂隙发育,裂隙间有方解石薄膜,局部有黄铁矿薄膜。6IV-2 分层主要是半暗煤,含有较多丝炭。整个煤层中含有不稳定的夹矸数层,呈透镜状或薄层状,且不稳定。与 6V 煤分层之间有一层厚 0.39m 左右的夹矸,夹矸层上部含浅灰色高岭石透镜体。

表 3.2　准格尔矿区 6 号煤煤层结构

分层	煤分层及层间夹矸厚度/m		煤分层内夹矸厚度/m		夹矸层数/平均	备注
	最小~最大	平均	最小~最大	平均		
6 I	1.00~3.10	2.78	0.04~0.35	0.12	1~2	
层间夹矸	—	1.13	—	—	—	
6 II	2.50~5.00	3.26	0.02~0.97	0.15	4~10	
层间夹矸	0~5.00	0.25	—	—	—	
6 III	1.65~3.59	2.36	—	—	0	
层间夹矸	0.05~1.25	0.65	—	—	—	来源于钻孔及黑岱沟露天矿剖面资料
6 IV	14.62~19.11	16.79	0.24~1.40	0.61	2~12/4	
层间夹矸	0~0.85	0.39	—	—	—	
6 V	0.42~3.00	1.85	0~1.00	0.23	0~4/1	
层间夹矸	0~0.57	0.23	—	—	—	
6 VI	1.38~3.12	2.46	0~0.51	—	0~2	

6 V 煤分层厚 0.42~3.00m，平均为 1.85m。结构复杂，煤和泥岩互层。煤多为暗淡煤，夹亮煤条带，裂隙中有黄铁矿薄膜发育。与 6VI 煤分层之间间距为 0.23m 左右，为一层黑色泥岩夹矸。

6VI 煤分层是 6 号复煤层最底部的一个煤分层，厚 1.38~3.12m，平均为 2.46m。结构单一或偶见中部有一层夹矸。煤层以暗淡煤为主，有少量镜煤条带发育。

在煤层构造上，大多数煤分层中常见线理状和细条带斜层理或微波状层理，并夹有部分透镜体，线理和细条带大多由亮煤和暗煤组成，即以流积为主。据钻孔资料统计，流积沉积类型占煤层沉积类型的 93.65%，表明呈水流较通畅的活水沼泽；且以条带水平层理为主，夹少量线理状、透镜状水平或微波状层理，条带主要由亮煤和镜煤组成的淀积沉积类型较少，仅占 6.35%，并且出现在成煤晚期，表现为滞水稳定的沉积特点。

6 号煤含夹矸达十余层，表明在成煤过程中泥炭沼泽经过多次洪水泛滥。洪水挟带着陆源碎屑物质在泥炭沼泽中沉积下来，形成厚度不等、层数较多的夹矸。

三、煤的孢粉学特征

煤的孢粉学研究能提供成煤植物的种类和古气候特征等信息，可提供镓的赋存状态、来源和分布信息。对准格尔煤田石炭-二叠纪含煤地层化石孢粉，已作过一些研究(王素娟，1982；何锡麟等，1990)，这些研究为煤系地层的划分与地质时代的确定提供了重要依据。通过对所有的煤分层样品、顶底板样品和夹矸样品的孢粉分析发现，在黑岱沟矿主采煤层 6 号煤中，仅 ZG6-2、ZG6-4 和 ZG6-6 3 个样品含有孢粉，其中 ZG6-4 样品中孢粉较少，且保存欠佳，部分难以鉴定；ZG6-4 和 GZ6-6 样品中孢粉较多，保存尚好，具有统计意义，统计结果见表 3.3。

表 3.3 准格尔煤田黑岱沟矿 6 号煤化石孢粉特征

序号	孢粉属种名称	ZG6-2	ZG6-4	ZG6-6
1	*Leiotriletes sporadicus*	+	cf.+	+
2	*Leiotriletes ornatus*	+	sp.+	
3	*Calamospora mutabillis*			+
4	*Calamospora* cf. *breviradiata*			+
5	*Punctatisporites minutus*	+++++		++++
6	*Punctatisporites* cf. *obesus*			+
7	*Punctatisporites* sp.	+	+	+
8	*Cycloganisporites* cf. *naevulus*		+	+
9	*Cycloganisporites minutus*	++	++	++
10	*Raistrickia irregularis*			+
11	*Raistrickia* cf. *subcrinita*			+
12	*Verrucosisporites* cf. *kaipingensis*		sp.+	+
13	*Verrucosisporites* cf. *torulosus*			+
14	*Neoraistrickia* sp.			+
15	*Crassispora* cf. *kosankei*		?sp.+	+
16	cf. *Sinulatisporites shansiensis*			+
17	*Verrucingulatisporites* sp.	+		
18	*Gulisporites cochlearius*	+++	++	+
19	*Laevigatosporites minimus*	+++	+	++
20	*Laevigatosporites globosus*			+
21	*Laevigatosporites medius*	++	++	+
22	*Laevigatosporites vulgaris*	+		++
23	*Laevigatosporites* sp.			
24	*Laevigatosporites*（or *Perinomonoletes*)？sp.			+
25	*Punctatosporites minutus*	+++++	+++	++++
26	*Thymospora pseudotiessenii*	++	+	++
27	*Thymospora tiessenii*	+++	++	++
28	*Thymospora obscura*	+		
29	*Florinites* cf. *antiquus*		?sp.	+
30	*Florinites florinii*			+

注：+表示存在，+数量的多少表示相对丰度；cf. 表示比较该种；sp. 表示有该属未定种；？表示该孢粉种类不完全确定。

孢粉分析结果表明，6 号煤中化石孢粉组合有 15 属 31 种，其中蕨类植物孢子 14 属 29 种，属种数量约占组合的 94%，且以三缝孢类居多；裸子植物花粉 1 属 2 种，占组合的 6%，而且仅见无缝单囊类，未见双囊类花粉（图 3.11）。

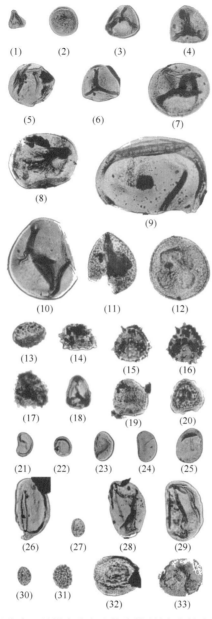

图 3.11 黑岱沟 6 号煤中鉴定出的孢粉（所有孢粉为放大 600 倍）

（1）*Leiotriletes sporadicus*, ZG6-5；（2）*Punctatisporites minutus*, ZG6-2；（3）和（4）*Gulisporites cochlearius*, ZG6-5；（5）*Calamospora mutabilis*, ZG6-5；（6）*Leiotriletes ornatus*, ZG6-2；（7）*Punctatisporiutes* cf. *obesus*, ZG6-5；（8）*Punctatisporites* sp., ZG6-2；（9）*Calamospora* cf. *breviradiata*, ZG6-2；（10）*Punctatisporites* sp., ZG6-5；（11）*Verrucosisporites* cf. *kaipingensis*, ZG6-5；（12）*Cyclogranisporites* cf. *naevulus*, ZG6-2；（13）*Verrucosisporites* cf. *torulosus*, ZG6-5；（14）*Raistrickia irregularis*, ZG6-5；（15）和（16）*Neoraostrickia* sp. (sp. nov.), ZG6-5；（17）*Raistrickia* cf. *subcrinita*, ZG6-5；（18）cf. *Sinulatisporites shansiensis*, ZG6-2；（19）*Crassispora* cf. *kosankei*, ZG6-5；（20）*Verrucingulatisporites*? sp. (sp. nov.), ZG6-2；（21）*Laevigatosporites minimus*, ZG6-2；（22）*Laevigatosporites globosus*, ZG6-5；（23）和（24）*Laevigatosporites medius*, ZG6-5；（25）*Laevigatosporites* sp., ZG6-5；（26）*Laevigatosporites*? sp. (或 *Perinomonoletes*? sp.), ZG6-5；（27）*Punctatosporites minutus*, ZG6-5；（28）和（29）*Laevigatosporites vulgaris*, ZG6-5；（30）*Thymospora obscura*, ZG6-2；（31）*Thymospora pseudotiessenii*, ZG6-5；（32）*Florinites* cf. *antiquus*, ZG6-5；（33）*Florinites florinii*, ZG6-5

根据 ZG6-2 和 GZ6-5 中孢粉丰度（百分含量）统计，本组合中蕨类植物孢子占 98%左右，其中单缝孢子占 60%以上，三缝孢子不足 40%；裸子植物花粉仅个别可见；此外，还有少量的藻类囊孢。单缝孢中，以 *Punctatosporites minutus*、*Thymospora* 和 *Laevigatosporites* 为主，这 3 个属都是以小个体的类型占绝对优势。三缝孢子中，以小个体的 *Cycloganisporites* 和 *Punctatisporites* 为主，各占丰度的一半左右。具环三缝孢含量小于 2%。ZG6-2 与 ZG6-6 的不同之处是 *Laevigatosporites minimus* 含量比 *Gulisporites cochlearius* 含量高些，前者为 10%，后者为 6%。

6 号煤孢粉组合中，属种虽不多，但与华北地区已知的太原组，特别是其上部孢粉组合基本上可以进行对比。本组合以小单缝孢占绝对优势，而这一特征正是太原组上部组合的标志。何锡麟等（1990）对准格尔煤田晚古生代含煤地层及其生物群进行了研究，统计产自黑岱沟、龙王沟、房塔沟等地 6 号煤中的化石孢粉共有 35 属 77 种，其中三缝孢 22 属 53 种，单缝孢 5 属 10 种，花粉 8 属 14 种，属种面貌特征与本书中的黑岱沟矿基本相似。廖克光（1987）在总结山西北部石炭-二叠纪孢粉组合特征时认为，太原组孢粉组合仍以单缝孢占优势，一般约占 60%，其中小个体的光面单缝孢 *Laevigatosporites minimus* 及小个体的瘤面单缝孢 *Thymospora* 的许多种的含量都比本溪组的含量高。例如，*Laevigatosporites minimus* 在本溪组一般均在 10%以下，而在太原组则增至 15%～63%。又如，*Thymospora* 属，它在本溪组只占组合的 1%，而在太原组的含量为 10%～41.5%。上述特点可作为区分太原组上下组合的标志之一。

由 6 号煤的孢粉组合推测成煤植物绝大多数为蕨类植物和少量种子蕨，特别是观音座莲类植物，反映当时的气候特征较湿热。

在石炭-二叠纪古植物地理区的划分上，准格尔煤田属华夏植物区，准格尔煤田 6 号煤的成煤植物与华北地台其他成煤区一样，具有华夏植物群落的特点。根据 6 号煤孢粉组合特征，单缝类孢子 *Laevigatosporites* 含量很高，*Punctatosporites* 也十分常见，通常认为 *Laevigatosporites*、*Punctatosporites* 的母体植物大多属于有节纲或真蕨纲的 Marattiales，少量属于水龙骨科（Balme，1995），这说明华夏区那时很可能有些有节类及莲座蕨类植物。*Calamospora* 在 6 号煤下分层中十分常见，而且分异度较高，说明其母体可能是芦木类，也说明有节类植物很繁盛。此外，6 号煤孢粉组合中还出现了少量的松柏类和苏铁类花粉，表明沼泽盆地的高处有裸子植物的生长繁殖。

因此，可以确定 6 号煤成煤植物主要是真蕨和种子蕨类、有节类、鳞木类、科达类、苏铁类及少量的松柏类。

四、煤质特征与镜质组反射率

准格尔煤田黑岱沟矿 6 号煤的工业分析结果和镜质组反射率见表 3.4。从表中可以看出，该煤层属于低等煤化程度的烟煤，镜质组随机反射率 $R_{o,ran}$ 为 0.57%～0.60%，均值为 0.58%，它是鄂尔多斯盆地晚古生代煤中变质程度最低的煤。鄂尔多斯盆地晚古生代煤的镜质组随机反射率范围较大，从盆地东北缘的准格尔煤田（$R_{o,ran}$=0.58%）到盆地西南缘逐渐增大。

表 3.4 准格尔煤田黑岱沟矿煤的工业分析、硫分和镜质组反射率 （单位：%）

样品	M_{ad}	A_d	V_{daf}	$S_{t,d}$	$S_{p,d}$	$S_{s,d}$	$S_{o,d}$	$R_{o,ran}$
ZG6-1	5.22	25.13	39.9	0.50	nd	nd	nd	0.59
ZG6-2	5.95	23.30	29.12	0.31	nd	nd	nd	0.58
ZG6-3	5.15	18.88	36.16	0.56	nd	nd	nd	0.58
ZG6-4	5.59	16.86	33.63	0.34	nd	nd	nd	0.57
ZG6-5	5.02	11.07	33.04	1.41	0.8	0.14	0.47	0.58
ZG6-6	4.43	24.89	35.59	0.38	nd	nd	nd	0.57
ZG6-7	4.32	22.99	30.12	0.63	nd	nd	nd	0.60
权衡均值	5.19	17.72	33.5	0.73	nd	nd	nd	0.58
河东　北部	1.75～2.79/2.44	23.29～32.59/27.11	31.68～33.46/32.80	0.34～1.40/0.72	nd	nd	nd	nd
河东　中部	0.78～0.87/0.84	21.94～28.04/24.53	17.26～21.93/19.91	0.49～1.65/1.01	nd	nd	nd	nd
河东　南部	0.70～0.84/0.76	17.75～30.95/24.55	14.08～15.09/14.59	1.42～3.33/2.38	nd	nd	nd	nd
渭北	0.69～1.51/0.94	17.01～21.47/20.38	11.37～14.83/13.29	0.92～8.29/4.14	nd	nd	nd	nd
乌达	0.6～0.89/0.73	23.90～26.51/25.11	24.61～26.09/25.51	0.72～2.50/1.67	nd	nd	nd	nd
贺兰山	0.65～1.44/0.86	19.69～34.06/27.10	6.16～28.82/18.20	0.40～3.02/1.49	nd	nd	nd	nd
恒城	1.03～1.60/1.26	16.59～31.34/21.85	30.13～36.61/33.08	0.73～5.43/2.63	nd	nd	nd	nd
韦州	0.81～0.96/0.86	19.24～21.44/20.10	18.92～24.53/21.87	0.41～2.63/1.23	nd	nd	nd	nd

注：M 表示水分；A 表示灰分；V 表示挥发分；S_t 表示全硫；S_p 表示硫化物硫；S_s 表示硫酸盐硫；S_o 表示有机硫；ad 表示空气干燥基；daf 表示干燥无灰基；d 表示干燥基；$R_{o,ran}$ 表示镜质组随机反射率；nd 表示无数据。

资料来源：渭北煤田根据王双明（1996）；乌达煤田根据 Dai 等（2002）；贺兰山煤田根据代世峰（2002）。

根据 6 号煤各分层在整个煤层中所占的厚度比例（7 个分层厚度占的比例自上而下依次为 9.6%、11.3%、8.4%、24.3%、31.5%、6.4% 和 8.5%）和各分层的挥发分，计算出 6 号煤的挥发分均值为 33.5%，它是鄂尔多斯盆地晚古生代煤中的最高值（表 3.4）；灰分产率的均值为 17.72%。

除 ZG6-5 分层为中硫煤外，其余各分层均属于低硫煤（$S_{t,d}$<1）。ZG6-5 分层的硫以硫化物硫为主（$S_{p,d}$=0.8%）。按照厚度权重的方法，计算出整个煤层的全硫含量为 0.73%，属于低硫煤。通过对 ZG6-1、ZG6-2 和 ZG6-3 分层基质镜质体中有机硫的 SEM-EDS 定量分析，发现基质镜质体中的有机硫含量为 0.63%，同煤化学分析结果基本一致，表明这些分层煤中的硫主要为有机硫。

准格尔煤田黑岱沟矿 6 号煤各分层的显微组分和矿物组成见表 3.5。该煤层显微组分最显著的特点是惰质组和镜质组含量高。各分层惰质组的含量为 20.4%～46.6%，按照厚度权重的方法，计算出整个煤层的惰质组含量为 37.5%。类脂组含量为 2.7%～10.8%，权衡均值为 7.0%。与鄂尔多斯盆地其他煤田晚古生代煤的显微组成相比，该煤层的惰质组和类脂组含量是最高的，而镜质组含量是最低的。

表 3.5　准格尔煤田黑岱沟矿 6 号煤各分层的显微组分和矿物组成　　　　　（单位：%）

显微组成	ZG6-1	ZG6-2	ZG6-3	ZG6-4	ZG6-5	ZG6-6	ZG6-7	权衡均值
结构镜质体	bdl	0.7	bdl	0.8	1.3	0.2	0.2	0.7
均质镜质体	11.5	1.7	8.9	12.4	14.5	16.8	2.5	10.9
团块镜质体	0.2	22.9	2.9	0.4	2.2	2.2	9	4.5
基质镜质体	40.1	16.2	20.8	22.3	14.9	13.1	9.3	19.1
碎屑镜质体	1.5	1.7	1.6	1	1.5	0.6	1.5	1.3
镜质组总量	53.3	43.2	34.2	36.9	34.4	32.9	22.5	36.5
孢子体	2.2	1.5	3.1	7.5	6.4	6.1	9	5.6
角质体	0.4	0.8	1	1	1.4	0.8	1.2	1.0
树脂体	1	0.4	0.2	0.8	bdl	bdl	0.6	0.4
木栓质体	0.2	bdl	bdl	bdl	bdl	bdl	bdl	0
类脂组总量	3.8	2.7	4.3	9.3	7.8	6.9	10.8	7.0
丝质体	5	1.2	5.2	6.6	5.9	7.3	2.3	5.2
半丝质体	6.3	9	16.5	16.5	23	19.7	36.2	18.6
粗粒体	0.4	3.4	3.5	2	1.5	1.3	1.7	1.9
菌类体	0	0	0	0	0.2	0	0	0.1
微粒体	3	5.8	5.3	4.4	2.9	0.9	1.5	3.5
碎屑惰质体	5.7	11.8	11.1	7.2	8.9	7.1	4.9	8.2
惰质组总量	20.4	31.2	41.6	36.7	42.4	36.3	46.6	37.5
黏土矿物	5.5	4.3	3.6	4.4	11.4	22	19.5	9.0
黄铁矿	0	0	0	0	1.1	0.4	0.4	0.4
石英	16.4	4.5	1.6	1	bdl	0.2	0.2	2.5
方解石	0.7	0.5	0.8	bdl	bdl	1.1	bdl	0.3
勃姆石	bdl	11.9	13.1	11	3.3	bdl	bdl	6.1
菱铁矿	0	bdl	0.8	bdl	bdl	0	bdl	0.1
金红石	bdl	1.6	bdl	0.8	bdl	bdl	bdl	0.4
矿物总量	22.6	22.8	19.9	17.2	15.8	23.7	20.1	18.8

注：bdl 表示低于检测限。

　　镜质组以基质镜质体和均质镜质体为主，其含量分别为 9.3%～40.1%（权衡均值为 19.1%）和 1.7%～16.8%（权衡均值为 10.9%）。在 ZG6-2 中，团块镜质体占优势[22.9%；图 3.12（a）]。有些镜质组显微组分保留了较好的成煤植物结构[图 3.12（b）]，有时团块镜质体发育被氧化的裂纹[图 3.12（c）]。在 ZG6-1 和 ZG6-2 分层中，镜质组含量大于惰质组含量，在 ZG6-3、ZG6-5、ZG6-6 和 ZG6-7 分层中，惰质组含量大于镜质组含量，在 ZG6-4 中，镜质组含量和惰质组含量接近。

　　惰质组以半丝质体和碎屑惰质体为主，其含量分别为 6.3%～36.2%（权衡均值为 18.6%）和 5.7%～11.8%（权衡均值为 8.2%）。在 ZG6-4 分层中，有的半丝质体发生膨化[图 3.12（d）]，部分为菌解丝质体[图3.12(e)];丝质体胞腔中有时充填腐殖质[图3.12(f)];微粒体在ZG6-2、ZG6-3和ZG6-4分层中含量也较高,顺层理分布于基质镜质体中[图3.13(a)]。在ZG6-2分层中有菌类体,偶见分泌体[图3.13(b)]。ZG6-4和ZG6-3分层中的碎屑惰质体含量较高,其含量分别为11.8%和11.1%[图3.13(a)、(c)]。

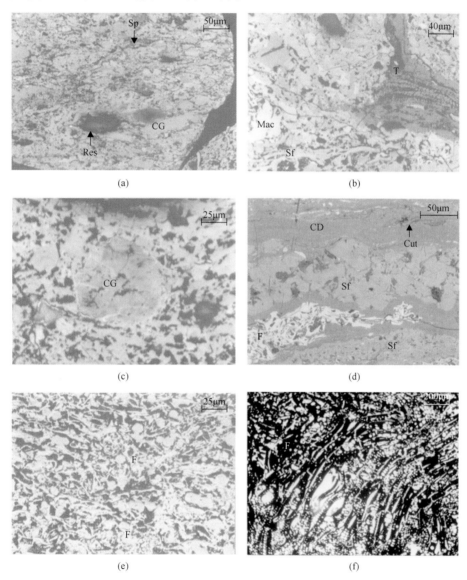

图3.12 准格尔煤田黑岱沟矿6号煤中的显微组分(1)

(a) 样品ZG6-2中的团块镜质体(油浸,反射光);(b)样品ZG6-2中的结构镜质体(油浸,反射光);(c)样品ZG6-2中的团块镜质体,具有氧化裂纹(油浸,反射光);(d)样品ZG6-4中膨化的半丝质体(油浸反射光);(e)样品ZG6-3中的菌解丝质体(油浸,反射光);(f)样品ZG6-1中丝质体胞腔中充填腐殖质(透射光);Sp-孢子体;CG-团块镜质体;Res-树脂体;T-结构镜质体;Mac-粗粒体;Sf-半丝质体;CD-基质镜质体;Cut-角质体;F-丝质体

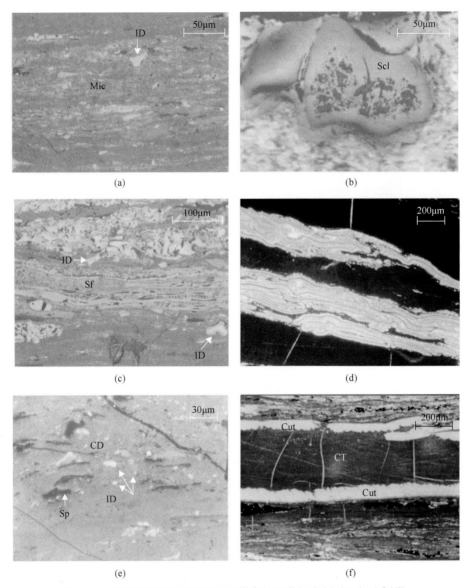

图 3.13　准格尔煤田黑岱沟矿 6 号煤中的显微组分(2)(见文后彩图)
(a)样品 ZG6-4 中顺层理分布的微粒体和碎屑惰质体(油浸，反射光)；(b)样品 ZG6-2 中的分泌体(油浸，反射光)；(c)样品 ZG6-3 中的碎屑惰质体和半丝质体(油浸，反射光)；(d)样品 ZG6-1 中的大孢子体(透射光)；(e)样品 ZG6-3 基质镜质体中的小孢子体和碎屑惰质体(油浸，反射光)；(f)样品 ZG6-1 中的厚壁角质体和均质镜质体(透射光)；Sp-孢子体；Sf-半丝质体；CT-均质镜质体；Cut-角质体；ID-碎屑惰质体；Scl-分泌体；Mic-微粒体；CD-基质镜质体

6 号煤的类脂组含量为 2.7%～10.8%，权衡均值为 7.0%，以 ZG6-7 中类脂组含量最高(10.8%)，而 ZG6-2 中类脂组含量最低(2.7%)。类脂组以孢子体和角质体为主，大孢子体一般成堆出现[图 3.13(d)]，而小孢子体主要分布在基质镜质体中[图 3.13(e)]；角质体主要是厚壁角质体[图 3.13(f)]，也有薄壁角质体，主要镶嵌在均质镜质体边缘[图 3.14(a)]；含有树脂体[图 3.14(b)]，其中 ZG6-1 的树脂体含量为 1%；在 ZG6-1 和 ZG6-3 中有微量的树皮体[图 3.14(c)、(d)]，其含量低于光学显微镜定量统计的检测

限，树皮体有被氧化的痕迹［图 3.14(c)］。在 ZG6-2 中树脂体和角质体有被氧化的现象［图 3.14(e)、(f)］。

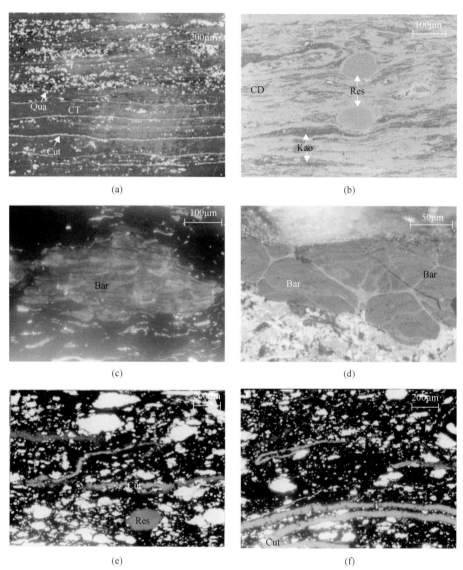

图 3.14　准格尔煤田黑岱沟矿煤中类脂组显微组分(见文后彩图)

(a)样品 ZG6-1 中的薄壁角质体镶嵌在均质镜质体边缘(透射光)；(b)样品 ZG6-1 基质镜质体中的树脂体和顺层理分布的黏土矿物(反射光)；(c)样品 ZG6-1 中被氧化的树皮体(透射光)；(d)样品 ZG6-3 中的树皮体(油浸，反射光)；(e)样品 ZG6-2 中被氧化的树脂体和角质体(透射光)；(f)样品 ZG6-2 中被氧化的角质体(透射光)；Res-树脂体；CT-均质镜质体；CD-均质镜质体；Cut-角质体；Bar-树皮体；Qua-石英；Kao-高岭石

五、煤相特征

用凝胶化指数(GI)、植物组织保存指数(TPI)、地下水流动指数(GWI)和植被指数(VI)可以很好地反映泥炭聚积期间的成煤植物、沼泽介质条件和沉积环境等信息(Diessel,

1982；Teichmüller，1989；Gmur and Kwiecińska，2002）。GI 主要用来表示泥炭沼泽的潮湿程度及其持续时间，TPI 主要用来表示植物组织的降解程度和原始成煤植物中木本植物所占的比例，GWI 主要用来表示地下水对泥炭沼泽的控制程度、地下水位的变化和矿物含量，而 VI 主要用来反映成煤植被及其保存程度等。

泥炭堆积过程中潮湿条件主要通过高的 GI 和 TPI 值来反映，并且高的 TPI 值主要通过高含量的有结构的镜质组来体现；干燥沼泽条件通过低的 GI 和 TPI 值来反映，并且低的 TPI 值主要通过低含量的有结构的惰质组（丝质体和半丝质体）来体现；根据 GI-TPI 关系，可以把煤层的形成环境分为陆地、山麓沉积、干燥森林沼泽、上三角洲平原、潮湿森林沼泽、湖泊和下三角洲平原（Diessel，1986）。根据 GWI-VI 关系，可以把沼泽古环境分为开放水体草沼、树沼和藓沼等，把水动力条件分为低位泥炭沼泽、中位泥炭沼泽和高位泥炭沼泽（Calder et al.，1991）。

本书所用的这 4 个参数的公式表述如下：

$$GI = \frac{镜质组+粗粒体}{半丝质体+丝质体+碎屑惰质体}$$

$$TPI = \frac{结构镜质体+均质镜质体+丝质体+半丝质体}{基质镜质体+粗粒体+碎屑惰质体+碎屑镜质体+团块镜质体}$$

$$GWI = \frac{胶质镜质体+团块镜质体+黏土矿物+石英+碎屑镜质体}{结构镜质体+均质镜质体+基质镜质体}$$

$$VI = \frac{结构镜质体+均质镜质体+丝质体+半丝质体+菌类体+分泌体+树脂体}{基质镜质体+碎屑惰质体+藻类体+碎屑类脂体+角质体}$$

其中 GI 和 TPI 的计算公式根据 Diessel（1982，1986）的研究所得，并对 TPI 参数做了修正。GWI 和 VI 的计算公式根据 Calder 等（1991）的研究所得。根据国际煤岩学委员会（ICCP）对显微组分新的划分方案和定义，团块镜质体是凝胶镜质体（gelovitrinite）中的显微组分，而凝胶镜质体是镜质组的显微组分亚组（maceral subgroup），凝胶镜质体并不对应于某一特定的植物组织，而是属于腐殖凝胶物质；碎屑镜质体属于镜质组的显微组分亚组，主要由细小的凝胶化的植物残体组成，或单独出现或被无定形的镜质组所胶结（ICCP，1998）。因此，本书计算植物组织保存指数 TPI 时，把团块镜质体和碎屑镜质体置于公式的分母中。

用上述公式计算出的 GI、TPI、GWI 和 VI 的值见表 3.6，TPI-GI 和 GWI-VI 的关系如图 3.15 和图 3.16 所示。TPI-GI 关系图中沉积环境的划分根据 Diessel（1982，1986）的研究，GWI-VI 关系图中泥炭沼泽类型（如高位泥炭沼泽和低位泥炭沼泽）的划分根据 Calder 等（1991）的研究。该主采煤层中镓及其特殊载体勃姆石的富集部位集中在 ZG6-2、ZG6-3、ZG6-4 和 ZG6-5 分层，并且以 ZG6-3、ZG6-4 和 ZG6-5 分层为主（代世峰等，2006b）。

表 3.6   准格尔煤田黑岱沟矿主采 6 号煤的煤相参数

煤相参数	ZG6-1	ZG6-2	ZG6-3	ZG6-4	ZG6-5	ZG6-6	ZG6-7
GI	3.16	2.12	1.15	1.28	0.95	1.00	0.56
TPI	0.48	0.23	0.77	1.1	1.54	1.81	1.56
VI	0.59	0.76	1.41	1.59	2.74	3.17	3.98
GWI	0.46	2.44	0.77	0.50	0.60	0.83	2.52

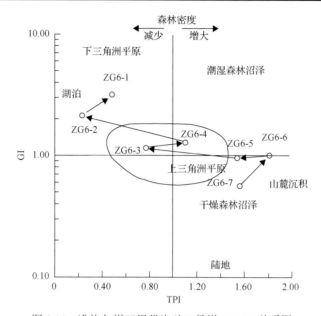

图 3.15   准格尔煤田黑岱沟矿 6 号煤 TPI-GI 关系图

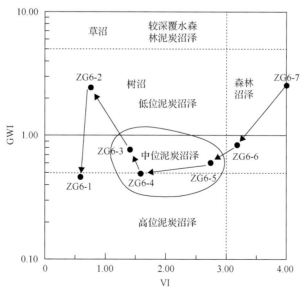

图 3.16   准格尔煤田黑岱沟矿 6 号煤 GWI-VI 关系图

结合泥炭聚积期间的陆源供给和成煤植物等因素，镓和勃姆石富集分层相对应的泥炭沼泽的介质条件和沉积环境特征如下所述。

(1) 在 ZG6-3、ZG6-4 和 ZG6-5 分层所对应的泥炭聚积期间，地表水有丰富的水源供给，潜水位较高，陆源养分供给充分，有利于成煤植物的生长和大量繁殖。该阶段陆源碎屑供给主要来自鄂尔多斯盆地北偏东方向的本溪组风化壳，以三水铝石胶体溶液为主 (代世峰等，2006b)，胶体溶液带来的其他物质也很充分，在这些分层中发现有锆石、金红石、磷锶铝石等矿物；稀土元素含量也很高，ZG6-3 分层中稀土元素的含量高达 685.6μg/g。

(2) 湿热气候条件有利于铝氢氧化物的形成。不仅煤层中的孢粉组合关系反映了当时的湿热气候条件，而且根据石炭纪石灰岩中氧、碳同位素值及其环境意义，得出石炭纪石灰岩是在正常海相环境中形成的，太原组形成期古水温平均为 29~32℃，说明当时该地区气候炎热 (刘焕杰等，1991；程东等，2001)。该区石炭系古地磁研究表明，准格尔煤田晚石炭世的古纬度在北纬 14°左右 (林万智，1984)。三水铝石为氧化的开放环境的产物，这种热带湿热气候有利于本溪组风化壳三水铝石的形成 (程东等，2001)。三水铝石的形成为煤中镓的载体勃姆石的形成提供了物质基础。勃姆石在弱氧化至弱还原的沼泽介质中更容易形成 (刘长龄和时子祯，1985)。

(3) 由于地表水供给充分，给沼泽中带入了充分的氧，丝炭化作用强烈，煤中惰质组含量较高，有的显微组分有被明显氧化的痕迹，如角质体和小孢子体[图 3.14(f)]、树脂体和树皮体[图 3.14(c)]，树脂体遭受氧化后，可见外圈和内圈的反射色深浅不一。除了类脂组外，镜质组也留下了被氧化的痕迹，在 ZG6-2 分层中，团块镜质体残留有氧化裂隙[图 3.12(d)]。基质镜质体中的石膏[图 3.17(a)]属于氧化环境的产物。6 号煤中间分层中高含量的微粒体与这些分层形成的偏氧化的环境相对应，暗示微粒体可能是次生细胞壁或细分散的腐植碎屑在泥炭化作用早期经过氧化作用形成的。ZG6-2 分层中存在分泌体，可能是树脂体的氧化产物[图 3.13(b)]。在显微煤岩类型上，ZG6-3~ZG6-5 分层以微亮暗煤为主，说明这些分层是在干燥沉积条件下或潜水面高低交替变化使泥炭表面周期性干燥环境下形成的。

(4) GI-TPI、GWI-VI、矿物组合特征所反映出的略偏碱性的沼泽介质条件及充足氧的供给，有利于细菌的活动，部分半丝质体被细菌分解，形成菌解半丝质体，细胞结构变得模糊。同时，由于地表水供给充分，沼泽向潮湿方向发展，丝质体和半丝质体可在吸水膨胀后产生膨化现象[图 3.17(b)]，甚至演化为粗粒体。未膨化的丝质体[图 3.12(e)]和膨化的丝质体[图 3.17(b)]相比，膨化的丝质体中部的反射色高，而未膨化的丝质体的反射色较为均一。同时，这些分层中高含量粗粒体的存在，也可能是成煤母质先经历凝胶化作用，再经历丝炭化作用后的产物。

(5) 泥炭沼泽演化至 ZG6-2 阶段，GWI 很高，水动力条件较强，TPI 很低，形成了以森林沼泽沉积的微暗亮煤为主的显微煤岩类型，所形成的各种组分排列较为杂乱，表现出混杂堆积的特征，较为强烈的水动力条件可以使从物源区搬运来的微碳质泥岩发生

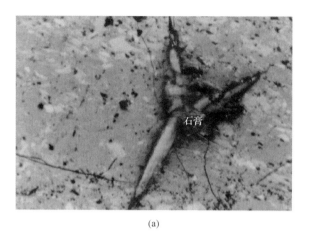

(a)

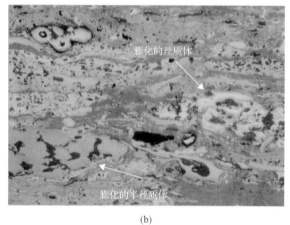

(b)

图 3.17　反映煤相微环境的显微组分和矿物特征

(a) ZG6-2 中的石膏，油浸反射单偏光，×450；(b) ZG6-4 中膨化的丝质体和半丝质体，油浸反射单偏光，×245

再沉积作用(图 3.18)，再沉积的微碳质泥岩亦证实该聚煤盆地的物源区不远，根据中国煤炭地质总局的研究，物源区距泥炭沼泽约 50km(中国煤炭地质总局，1996)。

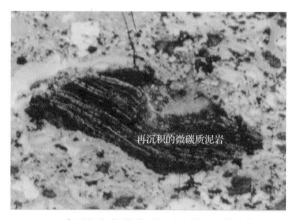

图 3.18　ZG6-2 中再沉积的微碳质泥岩(油浸反射单偏光，×245)

(6)泥炭沼泽演化至煤层顶部 ZG6-1 分层,覆水加深,GI 达到最大值,经充分凝胶化作用形成的基质镜质体含量很高,达到 40.1%;而 GWI 和 VI 均达到最小值,整个沼泽处于下三角洲平原中,以石英为主的陆源碎屑供给加快,煤的矿化现象严重,石英的含量高达 16.4%,泥炭堆积作用显著减弱并逐渐停止。

从以上分析可以看出,镓矿床中镓的富集除了充分的陆源供给以外,镓和勃姆石在泥炭沼泽中富集的最佳条件为 3 个过渡带:①从 GI 和 TPI 反映的煤相特征来看,主采煤层 6 号煤经历了由干燥森林沼泽向潮湿森林沼泽演变的过程,镓和勃姆石的富集处于潮湿森林沼泽和干燥森林沼泽的过渡阶段,但偏向于干燥森林沼泽,并处于一种弱碱性和弱氧化环境。②整个煤层经历了由山麓沉积、上三角洲平原到下三角洲平原的演变,镓和勃姆石的富集主体上处于过渡带的上三角洲平原沉积。③镓和勃姆石富集于森林密度和森林指数由大变小的过渡带;整个煤层演化的过程,也是森林指数减小的过程,并且镓和勃姆石富集的部位集中在森林指数最大值向最小值转变的中间阶段。④在泥炭周期性堆积中,镓和勃姆石富集的分层居于两个高位泥炭沼泽转折处的低位泥炭沼泽。

准格尔煤田黑岱沟矿主采 6 号煤的煤相演替特征与中国煤田地质总局所研究的层序地层分布及煤层在层序地层格架中的充填特征相一致(中国煤田地质总局,1996)。6 号煤位于海侵体系域与高位体系域的转折阶段,此时海平面下降,海水已经向盆地东、西两侧后退,盆地北部隆升加剧,导致本溪组风化壳铝土矿的出露(中国煤田地质总局,1996)。

六、煤中的矿物

运用 X 射线衍射分析技术,在准格尔煤田黑岱沟矿 6 号煤中发现的矿物有勃姆石、高岭石、石英和方解石(图 3.19),另外在 SEM-EDS 或显微镜下发现了磷锶铝石、锆石、金红石、菱铁矿和硒方铅矿等矿物(图 3.20～图 3.23),这些痕量矿物的含量低于 XRD 的检测限。

1. 煤中矿物剖面变化特征

在矿物组成上,准格尔煤田 6 号煤剖面自上而下明显分成 4 段,第一段由 ZG6-1 分层组成,第二段由 ZG6-2、ZG6-3 和 ZG6-4 分层组成,第三段由 ZG6-5 分层组成,第四段由 ZG6-6 分层和 ZG6-7 分层组成。这 4 段的矿物组成有很大差别(图 3.10),自上而下的特征如下所述。

第一段:X 射线衍射分析和光学显微镜下测定 ZG6-1 分层的矿物组成以石英为主,含量高达 16.4%(矿物+显微组分=100%,表 3.5),有些略顺层理分布在基质镜质体中[图 3.20(a)、(b)],有些呈浸染状分布在基质镜质体中[图 3.20(c)、(d)],或分布在基质镜质体的高岭石中[图 3.20(e)]。石英造成煤的矿化现象比较严重,石英颗粒大小多为 5～10μm,其存在形态表明其可能属于陆源碎屑成因。高岭石含量为 5.5%,有少量的方解石(0.7%)。

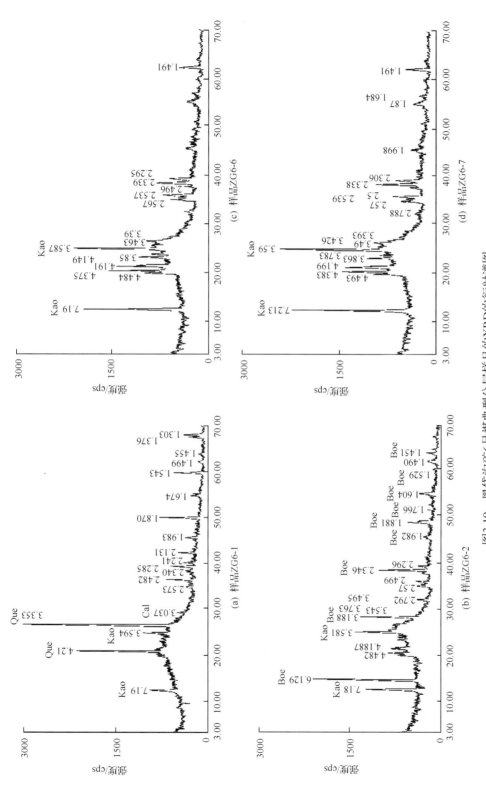

图3.19　黑岱沟矿6号煤典型分层样品的XRD的衍射谱图

Kao-高岭石；Que-石英；Boe-勃姆石；Cal-方解石

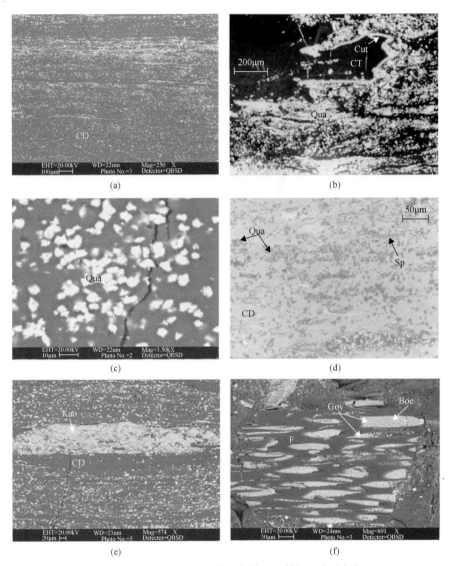

图 3.20 黑岱沟矿煤中的石英、高岭石、勃姆石和磷锶铝石

(a)石英分布在基质镜质体中，扫描电镜背散射电子图像；(b)基质镜质体中的石英、均质镜质体和角质体，透射光；(c)石英分布在基质镜质体中，扫描电镜背散射电子图像；(d)分布在基质镜质体中的石英和小孢子体，反射单偏光；(e)分布在基质镜质体中的石英和高岭石，扫描电镜背散射电子图像；(f)充填在胞腔中的勃姆石和磷锶铝石，扫描电镜背散射电子图像；CD-基质镜质体；Cut-角质体；CT-均质镜质体；Sp-孢子体；F-丝质体；Qua-石英；Kao-高岭石；Goy-磷锶铝石；Boe-勃姆石

第二段：ZG6-2、ZG6-3 和 ZG6-4 分层的矿物组成以超常富集的勃姆石为特点，其含量分别为 11.9%、13.1%和 11%(图 3.19，表 3.5)，煤中富集如此高含量的勃姆石较为罕见。这 3 个分层中高岭石含量分别为 4.3%、3.6%和 4.4%。

勃姆石在该煤层中呈隐晶状产出，其赋存状态多样，如充填在成煤植物的胞腔中[图 3.20(f)]、以团块状分布于基质镜质体中，有的以单独的团块状或不规则的团块状出现[图 3.21(a)～(d)]，有的以连续的团块状或串珠状产出[图 3.21(e)]。呈团块状分布的勃姆石的粒度差别很大，为 1～300μm。在偏光显微镜下，勃姆石与黏土矿物的区别主要是：勃姆石致密，而黏土矿物比较松散[图 3.22(a)]，勃姆石的反射色比黏土矿物浅，并且勃姆石的突起较高[图 3.21(b)、(e)]，黏土矿物不显突起[图 3.22(a)]。

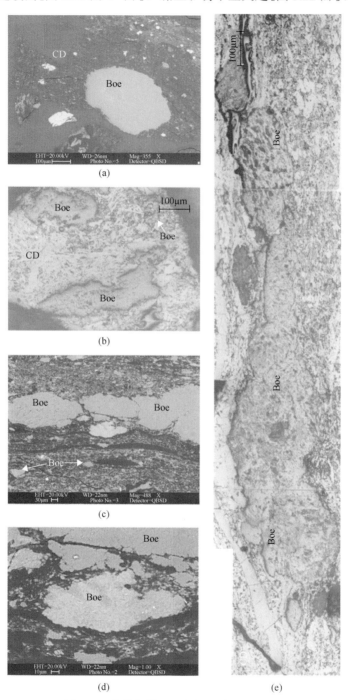

图 3.21　准格尔煤田黑岱沟矿煤中的勃姆石

(a)～(d)团块状勃姆石，扫描电镜背散射电子图像；(e)分布在基质镜质体中的勃姆石，反射单偏光；

CD-基质镜质体；Boe-勃姆石

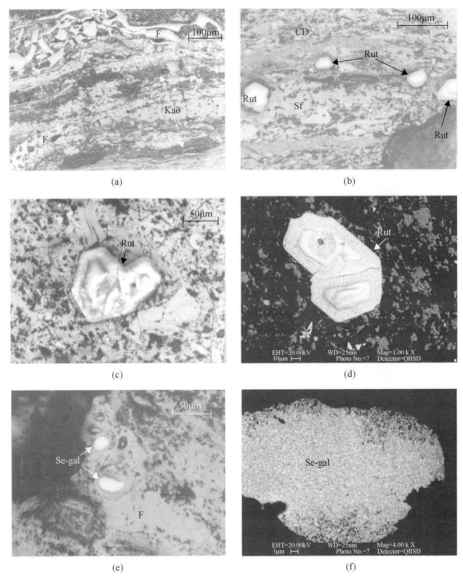

图 3.22　黑岱沟矿煤中的高岭石、金红石和硒方铅矿

(a)顺层理分布的高岭石及膨化的丝质体，反射单偏光；(b)金红石分布在基质镜质体中，丝质体，反射单偏光；(c)金红石的膝状双晶，反射单偏光；(d)金红石的膝状双晶，扫描电镜背散射电子图像；(e)赋存在丝质体胞腔中的硒方铅矿，反射单偏光；(f)硒方铅矿，扫描电镜背散射电子图像；CD-基质镜质体；F-丝质体；Sf-半丝质体；Kao-高岭石；Rut-金红石；Se-gal-硒方铅矿

在勃姆石富集的煤分层中，与勃姆石伴生的矿物组合也较特殊，这些矿物包括金红石、磷锶铝石、锆石、菱铁矿、方铅矿、硒铅矿和硒方铅矿。在 ZG6-2 分层中，有较高含量的金红石(1.6%)，金红石以单晶或膝状双晶形式出现，并有环带结构的现象[图 3.22(b)~(d)]。在 ZG6-2 和 ZG6-3 分层中有磷锶铝石，主要充填在丝质体胞腔中，呈圆粒状出现，粒度为 1~2μm[图 3.20(f)]。在 ZG6-2 和 ZG6-3 分层中有方铅矿(PbS)、硒铅矿(PbSe)和硒方铅矿(PbSeS)，这 3 种矿物有时充填在成煤植物的胞腔中[图 3.22(e)]，有时呈浑圆状状产出[图 3.22(f)]，其内部结构比较特殊，有许多孔洞，

似明显的菌藻类等低等生物矿化的迹象[图 3.22(f)]。另外，在 ZG6-2 分层中发现了一种化学组成为 $Pb_{1.71}Cu_{1.05}Fe_{0.87}S_2$（SEM-EDS 数据）的硫化物矿物。硒铅矿在煤中较少见，这是由于其在煤中的粒径一般较小，直径大多小于 $3\mu m$（Finkelman，1985）。Hower 和 Robertson（2003）曾详细描述过硒铅矿的矿物学特征，认为它在煤中有几微米左右，直径可以达到 $3\mu m$，厚度约为 100nm。而黑岱沟矿 6 号煤中铅的硫化物矿物和铅的硒化物矿物的直径为几微米到 $60\mu m$，大多为 $15\sim30\mu m$。黑岱沟矿煤中的方铅矿、硒铅矿和硒方铅矿可能是热液成因，而非陆源碎屑成因。Hower 和 Robertson（2003）发现肯塔基煤田煤中硒铅矿充填在丝质体或半丝质体空腔中，是热液成因的次生矿物。

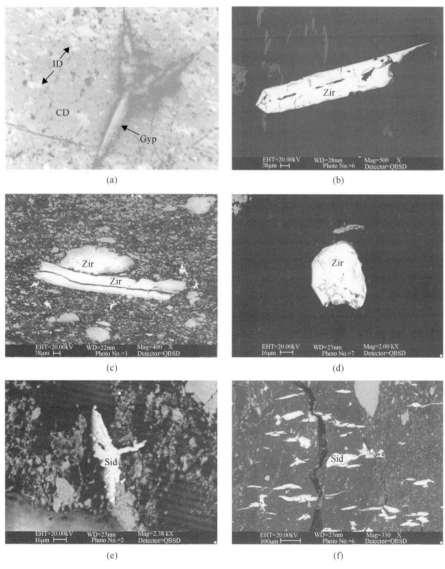

图 3.23 黑岱沟矿煤中的石膏、锆石和菱铁矿

(a)分布在基质镜质体中的石膏，反射单偏光；(b)～(d)陆源碎屑成因的锆石，扫描电镜背散射电子图像；(e)和(f)菱铁矿，扫描电镜背散射电子图像；CD-基质镜质体；ID-碎屑惰质体；Gyp-石膏；Zir-锆石；Sid-菱铁矿

在 ZG6-2 和 ZG6-3 分层中,含有少量的石膏[图 3.23(a)],以及锆石,其中锆石破碎的痕迹表明其来源于物源区[图 3.23(b)～(d)]。此外,在勃姆石富集的层位还有少量的菱铁矿[图 3.23(e)、(f)]。由于金红石、磷锶铝石、锆石和菱铁矿的含量不高,X 射线衍射分析未能检测出,其主要是通过偏光显微镜和带能谱仪的扫描电镜观察的晶体形态和物质成分加以鉴定。

第三段:ZG6-5 分层的矿物组成以高岭石为主,含量为 11.4%,含少量的勃姆石(3.3%)及痕量的黄铁矿(1.1%)。

第四段:ZG6-6 和 ZG6-7 分层的矿物组成均以高岭石为主,含量分别为 22% 和 19.5%,有痕量的黄铁矿、石英和方解石,未见勃姆石。

2. 煤中勃姆石的富集成因

在煤中除了发现黏土矿物(主要是高岭石、伊利石、伊蒙混层等)、碳酸盐矿物(如方解石、菱铁矿、白云石、铁白云石等)、硫化物矿物(如黄铁矿、白铁矿)及氧化物矿物(如石英、金红石、锐钛矿)外,还发现了很多的微量矿物(Goodarzi et al.,1985;Harvey and Ruch,1986;Hower et al.,1987,2001;Querol et al.,1997;Rao and Walsh,1997;Ward,1978,1984,1989,2002;Vassilev and Vassileva,1998;Ward et al.,2001;Li et al.,2001)。在微量矿物中,勃姆石较为少见,出现在一些煤层的夹矸或煤系的高岭岩层中(梁绍暹等,1997;刘钦甫和张鹏飞,1997),偶尔在煤或煤的低温灰中会发现少量的勃姆石(Tatsuo and Makoto,1993,1996;Kimura and Kubonoya,1995;Kimura,1998;Tatsuo,1998;Ward,2002)。煤中勃姆石含量通常很低,富含勃姆石的煤层非常局限,因此对煤中勃姆石的赋存状态、地质成因和经济价值缺乏详尽的研究。

勃姆石是硅酸盐岩石的风化产物,常与三水铝石、硬水铝石、高岭石、迪开石、玉髓、铵云母等矿物共生(Brown and McDowell,1983;程东等,2001)。此外,其还可能是低温热液的产物,与泡沸石共生(Hrinko,1986;梁绍暹等,1997;Banerji,1998;程东等,2001)。但在勃姆石富集的煤层中,除高岭石外,没有发现上述共生矿物,也没有发现任何低温热液矿物或热液活动的证据。

王双明(1996)的研究表明,在准格尔煤田 6 号煤形成初期(对应的煤分层编号为 ZG6-7和 ZG6-6),准格尔煤田的北偏西方向地势高,而南偏东方向地势低,陆源碎屑物质主要来自北西方向的阴山古陆,广泛分布的有中元古代钾长花岗岩,因此在 ZG6-7 和 ZG6-6分层中所形成的矿物和鄂尔多斯盆地其他地区煤中的矿物组成差别不大,以陆缘碎屑的黏土矿物为主。在煤层形成中期(相对应的煤分层编号为 ZG6-5、ZG6-4、ZG6-3 和 ZG6-2),煤田的北东部开始隆起,并有本溪组铝土矿出露,煤田处于北偏西方向的阴山古陆和北偏东方向本溪组隆起的低洼地区,聚煤作用持续进行,古河流的方向为北偏东(王双明,1996),表明陆源碎屑主要来自北偏东的隆起。

根据石炭纪石灰岩氧、碳同位素值及其环境意义,得出石炭纪石灰岩是在正常海相环境中形成的,并计算出太原组形成期古水温平均为 29～32℃,说明当时该地区气候炎热(刘焕杰等,1991;程东等,2001)。根据林万智(1984)和程东等(2001)对该区石炭系古地磁研究推测，准格尔煤田晚石炭世的古纬度在北纬14°左右。这种热带湿热气候有利于本溪组风化壳三水铝石的形成(程东等，2001)。三水铝石为开放氧化环境的产物。三水铝石及少量的黏土矿物在水流作用下，以胶体的形式短距离搬运到准格尔泥炭沼泽中。根据王双明(1996)的研究，准格尔煤田距离风化壳的距离仅为50km左右。随着泥炭的持续聚积，到对应的煤分层为 ZG6-1 时，北偏东方向的本溪组隆起下降，陆源碎屑的供给又转变为北偏西方向的阴山古陆的中元古代钾长花岗岩，ZG6-1 分层中除了有大量石英外，主要为黏土矿物。在泥炭聚积和成岩作用早期阶段，ZG6-5、ZG6-4、ZG6-3 和 ZG6-2 分层中三水铝石胶体溶液在上覆沉积物的压实作用下发生脱水作用形成勃姆石。从勃姆石的赋存形态来看，大部分勃姆石呈絮凝状，反映了它的胶体成因的特点。刘长龄和时子祯(1985)认为，勃姆石的形成主要与成岩阶段的弱酸性与弱氧化至弱还原的介质环境有关，勃姆石在泥炭沼泽中更易形成。山西河曲本溪组铝土矿富含勃姆石，山西和河南铝土矿的重矿物组成有锆石、金红石、方铅矿等，与富勃姆石煤分层中的重矿物组合相似(刘长龄和时子祯，1985)，也是 6 号煤中勃姆石来源于本溪组铝土矿的佐证。6 号煤中高含量勃姆石的形成与含煤岩系高岭岩中的勃姆石或勃姆石岩的形成不同。刘钦甫和张鹏飞(1997)的研究表明，含煤岩系高岭岩中的勃姆石或勃姆石岩中勃姆石的形成主要是高岭石在介质的酸度(pH<5)增大时脱硅形成的，并且具有高岭石的假象。而在该煤层中的勃姆石没有交代高岭石的现象。

七、煤层中的常量和微量元素

1. 煤中的常量元素

表 3.7 列出了黑岱沟矿 6 号煤、夹矸和顶底板中常量元素氧化物和微量元素的含量，以及和中国煤、中国华北大部分煤、世界硬煤的比较。

常量元素在剖面上明显划分为 4 个区域，与上一小节划分的矿物组成的 4 个段相对应。

区域 1：ZG6-1 分层的 SiO_2/Al_2O_3 的值为 3.21，在所有煤分层中是最高的，主要是因为有高含量的石英(表 3.7)。

区域 2：ZG6-2、ZG6-3、ZG6-4 分层中 Al_2O_3 是主要的常量元素氧化物，SiO_2 次之，它们的 SiO_2/Al_2O_3 值很低，分别是 0.58、0.34 和 0.48，与这些分层中高含量的勃姆石相对应。由于 ZG6-2 分层中锐钛矿含量较高，该煤分层中 TiO_2 的含量高达 2.31%。在 ZG6-2 和 ZG6-3 分层中检测到了磷锶铝石，P_2O_5 在这两个样品中的含量分别约为 0.325%和 0.491%，远高于中国煤中的 P_2O_5 含量。

区域 3：ZG6-5 分层中 Al_2O_3 的含量(7.6%)高于 SiO_2(4.21%)的含量，SiO_2/Al_2O_3 值很低(0.55)，表明该分层中的矿物主要是高岭石和勃姆石。

区域 4：ZG6-6 和 ZG6-7 分层中 SiO_2 和 Al_2O_3 的含量都很高，SiO_2/Al_2O_3 的值分别为 1.05 和 1.09，表明高岭石是这两个分层的主要矿物。

总体上看,黑岱沟矿 6 号煤中常量元素在剖面上的含量变化和矿物组成的变化相吻合。

表 3.7 黑岱沟矿 6 号煤、夹矸和顶底板中常量元素氧化物及微量元素的含量

元素	ZG6-1	ZG6-2	ZG6-3	ZG6-4	ZG6-5	ZG6-6	ZG6-7	ZG6-R	P1-2	P3-4	P4	P4-5	P5-6	ZG6-F	WA	中国煤	华北煤	世界硬煤	CC
SiO_2	20.1	8.05	4.95	5.52	4.21	13.6	14.8	nd	36.1	nd	34.6	nd	nd	nd	8.04	8.47	8.14	nd	0.95
TiO_2	0.27	2.31	0.76	0.98	0.23	0.3	0.76	nd	0.11	nd	0.04	nd	nd	nd	0.74	0.33	0.38	0.133	2.24
Al_2O_3	6.27	13.9	14.7	11.5	7.6	12.9	13.6	nd	30.5	nd	35.4	nd	nd	nd	10.56	5.98	6.78	nd	1.77
Fe_2O_3	0.36	0.76	0.33	0.61	1.96	0.13	0.12	nd	0.32	nd	0.19	nd	nd	nd	0.93	4.85	1.31	nd	0.19
MnO	0.006	0.007	0.006	0.007	0.003	0.02	0.004	nd	0.002	nd	0.003	nd	nd	nd	0.006	0.015	0.01	0.011	0.40
MgO	1.31	<0.4	3.76	<0.4	3.97	7.52	1.72	nd	13.4	nd	15.97	nd	nd	nd	3.66	0.22	0.28	nd	16.64
CaO	0.73	0.49	0.35	0.84	0.17	0.24	0.16	nd	0.25	nd	0.08	nd	nd	nd	0.44	1.23	1.2	nd	0.36
Na_2O	0.003	<0.002	0.002	0.033	<0.002	<0.002	<0.002	nd	0.018	nd	<0.002	nd	nd	nd	0.0127	0.16	0.15	nd	0.08
K_2O	0.24	0.33	0.25	0.32	0.13	0.007	0.07	nd	0.04	nd	0.03	nd	nd	nd	0.21	0.19	0.17	nd	1.11
P_2O_5	0.005	0.325	0.491	0.041	0.005	0.405	0.008	nd	0.004	nd	<0.004	nd	nd	nd	0.116	0.092	0.132	0.053	1.26
SiO_2/Al_2O_3	3.21	0.58	0.34	0.48	0.55	1.05	1.09	nd	1.18	nd	0.98	nd	nd	nd	0.76	1.42	1.20	nd	0.54
Li	12	33.4	21	48.8	31.6	57.9	66.3	34.7	196	190	298	nd	131	81.5	37.8	31.8	43.9	14	2.70
Be	3.72	4.83	2.06	1.79	1.09	1.43	3.74	4.59	0.32	0.33	0.21	nd	0.39	1.47	2.26	2.11	2.05	2	1.13
F	54	121	114	104	98	105	118	nd	nd	nd	nd	nd	nd	nd	101	130	nd	82	1.23
Sc	7.4	15.2	12.3	9.8	3.5	7.9	11	15	6.0	4.1	1.4	7.0	5.6	15.7	8.36	4.38	6.32	3.7	2.26
V	65.6	47.3	39.8	29.9	18	20.2	30.5	39.6	44.4	5.8	10.8	nd	12.5	151	31.7	35.1	31.3	28	1.13
Cr	14.7	24.1	18	28.3	4.2	3.6	9.4	18	1.9	4.7	2.4	23.9	5.4	85	14.8	15.4	15.0	17	0.87
Co	7.5	2.0	4.5	1.2	0.99	1.9	1.2	2.3	1.0	1.6	0.4	0.85	0.56	2.7	2.14	7.08	4.06	6	0.36
Ni	16.7	4.86	5.71	4.58	3.73	4.78	4.16	6.84	10.9	6.93	3.5	nd	1.31	12	5.57	13.7	6.65	17	0.33
Cu	13.6	15.2	30	20.4	10.8	12.8	12.8	18.3	10.6	9.44	9.63	nd	4.96	8.18	15.7	17.5	10.3	16	0.98
Zn	41.6	17.6	10.7	15.7	10.6	14.6	20	39.5	21.9	20	12.6	nd	20.5	26.4	16.7	41.4	25	28	0.60
Ga	12	57.3	76	65.4	30.1	65.4	15	20	23.6	11	26.7	48.8	21	16	44.8	6.55	12.57	6	7.47
As	0.42	0.72	0.64	0.59	0.44	0.73	0.42	0.87	0.32	0.44	0.21	0.99	0.58	0.74	0.56	3.79	1.08	8.3	0.07
Se	4.1	2.7	14.9	11	8.0	5.4	8.4	3.7	4.3	0.9	2.7	0.3	0.5	1.2	8.2	2.47	2.01	1.3	6.31
Br	0.69	0.8	1.39	0.94	1.22	0.63	0.5	0.3	nd	0.2	0.43	0.92	0.2	0.2	0.97	9	1.75	6	0.16
Rb	6.95	3.15	1.88	2.24	0.75	0.46	0.36	12.6	0.13	1.75	0.06	13.3	3.09	13.3	2.02	9.25	1.59	18	0.11
Sr	22.6	878	1691	166	27.2	2065	23	51.4	5.61	9.87	13	nd	18.7	24.9	423	140	193	100	4.23
Y	20.6	45.2	29.5	17.2	9.1	32.9	24.8	40.6	2.06	6.3	1.32	nd	9.9	18.8	20.8	18.2	19.2	8.4	2.48

续表

元素	ZG6-1	ZG6-2	ZG6-3	ZG6-4	ZG6-5	ZG6-6	ZG6-7	ZG6-R	P1-2	P3-4	P4	P4-5	P5-6	ZG6-F	WA	中国煤	华北煤	世界硬煤	CC
Zr	148	471	502	267	81.4	236	227	419	79.3	136	56	nd	154	264	234	89.5	188	36	6.50
Nb	5.18	45.2	12.2	13.8	3.69	7.48	14.6	31.8	8.88	9.75	7.64	nd	24.5	23.8	12.8	9.44	6.87	4	3.20
Mo	8.01	6.9	3.24	2.11	2.05	1.39	0.74	4.04	0.49	0.91	0.8	5.7	1.93	0.59	3.12	3.08	2.39	2.1	1.49
Cd	0.22	0.11	0.14	0.09	0.11	0.17	0.15	0.32	0.12	0.19	0.08	nd	0.09	0.19	0.13	0.25	0.11	0.2	0.65
Sn	4.88	4.94	7.24	1.95	3.81	6.82	11.33	9.24	63.7	9.31	2.37	nd	7.81	10.7	4.69	2.11	4.47	1.4	3.35
Sb	2.82	0.51	1.17	1.9	2.69	1.77	1.63	1.26	2.89	0.51	4.95	0.15	0.47	1.55	1.99	0.84	0.89	1	1.99
Cs	1.6	0.4	0.1	0.4	0.05	0.24	0.23	3.4	0.08	0.08	0.11	0.51	0.42	1.7	0.35	1.13	0.39	1.1	0.32
Ba	37	127	100	46	22	105	60	470	4.64	17	13	93	26	63	56.0	159	122	150	0.37
La	20.1	172	198	36.9	16.1	66	50.8	26.8	1.95	0.87	1.12	7.94	12	27.5	60.2	22.5	25.5	11	5.47
Ce	30	230	301	55.8	23	101	96.4	45.5	3.51	2.7	2.03	16.1	18.2	46.1	89.0	46.7	47.6	23	3.87
Nd	15	83.8	98	21.5	9.7	42	33	12	1.66	bdl	1.27	8.29	3.8	13.2	32.7	22.3	14.7	12	2.73
Sm	3.25	16.5	20.6	3.46	1.9	10.3	8.4	3.3	0.5	0.41	0.38	1.65	1.0	3.4	6.68	4.07	3.99	2	3.34
Eu	0.48	2.3	3.0	0.74	0.26	2.1	1.4	0.44	0.14	0.15	0.09	0.52	0.17	0.5	1.07	0.84	0.72	0.47	2.28
Tb	0.65	2.57	1.9	0.67	0.27	1.35	1.9	0.6	0.16	bdl	0.1	0.45	0.2	0.46	1.0	0.62	0.63	0.32	3.13
Yb	2.52	5.3	3.0	2.35	0.92	2.78	2.5	1.1	0.73	0.4	0.28	1.66	0.6	1.3	2.34	2.08	1.91	1	2.34
Lu	0.3	0.82	0.45	0.32	0.15	0.37	0.36	0.2	0.12	bdl	0.04	0.28	0.1	0.2	0.34	0.38	0.28	0.2	1.70
Hf	3.2	24.9	13.1	8.0	2.4	6.8	7.3	9.3	7.1	6.2	4.5	12.5	8.1	13.3	7.95	3.71	5.07	1.2	6.63
Ta	0.36	3.3	0.78	1.0	0.27	0.58	1.4	1.9	0.6	0.39	0.7	4.2	1.5	1.2	0.96	0.62	0.6	0.3	3.20
W	0.98	4.5	3.3	1.19	1.35	0.7	1.6	2.8	1.5	0.7	0.45	4.0	1.4	2.3	1.77	1.08	0.8	0.99	1.79
Hg	0.042	0.721	0.63	0.091	0.541	0.141	0.084	nd	nd	nd	nd	nd	nd	nd	0.35	0.163	0.34	0.1	3.50
Tl	0.6	0.09	0.12	0.54	0.14	0.06	0.12	nd	0.15	nd	0.42	nd	nd	nd	0.27	0.47	0.22	0.58	0.47
Pb	31.2	36.6	62.2	33.3	30.5	34.4	42.2	52.2	10.5	6.1	12	nd	8.2	23	35.7	15.1	18.3	9	3.97
Bi	0.59	0.9	0.73	1.05	0.71	0.67	0.95	0.98	0.6	0.2	0.96	nd	0.34	0.6	0.82	0.79	0.51	1.1	0.75
Th	5.7	45.8	16.8	26.1	6.7	9.4	19.2	24	5.0	6.6	3.0	41.1	14.7	20.1	17.8	5.84	7.56	3.2	5.56
U	1.82	8.3	4.5	5.1	2.2	3.39	3.5	4.7	1.35	2.0	6.57	7.62	2.2	2.9	3.93	2.43	3.26	1.9	2.07

注：WA 表示权衡均值；CC 表示富集系数。其中，常量元素的 CC 值＝黑岱沟煤/中国煤；微量元素 CC 值＝黑岱沟煤/世界硬煤；表中常量元素单位为%，微量元素单位为 μg/g。bdl 表示低于检测限；nd 表示无数据。

资料来源：中国煤数据引自 Dai 等（2012b）；华北煤数据引自代世峰（2002）；世界硬煤数据引自 Ketris 和 Yudovich（2009）。

2. 煤中的微量元素

按照 Dai 等(2015d)对微量元素的划分方案,黑岱沟矿 6 号煤中富集的元素有 Ga、
Se、Zr、La、Hf 和 Th,这些元素的富集系数为 5<CC<10。微量元素 Li、Sc、Sr、Y、
Nb、Sn、Ce、Nd、Sm、Eu、Tb、Ta、Yb、Hg、Pb 和 U 轻度富集(2<CC<5),亏损的
微量元素有 Co、Ni、As、Br、Rb、Cs、Ba 和 Tl(CC<0.5),其他元素的含量接近世界
硬煤中元素的含量(0.5<CC<2)(图 3.24)。

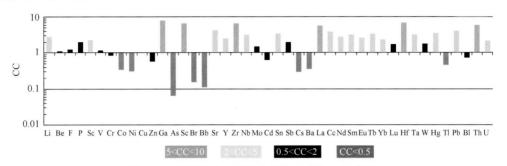

图 3.24 黑岱沟矿 6 号煤中微量元素的富集系数
CC,富集系数,即黑岱沟煤样中微量元素的含量和世界硬煤中含量的比值

样品 ZG6-3 中富集 Pb(62.2μg/g)和 Se(14.9μg/g)(表 3.7)。SEM-EDS 结果显示,Pb
和 Se 主要赋存在硒方铅矿中(表 3.8)。另外,在 ZG6-3 样品中的黄铁矿中也检测到了 Se。
Hower 和 Robertson(2003)的研究表明硒铅矿不仅是 Pb 和 Se 的主要载体,而且也是煤中
Hg 富集的原因。样品 ZG6-2 和 ZG6-3 富集 Hg,这两个分层中也含有硒铅矿和硫化物矿
物,Hg 的富集可能也与硒铅矿和硫化物矿物有关。样品 ZG6-3 中的硒方铅矿含有 1.65%
的 Fe 和 2.05%的 Cu。

样品 ZG6-3 和样品 ZG6-6 富集 Ga(表 3.7)。SEM-EDS 检测结果显示 Ga 在样品 ZG6-2
和 ZG6-3 的勃姆石中的含量分别是 0.08%和 0.10%,Ga 可能是类质同象替代了勃姆石中
的 Al。Ga 在其他矿物和有机质中的含量基本低于仪器检测限(表 3.8)。

样品 ZG6-3 中富集 Sr,磷锶铝石是 Sr 的主要载体(表 3.8)。在勃姆石和高岭石中也
检测到了 Sr(ZG6-2),但其含量明显低于磷锶铝石中 Sr 的含量。

煤中的 Th 含量为 5.7μg/g(ZG6-1)到 45.8μg/g(ZG6-2)(表 3.7)。在勃姆石、高岭石、
金红石、锆石和有机质中均检测到了 Th,并且其在勃姆石中的含量最高(表 3.8)。

煤中的 Zr 含量为 81.4μg/g(ZG6-5)到 502μg/g(ZG6-3)(表 3.7),其主要载体为锆石。
金红石中亦含有少量的 Zr(表 3.8)。煤中 Zr 含量的变化主要与重矿物的含量有关。

煤中的 Nb 含量为 3.69μg/g(ZG6-5)到 45.2μg/g(ZG6-2)(表 3.7)。SEM-EDS 测试结
果表明,Nb 在锆石中的含量(算术均值)为 1.01%(样品 ZG6-2),但在其他矿物和有机质
中的含量很低或低于检测限。煤中 Nb 含量变化与煤中锆石的分布有关。

分层样品 ZG6-1、ZG6-2 和 ZG6-3 中富集 V。仅在金红石中检测到了高含量的 V
(表 3.8),金红石是煤中 V 的主要载体。但是,样品 ZG6-1 中的 V 含量为 65.6μg/g,但
TiO_2 的含量仅为 0.27%(表 3.7),因此,可能还有其他因素影响煤中的 V 含量。

表 3.8　样品 ZG6-1、ZG6-2 和 ZG6-3 中矿物和有机质的 SEM-EDS 测试元素含量

（单位：%）

样品	检测点		Na	Mg	Al	Si	P	S	K	Ca	Ti	Fe	O	Cu	La	Ce	Ga	Th	Sr	Nd	Se	Pb	V	Nb	Zr	Mn
ZG6-1	高岭石	Min	bdl	bdl	17.33	19.88	bdl	0.06	0.05	0.06	bdl	0.08	37.41	bdl	bdl	bdl	bdl	bdl	bdl	bdl	bdl	bdl	bdl	bdl	bdl	bdl
		Max	0.04	bdl	17.83	20.69	bdl	0.06	0.08	0.08	0.03	0.09	38.15	bdl	bdl	bdl	bdl	bdl	bdl	bdl	bdl	bdl	bdl	bdl	bdl	bdl
		AM	0.02	bdl	17.58	20.29	bdl	0.06	0.07	0.07	bdl	0.09	37.78	bdl	bdl	bdl	bdl	bdl	bdl	bdl	bdl	bdl	bdl	bdl	bdl	bdl
	有机质	Min	bdl	bdl	0.05	0.14	bdl	0.57	bdl	bdl	bdl	0.04	bdl	bdl	bdl	bdl	bdl	bdl	bdl	bdl	bdl	bdl	bdl	bdl	bdl	bdl
		Max	0.05	0.03	3.06	6.66	bdl	1.2	0.04	0.09	0.03	0.07	bdl	bdl	bdl	bdl	bdl	bdl	bdl	bdl	bdl	bdl	bdl	bdl	bdl	bdl
		AM	0.03	bdl	0.69	1.64	bdl	0.78	bdl	0.04	0.02	0.06	bdl	bdl	bdl	bdl	bdl	bdl	bdl	bdl	bdl	bdl	bdl	bdl	bdl	bdl
ZG6-2	石英	Min	bdl	bdl	0.01	49.63	bdl	0.01	bdl	bdl	bdl	0.02	47.88	bdl	bdl	bdl	bdl	bdl	bdl	bdl	bdl	bdl	bdl	bdl	bdl	bdl
		Max	0.05	0.03	0.8	51.81	bdl	0.13	0.14	0.06	0.05	0.06	49.36	bdl	bdl	bdl	bdl	bdl	bdl	bdl	bdl	bdl	bdl	bdl	bdl	bdl
		AM	0.03	bdl	0.28	50.51	bdl	0.07	0.07	0.03	0.02	0.04	48.96	bdl	bdl	bdl	bdl	bdl	bdl	bdl	bdl	bdl	bdl	bdl	bdl	bdl
	勃姆石	Min	bdl	bdl	30.47	3.79	bdl	bdl	bdl	bdl	0.12	0.12	46.31	bdl	bdl	bdl	bdl	0.04	bdl	bdl	bdl	bdl	bdl	bdl	bdl	bdl
		Max	bdl	1.12	45.69	11.09	bdl	0.26	1.24	0.18	1.05	1.04	56.77	0.12	0.17	0.17	0.18	0.25	2.16	0.13	bdl	bdl	bdl	bdl	bdl	0.06
		AM	bdl	0.55	41.06	7.14	bdl	0.13	0.26	0.12	0.51	0.42	48.44	0.02	0.06	0.05	0.08	0.14	0.89	0.03	bdl	bdl	bdl	bdl	bdl	0.02
	高岭石	Min	bdl	bdl	12.78	13.56	bdl	0.1	0.06	0.06	0.4	bdl	bdl	bdl	bdl	bdl	bdl	0.02	bdl	bdl	bdl	bdl	bdl	bdl	bdl	bdl
		Max	bdl	1.08	23.95	22.11	0.93	0.34	3.88	0.31	1.34	0.63	49.02	bdl	0.23	0.06	bdl	0.11	3.56	0.18	bdl	bdl	bdl	bdl	bdl	0.09
		AM	bdl	0.53	21.14	20.22	0.29	0.21	0.91	0.17	0.71	0.37	39.89	bdl	0.08	bdl	bdl	0.06	2.54	0.03	bdl	bdl	bdl	bdl	bdl	0.03
	有机质	Min	bdl	bdl	0.51	0.4	bdl	0.06	bdl	0.05	bdl	bdl	bdl	bdl	bdl	bdl	bdl	bdl	bdl	bdl	bdl	bdl	bdl	bdl	bdl	bdl
		Max	bdl	0.04	5.18	5.96	0.1	0.89	0.14	0.26	0.88	0.16	bdl	bdl	0.11	0.15	bdl	0.09	0.52	0.15	bdl	0.05	bdl	bdl	1.19	bdl
		AM	bdl	bdl	1.99	2.08	0.04	0.46	0.07	0.14	0.33	0.12	bdl	bdl	0.03	0.04	bdl	0.03	0.17	0.03	bdl	bdl	bdl	bdl	0.7	bdl
	金红石	Min	bdl	bdl	1.96	1.02	bdl	bdl	bdl	bdl	38.71	0.75	bdl	bdl	bdl	bdl	bdl	bdl	bdl	bdl	bdl	bdl	bdl	bdl	bdl	bdl
		Max	bdl	1	6.71	2.22	0.39	0.25	0.1	0.55	53.65	16.63	40.55	bdl	1.71	0.59	0.56	0.24	bdl	0.27	bdl	0.66	0.57	bdl	2.71	0.85
		AM	bdl	0.22	4.19	1.6	0.07	0.11	0.05	0.34	45.09	7.29	21.98	bdl	0.38	0.08	0.12	0.05	bdl	0.08	bdl	0.09	0.19	bdl	0.73	0.12
	锆石	Min	0.06	bdl	1.66	13.56	bdl	bdl	bdl	0.06	0.11	0.21	35.07	bdl	bdl	bdl	bdl	bdl	bdl	bdl	bdl	bdl	bdl	0.96	42.15	bdl
		Max	0.19	bdl	5.7	14.34	bdl	bdl	bdl	0.16	0.19	0.45	36.19	bdl	0.28	0.2	bdl	bdl	bdl	bdl	bdl	bdl	bdl	1.06	47.41	bdl
		AM	0.13	bdl	3.68	13.95	bdl	bdl	bdl	0.11	0.15	0.33	35.63	bdl	0.14	0.1	bdl	bdl	bdl	bdl	bdl	bdl	bdl	1.01	44.78	bdl

续表

检测点			Na	Mg	Al	Si	P	S	K	Ca	Ti	Fe	O	Cu	La	Ce	Ga	Th	Sr	Nd	Se	Pb	V	Nb	Zr	Mn
	硒方铅矿		bdl	bdl	bdl	0.82	bdl	6.93	bdl	bdl	bdl	0.71	bdl	0.45	bdl	bdl	bdl	bdl	bdl	bdl	17.99	70.89	bdl	bdl	47.41	bdl
ZG6-2	菱铁矿	Min	bdl	bdl	3.24	1.67	bdl	0.24	0.08	3.49	0.27	48.35	bdl	bdl	bdl	bdl	bdl	bdl	bdl	bdl	bdl	bdl	bdl	bdl	bdl	0.28
		Max	bdl	5.26	9.55	2.13	bdl	0.24	0.08	4.6	0.28	53.07	bdl	bdl	bdl	bdl	bdl	bdl	bdl	bdl	bdl	bdl	bdl	bdl	bdl	0.28
		AM	bdl	2.63	6.395	1.9	bdl	0.24	0.08	4.045	0.275	50.71	bdl	bdl	bdl	bdl	bdl	bdl	bdl	bdl	bdl	bdl	bdl	bdl	bdl	0.28
	勃姆石	Min	bdl	bdl	28.71	bdl	bdl	0.11	bdl	0.04	0.08	0.23	0.01	bdl	bdl	bdl	bdl	bdl	bdl	bdl	bdl	bdl	bdl	bdl	bdl	bdl
		Max	bdl	1.25	50.86	5.89	bdl	0.4	0.25	0.5	0.56	0.69	57.36	0.18	0.28	0.43	0.22	0.17	1.32	bdl	bdl	1.1	bdl	bdl	bdl	bdl
		AM	bdl	0.4	39.15	2.26	bdl	0.22	0.07	0.14	0.22	0.32	36.85	0.05	0.12	0.14	0.10	0.06	0.21	bdl	bdl	0.16	bdl	bdl	bdl	bdl
	有机质	Min	bdl	bdl	0.9	0.26	bdl	0.51	bdl	0.13	0.07	0.12	bdl	bdl	bdl	bdl	bdl	bdl	bdl	bdl	bdl	bdl	bdl	bdl	bdl	bdl
		Max	bdl	bdl	3.62	2.16	0.61	1.19	0.24	0.53	0.77	0.9	bdl	bdl	0.08	0.22	0.26	0.17	0.59	0.09	bdl	bdl	bdl	bdl	bdl	bdl
		AM	bdl	bdl	2.07	0.91	0.12	0.94	0.08	0.26	0.39	0.3	bdl	bdl	0.02	0.03	0.02	0.04	0.06	0.03	bdl	bdl	bdl	bdl	bdl	bdl
	黄铁矿	Min	bdl	0.28	3.2	0.95	bdl	37.45	bdl	bdl	bdl	44.13	bdl	bdl	bdl	bdl	bdl	bdl	bdl	bdl	1.53	bdl	bdl	bdl	bdl	bdl
		Max	bdl	0.33	4.96	1.52	bdl	48.71	bdl	9.65	0.31	44.82	bdl	bdl	bdl	bdl	0.44	bdl	bdl	bdl	1.55	bdl	bdl	bdl	bdl	bdl
		AM	bdl	0.31	4.08	1.24	bdl	43.08	bdl	4.83	0.16	44.48	bdl	bdl	bdl	bdl	0.02	bdl	bdl	bdl	1.54	bdl	bdl	bdl	bdl	bdl
ZG6-3	金红石	Min	bdl	bdl	2.63	1.05	bdl	0.19	bdl	0.27	34.84	7.76	47.01	bdl	bdl	bdl	bdl	bdl	bdl	bdl	bdl	bdl	0.15	0.06	0.3	bdl
		Max	bdl	0.22	4.89	1.46	0.1	0.3	0.04	0.4	35.77	10.85	48.34	bdl	bdl	bdl	bdl	bdl	bdl	bdl	bdl	bdl	0.58	0.23	2.74	0.72
		AM	bdl	0.08	3.87	1.19	0.04	0.26	0.02	0.33	35.45	9.21	47.61	bdl	bdl	bdl	bdl	bdl	bdl	bdl	bdl	bdl	0.4	0.13	1.13	0.24
	锆石	Min	bdl	bdl	2.17	13.26	bdl	bdl	0.1	0.04	0.18	0.28	36.98	bdl	bdl	bdl	bdl	bdl	bdl	bdl	bdl	bdl	bdl	bdl	40.94	bdl
		Max	bdl	bdl	2.8	14.82	bdl	bdl	0.1	0.23	0.23	0.31	42.84	bdl	bdl	bdl	bdl	0.13	bdl	bdl	bdl	bdl	bdl	bdl	44.6	bdl
		AM	bdl	bdl	2.49	14.04	bdl	bdl	0.1	0.14	0.21	0.3	39.91	bdl	bdl	bdl	bdl	0.07	bdl	bdl	bdl	bdl	bdl	bdl	42.77	bdl
	硒方铅矿	Min	bdl	bdl	0.73	0.37	bdl	6.4	bdl	bdl	bdl	0.1	bdl	0.03	bdl	bdl	bdl	bdl	bdl	bdl	bdl	56.09	bdl	bdl	bdl	bdl
		Max	bdl	0.14	1.59	0.95	bdl	22.41	0.12	bdl	0.13	7.88	bdl	10.58	0.18	0.25	0.44	bdl	0.57	bdl	19.55	79.93	bdl	bdl	bdl	bdl
		AM	bdl	0.06	1.25	0.56	bdl	13.62	0.05	bdl	0.03	1.65	bdl	2.05	0.03	0.07	0.04	bdl	0.33	bdl	9.29	70.55	bdl	bdl	bdl	bdl
	磷锶铝石	Min	bdl	bdl	16.33	0.46	9.98	1.45	bdl	2.23	0.31	0.23	49.27	0.05	0.64	1.68	bdl	bdl	11.61	0.26	bdl	bdl	bdl	bdl	bdl	bdl
		Max	bdl	0.63	17.44	0.66	10.7	2.67	0.07	2.45	0.49	0.75	52.52	0.15	2.03	2.75	bdl	bdl	12.13	0.41	bdl	bdl	bdl	bdl	bdl	bdl
		AM	bdl	0.21	17.07	0.53	10.4	2.15	0.03	2.32	0.41	0.55	50.72	0.11	1.21	2.06	bdl	bdl	11.86	0.33	bdl	bdl	bdl	bdl	bdl	bdl

注：Min 表示最小值；Max 表示最大值；AM 表示算术均值；bdl 表示低于检测限。

3. 煤和夹矸中的稀土元素

本节所论述的稀土元素的检测方法是 INAA，该方法只能检测 La、Ce、Nd、Sm、Eu、Tb、Y、Yb、Lu 这 9 种元素，在计算稀土元素的总量(REY)时，其他 6 种稀土元素 Pr、Gd、Dy、Ho、Er、Tm 的含量通过内插法获得。黑岱沟矿煤中 REY 总含量权衡均值为 237μg/g，远高于中国煤(Dai et al.，2012b)、中国华北大部分煤(代世峰，2002)及世界硬煤(Ketris and Yudovich，2009)中的背景值(表 3.7)。值得关注的是，在样品 ZG6-2 和 ZG6-3 中 REY 含量高达 614μg/g 和 710μg/g，并且和上地壳相比，富集轻稀土元素；其他分层的稀土元素分异不明显(图 3.25)。

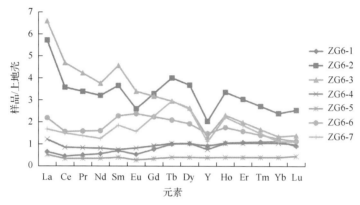

图 3.25　准格尔煤田煤分层中稀土元素的配分模式(上地壳均值根据 Taylor and McLennan，1985)

XRD 结果显示夹矸中的矿物组成主要是高岭石。在黑岱沟矿所有夹矸中，没有发现火山灰成因的矿物，如 β-石英、透长石等；另外，这些夹矸层在横向上不稳定，有时会由高岭石夹矸相变为砂岩(刘钦甫和张鹏飞，1997)，因此这些夹矸可能是正常的泥岩。然而，稀土元素总量在高岭石夹矸中很低，仅为 7.19~46.82μg/g，甚至在一些夹矸中稀土元素含量低于 INAA 检测限(如夹矸 P3-4 中的 La、Nd 和 Tb)。

夹矸中超低含量的稀土元素可能与地下水的淋溶作用有关。当含稀土元素的淋溶液渗透到下伏煤中时，淋溶液中的稀土元素可能有 3 种变化：①淋溶液沉淀形成自生的稀土元素矿物(如充填胞腔的磷锶铝石)；②稀土元素结合到铝的含水化合物中(如勃姆石)；③被有机质吸附。SEM-EDS 结果显示，磷锶铝石、勃姆石和有机质中均富集稀土元素。因此，地下水对高岭石夹矸的淋溶作用是内蒙古黑岱沟矿 6 号煤中稀土元素富集的原因之一。

内蒙古黑岱沟矿 6 号煤中稀土元素的富集原因与 Hower 等(1999a)的研究结果类似，美国东肯塔基煤田煤层中的火山灰夹矸经过地下水的淋溶作用，富含 Y 和 REE 的淋溶液在夹矸下伏煤层中形成了自生矿物。Eskenazy(1978，1987a，1987b)发现稀土元素经过淋溶作用后，在 pH 下降的情况下，可以被有机质固定。煤中的稀土元素通常与矿物有关(特别是黏土矿物和磷酸盐矿物)，镜煤通常比全煤样含有较多的稀土元素(Eskenazy et al.，1986)。这种现象在 Pcelarovo 盆地被渐新世火山灰覆盖的下伏镜煤中非常典型，在该镜煤中富集的稀土元素与上覆火山灰遭受地下水淋溶及稀土元素被下伏有机质吸附有关(Eskenazy, 1987b)。Crowley 等(1989)认为美国犹他州 C 煤层中(含有 tonstein 层)富集的稀土元素有 3 种来源:①地下水对火山灰的淋溶作用及随后被有机质吸附;②地下水对火山灰的淋溶作用及随后结合到矿物中;③火山灰中富集稀土元素的矿物进入泥炭中。

准格尔煤盆地北东方向沉积源区的铝土矿也是来源于阴山古陆中元古代的钾长花岗岩(刘长龄和时子祯, 1985;李生盛, 2005)。由于铝土矿是经过长期淋溶风化作用的产物,稀土元素可以高度富集在铝土矿中。李生盛(2005)的研究表明,靠近准格尔煤盆地南部的山西铝土矿中稀土元素含量很高(均值为 800μg/g),轻重稀土元素之比达 11,该铝土矿中稀土元素的配分模式和黑岱沟矿 ZG6-4、ZG6-3 和 ZG6-2 样品相似,表明这 3 个分层中稀土元素可能来源于盆地北东方向的本溪组风化壳铝土矿。

ZG6-6 和 ZG6-7 样品中的稀土元素含量也较高。如上所述,这两个分层的陆源区供给主要是来自中元古代的钾长花岗岩,该钾长花岗岩中稀土元素含量高,为 705～1093μg/g,具有 Eu 负异常(Wang et al., 2003),稀土元素的配分模式在钾长花岗岩和 ZG6-6、ZG6-7 样品中相似。因此,ZG6-6 和 ZG6-7 样品分层中高含量的稀土元素可能来源于阴山古陆中元古代钾长花岗岩。

综上所述,内蒙古准格尔煤田黑岱沟矿 6 号煤中高度富集的稀土元素主要有两个来源:沉积源区供给和地下水对煤层中夹矸的淋溶作用。

八、准格尔煤田黑岱沟矿煤层中镓的资源/储量评估

铝土矿中的镓是世界镓资源的最主要来源,全世界铝土矿中镓的含量一般为 50～250μg/g,而中国的铝土矿成矿时代主要集中在石炭纪,占中国全部铝土矿总数的 70%。如前所述,煤中镓的含量一般小于 10μg/g,通常情况下不具有工业价值。准格尔煤田特殊的古地理位置和古气候条件导致了煤中高含量的 Ga,Ga 主要来源于本溪组的铝土矿,Ga 和 Al 具有较大的惰性,绝大部分可转到残积物中,再以胶体的形式搬运到泥炭沼泽中,并再次在煤中得以富集。

作者对黑岱沟矿 6 个典型剖面进行了刻槽采样,根据 6 号煤各分层在整个煤层中所占的厚度比例(7 个分层厚度占的比例自上而下依次为 9.6%、11.3%、8.4%、24.3%、31.5%、6.4% 和 8.5%)和各分层中的镓含量,计算出各典型剖面镓的权衡均值分别为 34.80μg/g、37.45μg/g、35.60μg/g、31.85μg/g、39.41μg/g 和 44.72μg/g。对这 6 个典型剖面 Ga 的权衡均值进行算术均值计算,得出 6 个典型剖面 Ga 的算术均值为 37.31μg/g。

煤层顶板和底板中镓的含量低,6 个典型剖面的顶底板中的镓含量均未达到工业品位,因此,顶底板中 Ga 的潜在利用价值较低。

结合黑岱沟矿 6 号煤中 Ga 载体的特殊性和复杂性,该矿 6 号主采煤层是世界上独特的与煤共(伴)生的超大型镓矿床。截至 2006 年底,黑岱沟露天矿煤的保有资源储量为 131484.95 万 t(表 3.9)。

表 3.9　截至 2006 年底黑岱沟矿的煤炭资源量 （单位：万 t）

年度	当年动用资源储量	当年动用储量	当年动用资源量	年末保有资源储量	年末保有储量	年末保有资源量
1996～1999	892.48	877.26	15.22	140418.98	126661.29	13757.69
2000	462.54	452.91	9.63	139956.44	126208.38	13748.06
2001	604.09	562.55	41.54	139352.35	125645.83	13706.52
2002	963.73	901.03	62.70	138388.62	124744.80	13643.82
2003	1197.37	1163.97	33.40	137191.25	123580.83	13610.42
2004	1690.44	1472.54	217.90	135522.81	122108.29	13392.52
2005	1865.72	1672.71	193.01	133635.09	120435.58	19199.51
2006	2150.15	1811.52	338.62	131484.95	118624.06	12860.89
累计	9826.52	8914.49	912.02			

注：年末保有资源储量(A＋B＋C＋D)=年末保有储量(平衡表内储量 A＋B＋C)＋年末保有资源量(平衡表外储量 D)。
资料来源：根据神华准能集团有限责任公司(简称神华准能)提供的资料。

　　根据最新的中华人民共和国国家标准《固体矿产地质勘查规范总则》(GB/T 13908—2002)和中华人民共和国地质矿产行业标准《煤、泥炭地质勘查规范》(DZ/T 0215—2002)，结合黑岱沟矿主采煤层 6 号煤的资源/储量和煤层中镓的含量(按照 Ga 在煤层中的均值 37.31μg/g 计算)，计算出黑岱沟矿主采煤层 6 号煤中镓的资源/储量，见表 3.10。Ga 在黑岱沟矿的保有资源量为 4.9057 万 t(表 3.10)。根据国土资源部 2000 年颁布的《矿产资源储量规模划分标准》，镓储量大于等于 2000t 为大型矿床，400～2000t 为中型矿床，小于 400t 为小型矿床。

表 3.10　黑岱沟矿主采煤层 6 号煤中镓的资源/储量表 （单位：万 t）

固体矿产	资源量/储量(111b+331+332)	基础储量(111b)	资源量(331+332)	可采储量(111)
煤炭	131484.94	118624.06	12860.89	113879.10
镓	4.9057	4.4259	0.4798	4.2488

资料来源：黑岱沟矿主采煤层 6 号煤的煤炭资源量/储量根据神华准能提供的资料。

　　计算结果表明：

　　(1)黑岱沟矿主采煤层 6 号煤中镓的资源量/储量(111b+331+332)为 4.9057 万 t。从地质可靠程度上讲，这部分资源量/储量是探明的(111b+331)和控制的(332)资源量/储量；从经济意义方面来讲，其属于经济的(111b)和内蕴经济的(331+332)；从可行性评阶段方面来讲，其属于可行性研究(111b)阶段和概略研究(331+332)阶段。

　　(2)黑岱沟矿主采煤层 6 号煤中镓的基础储量(111b)为 4.4259 万 t，可采储量(111)为 4.2488 万 t。从地质可靠程度上讲，这部分基础储量和可采储量是探明的，地质可靠程度最高；从经济意义上讲，其是经济的，经济意义最大；从可行性评价阶段方面，其属于可行性研究阶段，评价阶段最高。

(3) 黑岱沟矿主采煤层 6 号煤中镓的资源量(331+332)为 0.4798 万 t。从地质可靠程度上讲，这部分资源量是探明的(331)和控制的(332)资源量；从经济意义方面来讲，其属于内蕴经济的，经济意义较差；从可行性评价程度方面来讲，其属于概略研究，可行性评价程度最低。

黑岱沟矿煤中的菱铁矿、黄铁矿、石英等矿物中均不富集 Ga，Ga 主要赋存于黏土矿物中。SEM-EDS 定量测试结果表明，Ga 在勃姆石中的含量为 0.01%～0.22%，均值为 0.09%。除 ZG6-6 分层中的黏土矿物外，Ga 在各分层中的显微组分、黏土矿物、金红石、方铅矿和磷锶铝石等组成中含量很低或低于检测限(0.01%)。ZG6-6 分层中的 Ga 含量为 65.4μg/g，但主要赋存在黏土矿物中，Ga 在黏土矿物中的含量为 0.02%～0.06%，均值为 0.03%。由于 ZG6-6 分层的厚度仅占全层厚度的 6.4%，是 7 个分层中最薄的分层，而富含勃姆石的分层(ZG6-2、ZG6-3、ZG6-4 和 ZG6-5)的厚度占全层厚度的 75.5%，煤中超常富集的勃姆石是煤中 Ga 的主要载体，少量的 Ga 赋存于黏土矿物中。

九、本节小结

黑岱沟矿 6 号煤属于低等煤化程度的烟煤，其镜质组反射率在鄂尔多斯盆地晚古生代煤中最低，惰质组和类脂组含量在鄂尔多斯盆地晚古生代煤中最高。该煤层的硫分含量低，以有机硫为主。该煤层显著富集惰质组，与华北聚煤盆地煤的显微组分组成有明显差别；显微煤岩类型以微亮暗煤为主。显微组分和显微煤岩类型表明该煤层是在干燥沉积条件下或潜水面高低交替变化使泥炭表面周期性干燥环境下形成的。

在矿物组成上，6 号煤中有高含量的勃姆石，平均含量为 6.1%，在主采分层中的含量均值为 7.5%。和勃姆石共伴生的矿物有金红石、磷锶铝石、锆石和针铁矿。重矿物的组合特征与华北地区本溪组铝土矿中的重矿物组合特征相似，高含量的勃姆石主要来源于聚煤盆地北偏东方向本溪组风化壳铝土矿 Al 的胶体溶液，三水铝石胶体溶液被带入泥炭沼泽中，在成岩作用阶段经压实作用脱水凝聚而形成。在顶部煤分层中有高含量的石英，属于化学成因，而非陆缘碎屑成因。

6 号煤镓异常富集。镓在全层煤样中的含量均值为 44.8μg/g，在主采分层(占整个煤层厚度的 81.9%，亦是镓富集的分层)中的含量为 30.1～76μg/g，均值为 51.9μg/g，远超出煤中镓的工业品位(30μg/g)。高含量的 Ga 主要与勃姆石有关。由于勃姆石的主要成分是 Al、Ga、REY 和 Al，均为与该煤层伴生的可资利用资源。

6 号煤还明显富集 Se、Sr、Zr、REY、Pb 和 Th。REY 和 Th 的富集主要与勃姆石有关，REY 的富集还和阴山古陆中段中元古代的钾长花岗岩有关；Se 和 Pb 的富集归因于硒方铅矿；Zr 的富集主要和锆石有关。

第四节　准格尔煤田哈尔乌素矿[①]

本节论述了准格尔煤田哈尔乌素矿晚石炭世主采煤层 6 号煤的矿物和地球化学组成。该煤中惰质组比例高于中国北方其他晚古生代煤。依据煤中矿物组成(勃姆石与高岭石比例)及常量元素的含量,该 6 号煤可划分为 5 段(Ⅰ~Ⅴ)。矿物组成方面,Ⅰ段和Ⅴ段中主要矿物是高岭石,Ⅱ段和Ⅳ段主要矿物是高岭石和少量勃姆石,Ⅲ段则富含勃姆石。勃姆石来自沉积源区的本溪组风化壳铝土矿。该煤富集 Al_2O_3(8.89%)、TiO_2(0.47%)、Li(116μg/g)、F(286μg/g)、Ga(18μg/g)、Se(6.1μg/g)、Sr(350μg/g)、Zr(268μg/g)、REY(189μg/g)、Pb(30μg/g)、Th(17μg/g)。利用聚类分析可将元素(或元素的氧化物)分为 5 组,分别为 A 组(与飞灰相关的 SiO_2、Al_2O_3、Na_2O、Li)、B 组(REY、Sc、In、K_2O、Rb、Zr、Hf、Cs、U、P_2O_5、Sr、Ba、Ge)、C 组(Se、Pb、Hg、Th、TiO_2、Bi、Nb、Ta、Cd、Sn)、D 组(Co、Mo、Tl、Be、Ni、Sb、MgO、Re、Ga、W、Zn、V、Cr、F、Cu)及 E 组(S、As、CaO、MnO、Fe_2O_3)。其中 A 组和 B 组与灰分呈强正相关性,显示无机亲和性。其余 3 组与灰分呈负相关性或者弱相关性(除 Fe_2O_3、Be、V、Ni 外)。Al 主要赋存于勃姆石中,其次是高岭石。Li 的含量与灰分、Al_2O_3、SiO_2 都具有较高的相关性,证明其主要赋存于铝硅酸盐矿物中。富勃姆石的煤分层中还富集 Ga 和 F,这两种元素的另一主要载体是有机质。Se 和 Pb 主要赋存于后生热液成因的硒铅矿中。该煤中高含量的稀土元素有两个来源:本溪组风化壳铝土矿及成岩过程中地下水对夹矸的淋滤作用。轻稀土元素相对重稀土元素来说更易于从夹矸中被淋出而进入煤中,导致煤中轻重稀土比高于其上覆夹矸层。

一、概况与样品采集

从哈尔乌素矿 6 号煤采集了钻孔样品。该煤层总厚度为 36.37m,含矸量为 22.85%。依据宏观煤岩类型的分类标准《煤岩术语》(GB/T 12937—1995)[②],基于煤样中镜煤加亮煤的体积比>75%、75%~50%、50%~25%和<25%,分别将宏观煤岩类型分为光亮煤、半亮煤、半暗煤和暗淡煤,共采集 29 个煤分层、6 个夹矸、1 层顶板和 3 层底板样品(图 3.26)。哈尔乌素矿 6 号煤剖面以半暗煤(45.2%)和暗淡煤(37.4%)为主,而半亮煤(12.3%)和光亮煤(5.1%)较少(图 3.26,表 3.11)。

表 3.11　哈尔乌素矿 6 号煤的宏观煤岩类型组成　　　　　(单位:%)

煤层	光亮煤	半亮煤	半暗煤	暗淡煤
6 号煤	5.1	12.3	45.2	37.4

① 本节主要引自 Dai S F, Li D, Chou C L, et al. 2008. Mineralogy and geochemistry of boehmite-rich coals: New insights from the Haerwusu Surface Mine, Jungar Coalfield, Inner Mongolia, China. International Journal of Coal Geology, 74 (3-4): 185-202. 该文已获得 Elsevier 授权使用。

② 该研究工作是在 2005 年开展的,该标准在 2005 年还在实施。

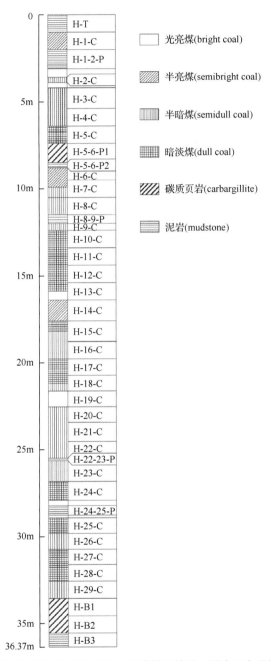

图 3.26　准格尔煤田哈尔乌素矿 6 号煤样品编号、厚度及宏观煤岩类型

二、煤质特征与镜质组反射率

哈尔乌素矿 6 号煤的煤化学指标和镜质组反射率见表 3.12。镜质组反射率和挥发分均值分别为 0.57% 和 33.29%，按照 ASTM 分类标准(ASTM，2012)其属于高挥发性烟煤。其中 8 个分层煤样的挥发分为 26.42%～30.80%，属于中等挥发性烟煤。

表 3.12　哈尔乌素矿 6 号煤的煤化学指标和镜质组反射率结果　　（单位：%）

分层样品	M_{ad}	A_d	VM_{daf}	$S_{t,d}$	$S_{p,d}$	$S_{s,d}$	$S_{o,d}$	$R_{o,ran}$
H-1	3.48	23.33	40.02	0.32	nd	nd	nd	0.55
H-2	4.14	25.53	32.95	0.39	nd	nd	nd	0.58
H-3	4.72	25.60	27.67	0.31	nd	nd	nd	0.86
H-4	4.51	20.87	30.80	0.34	nd	nd	nd	0.57
H-5	3.19	46.56	26.42	0.10	nd	nd	nd	0.91
H-6	4.64	9.46	32.92	0.36	nd	nd	nd	0.52
H-7	4.44	21.56	30.37	0.26	nd	nd	nd	0.56
H-8	3.93	19.37	33.06	0.25	nd	nd	nd	0.56
H-9	3.82	4.83	36.99	0.31	nd	nd	nd	0.53
H-10	4.21	11.37	32.50	0.31	nd	nd	nd	0.54
H-11	3.54	27.35	35.76	0.38	nd	nd	nd	0.56
H-12	3.79	22.78	34.12	0.31	nd	nd	nd	0.52
H-13	4.04	10.37	33.28	0.41	nd	nd	nd	0.52
H-14	3.78	17.2	34.57	0.44	nd	nd	nd	0.48
H-15	4.16	11.59	29.45	0.45	nd	nd	nd	0.54
H-16	4.35	9.55	29.07	0.75	nd	nd	nd	0.55
H-17	3.89	13.22	28.93	0.51	nd	nd	nd	0.52
H-18	4.70	3.82	36.44	0.62	nd	nd	nd	0.51
H-19	4.23	8.79	36.40	0.43	nd	nd	nd	0.51
H-20	4.37	3.66	34.03	0.56	nd	nd	nd	0.52
H-21	3.62	19.57	32.24	0.59	nd	nd	nd	0.54
H-22	4.28	7.08	33.67	0.49	nd	nd	nd	0.58
H-23	4.10	7.05	33.63	0.46	nd	nd	nd	0.55
H-24	3.83	18.37	29.62	0.33	nd	nd	nd	0.58
H-25	3.51	18.67	35.67	0.75	nd	nd	nd	0.52
H-26	3.52	22.54	35.37	0.40	nd	nd	nd	0.57
H-27	3.18	31.19	33.51	0.41	nd	nd	nd	0.55
H-28	3.06	29.84	35.05	0.78	nd	nd	nd	0.59
H-29	2.64	40.67	40.94	1.26	0.78	0.06	0.42	0.52
平均值	3.92	18.34	33.29	0.46	nd	nd	nd	0.57
黑岱沟	5.19	17.72	33.5	0.73	nd	nd	nd	0.58

注：M 表示水分；A 表示灰分；VM 表示挥发分；S_t 表示全硫；S_p 表示黄铁矿硫；S_s 表示硫酸盐硫；S_o 表示有机硫；$R_{o,ran}$ 表示镜质组随机反射率；ad 表示空气干燥基；d 表示干燥基；daf 表示干燥无灰基；nd 表示无数据。

　　根据《煤炭质量分级 第 1 部分：灰分》（GB/T 15224.1—2018）（特低、低、中、中高、高灰煤的灰分范围分别为≤10.00%、10.01%～20.00%、20.01%～30.00%、30.01%～40%、40.01%～50%）和《煤炭质量分级 第 2 部分：硫分》（GB/T 15224.2—2010）（特低、低、中、中高硫、高硫煤的全硫范围分别为≤0.5%、0.51%～1.0%、1.01%～2.0%、2.01%～3.0%、>3.0%），哈尔乌素矿 6 号煤属于低灰（灰分均值为 18.34%）、特低硫（全硫均值为 0.46%）煤。底部 H-29 分层中全硫含量（1.26%）明显高上覆分层（0.10%～0.78%），且黄铁矿硫（0.78%）和有机硫（0.42%）含量也较高（表 3.12）。哈尔乌素矿煤的灰分和挥发分与黑岱沟矿 6 号煤（黑岱沟矿煤灰分和挥发分均值分别为 17.72% 和 33.5%）类似；全硫含量低于黑岱沟矿煤的全硫含量(黑岱沟矿煤全硫含量为 0.73%)(表 3.12)。

　　光学显微镜下定量统计的哈尔乌素矿 6 号煤显微组分和矿物含量见表 3.13。结果显示,该煤中惰质组(46.2%)含量明显高于镜质组(33.9%)。惰质组以半丝质体(17%)、碎屑惰质体(11.9%)和粗粒体(7.7%)为主,有少量丝质体[图 3.27(a)]、菌类体[图 3.27(b)]和微粒体[图 3.27(c)]。镜质组主要包括基质镜质体(16.5%)、结构镜质体[图 3.27(d)、(e),7%]、均质镜质体(6.8%)和团块镜质体[图 3.27(f),3%]。类脂组含量显著低于惰质组和镜质组,主要包括孢子体[图 3.28(a),4.8%]和角质体(2.1%),以及少量的树脂体、木

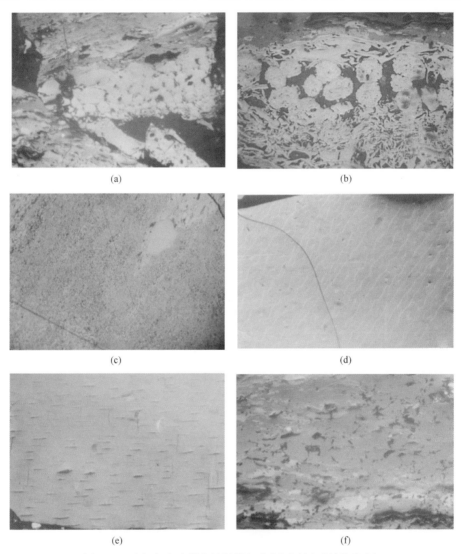

(a)　　　　　　　　　　　　　　　(b)

(c)　　　　　　　　　　　　　　　(d)

(e)　　　　　　　　　　　　　　　(f)

图 3.27　哈尔乌素矿煤中的显微组分(1)(油浸反射单偏光)

(a)丝质体,×346,内蒙古准格尔煤田哈尔乌素矿 6 号煤 H26 分层;(b)菌类体群,×360,内蒙古准格尔煤田哈尔乌素矿 6 号煤 H25 分层;(c)微粒体化的基质镜质体,×360,内蒙古准格尔煤田哈尔乌素矿 6 号煤 H4 分层;(d)结构镜质体,×346,内蒙古准格尔煤田哈尔乌素矿 6 号煤 H19 分层;(e)结构镜质体,×346,内蒙古准格尔煤田哈尔乌素矿 6 号煤 H10 分层;(f)团块镜质体,×346,内蒙古准格尔煤田哈尔乌素矿 6 号煤 H26 分层

表 3.13　光学显微镜鉴定的哈尔乌素矿 6 号煤的显微组分和矿物含量

（单位：%）

分层样品	CD	CT	T	CG	G	VD	TV	SF	F	Mac	Mic	Fg	ID	TI	Sp	Cut	Res	Sub	LD	TL	CM	Que	Pyr	Ana	Cal	Sid	Boe	TM
H-1	35.2	6.5	5.1	7.2	0.2	1.2	55.4	12.4	2.3	1.4	4.7	0.2	3.7	24.7	4.7	1.8	1.0	0.6		8.1	11.6	0.2						11.8
H-2	8.6	1.8	2.5	0.5	0.2	0.2	13.8	18.7	10.0	5.0	1.6	0.2	25.5	61.0	6.9	2.5	0.6			10	25.1	0.2		0.1				25.4
H-3	4.5	0.6	0.4	1.8			7.3	9.7	4.3	12.6		0.4	35.4	64.2	4.2	2.1	0.2			6.5	21.0	0.6			0.4			22.0
H-4	12.9	4.5	3.2	4.5		0.2	25.3	12.7	2.1	15.8	2.8	0.2	18.2	51.8	6.2	4.2	0.4			10.8	10.0	0.6	0.2	0.4	0.2		0.6	12.1
H-5	5.0	0.5		0.3		0.2	6.0	9.3	4.3	17.6	2.0	0.5	31.6	65.3	9.2	1.2	0.4		0.6	11.4	15.7		0.2	0.2			1.2	17.3
H-6	27.5	8.0	10.3	4.5	0.2	0.7	51.2	7.1	3.0	9.9	7.3	2.4	6.4	36.1	5.6	0.6	0.6		0.7	7.5	2.0	0.6		0.2	0.2		2.2	5.2
H-7	11.0	7.5	2.2	2.2		0.7	23.6	12.5	4.2	24.3	1.0	2.7	6.3	51.0	4.2	2.3	0.7		0.5	7.7	3.0	1.6	0.6	0.4			12.4	18.0
H-8	7.6	3.0	4.6	4.0	0.4	0.8	20.4	18.8	2.1	16.4	2.1	2.3	13.0	54.7	7.2	1.9	0.2		0.2	9.5	4.3	0.4	0.4	0.2	1.6		8.5	15.4
H-9	22.8	3.7	8.7	3.9		1.2	40.3	17.5	5.5	4.3	4.3	2.2	12.2	46.0	7.9	0.8	1.2		1.0	10.9	1.3	0.5	0.2				0.8	2.8
H-10	11.6	7.1	6.9	3.2		0.8	29.6	20.7	4.9	16.7	2.3	1.1	6.0	51.7	7.3	0.4	1.3			9.0	2.4	0.7	0.4		1.5		4.7	9.7
H-11	11.5	1.8	5.0	5.9		0.2	24.4	17.9	6.1	10.8	1.5	0.7	10.8	47.8	4.5	2.5	0.4			7.4	12.6	1.6	0.4		0.6		5.2	20.4
H-12	13.0	7.0	6.1	4.8	0.4		31.3	18.0	5.7	7.0	2.4	1.1	9.4	43.6	3.3	1.9	0.2		0.2	5.6	12.2	1.8	0.4		1.4		5.0	19.5
H-13	19.5	12.9	5.3	4.7		0.8	43.2	15.2	5.9	5.7	1.7	1.5	10.2	40.2	4.0	3.2			0.6	7.8	1.6	1.8	0.4	0.2	1.2		3.6	8.8
H-14	19.0	10.8	9.1	3.1	0.3	0.5	42.8	16.0	6.1	4.6	2.8	0.2	7.0	36.7	2.3	2.1	0.5		0.3	5.2	6.0	0.8	0.4		0.6	0.2	7.3	15.3
H-15	14.6	8.1	3.5	3.1		1.3	30.6	24.2	4.2	9.0	3.5	1.3	10.4	52.6	4.4	2.1	0.6		0.2	7.3	3.4	0.4	0.6		1.9	0.2	3.0	9.5
H-16	21.9	16.1	9.8	0.8	0.4		49.0	18.5	6.0	4.5	3.3	0.2	5.2	37.7	6.4	1.0	0.2			7.6	1.1	0.4	0.9		2.0		1.3	5.7
H-17	10.8	2.3	0.9	0.7		0.7	15.4	29.2	8.9	10.5	1.4	1.2	16.7	67.9	5.2	2.1	0.6			7.9	2.6	0.6	0.2		2.2		2.8	8.4
H-18	25.0	11.9	16.4	7.4	0.8	0.4	61.9	9.7	3.1	3.1	3.7	0.8	7.0	27.4	4.7	2.0	0.4		0.2	7.1	1.9	0.2	0.2		1.0		0.3	3.6
H-19	34.6	28.0	11.4	0.7	1.1	0.2	76.0	8.1	1.6	0.5	4.3		2.0	16.5	3.4	0.4		0.3		4.1	1.0	0.2			1.0		1.2	3.4
H-20	21.7	13.7	13	3.2		0.6	52.2	15.6	6.0	6.0	2.8	2.0	7.4	39.8	3.8	0.4	0.4		0.4	5.0	1.0	0.4	0.2		0.8		0.6	3.0
H-21	17.8	7.5	7.3	4.0		0.6	37.2	20.3	7.9	4.8	2.7	2.3	8.4	46.4	3.8	2.3			0.6	7.1	6.5	0.8			1.0		1.0	9.3
H-22	13.9	8.5	3.1	3.9	0.2	0.6	30.2	21.5	9.1	4.3	4.6	0.4	12	51.9	3.5	1.4			0.2	5.1	7.1	0.2	0.2		0.7		4.6	12.8
H-23	28.1	12.7	9.9	4.3	0.4	0.4	55.8	16.7	5.3	2.9	2.9	1.4	3.9	33.1	4.7	1.9	0.4		0.2	7.2	2.3	0.2			0.2		1.2	3.9
H-24	9.3	3.9	8.6	3.4		0.4	25.6	27.9	7.3	8.6	3.7	2.6	8.2	58.3	1.3	1.5	0.7		0.4	3.9	8.1		0.2		0.6		3.3	12.2
H-25	11.3	2.6	8.1	2.8	0.7	0.4	25.9	23.5	7.7	3.9	2.0	2.8	8.1	48	6.5	4.4	0.6			11.5	6.3	0.9			6		1.4	14.6
H-26	16.5	2.3	11.8	1.9	0.2		32.7	18.2	6.6	4.5	1.5	2.4	10.3	43.5	4.5	2.8	0.6		0.8	8.7	14.1	0.2	0.2		0.8			15.1
H-27	13.8	3.6	5.2	0.4	0.2	0.4	23.6	17.5	6.8	3.6	1.0	2.0	19.0	49.9	2.4	7.0	1.0		0.2	10.6	15.5	0.2	0.2		0.2			15.9
H-28	12.9	2.5	1.4	0.4		0.8	18.0	24.2	11.3	3.5	1.4	1.0	18.7	60.1	1.4	1.8	0.2		0.2	3.6	13.1		1.4		3.8			18.3
H-29	17.0	2.6	11.9	0.8		0.6	32.9	11.3	6.9	0.6	1.0	0.2	12.9	32.9	3.2	3.2	0.8			7.2	19.0		3.2		4.8			27.0

注：CD 表示基质镜质体；CT 表示均质镜质体；T 表示结构镜质体；CG 表示胶质镜质体；G 表示团块镜质体；VD 表示碎屑镜质体；TV 表示镜质组总量；SF 表示半丝质体；F 表示丝质体；Mac 表示粗粒体；Mic 表示微粒体；Fg 表示菌类体；ID 表示碎屑惰质体；TI 表示惰质组总量；Sp 表示孢子体；Cut 表示角质体；Res 表示树脂体；Sub 表示木栓质体；LD 表示碎屑类脂体；TL 表示类脂组总量；CM 表示黏土矿物；Que 表示石英；Pyr 表示黄铁矿；Ana 表示锐钛矿；Cal 表示方解石；Sid 表示菱铁矿；Boe 表示勃姆石；TM 表示矿物总量。

栓质体[图 3.28(b)]、树皮体[图 3.28(c)]、藻类体[图 3.28(d)、(e)]和碎屑类脂体。6 号煤中少量的角质体为厚壁角质体[图 3.28(f)]。显微镜透射光下有呈红色的类脂组,这表明它们在形成过程中经历过氧化作用(Sun,2003;Dai et al.,2006)。黑岱沟矿煤比哈尔乌素矿煤更富惰质组,高含量的惰质组表明哈尔乌素矿 6 号煤的泥炭沼泽形成于弱氧化环境。

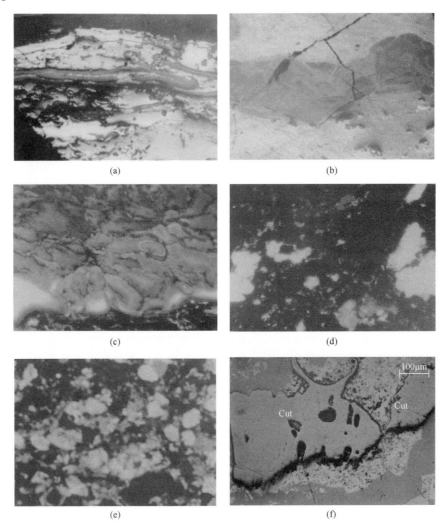

(a)　　　　　　　　　　　　　　　　(b)

(c)　　　　　　　　　　　　　　　　(d)

(e)　　　　　　　　　　　　　　　　(f)

图 3.28　哈尔乌素矿煤中的显微组分(2)(见文后彩图)
(a)大孢子体,油浸反射单偏光,×346,H18 分层;(b)木栓质体,油浸反射光,×346,H19 分层;
(c)树皮体,荧光,×878,H2 分层;(d)树脂体和藻类体,荧光,×878,H22 分层;
(e)藻类体,荧光,×878,H2 分层;(f)厚壁角质体,油浸反射单偏光;Cut-角质体

三、煤中的矿物

　　综合运用光学显微镜、带能谱仪的扫描电镜和 X 射线衍射分析技术等对哈尔乌素矿 6 号煤的矿物特征进行详细研究。在矿物组成上,哈尔乌素矿 6 号煤从下到上可明显分

成 5 段：第Ⅰ段由底部 H-29～H-26 分层组成，第Ⅱ段由 H-25 分层和 H-24 分层组成，第Ⅲ段由 H-23～H-6 分层组成，第Ⅳ段由 H-5～H-2 分层组成，第Ⅴ段由 H-1 分层组成。这 5 段的矿物组成有很大差别（表 3.14）。自下而上的特征如下所述。

表 3.14 哈尔乌素矿 6 号煤剖面不同位置上的矿物组成

分段	分层样品	矿物组成
Ⅰ	H-29～H-26	以高岭石为主，含有少量黄铁矿和方解石
Ⅱ	H-25 和 H-24	以高岭石为主，其次为勃姆石
Ⅲ	H-23～H-6	以勃姆石为主，其次为高岭石和少量方解石
Ⅳ	H-5～H-2	以高岭石为主，其次为勃姆石
Ⅴ	H-1	以高岭石为主

（1）X 射线衍射分析[图 3.29(a)]和光学显微镜下的鉴定结果表明，第Ⅰ段(H-29～H-26)的矿物组成以高岭石为主，含有少量的方解石和黄铁矿。本段的 4 个分层中均未检测到石英。

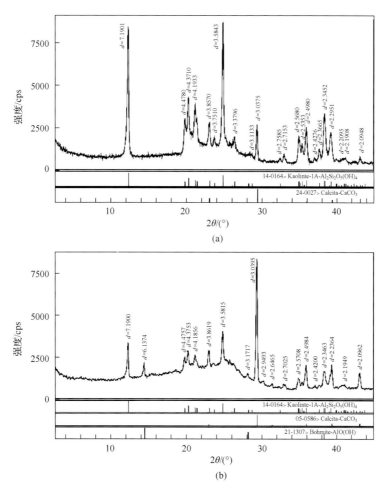

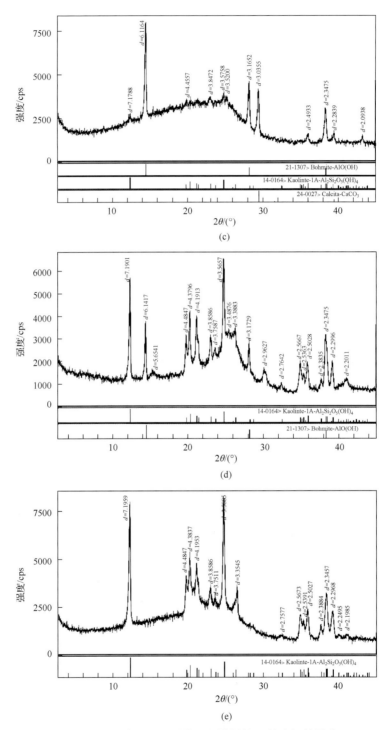

图 3.29 哈尔乌素矿 6 号煤分层煤样的 X 射线衍射图谱

(a)第 I 段的 H-29 分层；(b)第 II 段的 H-25 分层；(c)第III段的 H-19 分层；(d)第IV段的 H-3 分层；(e)第 V 段的 H-1 分层

高岭石主要呈浸染状、透镜状、薄层状和团块状分布于基质镜质体中，还有少量充填丝质体胞腔的自生高岭石(图 3.30)。

黄铁矿在本段不同分层中的赋存状态差异显著。底部 H-29 分层中黄铁矿主要呈浸染状散布在基质镜质体中(图 3.31),这些黄铁矿颗粒有时沿层面呈线状分布。H-29 分层中还存在少量以充填丝质体胞腔或裂隙形式存在的黄铁矿。而其上覆 H-28～H-26 三个分层中的黄铁矿主要以充填有机质裂隙的脉状产出。6 号煤底部 H-29 分层中的浸染状自生黄铁矿表明泥炭沼泽堆积初期受微咸水的影响。

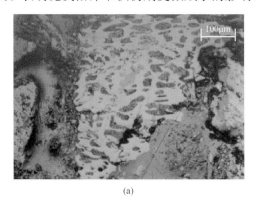 

(a)   (b)

图 3.30 H-26 分层高岭石

(a)H-26 分层中充填丝质体胞腔的高岭石,反射单偏光;(b)H-26 分层中基质镜质体中顺层分布的高岭石,反射单偏光

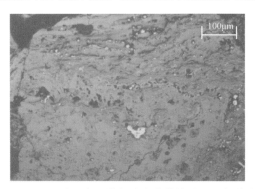

图 3.31 H-29 分层中浸染状分布的黄铁矿,反射单偏光

本段方解石多充填在显微组分裂隙或丝质体胞腔中。如图 3.32 所示,方解石脉中包裹的树突状黄铁矿表明后生黄铁矿颗粒的形成晚于方解石脉。

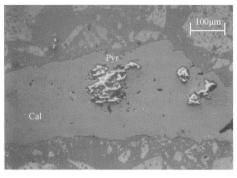

图 3.32 H-28 分层中充填裂隙的方解石和黄铁矿,反射单偏光

Cal-方解石;Pyr-黄铁矿

（2）第Ⅱ段（H-25 分层和 H-24 分层）中的矿物主要包括高岭石、勃姆石、方解石和少量黄铁矿，其中高岭石含量高于勃姆石。H-25 分层中后生成因的方解石含量较高（6%），黄铁矿以后生脉状为主，未见同生成因的黄铁矿。

与第Ⅰ段相比，第Ⅱ段中的勃姆石含量增加，而高岭石含量减少。Dai 等（2006）的研究表明准格尔煤田 6 号煤的泥炭堆积（第Ⅰ段）初始阶段的沉积物源供给主要来自鄂尔多斯盆地北西方向阴山古陆广泛分布的中元古代钾长花岗岩。鄂尔多斯盆地石炭-二叠纪煤田的沉积物源也受阴山古陆中元古代钾长花岗岩的控制。因此，黑岱沟矿和哈尔乌素矿 6 号煤第Ⅰ段矿物组成和鄂尔多斯盆地其他煤均以常见的黏土矿物为主。在 6 号煤泥炭堆积的第Ⅱ阶段，准格尔煤田北东部开始隆起，并有本溪组的铝土矿出露。此时准格尔聚煤盆地的主要物源区仍是盆地北西向的阴山古陆，而北东部抬升的本溪组铝土矿供给较少，致使第Ⅱ段煤中高岭石含量高于勃姆石。

（3）第Ⅲ段（H-23～H-6）中的矿物主要包括勃姆石、高岭石及少量石英、方解石和黄铁矿。除 H-21、H-12 和 H-11 分层外，其他层中勃姆石的含量明显高于高岭石。

勃姆石在该段赋存形态多样，呈隐晶状产出。勃姆石主要以团块状出现在基质镜质体中[图 3.33（a）、（b）]，少量充填在丝质体胞腔[图 3.33（c）]，偶尔也呈浸染状散布[图 3.33（b）]。勃姆石团块的形态和尺寸不一，粒径在 2μm～1cm。

(a)　　　　　　　　　　　　(b)

(c)

图 3.33　第Ⅲ段的勃姆石

(a)团块状勃姆石，扫描电镜背散射电子图像；(b)基质镜质体中勃姆石块体和颗粒，反射单偏光；
(c)充填丝质体胞腔的勃姆石，反射单偏光；Boe-勃姆石带能谱仪的扫描电镜下 H-16 分层中有粒径约 30μm 的蠕虫状高岭石(图 3.34)。有的勃姆石中包裹细粒金红石(图 3.35)。金红石与勃姆石很可能来源相同,即都来自本溪组风化壳,随富铝溶液搬运至成煤泥炭沼泽。

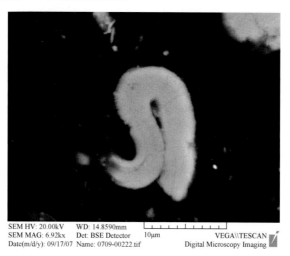

图 3.34　哈尔乌素矿 6 号煤中的蠕虫状高岭石,扫描电镜背散射电子图像

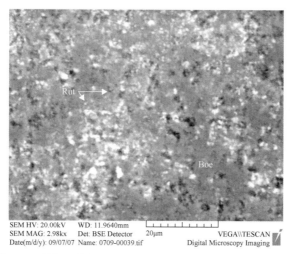

图 3.35　勃姆石中的细粒金红石,扫描电镜背散射电子图像

Rut-金红石;Boe-勃姆石

第Ⅲ段常见充填裂隙或丝质体胞腔的后生成因的方解石。方解石脉中偶尔还有闪锌矿产出(图 3.36),它们之间的赋存关系表明闪锌矿的形成早于方解石。

勃姆石和锐钛矿的赋存状态表明它们的形成与沉积物源区的供给有关。在第Ⅲ段的泥炭堆积阶段,准格尔煤田处于北偏西的阴山古陆和北偏东的本溪组隆起之间的低洼地区,此时本溪组铝土矿对泥炭沼泽的碎屑物质供给占主导地位。炎热和潮湿的气候有利于本溪组风化壳表面形成三水铝石(程东等,2001)。胶体状三水铝石、少量黏土矿物及重矿物从本溪组风化壳搬运至泥炭沼泽。三水铝石胶体在上覆岩层的压实作用下发生脱水作用形成勃姆石。

图 3.36　H-16 分层中方解石脉中的闪锌矿，扫描电镜背散射电子图像

Sph-闪锌矿；Cal-方解石

　　(4) 第Ⅳ段(H-5～H-2 分层)中的矿物以高岭石为主，勃姆石含量较低[图 3.29(d)]。高岭石主要赋存于基质镜质体中或充填于丝质体胞腔。高含量的黏土矿物表明鄂尔多斯盆地北偏西的阴山古陆是泥炭沼泽的主要物源供给区，少量的勃姆石则表明准格尔煤盆地北偏东的本溪组铝土矿对泥炭沼泽仍有贡献。

　　(5) 高岭石是第Ⅴ段(H-1 分层)X 射线衍射谱能识别的唯一矿物[图 3.29(e)]。高岭石主要呈浸染状、透镜状和团块状赋存于基质镜质体[图 3.37(a)]，或充填于丝质体胞腔[图 3.37(b)]中。第Ⅴ段中未检测到石英。不同于哈尔乌素矿 6 号煤，黑岱沟矿 6 号煤第Ⅰ段矿物以陆源碎屑成因的石英为主(16.4%)，高岭石含量较少(5.5%)。

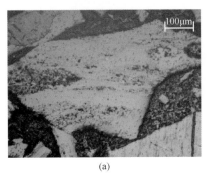 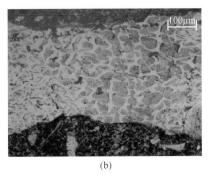

(a)　　　　　　　　　　　　　　　(b)

图 3.37　H-1 分层的高岭石

(a)基质镜质体中透镜状和浸染状高岭石(反射光)；(b)充填丝质体胞腔的高岭石(反射光)

四、煤中的常量和微量元素

　　哈尔乌素矿 6 号煤、中国煤、世界硬煤元素含量见表 3.15。与中国煤(Dai et al.,2012b)和世界硬煤中均值(Ketris and Yudovich，2009)相比，哈尔乌素矿 6 号煤中富集的元素或氧化物包括 Al_2O_3、TiO_2、Li、F、Sc、Zn、Ga、Se、Sr、Zr、Nb、In、REE、Hf、Ta、W、Pb、Th 和 U。其他元素含量低于或接近中国煤均值。

表3.15　哈尔乌素矿6号煤层、夹矸和顶底板中常量元素氧化物及微量元素的含量

分层样品	SiO$_2$	TiO$_2$	Al$_2$O$_3$	Fe$_2$O$_3$	MnO	MgO	CaO	Na$_2$O	K$_2$O	P$_2$O$_5$	Al$_2$O$_3$/SiO$_2$	Li	Be
H-T	46.6	0.95	31.9	0.27	0.012	0.043	0.14	0.11	0.1	0.032	0.68	168	7.1
H-1	12.0	0.31	9.97	0.2	0.002	<0.010	0.21	0.08	0.04	0.015	0.83	40	12
H-1-2-P	47.9	0.64	35.2	0.18	<0.002	<0.010	0.1	0.13	0.11	0.021	0.73	338	1.1
H-2	10.4	0.57	11.9	0.31	<0.002	<0.010	0.41	0.1	0.23	0.669	1.14	91	5.7
H-3	9.36	0.57	12.1	0.46	0.003	<0.010	0.62	0.09	0.25	0.945	1.29	100	6.6
H-4	7.72	0.85	9.65	0.57	0.004	<0.010	0.38	0.09	0.21	0.173	1.25	95	4.2
H-5	23.0	0.52	20.9	0.54	<0.002	<0.010	0.26	0.13	0.07	0.024	0.91	254	3.8
H-5-6-P1	21.3	1.23	33.5	0.58	0.004	0.11	0.3	0.15	0.97	0.037	1.57	389	2.9
H-5-6-P2	39.2	0.35	32.9	0.35	<0.002	0.028	0.12	0.13	0.21	0.03	0.84	504	1
H-6	0.77	0.54	5.98	0.49	0.007	<0.010	0.77	0.05	0.07	0.067	7.77	13	2.2
H-7	3.71	0.77	14.2	0.44	0.004	<0.010	0.34	0.08	0.32	0.093	3.83	129	2.9
H-8	3.74	0.37	9.52	2.26	0.024	<0.010	1.95	0.08	0.05	0.033	2.55	37	2.1
H-8-9-P	46.0	0.41	34.4	0.19	<0.002	<0.010	0.1	0.12	0.13	0.021	0.75	495	0.6
H-9	0.25	0.36	3.16	0.17	0.003	<0.010	0.33	0.05	0.01	0.017	12.64	1.2	2.7
H-10	1.8	0.5	6.73	0.22	0.008	<0.010	0.97	0.07	0.12	0.095	3.74	62	2
H-11	9.85	0.59	13.9	0.65	0.006	<0.010	0.68	0.09	0.19	0.031	1.41	231	1.7
H-12	7.43	0.5	11.5	0.37	0.013	<0.010	1.87	0.08	0.17	0.029	1.55	222	1.6
H-13	1.28	0.46	6.62	0.24	0.01	<0.010	1.06	0.07	0.04	0.024	5.17	29	1.8
H-14	3.35	0.61	11.2	0.29	0.005	<0.010	0.43	0.11	0.07	0.034	3.34	70	1.9
H-15	1.03	0.33	7.4	0.4	0.014	<0.010	1.91	0.06	0.06	0.032	7.18	30	1.9
H-16	1.02	0.36	3.44	0.78	0.025	<0.010	3.89	0.06	0.03	0.016	3.37	23	1.6
H-17	1.59	0.49	8.88	0.47	0.008	<0.010	0.87	0.09	0.11	0.077	5.58	82	1.7

续表

分层样品	SiO_2	TiO_2	Al_2O_3	Fe_2O_3	MnO	MgO	CaO	Na_2O	K_2O	P_2O_5	Al_2O_3/SiO_2	Li	Be
H-18	0.1	0.5	2.17	0.2	0.007	<0.010	0.71	0.05	0.02	0.021	21.7	3.9	0.8
H-19	0.73	0.96	3.96	0.27	0.016	<0.010	2.21	0.06	0.06	0.018	5.42	20	0.8
H-20	0.04	0.15	1.86	0.34	0.012	<0.010	1.37	0.04	0.01	0.029	46.5	0.06	0.9
H-21	8.75	0.46	8.65	0.54	0.004	<0.010	0.24	0.07	0.08	0.011	0.99	273	1.6
H-22	1.25	0.2	4.63	0.24	0.004	<0.010	0.4	0.05	0.03	0.056	3.7	48	1.3
H-22-23-P	46.6	0.67	34.9	0.16	<0.002	0.012	0.13	0.12	0.1	0.016	0.75	646	0.5
H-23	1.45	0.22	4.1	0.22	0.008	<0.010	0.96	0.05	0.02	0.036	2.83	41	1.3
H-24	6.96	0.46	9.37	0.34	<0.002	<0.010	0.31	0.09	0.13	0.018	1.35	301	1.7
H-24-25-P	47.1	0.42	34.3	0.23	<0.002	<0.010	0.1	0.09	0.09	0.018	0.73	363	0.8
H-25	5.14	0.3	6.04	1.02	0.041	<0.010	6	0.07	0.09	0.169	1.18	324	2.3
H-26	9.79	0.34	9.19	0.55	0.016	<0.010	2.03	0.07	0.06	0.052	0.94	129	2.9
H-27	15.1	0.36	13.5	0.37	0.006	<0.010	0.89	0.08	0.12	0.034	0.89	470	2.8
H-28	12.4	0.43	11.2	1.46	0.027	<0.010	4.05	0.08	0.08	0.155	0.9	169	3.2
H-29	19.6	0.59	16.3	1.74	0.015	<0.010	2.33	0.08	0.04	0.02	0.83	87	4.6
H-B1	33.8	0.35	26.1	0.15	<0.002	<0.010	0.14	0.1	0.04	0.023	0.77	266	5.1
H-B2	27.1	0.91	20.9	0.39	0.01	<0.010	1.51	0.09	0.1	0.021	0.77	98	4.3
H-B3	48.7	0.82	29.9	2.15	0.005	<0.010	0.13	0.11	0.6	0.045	0.61	144	2.6
WA	6.19	0.47	8.89	0.56	0.01	<0.01	1.33	0.07	0.1	0.1	1.44	116	2.8
中国煤	8.47	0.33	5.98	4.85	0.015	0.22	1.23	0.16	0.19	0.092	0.71	31.8	2.11
世界硬煤	nd	0.15	nd	nd	nd	nd	nd	nd	nd	0.062	nd	14	2
CC	0.73	1.42	1.49	0.12	0.67	nd	1.08	0.44	0.53	1.09	2.04	8.29	1.40

续表

分层样品	F	Sc	V	Cr	Co	Ni	Cu	Zn	Ga	Ge	As	Se	Rb	Sr	Y	Zr
H-T	535	17	68	16	2.4	4.2	11	49	54	0.7	0.6	1.7	4.7	39	45	1106
H-1	171	8.5	34	9.9	5.2	8.5	14	76	19	0.5	0.8	5.2	1.2	25	23	531
H-1-2-P	420	15	47	9.2	1.3	4.6	7.3	68	54	3.2	0.01	0.2	4.2	25	38	992
H-2	316	17	31	9.1	1.6	3.1	12	30	26	7.7	0.6	4.8	3.2	2636	51	784
H-3	441	13	32	14	0.9	2.3	19	43	21	5.6	0.65	2.8	4.1	2894	40	353
H-4	272	11	43	17	1.5	2.4	16	67	27	2.5	0.25	5.5	2.8	454	31	370
H-5	271	11	35	13	0.6	1.4	6.9	24	8.9	0.44	0.06	3.2	1.2	69	23	311
H-5-6-P1	1094	16	57	43	0.8	6.1	15	47	32	0.8	0.21	2.6	16	85	30	707
H-5-6-P2	473	6.8	18	6.7	0.6	3.4	5.4	23	26	0.7	0.31	1.5	4.1	89	11	265
H-6	305	8.1	37	13	3.1	4.1	23	48	40	1.1	0.9	5.8	0.8	172	18	415
H-7	611	11	41	17	1.3	1.8	13	30	36	1.1	0.18	7.2	3.8	346	24	393
H-8	365	8.1	30	9.7	1.5	1.9	15	56	18	0.43	0.43	4	1	119	16	191
H-8-9-P	452	3.2	31	5.7	0.8	6.5	5.1	25	23	bdl	0.8	1	3.5	25	3.4	161
H-9	173	4.6	31	12	2	1	20	21	12	2.1	0.6	8.2	0.13	40	24	144
H-10	349	5.5	30	14	1	1.5	16	34	13	1.3	0.19	8.2	1.4	297	12	205
H-11	464	5	27	14	1.3	2.4	12	24	15	0.34	1	5.9	2.3	91	10	207
H-12	327	6.3	26	11	1.2	2.4	13	30	14	0.44	0.58	7.3	2.1	89	9.3	150
H-13	307	5	23	7.9	0.8	1.3	8.6	17	16	0.34	0.26	5.9	0.36	65	9	198
H-14	482	5.5	24	14	0.8	1.5	27	69	27	0.58	0.9	16	0.6	99	10	207
H-15	363	6	25	15	1	1.6	10	35	12	0.3	0.38	6.6	0.6	97	9.9	152
H-16	190	5.8	27	11	0.9	1.8	15	18	16	0.51	0.6	4.6	0.31	58	13	127
H-17	529	6.7	22	12	0.9	0.9	15	68	16	0.25	0.38	7.2	1.1	272	9.7	140

续表

分层样品	F	Sc	V	Cr	Co	Ni	Cu	Zn	Ga	Ge	As	Se	Rb	Sr	Y	Zr
H-18	139	2.3	27	7.1	1.1	1	13	28	7.4	bdl	0.13	5.9	0.17	66	5.4	170
H-19	250	4.2	25	6	1	1.7	7.3	54	16	0.16	0.4	11	0.8	55	13	618
H-20	139	1.7	10	4.2	1.4	1.9	5.7	70	11	0.03	0.38	2.6	0.12	119	4.4	65
H-21	188	5.7	22	6.1	0.7	0.5	11	19	9.7	0.21	0.5	12	1.1	20	13	350
H-22	218	3.6	17	5.7	1.1	0.6	8.6	21	15	0.4	0.5	6	0.23	161	8.9	167
H-22-23-P	490	5	15	2.1	0.2	0.9	5.1	29	24	bdl	0.27	1	3.5	17	5	193
H-23	174	3.6	11	3.8	1.5	0.6	7.9	46	20	0.26	0.5	3.6	0.32	118	8.6	97
H-24	264	5.8	20	7.3	0.9	0.5	13	51	15	0.05	0.6	4.1	1.4	39	9.7	141
H-24-25-P	373	4.9	16	3.4	0.6	1.2	4.9	34	33	bdl	0.02	0.42	2.4	23	10	347
H-25	197	5	16	5.6	1.2	2.6	5.8	37	12	0.9	0.16	3	1.2	995	21	129
H-26	135	5.9	17	5.3	1.3	3.5	13	32	19	0.4	0.1	6.7	1.3	173	18	235
H-27	195	6.8	21	5.9	0.7	2.6	8	34	23	0.34	0.8	5.4	2.1	107	19	292
H-28	203	7.5	18	5.7	1	2.6	8.4	22	22	1.7	0.35	4.4	1.6	421	22	231
H-29	254	13	53	17	1.7	9	9	53	23	0.7	3.7	4.5	1.2	48	32	387
H-B1	375	7.8	16	11	0.5	2.7	5	23	22	0.13	0.27	1.7	1.1	47	21	322
H-B2	285	13	74	22	3.2	11	9.1	109	25	0.9	6.2	3.9	3.3	37	26	418
H-B3	290	20	200	119	15	40	15	257	44	2.1	101	0.8	24	70	25	380
WA	286	7	27	10	1.3	2.3	13	40	18	1.1	0.6	6.1	1.3	350	17	268
中国煤	130	4.38	35.1	15.4	7.08	13.7	17.5	41.4	6.55	2.78	3.8	2.47	9.25	140	18	89.5
世界硬煤	84	3.7	29	17	6	16	17	29	6	2.4	8.3	1.3	18	100	8.4	36
CC	3.40	1.89	0.93	0.59	0.22	0.14	0.76	1.38	3.00	0.46	0.07	4.69	0.07	3.50	2.02	7.44

续表

分层样品	Nb	Mo	Cd	In	Sn	Sb	Cs	Ba	La	Ce	Pr	Nd	Sm	Eu	Gd	Tb
H-T	56	2.3	0.22	0.21	8.1	0.11	0.8	1029	37	73	7.9	26	5.9	1.0	6.2	1.2
H-1	16	4.9	0.08	0.1	2.1	0.55	0.17	25	21	39	4.3	16	3.5	0.5	3.7	0.6
H-1-2-P	60	4.5	0.15	0.18	6.3	0.13	0.33	45	15	62	14	77	22	3.2	16	1.9
H-2	23	1.6	0.07	0.23	2.3	0.39	0.13	242	202	419	56	223	43	5.9	24	2.6
H-3	18	1.5	0.05	0.13	1.8	0.15	0.19	214	158	313	42	158	29	4.7	22	2.4
H-4	16	1.9	0.06	0.1	2.0	0.51	0.09	74	154	227	24	70	9.3	1.4	7.9	1.2
H-5	11	0.6	0.06	0.05	1.8	0.11	0.04	32	18	30	3.6	14	4.4	0.9	4.5	0.8
H-5-6-P1	43	1.8	0.16	0.12	6.5	0.15	0.62	57	32	65	7.1	22	5.3	1.1	5.6	1.0
H-5-6-P2	20	0.8	0.04	0.05	2.0	0.14	0.14	25	35	102	11	26	2.4	0.4	2.5	0.36
H-6	8.0	1.8	0.11	0.08	1.3	0.51	0.03	35	41	66	7.4	27	4.8	0.9	4.2	0.7
H-7	20	1.8	0.08	0.07	3.2	0.27	0.13	46	43	76	8.6	32	6.4	1.1	5.2	0.8
H-8	8.2	1.4	0.06	0.05	1.1	0.18	0.07	30	23	39	4.4	16	3.3	0.6	3.3	0.5
H-8-9-P	32	1.8	0.07	0.03	3.0	0.03	0.36	23	2.4	4.2	0.4	1.5	0.29	0.09	0.5	0.1
H-9	4.0	2.0	0.03	0.04	0.9	0.32	0.01	15	35	97	15	58	10	1.6	7.5	1.0
H-10	13	1.6	0.04	0.07	1.1	0.22	0.04	28	57	89	9.3	31	4.3	0.7	2.9	0.42
H-11	20	1.1	0.05	0.04	2.1	0.17	0.08	22	14	23	2.5	8.7	2.1	0.44	2.0	0.34
H-12	13	1.0	0.06	0.05	1.8	0.17	0.08	26	10	18	2.0	7.3	1.8	0.42	1.9	0.33
H-13	6.6	1.0	0.03	0.06	1.0	0.12	0.01	21	8.9	17	2.0	7.4	1.8	0.41	1.8	0.3
H-14	13	1.5	0.05	0.08	1.5	0.16	0.01	22	16	29	3.3	11	2.4	0.5	2.1	0.35
H-15	7.4	0.9	0.03	0.05	0.9	0.14	0.02	25	15	25	2.8	9.9	2.4	0.5	2.3	0.38
H-16	6.8	1.8	0.03	0.04	0.8	0.21	0.02	28	12	21	2.7	11	3.5	0.8	3.2	0.49
H-17	8.1	1.8	0.05	0.04	1.4	0.15	0.03	24	19	28	2.8	8.9	2.1	0.46	2.1	0.36

续表

分层样品	Nb	Mo	Cd	In	Sn	Sb	Cs	Ba	La	Ce	Pr	Nd	Sm	Eu	Gd	Tb
H-18	12	1.9	0.04	0.04	1.2	0.12	0.01	16	12	18	1.9	6.0	1.1	0.21	1.1	0.17
H-19	56	2.6	0.2	0.08	7.0	0.16	0.05	23	7.6	13	1.6	6.5	1.9	0.42	2.1	0.4
H-20	1.9	1.2	0.01	0.02	0.3	0.09	0.01	26	12	18	1.9	6.4	1.2	0.22	1.0	0.15
H-21	16	1.7	0.07	0.05	2.8	0.42	0.11	18	4.3	12	1.6	6.2	2.1	0.39	2.2	0.42
H-22	2.8	1.2	0.02	0.05	0.6	0.29	0.01	21	29	50	5.2	16	2.4	0.39	1.9	0.33
H-22-23-P	47	3.9	0.15	0.05	5.9	0.14	0.55	25	3.2	6.4	0.6	1.9	0.6	0.14	0.8	0.17
H-23	2.9	1.5	0.04	0.05	0.6	0.43	0.02	18	18	32	3.5	12	2.4	0.38	2.0	0.33
H-24	15	2.2	0.08	0.04	1.8	0.18	0.07	20	6.9	12	1.4	4.8	1.5	0.3	1.7	0.33
H-24-25-P	36	1.5	0.08	0.04	3.4	0.05	0.23	24	7.9	15	1.3	3.2	0.6	0.17	1.1	0.27
H-25	9.4	1.7	0.03	0.04	1.4	0.25	0.07	34	49	85	9.2	31	5.6	0.9	4.9	0.7
H-26	9.8	1.2	0.08	0.06	2.2	0.38	0.11	16	22	36	4.0	14	3.0	0.5	3.0	0.6
H-27	16	1.1	0.08	0.06	2.6	0.29	0.17	24	18	32	3.5	12	2.6	0.49	2.9	0.6
H-28	18	1.0	0.05	0.06	1.9	0.31	0.12	30	92	144	16	51	6.5	0.9	5.2	0.8
H-29	17	1.3	0.13	0.14	2.0	0.5	0.2	28	28	56	5.5	20	4.3	0.9	4.7	0.9
H-B1	19	0.4	0.08	0.05	2.9	0.07	0.19	17	34	52	3.7	8.6	1.5	0.32	2.2	0.48
H-B2	23	1.4	0.11	0.14	2.7	0.46	0.52	28	25	60	6.6	26	5.8	1.1	5.5	0.9
H-B3	33	1.0	0.33	0.13	2.6	0.31	2.7	118	65	132	14	50	9.4	1.7	7.4	1.0
WA	13	1.6	0.06	0.07	1.8	0.27	0.07	41	40	71	8.5	31	5.8	1.0	4.6	0.7
中国煤	9.44	3.08	0.25	0.05	2.11	0.84	1.13	159	22.5	46.7	6.42	22.3	4.07	0.84	4.65	0.62
世界硬煤	4	2	0.2	0.04	1.4	1	1.1	150	11	23	3.4	12	2.2	0.43	2.7	0.31
CC	3.25	0.80	0.30	1.75	1.29	0.27	0.06	0.27	3.64	3.09	2.50	2.58	2.64	2.33	1.70	2.26

续表

分层样品	Dy	Ho	Er	Tm	Yb	Lu	Hf	Ta	W	Re	Hg	Tl	Pb	Bi	Th	U
H-T	8.2	1.8	5.4	0.8	5.9	0.9	30	3.7	6.1	0.01	0.05	0.26	37	1.6	49	9.2
H-1	4.1	0.9	2.6	0.37	2.6	0.37	11	0.8	1.4	0.022	0.09	1.0	28	0.36	13	5.2
H-1-2-P	9.3	1.7	4.4	0.6	3.9	0.54	31	3.8	2.2	0.01	0.08	0.07	41	0.7	33	9.2
H-2	13	2.4	6.9	0.9	6.5	0.9	20	1.4	1.6	0.007	0.15	0.05	52	0.5	26	6.8
H-3	10	1.8	4.6	0.6	4.1	0.6	9.5	1.1	1.0	0.003	0.06	0.09	34	0.49	24	6.3
H-4	6.6	1.3	3.6	0.5	3.4	0.5	9.2	1.0	2.1	0.004	0.08	0.06	46	0.6	22	7.2
H-5	4.9	0.9	2.5	0.37	2.4	0.34	8.5	0.7	0.5	0.002	0.05	0.02	19	0.33	23	3.7
H-5-6-P1	6.2	1.3	3.6	0.5	3.6	0.5	21	3.0	2.7	0.003	0.09	0.09	42	1.1	41	10
H-5-6-P2	2.3	0.5	1.3	0.19	1.3	0.19	9.6	1.1	1.3	0.002	0.04	0.03	15	0.24	17	4.4
H-6	3.9	0.8	2.1	0.28	2.1	0.3	9.3	0.5	3.9	0.005	0.08	0.08	41	0.48	16	3.6
H-7	5.2	1.1	3.1	0.45	3.1	0.45	11	1.3	3.0	0.004	0.04	0.09	37	1.0	25	4.4
H-8	3.1	0.6	1.8	0.25	1.8	0.26	5.3	0.5	3.0	0.002	0.05	0.05	17	0.38	13	2.6
H-8-9-P	0.7	0.14	0.43	0.07	0.5	0.07	5.5	2.0	1.9	0.616	0.04	0.04	6.3	0.44	13	3.3
H-9	5.1	1.0	2.6	0.35	2.3	0.36	3.6	0.42	0.5	0.004	0.08	0.05	35	0.49	8.8	3.0
H-10	2.4	0.47	1.3	0.19	1.3	0.18	5.2	0.7	0.6	0.002	0.05	0.05	27	0.6	11	3.3
H-11	2.1	0.42	1.2	0.17	1.3	0.17	5.8	1.5	2.1	0.002	0.27	0.37	24	0.6	19	4.1
H-12	2.0	0.39	1.1	0.16	1.1	0.16	4.1	0.9	2.1	0.732	0.10	0.06	24	0.4	10	4.1
H-13	1.9	0.35	1.0	0.14	1.0	0.14	4.8	0.46	0.42	0.003	0.03	0.1	19	0.33	7.0	2.4
H-14	2.1	0.41	1.2	0.17	1.1	0.16	5.6	0.8	2.5	0.003	0.08	0.06	62	0.7	11	3.7
H-15	2.2	0.41	1.2	0.17	1.1	0.15	4.0	0.41	0.6	0.002	0.08	0.17	23	0.4	9.5	2.9
H-16	2.9	0.6	1.5	0.21	1.5	0.2	3.4	0.35	0.5	0.003	0.13	0.23	18	0.44	20	2.9
H-17	2.1	0.41	1.1	0.15	1.1	0.14	3.8	0.6	2.7	0.003	0.08	0.16	26	0.8	24	1.8
H-18	1.1	0.22	0.7	0.09	0.7	0.1	4.2	0.6	2.3	0.004	0.06	0.17	21	0.46	7.5	2.3

续表

分层样品	Dy	Ho	Er	Tm	Yb	Lu	Hf	Ta	W	Re	Hg	Tl	Pb	Bi	Th	U
H-19	2.6	0.53	1.6	0.24	1.8	0.24	21	4.0	2.4	0.002	0.30	0.27	55	1.2	51	5.7
H-20	0.9	0.17	0.5	0.07	0.48	0.07	1.7	0.1	2.3	0.001	0.15	0.3	9.5	0.14	2.8	0.9
H-21	3.0	0.6	1.7	0.26	1.8	0.25	11	1.4	1.5	0.003	0.24	0.37	70	0.8	49	5.2
H-22	2.0	0.4	1.1	0.16	1.1	0.14	4.2	0.18	0.5	0.002	0.05	0.16	23	0.23	5.7	2.6
H-22-23-P	1.2	0.23	0.7	0.11	0.8	0.1	8.4	3.6	6.0	0.002	0.05	0.05	10	1.1	16	9.0
H-23	2.0	0.38	1.1	0.15	1.0	0.14	2.7	0.21	0.8	0.002	0.08	0.11	18	0.21	7.3	2.6
H-24	2.1	0.41	1.2	0.17	1.2	0.15	4.3	1.1	1.1	0.002	0.06	0.2	22	0.6	20	2.3
H-24-25-P	1.9	0.42	1.3	0.2	1.4	0.2	11	2.3	2.1	0.002	0.03	0.04	9.0	0.5	19	4.0
H-25	4.2	0.8	2.3	0.32	2.1	0.29	3.8	0.6	2.8	0.004	0.10	0.27	15	0.5	10	3.2
H-26	3.7	0.8	2.2	0.34	2.4	0.33	6.8	0.9	2.3	0.006	0.06	0.06	30	0.6	12	3.3
H-27	3.8	0.8	2.4	0.35	2.5	0.36	8.8	1.3	1.1	0.01	0.06	0.1	26	0.6	21	4.1
H-28	4.5	0.9	2.6	0.36	2.5	0.35	7.0	1.3	2.0	0.006	0.12	0.21	29	0.5	16	4.5
H-29	6.2	1.3	4.0	0.6	4.2	0.62	11	1.3	1.1	0.01	0.26	0.41	29	0.5	19	3.3
H-B1	3.7	0.8	2.5	0.38	2.6	0.35	11	1.3	1.4	0.003	0.03	0.05	11	0.5	26	2.9
H-B2	5.6	1.2	3.4	0.49	3.5	0.51	12	1.6	3.5	0.003	0.23	0.19	24	0.5	18	4.1
H-B3	6.1	1.2	3.4	0.5	3.6	0.54	12	2.2	2.6	0.007	0.29	0.46	27	0.6	26	4.7
WA	3.8	0.7	2.1	0.3	2.0	0.29	7.2	0.9	1.7	0.03	0.10	0.18	30	0.5	17	3.7
中国煤	3.74	0.96	1.79	0.64	2.08	0.38	3.71	0.62	1.08	<0.001	0.163	0.47	15.1	0.79	5.84	2.43
世界硬煤	2.1	0.57	1	0.3	1	0.2	1.2	0.3	0.99	nd	0.1	0.6	9	1.1	3.1	1.9
CC	1.81	1.23	2.10	1.00	2.00	1.45	6.00	3.00	1.72	nd	1.00	0.30	3.33	0.45	5.48	1.95

注：WA 表示权衡均值；CC 表示富集系数。其中，常量元素 CC 值＝哈尔乌素元素煤/中国煤，微量元素的 CC 值＝哈尔乌素元素煤/世界硬煤；nd 表示无数据；bdl 表示低于检测限。表中常量元素单位为％，微量元素单位为 μg/g。

资源来源：中国煤数据引自 Dai 等 (2012b)；世界硬煤数据引自 Ketris 和 Yudovich (2009)。

（一）煤中常量元素的氧化物

哈尔乌素矿 6 号煤的 Al_2O_3/SiO_2 均值为 1.44，明显高于中国煤的 Al_2O_3/SiO_2 均值 0.72（Dai et al.，2012b）。6 号煤中高 Al_2O_3 和高 Al_2O_3/SiO_2 值主要归因于其高含量的勃姆石，高含量的 TiO_2 主要赋存在锐钛矿中。

从下到上根据矿物组成划分的 5 段中元素含量亦差异明显。

第 I 段（H-29～H-26 分层）高含量的高岭石导致其 Al_2O_3/SiO_2 值低于 1（表 3.15）。第 II 段（H-25 和 H-24 分层）除高岭石含量仍较高外，勃姆石含量有所增加导致分层样品中 Al_2O_3/SiO_2 值比第 I 段略有升高，分别为 1.18 和 1.35。第 III 段（H-23～H-6 分层）中勃姆石是最主要的矿物，富 Al 的勃姆石致使该段 Al_2O_3 含量和 Al_2O_3/SiO_2 值（除 H-21 分层）升高；第 IV 段（H-5～H-2 分层）中矿物组成与第 II 段类似，高含量的高岭石和少量勃姆石使该段的 Al_2O_3/SiO_2 值略高于第 I 段；第 V 段（H-1 分层）中矿物以高岭石为主，未检测到勃姆石，因此该段中 Al_2O_3（9.97%）含量低于 SiO_2（12.0%），Al_2O_3/SiO_2 值也小于 1。

H-16 和 H-28 分层中高含量的 CaO（分别为 3.89% 和 4.05%）赋存在方解石中。H-2 和 H-3 分层高含量的 P_2O_5（分别为 0.669% 和 0.945%）与磷锶铝石关系密切。扫描电镜下磷锶铝石常与勃姆石充填在丝质体胞腔中，粒径不超过 2μm。哈尔乌素矿 6 号煤剖面上 P_2O_5 和磷锶铝石的分布特征与黑岱沟矿中的煤类似。

（二）元素的亲和性

根据灰分和元素的相关性可以初步判断元素的赋存状态。若元素与灰分呈高度正相关，则表明该元素具有强无机亲和性；若元素与灰分呈低相关性或负相关，则表明该元素具有有机亲和性（Kortenski and Sotirov，2002）。根据元素与灰分的相关系数的大小，可以将哈尔乌素矿 6 号煤中的元素（或元素的氧化物）分为 4 组（表 3.16）。

第 1 组包括 Al_2O_3、SiO_2 和 Na_2O，它们与灰分高度相关（相关系数 r=0.70～1.00；表 3.16）。哈尔乌素矿 6 号煤中 Si 主要赋存在高岭石等铝硅酸盐矿物中，Al 除了赋存在铝硅酸盐矿物中以外，还与含 Al 的氢氧化物矿物（勃姆石）等有关（Dai et al.，2006）。灰分和 Si、Al 之间呈强相关性，相关系数分别为 0.96 和 0.94。

第 2 组包括 Li、Sc、Rb、Y、Cs、Er、Tm、Yb 和 Lu，它们与灰分的相关系数在 0.50～0.69（表 3.16）。虽然它们与灰分的相关系数低于第 1 组元素，但其仍然具有相对高的无机亲和性。本组元素可能赋存在高岭石和勃姆石中。

第 3 组包括 K_2O、Fe_2O_3、Be、V、Ni、As、Zr、In、Tb、Dy、Ho、Hf 和 U，它们与灰分的相关系数在 0.34～0.49。其中，Be、V、Ni、In、Tb、Dy、Ho 与 Si 和 Al 的相关系数都大于等于 0.34，表明它们具有铝硅酸盐亲和性。As 与 S 及 Fe 的正相关性（r_{As-S}=0.63 和 r_{As-Fe}=0.39）表明其具有显著的亲硫性。Fe_2O_3 与 CaO（r=0.52）的正相关性则指示黄铁矿和方解石均源自后生热液流体。

表 3.16　基于相关系数推断的元素亲和性

与灰分的相关系数	第 1 组（r_{ash}=0.70~1.00）：Al_2O_3（0.94），SiO_2（0.96），Na_2O（0.75） 第 2 组（r_{ash}=0.50~0.69）：Li（0.59），Sc（0.68），Rb（0.52），Y（0.53），Cs（0.69），Er（0.53），Tm（0.56），Yb（0.55），Lu（0.55） 第 3 组（r_{ash}=0.34~0.49）：K_2O（0.38），Fe_2O_3（0.42），Be（0.46），V（0.44），Ni（0.46），As（0.37），Zr（0.35），In（0.36），Tb（0.34），Dy（0.46），Ho（0.50），Hf（0.35），U（0.41） 第 4 组（r_{ash}=−0.20~0.34）：S（0.06），CaO（0.02），MnO（−0.03），F（0.16），Co（−0.04），Cu（−0.17），Zn（−0.06），Ga（0.17），Se（−0.20），Sr（0.19），Mo（−0.19），Sb（0.17），W（−0.06），Re（0.09），Hg（0.14），Tl（0.09），Pb（0.07），Bi（0.09），P_2O_5（0.20），TiO_2（0.24），Cr（0.30），Ge（0.20），Nb（0.22），Cd（0.27），Sn（0.23），Ba（0.23），La（0.23），Ce（0.22），Pb（0.20），Nd（0.20），Sm（0.22），Eu（0.24），Gd（0.28），Ta（0.23），Th（0.27）
铝硅酸盐结合态	r_{Al-Si}>0.7：无 r_{Al-Si}=0.5~0.7：Li，Sc，Cs r_{Al-Si}=0.34~0.5：Li，Be，V，Ni，Rb，Y，In，Tb，Dy，Ho，Tm，Yb，Lu，U
碳酸盐结合态	r_{Ca}=0.7~1.0：MnO_2 r_{Ca}=0.5~0.7：Fe_2O_3，S 硫化物结合态 r_{S-Fe}>0.7~1.0：无 r_{S-Fe}=0.5~0.7：CaO，MnO r_{S-Fe}=0.34~0.5：As
其他元素的相关系数	Si-Al=0.85；Ca-Fe=0.52；S-Fe=0.43；Hg-As=0.50；Se-Pb=0.74；S-Hg=0.48；S-As=0.63；Ga-Al=0.27；P-Sr=0.98

第 4 组包括 S、CaO、MnO、F、Co、Cu、Zn、Ga、Se、Sr、Mo、Sb、W、Re、Hg、Tl、Pb、Bi、P_2O_5、TiO_2、Cr、Ge、Nb、Cd、Sn、Ba、La、Ce、Pb、Nd、Sm、Eu、Gd、Ta 和 Th 共 35 种元素及其氧化物，它们与灰分的相关系数显著低于统计水平（r=−0.20~0.34）（表 3.16）。在 95%置信水平下 29 个样品的相关系数大于 0.34 才具有显著的统计学意义。其中，Se 与灰分呈弱负相关，相关系数为−0.20。本组元素均具有相对较强的有机亲和性，可部分赋存在煤的有机质中。

（三）元素的地球化学分类

运用聚类分析方法结合地球化学习性将哈尔乌素矿 6 号煤中元素或元素的氧化物分成 A、B、C、D 和 E 组 5 组。

A 组包括 SiO_2、Al_2O_3、Na_2O 和 Li（图 3.38），它们都与灰分高度相关（表 3.16）。哈尔乌素矿 6 号煤中 SiO_2 和 Al_2O_3 主要赋存在高岭石和勃姆石中。高岭石和勃姆石对灰分的贡献最大，因此推断 Na 和 Li 也可能赋存在这些矿物中。

B 组包括 REY、Sc、In、K_2O、Rb、Zr、Hf、Cs、U、P_2O_5、Sr、Ba、和 Ge（图 3.38）。除 P_2O_5、Sr、Ge、Ba、La、Ce、Nd、Sm、Eu 和 Gd 外，其他元素与灰分均呈正相关，并且相关性系数为 0.34~0.69（表 3.16）。REY 和 Sc、In、K_2O、Rb、Zr、Hf、Cs、U、P_2O_5、Sr、Ba、Ge 的相关系数均大于 0.5，REY 之间的相关系数均高于 0.8。K_2O-Rb（0.96）、Zr-Hf（0.97）、P_2O_5-Sr（0.98）、Ge-REE（0.81~1）的相关系数均较高。本组元素主要为亲石元素，它们多与硅酸盐矿物有关。

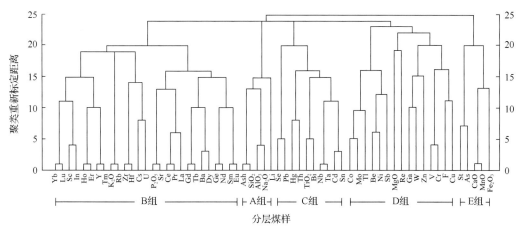

图 3.38 哈尔乌素矿 6 号煤 29 个分层煤样的元素聚类分析树状图

C 组包括 Se、Pb、Hg、Th、TiO_2、Bi、Nb、Ta、Cd 和 Sn(图 3.38),它们与灰分的相关系数为-0.20～0.27(表 3.16)。本组元素很可能与副矿物有关。例如,TiO_2 主要赋存于锐钛矿中(图 3.35);亲铜元素 Se、Pb、Hg、Bi、Cd 和 Sn 可能赋存于黄铁矿或未鉴定出的硫化物中。由于 Nb 和 Ta 的地球化学性质相似,二者的相关系数高达 0.98,它们常以类质同象的形式赋存于矿物中。

D 组包括 Co、Mo、Tl、Be、Ni、Sb、MgO、Re、Ga、W、Zn、V、Cr、F 和 Cu,该组元素与灰分的相关系数为-0.19～0.46。本组中除 V-Cr(0.82)、Co-Mo(0.76)和 Be-Ni(0.71)外,其他元素对的相关系数均在 0.45 以下。Ga 与勃姆石关系密切,而 Zn 赋存在闪锌矿中(图 3.36),Be 与有机质关系密切。本组中其他元素的赋存状态值得进一步研究。

E 组包括 St、As、CaO、MnO 和 Fe_2O_3。它们与灰分的相关系数范围为-0.03～0.42(表 3.16)。本组中 CaO 和 MnO 之间的相关系数最高(0.97)。本组元素可能与后生成因的黄铁矿(Fe、S 和 As)和方解石(Ca 和 Mn)有关。

(四)元素的赋存状态

Li:哈尔乌素矿 6 号煤中 Li 的含量为 0.06～470μg/g,平均值为 116μg/g。该值明显高于中国煤(均值 31.8μg/g;Dai et al.,2012b)和世界硬煤均值(14μg/g;Ketris and Yudovich,2009)。6 号煤中 Li 与灰分、Al_2O_3 和 SiO_2 均呈正相关,相关系数分别为 0.59、0.53 和 0.58,这表明 Li 与铝硅酸盐矿物关系密切。Finkelman(1981)的研究表明煤中 Li 主要赋存在黏土矿物中,有时也与云母和电气石有关。Swaine(1990)认为保加利亚某些煤中的 Li 与有机质有关。Dai 等(2005)发现贵州西部晚二叠世煤中同时存在无机态和有机态的 Li(r_{ash-Li}=0.11)。

哈尔乌素矿 6 号煤中 Li 与 Na_2O、K_2O、Rb 和 Cs 均呈正相关,相关系数分别为 0.41、0.34、0.37 和 0.41。一般认为从超基性、基性、中性到酸性的岩浆岩演化序列中 Li 的含量逐渐增加(Taylor,1964;刘英俊和曹励明,1993)。位于准格尔煤田北部的阴山古陆中元古代钾长花岗岩中富集 Li(26μg/g),泥炭堆积时物源区富 Li 的碎屑物质导致哈尔乌素矿 6 号煤中 Li 含量较高。

Th：哈尔乌素矿煤中 Th 含量的最低值为 H-20 分层的 2.8μg/g，最高值为 H-19 分层的 51μg/g。6 号煤中 Th 的含量均值（17μg/g）是中国煤均值 5.8μg/g（Dai et al.，2012b）的三倍左右。准格尔煤中 Th 同样来自阴山古陆中元古代富 Th 的钾长花岗岩（鄢明才和迟清华，1997）。表生环境下 Th 易于水解形成 Th(OH)₄ 而发生原位沉积，因此 Th 不易在溶液中进行长距离搬运，这也符合鄂尔多斯盆地石炭-二叠系煤东缘从北向南 Th 含量逐渐降低的特征。Th、Nb、Ta 和 Hf 具有相似的地球化学特征，Th 和其他 3 个元素相关系数较高，分别为 0.75、0.79 和 0.73。Th 和 Zr 的相关系数较高（0.6），带能谱仪的扫描电镜下锆石中有 Th 检出，部分勃姆石中也有 Th 被检出。

Ga：哈尔乌素矿煤中 Ga 含量均值（18μg/g）明显低于黑岱沟煤的含量 44.8μg/g（Dai et al.，2006），高于中国煤均值 6.55μg/g（Dai et al.，2006）。

煤中 Ga 一般与黏土矿物密切相关（Finkelman，1993；Chou，1997）。哈尔乌素矿煤中 Ga 与勃姆石呈正相关（0.47），而与 Si 的相关系数（0.06）较低。由于地球化学性质类似，Ga 常在矿物中类质同象替代 Al，因此哈尔乌素矿煤中勃姆石为 Ga 的主要载体。Ga 和 Al 之间呈弱正相关（r=0.27），表明高岭石中也可能含有少量的 Ga。Dai 等（2006）运用带能谱仪的扫描电镜证实黑岱沟矿煤中 Ga 的主要载体是勃姆石。哈尔乌素矿煤中 Ga 和灰分之间的低相关系数（0.17）表明部分 Ga 也与煤中有机质有关。鄂尔多斯盆地北部本溪组风化壳富 Ga 铝土矿被搬运到泥炭沼泽，部分 Ga 被有机质吸附后在成岩作用阶段存在于显微组分中。

Swaine（1990）和 Sun 等（2007）认为 Ga 可类质同象替代闪锌矿中的 Zn。6 号煤中硫含量较低，也未检测到闪锌矿，因此该煤中 Ga 与硫化物关系不大。

Se 和 Pb：Se 和 Pb 之间相关性较强，相关系数为 0.74。带能谱仪的扫描电镜下观测到充填裂隙的硒铅矿。Dai 等（2006）在黑岱沟煤中也发现了充填丝质体胞腔的硒铅矿。哈尔乌素矿煤和黑岱沟矿煤中后生成因的硒铅矿可能与热液活动有关。Hower 和 Robertson（2003）发现美国肯塔基煤田中有充填丝质体和半丝质体胞腔的硒铅矿。

Sr：磷锶铝石是 6 号煤中 Sr 的主要载体，Sr 和 P 的相关系数高达 0.98（表 3.16）。磷锶铝石也富含稀土元素，因此 Sr、P 和 REE（特别是 HREE）之间也呈高度正相关关系。

Zr：Zr 在 6 号煤的最低值出现在 H-20 分层，为 65μg/g（样品 H-20），最高值为 H-2 分层的 784μg/g，平均值为 268μg/g。锆石是 Zr 的主要赋存矿物，带能谱仪的扫描电镜下检测到锐钛矿中含有少量 Zr（0.32%，16 测点）。

稀土元素：煤中稀土元素与矿物关系密切，特别是与黏土矿物和磷酸盐矿物（Finkelman，1995；Chou，1997）；在某些煤中稀土元素与有机质有关（Eskenazy，1987a，1987b）。

6 号煤剖面上夹矸的 REE 含量和 L/H 值普遍低于其下伏煤分层（表 3.17）。夹矸 H-1-2-P 的 REE 含量（232μg/g）明显低于其下伏 H-2 煤分层（1006μg/g）。它们的 L/H 值分别为 5.0 和 16.6（表 3.17）。哈尔乌素矿 REE 在夹矸和煤分层分布特征与黑岱沟矿类似（Dai et al.，2006；Chen，2007）。

表 3.17 哈尔乌素矿 6 号煤中稀土元素参数

分层样品	LREE/(μg/g)	HREE/(μg/g)	REE/(μg/g)	L/H	La/Lu	La/Ce	Nd/Ce	(La+Nd)/Ce
H-T	151	30.4	181	5.0	41.1	0.51	0.36	0.86
H-1	84.3	15.2	99.5	5.5	56.8	0.54	0.41	0.95
H-1-2-P	193	38.3	231	5.0	27.8	0.24	1.24	1.48
H-2	949	57.2	1006	16.6	224	0.48	0.53	1.01
H-3	705	46.1	751	15.3	263	0.50	0.50	1.01
H-4	486	25	511	19.4	308	0.68	0.31	0.99
H-5	70.9	16.7	87.6	4.2	52.9	0.60	0.47	1.07
H-5-6-P1	133	22.3	155	6.0	64.0	0.49	0.34	0.83
H-5-6-P2	177	8.64	186	20.5	184	0.34	0.25	0.60
H-6	147	14.4	161	10.2	137	0.62	0.41	1.03
H-7	167	19.4	187	8.6	95.6	0.57	0.42	0.99
H-8	86.3	11.6	97.9	7.4	88.5	0.59	0.41	1.00
H-8-9-P	8.88	2.51	11.4	3.5	34.3	0.57	0.36	0.93
H-9	217	20.2	237	10.7	97.2	0.36	0.60	0.96
H-10	191	9.16	200	20.9	317	0.64	0.35	0.99
H-11	50.7	7.7	58.4	6.6	82.4	0.61	0.38	0.99
H-12	39.5	7.14	46.6	5.5	62.5	0.56	0.41	0.96
H-13	37.5	6.63	44.1	5.7	63.6	0.52	0.44	0.96
H-14	62.2	7.59	69.8	8.2	100	0.55	0.38	0.93
H-15	55.6	7.91	63.5	7.0	100	0.60	0.40	1.00
H-16	51	10.6	61.6	4.8	60.0	0.57	0.52	1.10
H-17	61.3	7.46	68.8	8.2	136	0.68	0.32	1.00
H-18	39.2	4.18	43.4	9.4	120	0.67	0.33	1.00
H-19	31.0	9.51	40.5	3.3	31.7	0.58	0.50	1.08
H-20	39.7	3.34	43.0	11.9	171	0.67	0.36	1.02
H-21	26.6	10.2	36.8	2.6	17.2	0.36	0.52	0.88
H-22	103	7.13	110	14.4	207	0.58	0.32	0.90
H-22-23-P	12.8	4.11	17.0	3.1	32.0	0.50	0.30	0.80
H-23	68.3	7.1	75.4	9.6	129	0.56	0.38	0.94
H-24	26.9	7.26	34.2	3.7	46.0	0.58	0.40	0.98
H-24-25-P	28.2	6.79	35.0	4.2	39.5	0.53	0.21	0.74
H-25	181	15.6	197	11.6	169	0.58	0.36	0.94
H-26	79.5	13.4	92.9	5.9	66.7	0.61	0.39	1.00
H-27	68.6	13.7	82.3	5.0	50.0	0.56	0.38	0.94
H-28	310	17.2	327	18.0	263	0.64	0.35	0.99
H-29	115	22.5	138	5.1	45.2	0.50	0.36	0.86
H-B1	100	13.0	113	7.7	97.1	0.65	0.17	0.82
H-B2	125	21.1	146	5.9	49.0	0.42	0.43	0.85
H-B3	272	23.7	296	11.5	120	0.49	0.38	0.87

注：LREE = La + Ce + Pr + Nd + Sm + Eu；HREE = Gd + Tb + Dy + Ho + Er + Tm + Yb + Lu。

如图 3.39 所示，6 号煤中 LREE(La～Eu) 与灰分的相关系数较弱，而 HREE(Gd～Lu) 与灰分呈明显的正相关，这表明 LREE 比 HREE 更具有机亲和性。

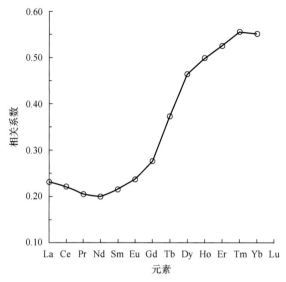

图 3.39　哈尔乌素 6 号煤中稀土元素与灰分的相关系数

表生酸性环境下三价的 REE 易于被酸性水淋滤而不易被黏土矿物吸附(刘英俊和曹励明，1993)，Ce 被氧化成正四价后原位沉淀导致夹矸的淋滤液中 Ce 贫乏。因而地下水淋滤作用致使夹矸比下伏煤分层中 REE 元素低，而 Ce 含量高、Ce 表现出轻度正异常(表 3.17，图 3.40)。夹矸 H-5-6-P2 的 Ce 呈轻度正异常，Ce 含量大于 La 和 Nd 之和，La/Ce 和 Nd/Ce 的值基本低于下伏煤分层(表 3.17)。

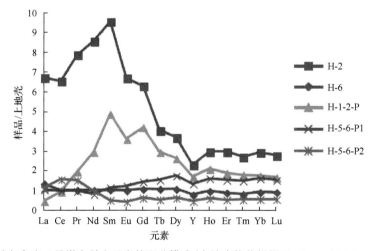

图 3.40　哈尔乌素 6 号煤中稀土元素的配分模式(上地壳均值根据 Taylor and McLennan，1985)

稀土元素离子半径之间的微小差异决定了它们在矿物中进行类质同象替换的能力不同(Taylor and McLennan，1985；刘英俊和曹励明，1993)。因与 Sr^{2+} 和 Ba^{2+} 的离子半径相近，LREE 常以类质同象的形式相对富集于含 Sr 或 Ba 的矿物中；因与 Sc^{3+}、Hf^{4+} 和 Zr^{4+} 的离子半径相近，HREE 常以类质同象的形式相对富集于含 Sc、Hf 或 Zr 的矿物中。因此，随着原子序数的增加，REE 与 Sr 和 Ba 的相关系数总体上讲先增大后减小，而与 Sc、Hf 和 Zr 的相关系数总体上逐渐增大(表 3.18)。

表 3.18 哈尔乌素矿 6 号煤中稀土元素与灰分、Sr、Ba、Sc、Hf 和 Zr 的相关系数

REE	灰分	Sr	Ba	Sc	Hf	Zr
La	0.23	0.85	0.88	0.70	0.43	0.51
Ce	0.22	0.90	0.93	0.71	0.46	0.54
Pr	0.20	0.92	0.95	0.70	0.47	0.54
Nd	0.20	0.92	0.96	0.70	0.48	0.56
Sm	0.22	0.92	0.97	0.71	0.51	0.59
Eu	0.24	0.94	0.97	0.72	0.50	0.57
Gd	0.28	0.94	0.97	0.74	0.50	0.57
Tb	0.37	0.90	0.94	0.81	0.54	0.61
Dy	0.46	0.83	0.88	0.87	0.60	0.67
Ho	0.50	0.78	0.94	0.89	0.63	0.71
Er	0.53	0.75	0.82	0.90	0.66	0.73
Tm	0.56	0.71	0.78	0.90	0.67	0.74
Yb	0.55	0.71	0.77	0.90	0.69	0.76
Lu	0.55	0.68	0.76	0.90	0.68	0.75

受地下水淋滤作用的夹矸中 REE 含量较低，淋滤液挟带的 REE 主要以 3 种形式保存在下伏煤分层中：①自生富含稀土元素的矿物，如充填胞腔的磷锶铝石；②Al 的含水矿物捕获 REE；③有机质吸附 REE。尽管地下水和河水中通常富集重稀土(Duddy，1980；Eskenazy，1987a)，而受地下水淋滤的哈尔乌素矿 6 号煤夹矸中 LREE 比 HREE 更易迁移，致使夹矸比下伏煤层具有低的 REE 含量和低的 LREE/HREE 值。如图 3.39 所示，HREE 与灰分的相关系数明显高于 LREE，表明随着原子序数的增加，有机质吸附 REE 的能力逐渐减弱。Eskenazy(1999)在研究保加利亚煤时并未发现 LREE 和 HREE 的上述差异。

哈尔乌素矿煤中 REE 在夹矸和煤中的配分模式与黑岱沟矿煤相似(Dai et al.，2006)。哈尔乌素矿 6 号煤和美国肯塔基煤中 REE 的富集机理(Hower et al.，1999a)相同。肯塔基煤层夹矸的火山碎屑物质被地下水淋滤后含REE的淋滤液在下伏煤层中沉淀,形成富REE的自生矿物。Crowley 等(1989)总结了美国犹他州 C 煤层中 REE 富集的 3 种模式：①火山灰遭受地下水淋滤后，REE 被淋出继而被煤中有机质吸附；②火山灰遭受地下水淋滤后，REE 被淋出继而形成含稀土的自生矿物；③火山灰中的矿物进入泥炭中。Eskenazy(1978，1987a，1987b)发现 pH 降低时稀土元素更易被淋滤和被有机质吸附，这种现象在 Pcelarovo 盆地镜煤中尤为突出(Eskenazy，1987b)。Eskenazy(1987b)发现 Pcelarovo

盆地镜煤中富集的 REE 即为上覆火山碎屑沉积物经受淋滤的结果。

　　哈尔乌素矿 6 号煤中 REE 的富集不仅归因于地下水对夹矸的淋滤作用，还与物源区本溪组风化壳的铝土矿有关。铝土矿经过长期淋滤和风化作用后可能富集稀土元素。准格尔盆地南部山西的某些铝土矿中 REE 含量较高（平均为 800μg/g），而且 LREE/HREE 值较大（最大值为 11）（Li et al.，2005）。据此推测哈尔乌素矿 6 号煤中 REE 与鄂尔多斯盆地北部本溪组风化壳铝土矿有关。

　　（五）氟的赋存状态

　　煤中氟通常赋存于矿物中，如黏土矿物（Godbeer and Swaine，1987；Dai et al.，2004）、氟磷灰石，也有少量氟赋存于萤石（Bouška，1981）、电气石、黄玉、角闪石、云母等矿物中（Swaine，1990；Finkelman，1995；鲁百合，1996；Ward，2002）。此外，氟还具有有机亲和性（McIntyre et al.，1985；Bouška et al.，2000）。

　　哈尔乌素矿 6 号煤中的氟含量均值为 286μg/g，明显高于中国煤中的氟均值（130μg/g；Dai et al.，2012b）。氟和灰分之间的低相关系数（0.16）表明氟呈现有机结合态和无机结合态的双重亲和性。氟和 SiO_2 之间低的相关系数（-0.08）表明它与石英和高岭石关系不大。氟和 Al_2O_3 呈正相关，相关系数为 0.46。F 和勃姆石之间的相关系数高达 0.78，这表明哈尔乌素矿煤中无机结合态的 F 很可能与勃姆石有关。氟离子可以在矿物中代替 OH⁻或 O^{2-}，这可能是勃姆石含氟的原因。氟和灰分之间的低相关系数（$r=0.16$）及精煤中高含量的 F（210μg/g）表明有机质也是 F 的主要载体。本书采用逐级化学提取实验对 F 的赋存状态进行了研究。

　　如前所述，6 号煤在剖面上从下向上根据矿物组成和变化可分为 5 段：第 I 段（H-29～H-26 分层）、第 II 段（H-25 和 H-24 分层）、第III段（H-23～H-6 分层）、第IV段（H-5～H-2 分层）和第 V 段（H-1 分层）。本书分别选取 8 个（H-29、H-25、H-19、H-15、H-14、H-3、H-2 和 H-1）具有一定代表性的样品进行试验。

　　将这 8 个典型样品研磨至小于 100 目进行逐级化学提取实验。逐级化学提取的氟的结果见表 3.19 和图 3.41。逐级化学提取的结果表明，经过去离子水、NH₄Ac（1mol/L）、HCl（0.5%）浸泡后的淋滤液中氟的比例较低；而氟主要以有机结合态和硅酸盐结合态存在，两者之和约占煤中总氟含量的 96%。硫化物结合态中的氟含量低于检测限（表 3.19）。

表 3.19　哈尔乌素矿 6 号煤的逐级化学提取结果

样品类型		H-1	H-2	H-3	H-14	H-15	H-19	H-25	H-29	均值
煤样	样品质量/g	4.01	3.99	4.00	4.05	3.99	4.00	3.99	4.00	
	F 含量/(μg/g)	171	316	441	482	363	250	197	254	309
	F 总量/μg	685	1262	1762	1956	1450	1001	786	1015	—
水溶态	F 含量/(μg/mL)	0.61	0.43	0.48	0.52	0.48	0.50	0.41	0.41	0.48
	F 总量/μg	18.32	12.98	14.40	15.59	14.40	14.98	12.43	12.17	—
	百分比/%	2.67	1.03	0.82	0.80	0.99	1.50	1.58	1.20	1.33

续表

样品类型		H-1	H-2	H-3	H-14	H-15	H-19	H-25	H-29	均值
离子交换态	F 含量/(μg/mL)	0.39	0.50	0.51	0.48	0.44	0.46	0.42	0.75	0.49
	F 总量/μg	11.65	14.93	15.37	14.35	13.26	13.95	12.52	22.41	—
	百分比/%	1.70	1.18	0.87	0.73	0.91	1.39	1.59	2.21	1.33
碳酸盐/磷酸盐结合态	F 含量/(μg/mL)	0.48	0.79	0.75	0.40	0.32	0.34	0.32	0.50	0.49
	F 总量/μg	14.3	23.82	22.49	11.86	9.63	10.28	9.74	14.93	—
	百分比/%	2.09	1.89	1.28	0.61	0.66	1.03	1.24	1.47	1.29
有机结合态	F 含量/(μg/g)	121	154	292	212	210	134	173	164	183
	F 总量/μg	372	458	869	636	744	489	562	389	—
	百分比/%	54.39	36.32	49.31	32.52	51.31	48.83	71.53	38.30	47.81
硅酸盐结合态	F 含量/(μg/g)	290	748	876	1906	1727	1797	402	384	1016
	F 总量/μg	268	752	841	1278	669	473	189	577	—
	百分比/%	39.15	59.58	47.72	65.34	46.14	47.25	24.06	56.82	48.26
硫化物结合态	F 含量/(μg/g)	—	—	—	—	—	—	—	—	
	F 总量/μg	—	—	—	—	—	—	—	—	

注：由于四舍五入，百分比可能存在一定的误差。

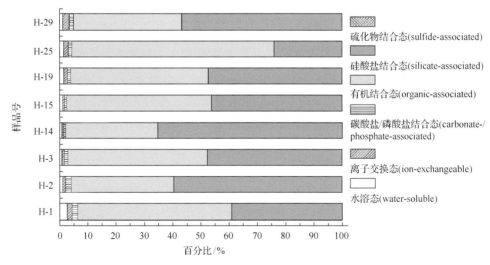

图 3.41 从逐级化学提取/密度分离程序推断的哈尔乌素矿 6 号煤中 6 种氟赋存状态的百分比

1) 水溶态

经过去离子水浸泡后淋滤液中氟总量很低，占 6 号煤总氟量的 0.81%～2.68%，平均含量为 1.33%。这表明孔隙水中有少量的氟(鲁百合，1996)。

2) 离子交换态

离子交换态不是一种亲和性，而是一种化学特性。因为可交换离子可能与有机质、黏土矿物、沸石等离子交换容量较高的物相有关(Querol et al.，2001)。H-29 样品经

1mol/L 的 NH_4Ac 浸泡后淋滤液中氟含量为 0.75μg/mL，高于其他样品的氟含量范围 0.39～0.51μg/mL（表 3.19）。这与 H-29 样品中含有的高岭石有关，其 XRD 的定量结果表明高岭石在矿物质中的含量高达 36.5%，氟可以被黏土矿物（高岭石）吸附（Godbeer and Swaine，1987；鲁百合，1996）。同时，H-29 样品的灰分产率（A_d=40.67%）也明显高于其他 7 个样品（A_d = 8.79%～25.53%）。

3）碳酸盐/磷酸盐结合态

富方解石的样品 H-25 和 H-29 经 HCl(0.5%) 淋滤后淋滤液的氟含量较低（分别为 0.32μg/mL 和 0.50μg/mL）（表 3.19）。这表明方解石对 HCl(0.5%) 淋滤液中的氟没有显著贡献。Martinez-Tarazona 等（1994）曾揭示地质样品中氟与磷灰石（如磷灰石和氟磷灰石）具有正相关性。本书也发现了类似的现象，样品 H-2 和 H-3 经 HCl(0.062%) 淋滤后淋滤液的氟含量（分别为 0.79μg/mL 和 0.75μg/mL）明显高于其他 5 个样品（0.32～0.50μg/mL）（表 3.19）。常量元素分析结果表明，样品 H-2 和 H-3 中的 P_2O_5 含量分别为 0.669% 和 0.945%，明显高于中国煤均值（0.092%，Dai et al.，2012b）和世界硬煤均值（0.062%，Ketris and Yudovich，2009）。带能谱仪的扫描电镜检测结果表明 P_2O_5 主要存在于磷锶铝石中。磷锶铝石是一种含氟的矿物（McKie，1962）。孙枢（1966）计算了四川某地磷锶铝石化学组成为 $Ca_{0.43}Sr_{0.55}Mg_{0.31}Fe_{0.12}Al_{2.69}(PO_4)_{1.37}(SO_4)_{0.53}F_{0.20}(OH)_{5.81}(H_2O)_{0.39}$。据此推断样品 H-2 和 H-3 富含的磷锶铝石经 HCl(0.5%) 淋滤后释放了较多的氟。

4）有机结合态

针对哈尔乌素矿对 29 个分层煤样的统计分析结果表明氟和灰分产率间的相关系数较低（相关系数为 0.16）（表 3.20）。这说明哈尔乌素矿 6 号煤的氟具有无机和有机亲和性。数理统计的推断结果与逐级化学提取的实验结果一致。本书表明有机相中的氟含量为 121μg/g～292μg/g，平均为 183μg/g。而以此为依据计算的有机结合态的氟占煤中氟总量的 32.53%～71.53%，平均为 47.81%（表 3.19）。Bouŝka 等（2000）表明北波西米亚盆地煤中大部分氟呈有机结合态。图 3.42(a) 表明哈尔乌素矿 6 号煤中有机质的氟与惰质组含量（%）之间呈正相关关系。这可能有两个原因：①惰质组的氟含量可能高于镜质组和类脂组；②丝质体和半丝质体胞腔中填充了矿物。6 号煤中部分勃姆石和高岭石赋存在丝质体或半丝质体胞腔中。逐级化学提取实验中氯仿（1.47g/cm³）浮出的有机质胞腔中填充的矿物（如高岭石或勃姆石）可能提高有机物质的氟含量。鲁百合（1996）发现中国红阳煤田和合山煤田富惰质组煤的氟含量较高。

表 3.20 哈尔乌素矿 6 号煤中 F 与灰分、全硫、常量元素氧化物的相关系数

相关系数	A_d	$S_{t,d}$	Al_2O_3	SiO_2	CaO	K_2O	TiO_2	Fe_2O_3	Na_2O	P_2O_5
F	0.16	−0.31	0.43	−0.08	−0.26	0.65	0.49	0.03	0.51	0.25

5）硅酸盐结合态

6 号煤的矿物以勃姆石和高岭石为主。氟含量和勃姆石的含量（%）之间呈正相关（相

关系数为 0.78)［图 3.42(b)］。在煤层剖面上富含勃姆石的第Ⅲ段(包括分层样品 H-23～H-6；除 H-11、H-12 和 H-21 外，这 3 个样品中的高岭石含量比勃姆石高)，氟和 Al_2O_3 高度正相关(相关系数＝0.96)。硅酸盐相的氟含量(从 290μg/g 到 1906μg/g，平均值为 1016μg/g)明显高于其他逐级化学提取相(表 3.19)。8 个样品硅酸盐相的氟与 $Al_2O_3/(Al_2O_3+SiO_2)$ 呈显著的正相关关系(相关系数为 0.96)。在富含勃姆石的样品如 H-14、H-15、H-19 中，硅酸盐相的氟含量分别高达 1906μg/g、1727μg/g 和 1797μg/g，表明勃姆石对硅酸盐态的氟具有重要贡献。在贫勃姆石、富高岭石的样品 H-1 和 H-29 中，硅酸盐相的氟含量分别为 290μg/g 和 384μg/g。氟离子可以替代矿物中的 OH^- 或 O_2(刘英俊等，1984)，这可能是勃姆石和高岭石中含氟的原因。

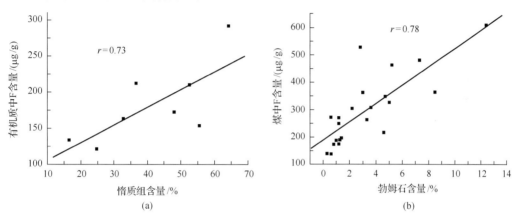

图 3.42 哈尔乌素矿 6 号煤中有机物中氟与惰质体及勃姆石的关系

r- 相关系数

6) 硫化物结合态

6 号煤的硫化物含量很低，从低于检测限到 3.2%。大部分分层煤样的黄铁矿含量小于 0.5%，样品 H-28 和 H-29 中黄铁矿含量较高(分别为 1.4%和 3.2%)(Dai et al.，2008b)。光学显微镜下观察到 6 号煤的黄铁矿主要以浸染状出现在基质镜质体中，少量的黄铁矿出现在丝质体胞腔中。另外，在裂隙中还存在少量后生黄铁矿。裂隙充填的脉状黄铁矿易于分析，因此逐级化学提取的实验中仅在样品 H-25 和 H-29 中得到了黄铁矿的分离物质。但硫化物结合态中的氟低于检测限(表 3.19)。

(六) 氟源探讨

6 号煤中氟与勃姆石的正相关性(相关系数为 0.78)表明它们很可能具有相似的来源。6 号煤中勃姆石主要呈团块状和浸染状出现在基质镜质体中，或充填在丝质体或半丝质体胞腔中。前期的研究表明勃姆石是由富铝的胶体溶液沉淀而成，而这些溶液来源于准格尔盆地北部和东部的本溪组铝土矿中(Dai et al.，2006，2008b)。本溪组风化壳是长期风化和淋滤的产物，可能含有较多的氟(刘长龄和覃志安，1999)。高华(2004)的研究表明邻近哈尔乌素矿的山西铝土矿氟含量很高，约为 1200μg/g。铝土矿中高含量氟可能的来源有两种：①其母岩；②大气降水或火山气体（刘英俊等，1984）。6 号煤形成过程中来自沉积源区本溪组铝土矿的富 Al-F 溶液被迁移到泥炭沼泽中，除了形成富含氟的勃姆石外，大部分氟亦被有机物和黏土矿物捕获。6 号煤中氟富集未受后生热液作用的影响。因为除脉状后生的硫化物和方解石外并未观察到其他后生矿物；此外，前面的论述也表明硫化物和碳酸盐相关的氟含量很低（表 3.19）。

五、本节小结

准格尔煤田哈尔乌素矿 6 号煤为富惰质组的中灰低硫煤。其中富集的勃姆石来源于聚煤盆地北部本溪组风化壳的铝土矿。

哈尔乌素矿 6 号煤中富集的元素包括 Al_2O_3、TiO_2、Li、F、Ga、Se、Sr、Zr、REY、Pb 和 Th。Al 主要赋存在勃姆石和高岭石中；Ti 和 Zr 与陆源碎屑矿物锐钛矿和锆石有关；Li 与铝硅酸盐矿物关系密切；Ga 和 F 主要赋存在勃姆石和有机质中；Se 和 Pb 主要赋存在后生热液成因的硒铅矿中。

逐级化学提取实验表明哈尔乌素矿 6 号煤超过 90%的氟以有机结合态和硅酸盐结合态存在，仅有部分氟以水溶态、离子交换态、碳酸盐/磷酸盐结合态存在。以无机态存在的氟主要与勃姆石和高岭石有关；硫化物中氟低于检测限；高岭石中存在吸附态的氟，也存在结构结合态的氟；勃姆石中氟可能以离子形态取代 OH^- 离子。样品 H-2 和 H-3 中的氟赋存于磷锶铝石中。

哈尔乌素矿煤中稀土元素有两个主要来源：①聚煤盆地北部物源区的本溪组风化壳铝土矿；②早期成岩阶段地下水淋滤致使夹矸的稀土元素迁移至下伏煤层。夹矸中轻稀土比重稀土更易被淋滤而致使下伏煤层中轻稀土元素相对富集。

第五节　准格尔煤田官板乌素矿 [①]

本节论述了准格尔煤田官板乌素矿晚石炭世主采煤层 6 号煤的矿物和地球化学组成。6 号煤为低阶（$R_{o,ran}$=0.56%）、低硫（$S_{t,d}$=0.58%）煤，显微组分以惰质组（56.7%，无矿物基）为主，其次是镜质组（31%，无矿物基）。煤中矿物以高岭石、勃姆石和富锂绿泥石为主，还含方解石、铁白云石、菱铁矿和磷锶铝石。勃姆石、磷锶铝石和部分高岭石的来源为陆源区风化壳铝土矿；铁白云石、方解石和菱铁矿为自生成因；富锂绿泥石则具有锂绿泥石和鲕绿泥石之间的化学成分，该矿物以充填胞腔的形式存在，可能来源于热液流体。煤中还发现了一种主要化学成分为 Ti、Cl 和 Fe 的矿物，很可能是 Ti 的氯氧化物或羟基氯化物矿物。

---

① 本节主要引自 Dai S F, Jiang Y F, Ward C R, et al. 2012. Mineralogical and geochemical compositions of the coal in the Guanbanwusu Mine, Inner Mongolia, China: further evidence for the existence of an Al（Ga and REE）ore deposit in the Jungar Coalfield. International Journal of Coal Geology, 98: 10-40. 该文已获得 Elsevier 授权使用。

与中国煤及世界硬煤相比，官板乌素矿 6 号煤富集 Al_2O_3（9.34%）、P_2O_5（0.126%）、Li（175μg/g）、F（434μg/g）、Cl（1542μg/g）、Ga（12.9μg/g）、Sr（703μg/g）、Th（12.9μg/g），但是 SiO_2/Al_2O_3 值（0.75）低，归因于煤中较高含量的勃姆石和磷锶铝石。P_2O_5 和 Sr 的主要载体是磷锶铝石。Li 主要赋存于绿泥石和高岭石中，还可能赋存于伊利石中。F 主要与勃姆石相关，同时部分 F 还可能赋存于有机质与绿泥石中。Ga 主要赋存于磷锶铝石中。Cl 与其他元素不同，与水分和有机质都不相关，可能以分子形式（Cl_2）存在，以及赋存于 Ti 的氯氧化物或羟基氯化物矿物中。Th 赋存于黏土矿物及副矿物中，主要来自陆源碎屑物质。稀土元素（包括 Y）具有有机和无机双重亲和性，主要赋存于磷锶铝石类矿物中，少量赋存于勃姆石和有机质中。大部分煤分层和夹矸为轻稀土型或者重稀土富集型，归因于铝土矿风化壳物质的输入及地下水的影响。与准格尔煤田和大青山煤田其他煤类似，官板乌素矿 6 号煤中的 Al_2O_3、Ga、REY 及 Li 具有潜在工业开发价值。作者提出当煤层厚度超过 5m、煤灰中 Ga＞50μg/g、REY＞1000μg/g，SiO_2/Al_2O_3＜1（或者煤灰中 Al_2O_3＞40%）时，燃煤产物具有这些元素的工业开发潜力。

一、概况与样品采集

官板乌素矿地层柱状图如图 3.43 所示。依据国家标准《煤层煤样采取方法》（GB/T 482—2008）在官板乌素矿 6 号煤工作面共采集分层样品 50 个，其中煤样分层样品 38 个，夹矸分层样品 12 个（图 3.44）。由于现场条件有限，靠近煤层顶底板的煤层未能采集到样品。所采 6 号煤的厚度为 13.11m，含矸量为 11.5%。如图 3.44 所示，官板乌素矿 6 号煤的垂向剖面上以暗淡煤（56.35%）和半暗煤（25.48%）为主，其次为半亮煤（13.57%）和光亮煤（4.6%）。

二、煤质特征与镜质组反射率

官板乌素矿 6 号煤的工业分析、全硫、形态硫、发热量、元素分析和镜质组反射率见表 3.21。镜质组随机反射率和挥发分权衡均值分别为 0.56% 和 40.26%，依据 ASTM 的分类标准（ASTM，2012），官板乌素矿 6 号煤属于高挥发性烟煤。

官板乌素矿 6 号煤镜质组随机反射率和全硫含量与黑岱沟矿和哈尔乌素矿 6 号煤相当，灰分产率略高（表 3.21）。大青山煤田阿刀亥矿煤因受岩浆岩侵入的影响，比准格尔煤田 6 号煤镜质组随机反射率高、挥发分则低于准格尔煤田 6 号煤（Dai et al.，2012d）。

显微组分分类方案依据 Taylor 等（1998）和国际煤岩学委员会 1994 标准（ICCP，1998，2001）。与准格尔煤田哈尔乌素矿和黑岱沟矿 6 号煤类似，官板乌素矿 6 号煤也富集惰质组（表 3.22）。惰质组总量为 16.6%～81.8%，权衡均值为 56.7%。除 G2、G4、G8、G16、G18、G23、G31、G32 和 G36 这 9 个分层外，其他分层中惰质组总量均超过镜质组总量。类脂组总量较低，权衡均值为 12.3%。

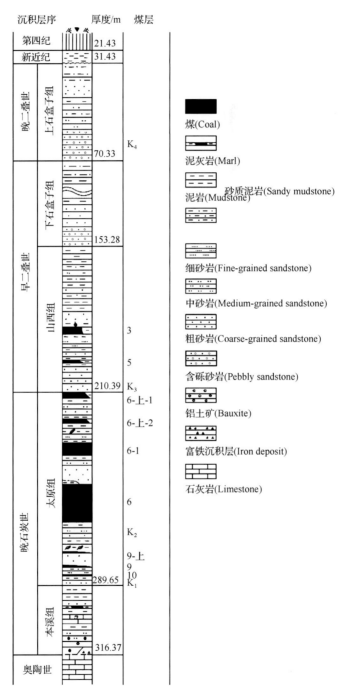

图 3.43　官板乌素矿地层柱状图

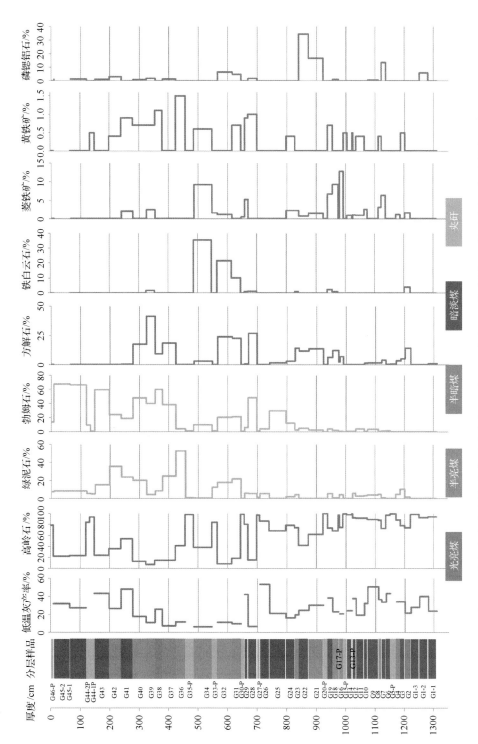

图3.44　官板乌素矿6号煤的宏观煤岩类型、低温灰产率及矿物在剖面上的分布（见文后彩图）

表 3.21　官板乌素矿 6 号煤的工业分析、全硫、形态硫、发热量、元素分析和镜质组反射率

分层样品	厚度/cm	M_{ad}/%	A_d/%	V_{daf}/%	$S_{t,d}$/%	$S_{p,d}$/%	$S_{s,d}$/%	$S_{o,d}$/%	$Q_{gr,ad}$(MJ/kg)	N_{daf}/%	C_{daf}/%	H_{daf}/%	$R_{o,ran}$/%
G45-2	110*	4.24	21.21	38.92	0.29	nd	nd	nd	18.15	1.32	76.32	4.61	0.61
G45-1		5.88	35.49	34.24	0.39	nd	nd	nd	22.63	1.45	79.37	4.13	0.70
G43	50	4.88	27.12	36.19	0.42	nd	nd	nd	20.58	1.39	79.08	4.49	0.56
G42	41	5.48	16.29	42.85	1.23	0.70	0.08	0.39	24.45	1.49	78.18	4.98	0.47
G41	39	4.26	38.14	45.76	0.75	nd	nd	nd	17.40	1.35	74.01	5.57	0.53
G40	46	4.71	14.30	39.03	0.75	nd	nd	nd	25.37	1.43	78.75	4.52	0.48
G39	30	4.86	8.87	43.32	0.62	nd	nd	nd	28.03	1.50	80.22	5.11	0.44
G38	25	6.38	19.73	37.78	0.66	nd	nd	nd	23.32	1.46	81.11	4.58	0.55
G37	45	6.00	6.48	41.38	0.57	nd	nd	nd	28.61	1.46	77.91	4.69	0.48
G36	33	7.95	5.06	36.51	0.80	nd	nd	nd	29.17	1.70	80.13	4.63	0.54
G34	62	6.54	5.81	41.10	0.63	nd	nd	nd	28.60	1.35	80.91	3.39	0.57
G32	50	6.73	7.62	36.85	0.54	nd	nd	nd	27.84	1.33	83.56	4.95	0.48
G31	30	8.76	7.10	41.03	0.66	nd	nd	nd	27.87	1.31	82.85	3.90	0.48
G29	12	5.43	25.98	42.94	0.47	nd	nd	nd	21.46	1.51	77.32	4.24	0.53
G28	30	6.45	24.32	43.21	0.46	nd	nd	nd	28.34	1.90	79.76	4.85	0.54
G26	32	4.04	40.02	44.15	0.53	nd	nd	nd	16.38	1.48	72.70	4.49	0.51
G25	56	5.41	14.21	36.13	0.49	nd	nd	nd	25.02	1.28	83.48	4.47	0.65
G24	30	5.69	13.75	36.70	0.36	nd	nd	nd	25.30	1.32	80.95	3.72	0.54
G23	13	6.56	11.65	41.48	0.59	nd	nd	nd	25.69	1.29	77.39	3.67	0.58
G22	33	5.31	13.29	37.33	0.98	nd	nd	nd	25.53	1.36	80.45	3.90	0.55
G21	50	4.48	19.67	44.22	0.70	nd	nd	nd	23.58	1.35	78.85	4.37	0.56
G19	17	4.08	22.81	41.68	0.53	nd	nd	nd	22.83	1.25	83.24	4.53	0.57
G18	20	8.92	16.45	44.84	0.48	nd	nd	nd	24.91	1.65	82.52	4.16	0.56
G16	12	5.03	12.08	39.11	0.46	nd	nd	nd	26.41	1.48	79.57	4.92	0.53
G14	16	3.20	41.36	44.89	0.27	nd	nd	nd	16.40	1.25	73.15	5.09	0.60
G12	11	4.51	32.72	42.23	0.29	nd	nd	nd	18.96	1.22	76.41	5.09	0.54
G11	28	5.58	14.51	38.99	0.43	nd	nd	nd	25.67	1.36	80.36	4.81	0.56
G10	11	4.50	24.99	39.83	0.43	nd	nd	nd	21.42	1.28	78.55	4.82	0.53
G9	38	4.46	41.73	42.82	0.25	nd	nd	nd	16.06	1.03	73.90	5.12	0.56
G8	10	5.64	27.81	43.92	0.90	nd	nd	nd	20.56	1.16	77.20	5.41	0.59
G7	15	4.71	27.91	43.75	0.56	nd	nd	nd	20.18	1.19	76.88	4.99	nd
G6	15	4.24	30.08	36.35	0.23	nd	nd	nd	19.78	1.17	77.64	4.60	0.69
G4	15	7.90	16.80	45.47	0.79	nd	nd	nd	24.51	1.21	78.99	5.33	0.55
G3	15	4.87	28.66	36.19	0.50	nd	nd	nd	20.48	1.12	78.24	4.52	0.57
G2	20	6.28	18.40	47.75	0.43	nd	nd	nd	24.08	1.19	78.06	5.21	0.51
G1-3	30	4.52	23.43	39.43	0.76	nd	nd	nd	22.65	1.16	79.09	4.83	0.66
G1-2	30	4.07	35.41	41.01	0.65	nd	nd	nd	18.35	1.13	75.80	4.97	0.68
G1-1	30	4.54	20.48	40.42	0.89	nd	nd	nd	23.55	1.35	78.34	4.84	0.50
WA	1311**	4.95	20.25	40.26	0.58	nd	nd	nd	23.55	1.36	78.96	4.58	0.56
哈尔乌素矿	3637**	3.92	18.34	33.29	0.46	nd	nd	nd	nd	nd	nd	nd	0.57
黑岱沟矿	2994**	5.19	17.72	33.5	0.73	nd	nd	nd	nd	nd	nd	nd	0.58
阿刀亥矿	3637**	0.38	25.10	21.65	0.78	nd	nd	nd	nd	1.48	86.79	4.46	1.58

注：M 表示水分；A 表示灰分；V 表示挥发分；S_t 表示全硫；S_s 表示硫酸盐硫；S_p 表示黄铁矿硫；S_o 表示有机硫；N 表示氮元素；C 表示碳元素；H 表示氢元素；ad 表示空气干燥基；d 表示干燥基；daf 表示干燥无灰基；$R_{o,ran}$ 表示镜质组随机反射率；$Q_{gr,ad}$ 表示总热值，空气干燥基；WA 表示权衡均值；nd 表示无数据。

* 表示 G45-1 和 G45-2 分层总厚；** 表示含夹矸的煤厚。

资料来源：哈尔乌素矿数据引自 Dai 等（2008b）；黑岱沟矿数据引自 Dai 等（2006）；阿刀亥矿数据引自 Dai 等（2012d）。

表 3.22　官板乌素矿 6 号煤中显微组分组成　　　　　　　　（单位：%）

分层样品	CD	CT	T	CG	VD	TV	SF	F	Mac	Mic	Scl	ID	Fg	TI	Sp	Cut	Res	Sub	TL
G45-2	6.1	0.3	bdl	0.6	4.1	11.1	15.6	1.9	25.8	0.3	bdl	38.2	0	81.8	4.1	2.9	bdl	0	7.0
G45-1	4.3	bdl	bdl	0.3	3.7	8.3	10.3	2.3	39.7	1.3	bdl	20.9	0	74.5	14.9	2.3	bdl	0	17.2
G43	6.4	3.0	0.7	0.3	4.0	14.4	45.5	3.0	15.7	0.3	0.3	10.0	0	74.8	10.0	0.7	bdl	0	10.7
G42	15.6	10.8	3.3	0.3	5.4	35.4	15.9	3.3	9.6	1.8	0.3	18.3	0	49.2	12.0	3.3	bdl	0.3	15.6
G41	18.5	5.4	1.9	0.5	9.1	35.4	6.8	8.0	5.6	0.5	bdl	35.8	0	56.7	6.3	0.9	0.2	0.5	7.9
G40	21.5	2.4	2.1	0.5	2.9	29.4	21.3	2.9	12.1	bdl	0.5	19.4	0	56.2	11.0	2.9	0.5	0	14.4
G39	29.4	8.0	1.2	0.3	0.9	39.8	21.3	2.8	8.0	0.9	0.3	10.8	0	44.1	13.9	1.5	0.3	0	15.7
G38	23.2	6.3	1.2	0.3	2.3	33.3	14.9	1.2	16.1	0.9	0.6	18.6	0	52.3	12.6	1.7	0.3	0	14.6
G37	29.5	6.4	1.6	0.3	1.6	39.4	17.8	2.7	9.3	1.1	0.5	14.9	0	46.3	11.7	2.7	bdl	0	14.4
G36	45.1	24	3.5	bdl	2.3	74.9	5.2	1.2	1.5	0.9	bdl	7.8	0	16.6	8.4	0.3	bdl	0	8.7
G34	25.8	9.0	2.2	0.4	0.8	38.2	18.7	2.6	11.2	6.0	0.4	9.7	0	48.6	10.8	2.6	bdl	0	13.4
G32	29.7	18.5	5.3	bdl	2.8	56.3	12.4	2.5	5.3	1.5	bdl	12.9	0	34.6	7.1	1.3	0.3	0.3	9.0
G31	34.8	10.4	4.0	0.3	1.5	51.0	8.2	3.4	8.8	0.6	bdl	12.5	0	33.5	12.5	2.1	0.6	0.3	15.5
G29	16.5	3.6	0.3	1.1	5.6	27.1	19.9	1.4	8.1	2.0	0.3	31.4	0	63.1	8.1	1.4	0.3	0	9.8
G28	21.5	8.8	5.6	0.3	4.2	40.4	18.6	0.5	14.3	0.8	0.5	18.3	0	53.0	6.1	0.5	bdl	0	6.6
G26	17.5	2.7	1.3	0.7	5.4	27.6	6.7	3.4	12.4	2.7	bdl	31.2	0	56.4	12.1	4.0	bdl	0	16.1
G25	9.0	3.3	1.5	bdl	3.6	17.4	20.7	0.8	24.3	2.3	0.3	17.9	0	66.3	11.3	4.4	bdl	0.8	16.5
G24	14.7	0.5	0.3	bdl	2.6	23.5	16.5	0.8	15.4	2.1	0.5	29.1	0	64.4	11.1	1.0	bdl	0	12.4
G23	35.0	6.8	7.3	0.2	1.5	50.8	10.9	3.9	9.5	1.0	0.5	14.6	0	40.1	8.3	0.7	0.2	0	9.2
G22	4.1	bdl	0.2	bdl	9.1	13.4	15.8	2.1	16.0	0.5	0.5	38.5	0	73.4	6.7	6.5	bdl	0	13.2
G21	19.8	1.0	2.9	0.2	1.5	25.4	24.4	2.9	6.8	1.5	0.5	24.1	0	59.7	10.7	4.1	bdl	0	14.8
G19	7.6	1.7	0.2	bdl	3.0	12.5	12.8	4.9	19.3	0.7	0.5	30.9	0	68.6	13.3	5.4	bdl	0	18.7
G18	42.3	3.6	0.8	0.5	1.1	48.3	6.1	0.8	6.1	0.8	0.8	16.0	0	30.1	13.0	7.7	0.8	0	21.5
G16	15.4	10.4	6.1	0.9	4.9	37.7	17.4	2.3	5.5	1.5	0.9	9.9	0	37.5	19.4	4.6	bdl	0.9	24.9
G14	6.3	1.5	0.2	bdl	2.9	10.9	11.3	2.1	10.3	bdl	1.0	49.7	0	74.4	8.0	5.9	0.6	0.2	14.7
G12	25.5	0.3	1.0	bdl	1.4	28.2	15.9	1.4	16.9	1.7	0.3	28.6	0	64.8	6.2	0.7	bdl	0	6.9
G11	22.3	2.7	1.8	bdl	1.4	28.2	24.7	1.8	13.6	0.2	1.1	23.6	0	65.0	6.4	0.2	bdl	0	6.6
G10	23.5	2.4	bdl	0.3	3.2	29.4	12.2	bdl	12.2	1.3	0.3	39.7	0	65.7	4.2	0.8	bdl	0	5.0
G9	18.0	2.3	1.0	bdl	8.5	29.8	5.2	0.7	5.6	2.0	bdl	49	0	62.5	4.3	2.9	0.3	0.3	7.8
G8	35.2	10.9	3.7	bdl	4.0	53.8	6.9	1.3	4.8	1.3	0.3	18.9	0	33.5	8.0	4.5	bdl	0	12.5
G7	23.1	5.8	5.8	1.2	3.9	39.8	16.8	1.5	8.5	0.2	0.5	24.3	0	51.5	6.3	2.2	bdl	0	8.5
G6	10.2	Bdl	2.0	bdl	2.7	15.4	4.6	1.0	21.2	bdl	bdl	50.4	0	77.2	2.2	5.4	bdl	0	7.6
G4	40.9	24.0	8.3	bdl	1.5	74.7	5.9	0	0.6	2.1	bdl	9.8	0	18.7	3.9	2.4	bdl	0	6.6
G3	11.5	0.3	0.5	bdl	1.4	13.7	9.8	3.0	23.8	0.8	0.5	39.1	0	77.0	4.9	4.1	0.3	0	9.3
G2	47.7	9.0	13.4	2.1	2.1	74.3	6.0	3.7	3.7	0.5	bdl	4.4	0	18.3	5.6	1.9	bdl	0	7.5
G1-3	11.1	0.8	1.5	bdl	3.3	16.7	7.8	0.9	27.7	0.5	bdl	26.2	0	65.2	14.1	4.0	bdl	0	18.1
G1-2	13.3	0.9	0.6	0	2.9	18.0	8.7	0.9	16.7	0.9	bdl	44.7	0	71.9	6.1	4.3	bdl	0	10.4
G1-1	13.8	0.2	1.5	0.2	4.6	20.3	24.5	0.4	16.2	0.7	bdl	28.7	0	70.5	7.9	1.3	bdl	0.0	9.2
WA	19.5	5.4	2.3	0.3	3.5	31.0	15.7	2.3	13.9	1.3	0.2	23.3	0	56.7	9.4	2.7	0.1	0.1	12.3
哈尔乌素矿	18.6	7.7	7.4	3.5	0.6	37.8	19.6	6.6	8.9	3.0	0	14.1	1.4	53.6	5.4	2.6	0.6	0	8.5
黑岱沟矿	19.1	10.9	0.7	4.5	1.3	36.5	18.6	5.2	1.9	3.5	0	8.2	0	37.5	5.6	1.0	0.4	0	7.0
阿刀亥矿	28.9	6.9	27.5	Trace	1.3	64.6	12.5	6.3	8.7	Trace	0	7.6	Trace	35.1	0	0	0	0	0

注：CD 表示基质镜质体；CT 表示均质镜质体；T 表示结构镜质体；CG 表示团块镜质体；VD 表示碎屑镜质体；TV 表示镜质组总量；SF 表示半丝质体；F 表示丝质体；Mac 表示粗粒体；Mic 表示微粒体；Scl 表示分泌体；ID 表示碎屑惰质体；Fg 表示菌类体；TI 表示惰质组总量；Sp 表示孢子体；Cut 表示角质体；Res 表示树脂体；Sub 表示木栓质体；TL 表示类脂组总量；bdl 表示低于检测限；WA 表示权衡均值；Trace 表示痕量。

资料来源：哈尔乌素矿数据引自 Dai 等（2008b）；黑岱沟矿数据引自 Dai 等（2006）；阿刀亥矿数据引自 Dai 等（2012d）。

华北地区晚古生代煤中惰质组含量均值一般低于 25%(韩德馨，1996)，而准格尔煤田官板乌素矿、黑岱沟矿、哈尔乌素矿 6 号煤及大青山煤田阿刀亥矿 CP2 煤的惰质组含量均高于此值。官板乌素矿煤中惰质组以碎屑惰质体(23.3%)、半丝质体(15.7%)和粗粒体(13.9%)为主，还有少量的丝质体、微粒体和分泌体(表 3.22)。

半丝质体多具保存良好的植物胞腔结构[图 3.45(a)]，向粗粒体转化的半丝质体则表

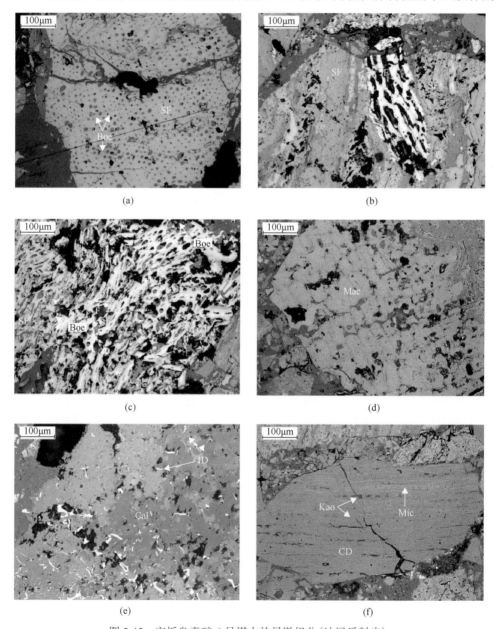

图 3.45　官板乌素矿 6 号煤中的显微组分(油浸反射光)

(a)半丝质体和勃姆石；(b)半丝质体和丝质体；(c)丝质体、半丝质体和充填的勃姆石；(d)粗粒体；
(e)碎屑惰质体；(f)微粒体、基质镜质体、高岭石；Boe-勃姆石；SF-半丝质体；F-丝质体；Mac-粗粒体；
Cal-方解石；Kao-高岭石；Mic-微粒体；CD-基质镜质体；ID-碎屑惰质体

现出膨胀降解的特征[图 3.45(b)]。半丝质体胞腔中常充填勃姆石[图 3.45(a)～(c)]。丝质体具有成煤植物遭受氧化的形态特征[图 3.45(b)、(c)]。粗粒体形态多样，圆形的粗粒体可能是由粪转化而来[图 3.45(d)](Hower et al.，2011)。碎屑惰质体常与基质镜质体和粗粒体共生，偶尔被包裹在方解石脉中[图 3.45(e)]。基质镜质体的微层有微粒体散布[图 3.45(f)]。

镜质组由基质镜质体(19.5%)、均质镜质体(5.4%)、碎屑镜质体(3.5%)、结构镜质体(2.3%)和少量团块镜质体组成(表 3.22)。结构镜质体胞腔常充填勃姆石和高岭石。基质镜质体则与孢子体、微粒体、勃姆石和黏土矿物关系密切[图 3.45(f)]。

类脂组中孢子体占主体(平均 9.4%)，其次为角质体[图 3.46(a)]、树脂体和木栓质体[图 3.46(c)]。孢子体则以散布在基质镜质体中的小孢子体最为常见[图 3.46(b)]。角质体常出现在均质镜质体的边缘[图 3.46(a)]。

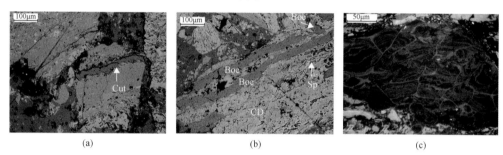

图 3.46　官板乌素矿 6 号煤中镜质组、类脂组和勃姆石(油浸反射光)
(a)均质镜质体和角质体；(b)基质镜质体中的孢子体和勃姆石；(c)木栓质体；
Boe-勃姆石；Cut-角质体；Sp-孢子体；CD-基质镜质体

三、煤中的矿物

X 射线衍射分析结果表明官板乌素矿 6 号煤中的矿物以高岭石、勃姆石和绿泥石为主，方解石、白云石、菱铁矿和磷锶铝石次之，黄铁矿或黄钾铁矾和烧石膏较少(表 3.23)。某些分层的 X 射线衍射谱图有伊利石或伊蒙混层矿物的峰显示，但其含量低于 X 射线衍射的检测限。6 号煤中石英含量很低，在有些分层中低于检测限。

表 3.23　官板乌素矿 6 号煤低温灰和夹矸中的矿物含量　　(单位：%)

分层样品	LTA	石英	高岭石	绿泥石	勃姆石	伊利石和伊蒙混层	方解石	铁白云石	菱铁矿	黄铁矿	磷锶铝石	烧石膏	黄钾铁矾
G46-P	nd	0.2	78.5	7.9	13.4								
G45-2	31.77	0.8	22.5	8.7	67.1						1.0		
G45-1	27.19	0.4	23.7	8.5	66.3						1.1		
G44-2P	nd	0.5	84.1	5.6	9.4					0.3			
G44-1P	nd	0.2	93.8	5.1	0.4					0.5			
G43	43.35		24.3	15.4	59.3						1.0		
G42	26.61		36.3	35.7	24.6					0.4	3.1		
G41	47.91	0.2	53.9	23.7	19.1		0.2		2.0	0.9			
G40	17.86	0.2	12.8	20.3	47.7		17.4			0.7	0.8		

续表

分层样品	LTA	石英	高岭石	绿泥石	勃姆石	伊利石和伊蒙混层	方解石	铁白云石	菱铁矿	黄铁矿	磷锶铝石	烧石膏	黄钾铁矾
G39	10.82		7.5	4.3	39.9		41.3	1.4	2.4	0.7	1.6	0.8	
G38	25.76	0.4	14.6	8.4	60.0	6.5	9.0		1.1				
G37	7.41	0.1	14.9	25.1	38.4		18.5				1.1	2.0	
G36	11.52		41.8	52.9	3.8				1.5				
G35-P	nd	0.2	98.0	0.8	1.0								
G34	6.43		38.4	0.6	9.8		3.0	35.3	9.2	0.6		3.0	
G33-P	nd	0.4	84.1	12.8	1.0				1.6				
G32	11.50		8.6	18.2	20.3		23.8	21.5	1.1		6.5		
G31	9.89	0.2	18.6	21.8	21.4		22.7	10.0		0.7	4.7		
G30-P	nd	0.5	98.5		0.5				0.5				
G29	42.17		80.5	6.0	6.0		0.6	0.9	5.2	0.9			
G28	6.87	0.3	15.4	5.5	48.5		26.8	1.1		1.0	1.6		
G27-P	nd	0.7	97.2	1.2	1.0								
G26	53.24	0.4	85.9	5.5	4.0	4.2							
G25	21.35	0.3	68.6		29.7		1.4						
G24	16.27	0.3	78.5	2.0	12.0		3.0		2.2	0.4		1.7	
G23	19.82		74.1	4.4	2.6		14.0	0.9	2.2			1.7	
G22	24.74	0.1	42.2		5.0		11.5		0.7		34.7	5.7	
G21	30.33	0.5	62.4		2.2		13.6		1.5		16.8	2.9	
G20-P	nd	0.4	99.6										
G19	38.38	0.5	73.7	5.5	3.9		6.3	2.3	6.7	0.7		0.3	
G18	23.27	0.2	68.5	1.0	1.7		12.1	0.8	9.3		0.9	5.6	
G17-P	nd	0.5	97.3				2.2						
G16	20.89	0.5	74.7	4.2	0.6		6.8		12.8			0.3	
G15-P	nd	0.3	99.2						0.5				
G14	24.39	0.3	97.9	0.3	0.3				0.9			0.3	
G13-P	nd	0.4	99.1						0.5				
G12	37.51	0.4	92.1	5.7	0.3				1.0			0.6	
G11	19.50	0.5	91.7	2.6	4.0				0.9	0.4			
G10	32.37	0.5	92.0	3.1	0.7		1.1		2.5				
G9	50.81	0.4	89.5	4.0	3.6		1.5				0.5	0.6	
G8	36.61	0.3	88.1	4.8	0.7		1.6		3.1	0.4		1.0	
G7	33.99	0.2	72.9	1.0	1.0		3.8		6.3		13.8	0.9	
G6	43.45	0.5	97.3		1.3		0.2					0.6	
G5-P	nd	0.3	99.0				0.7						
G4	34.05		88.7	4.7			3.1		1.1			0.9	0.7
G3	34.17	0.3	78.0	10.3			5.0		0.5			5.9	
G2	21.77	0.1	74.2	1.7			14.2	3.9	1.6			4.4	
G1-3	28.23	0.3	98.5									1.3	
G1-2	39.83	0.4	92.8								5.9	1.0	
G1-1	23.82	0.2	94.2			1.2	0.8					3.5	

注：灰色背景为夹矸；LTA 表示煤的低温灰产率；空白表示该矿物未检测；nd 表示无数据。

依据矿物组成和元素的组合规律,在垂向剖面上可将 6 号煤从下到上分为两段:第一段(G1-1~G30-P)和第二段(G31~G46-P)。

(一)高岭石

高岭石为下部第一段煤中最主要的矿物,在低温灰中平均含量为 78.9%。高岭石也是 6 号煤夹矸的主要组成矿物(图 3.44)。第二段煤中高岭石比例显著降低,低温灰中平均含量为 24.5%,该段中勃姆石含量有所增加。高岭石在整个 6 号煤的低温灰中含量变化在 7.5%~98.5%,平均值为 60.27%。

6 号煤的高岭石具有较高的有序度,主要以薄层产出于基质镜质体中[图 3.45(f)],或与磷锶铝石和勃姆石充填在结构镜质体和丝质体胞腔中[图 3.47(a)~(e)]。煤中充填胞腔的高岭石属于自生成因(Ward,1989)。

准格尔煤田 6 号煤的物源来自鄂尔多斯盆地北东向隆起的本溪组顶部风化壳铝土矿(Dai et al.,2006,2008b)和北西向阴山古陆的中元古代钾长花岗岩(王双明,1996)。华

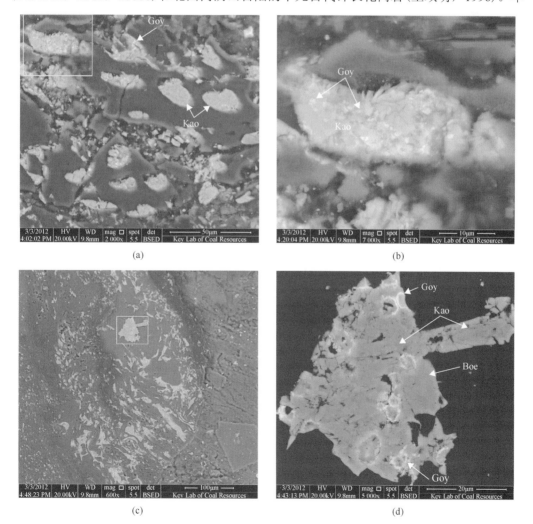

(a)   (b)

(c)   (d)

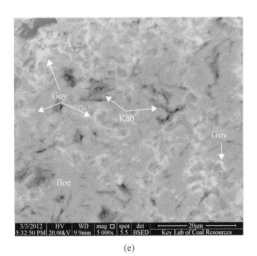

(e)　　　　　　　　　　　　　　　　　　(f)

图 3.47　官板乌素矿 6 号煤中高岭石、勃姆石和磷锶铝石的赋存状态(扫描电镜背散射电子图像)

(a)～(e)充填胞腔的高岭石、勃姆石和磷锶铝石; (b)是(a)图中方框内的放大图; (d)是(c)图中方框内的放大图;
(d)图中丝质体变形严重; (f)勃姆石的颗粒; Boe-勃姆石; Kao-高岭石; Goy-磷锶铝石

北石炭-二叠系煤层主要物源区也来自阴山古陆。因此陆源碎屑成因的黏土矿物是 6 号煤重要的矿物组成(Dai et al., 2006)。

(二)勃姆石

通过对准格尔煤田 6 号煤中勃姆石含量、分布特征和赋存状态的深入研究, Dai 等 (2006, 2008b)认为该煤中异常富集的勃姆石来源于鄂尔多斯盆地北部本溪组顶部风化壳的铝土矿。准格尔煤田北部大青山煤田阿刀亥矿煤中硬水铝石含量较高。阿刀亥矿煤中硬水铝石也是来源于本溪组风化壳的铝土矿, 经三水铝石、勃姆石在岩浆岩侵入的影响下脱水转变而来(Dai et al., 2012d)。勃姆石和硬水铝石在世界上其他煤中仅有少量报道(Ward, 2002; Kalaitzidis et al., 2010; Wang et al., 2011a)。

勃姆石在 6 号煤下部含量明显低于上部,在低温灰的平均含量分别为 6.74%和 36.75% (表 3.23、图 3.44)。官板乌素矿煤中勃姆石主要呈 3 种赋存状态产出:①充填丝质体胞腔状[图 3.45(a)、(c), 图 3.48(d)];②呈颗粒[图 3.47(f)]或团块状出现在基质镜质体中[图 3.48(a)～(c)];③呈薄层状赋存在基质镜质体中[图 3.46(b)]。团块状勃姆石形态各异, 大小不等, 粒径可从几微米到几百微米。与准格尔煤田黑岱沟矿和哈尔乌素矿的煤类似, 官板乌素矿煤中勃姆石也来自本溪组风化壳铝土矿, 由富 Al 胶体溶液经流水搬运至泥炭沼泽后沉淀形成, 而非陆源碎屑成因。在贫 Si 的泥炭沼泽中, 富 Al 的胶体溶液才能沉淀形成 Al 的氢氧化物矿物, Si 易与 Al 的氢氧化物矿物结合形成高岭石。因此, 官板乌素矿煤中低含量的石英也是勃姆石形成的必要条件(表 3.23)。

准格尔煤田富勃姆石煤层形成时, 聚煤盆地北东部开始隆起, 并有本溪组风化壳铝土矿出露, 煤田处于北偏西阴山古陆和北偏东本溪组隆起的低洼地区(Dai et al., 2006)。煤中高含量 Al 的氢氧化物矿物表明此时本溪组风化壳对泥炭沼泽的贡献占主导地位, 而低含量的黏土矿物表明阴山古陆对泥炭沼泽贡献较小。三水铝石胶体溶液在上覆沉积物的压实作用下，发生脱水作用形成勃姆石（Dai et al.，2006，2008b）。

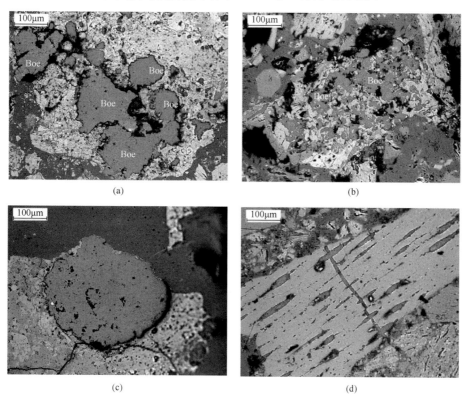

图 3.48　显微镜反射光下的块状勃姆石

(a)～(c)基质镜质体中的团块状勃姆石；(d)充填在丝质体胞腔中的勃姆石；CD-基质镜质体；Boe-勃姆石

（三）绿泥石

绿泥石虽属煤中常见的黏土矿物，但其含量往往低于高岭石（Dai et al.，2008c）。Faraj 等（1996）曾报道澳大利亚 Bowen 盆地煤的裂隙中存在自生的伊利石、高岭石和绿泥石。黄维清等（2007）、张庆龙和金瞰昆（1999）在山东济宁煤田煤中发现了岩浆热液成因的绿泥石。广西煤中也有热液成因的绿泥石报道（农衡才，1999）。滇东昭通晚二叠世煤中富集 Fe-Mg 溶液交代高岭石形成了鲕绿泥石（Dai and Chou，2007），而宣威地区 C1 煤中富集硅质热液沉淀形成了鲕绿泥石（Tian，2005；Dai et al.，2008c）。

鲕绿泥石常出现在无烟煤等高阶煤或受后生热液影响的煤中（Faraj et al.，1996；农衡才，1999；黄维清等，2007）。煤中蒙脱石和混层黏土矿物在高温下也可转变为绿泥石（Vassilev et al.，1996；Susilawati and Ward，2006）。低阶煤中绿泥石常与低温热液活动有关。

煤中绿泥石以鲕绿泥石和斜绿泥石最为常见，锂绿泥石仅在山西晋城 15 号煤中有过报道（Zhao et al.，2018）。官板乌素矿 6 号煤中含富锂绿泥石，其化学元素组成介于锂绿泥石和鲕绿泥石之间，初步估计这两种端元组分含量各为 50%。带能谱仪的扫描电镜分析结果表明除主量的 Al 和 Si 外，富锂绿泥石中还包含 Mg（2.34%）和 Fe（2.90%）（表 3.24）。

表 3.24　带能谱仪的扫描电镜下官板乌素矿 6 号煤中矿物组成的半定量结果

(单位：%)

元素	铁白云石 (N=12)			勃姆石 (N=7)			方解石 (N=7)			绿泥石 (N=6)			磷锶铝石 (N=2)			高岭石 (N=6)			菱铁矿 (N=6)		
	MIN	MAX	AV	MIN	MAX	AV	MIN	MAX	AV	MIN	MAX	AV	MIN	MAX	AV	MIN	MAX	AV	MIN	MAX	AV
C	9.59	43.99	17.47	bdl	bdl	bdl	7.07	30.99	16.57	bdl	bdl	bdl	bdl	bdl	bdl	bdl	bdl	bdl	12.3	29.41	20.78
O	34.03	50.26	46.16	49.29	53.50	51.14	40.52	52.73	46.08	51.24	52.15	51.6	51.03	53.90	52.47	55.62	64.65	59.5	40.93	46.77	42.86
Na	bdl	0.43		bdl	0.09		bdl	0.09	0.09	bdl	0.34		bdl	bdl	bdl	bdl	0.28		0.06	0.35	0.20
Mg	2.06	7.55	5.48	bdl	0.35		0.09	1.04	0.51	2.26	2.46	2.34	bdl	bdl	bdl	bdl	0.53		0.94	3.24	2.24
Ca	11.76	29.66	21.84	bdl	0.89		25.95	40.14	33.88	1.03	1.64	1.38	0.91	1.31	1.11	bdl	0.14		0.27	1.12	0.69
Al	bdl	1.12		41.67	49.83	47.17	bdl	0.59		21.87	22.43	22.19	16.37	16.81	16.59	18.77	22.25	20.44	bdl	0.07	bdl
Si	bdl	2.06		bdl	2.90		0.24	0.90	0.44	17.67	18.82	18.10	1.93	3.62	2.78	13.5	22.45	17.95	0.02	0.26	0.17
Cl	bdl	0.16		bdl	0.32		0.01	0.16	0.07	0.34	0.57	0.46	bdl	bdl	bdl	bdl	0.27		0.01	0.22	0.09
K	bdl	0.17		bdl	0.04		bdl	0.22		0.11	0.18	0.15	bdl	bdl	bdl	0.04	0.59	0.34	0.01	0.10	0.06
Ti	bdl	0.05		bdl	0.01		bdl	0.14		bdl	0.20	0.16	bdl	bdl	bdl	bdl	bdl		bdl	0.02	bdl
Mn	bdl	0.85		bdl	0.13		0.01	0.20	0.10	bdl	0.32		bdl	bdl	bdl	bdl	bdl		0.01	0.92	0.42
Fe	3.33	11.83	7.79	bdl	0.95		0.71	2.48	1.60	2.62	3.21	2.90	bdl	bdl	bdl	0.36	0.71	0.49	21.43	43.71	32.26
La	bdl	0.72		bdl	0.77		bdl	0.52		bdl	0.53		bdl	bdl	bdl	bdl	0.68		bdl	0.19	bdl
Ce	bdl	0.54		bdl	0.08		bdl	0.25		bdl	0.40		bdl	bdl	bdl	bdl	0.25		bdl	0.52	bdl
Ga	bdl	0.42		bdl	0.47		bdl	0.04		0.01	0.56	0.20	0.04	0.28	0.16	bdl	0.38		bdl	0.18	bdl
F	bdl	bdl	Bdl	bdl	1.96		bdl	0.59		bdl	bdl	bdl	bdl	bdl	bdl	bdl	bdl	bdl	bdl	bdl	bdl
Sr	bdl	0.25	Bdl	bdl	bdl		bdl	bdl		bdl	bdl	bdl	14.3	15.78	15.04	bdl	bdl	bdl	bdl	bdl	bdl
P	bdl	bdl	Bdl	bdl	bdl		bdl	bdl		bdl	bdl	bdl	6.79	7.05	6.92	bdl	bdl	bdl	bdl	bdl	bdl
S	bdl	bdl	Bdl	bdl	bdl		bdl	bdl		bdl	bdl	bdl	3.10	3.84	3.47	bdl	bdl	bdl	bdl	bdl	bdl
Zr	bdl	bdl	Bdl	bdl	bdl		bdl	bdl		bdl	bdl	bdl	0.47	1.97	1.22	bdl	bdl	bdl	bdl	bdl	bdl
Ba	bdl	bdl	Bdl	bdl	bdl		bdl	bdl		bdl	bdl	bdl	bdl	0.17	bdl	bdl	bdl	bdl	bdl	bdl	bdl

注：N 表示测点数；MIN 表示最小值；MAX 表示最大值；AV 表示均值；bdl 表示低于检测限。

官板乌素矿 6 号煤中绿泥石主要与方解石、黄铁矿和高岭石共同充填在丝质体胞腔中(图 3.49)。丝质体胞腔中的绿泥石常被方解石或黄铁矿包裹[图 3.49(b)],这表明绿泥石的形成早于方解石和黄铁矿。滇东昭通晚二叠世煤中鲕绿泥石与石英关系密切,这种鲕绿泥石是早期成岩作用阶段富 Fe-Mg 流体交代高岭石的产物(Dai and Chou,2007;Dai et al.,2008c)。官板乌素矿 6 号煤中绿泥石的赋存状态表明其成因与滇东晚二叠石煤中鲕绿泥石不同。官板乌素矿 6 号煤上部第二段富集绿泥石和勃姆石(图 3.44,图 3.50),因此推测形成绿泥石的后生热液的来源和期次不同于高岭石、勃姆石、黄铁矿和碳酸盐等自生矿物。

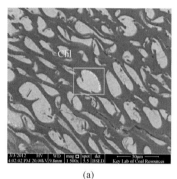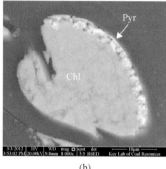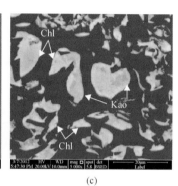

图 3.49　充填胞腔的绿泥石、黄铁矿和高岭石(扫描电镜背散射电子图像)

(b)图为(a)图中方框的放大;Kao-高岭石;Chl-绿泥石;Pyr-黄铁矿

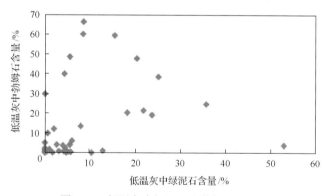

图 3.50　低温灰中绿泥石和勃姆石关系图

(四)磷锶铝石

磷锶铝石含量在 6 号煤剖面上变化较大,中部较为富集。其在夹矸和多数分层低于检测限,最大值出现在 G22 分层,在该样品低温灰中含量可达 34.7%(图 3.44,表 3.23)。磷锶铝石主要同高岭石和勃姆石充填在植物胞腔中[图 3.47(a)~(e)],属自生成因。黑岱沟矿和哈尔乌素矿 6 号煤富勃姆石层段也有磷锶铝石产出。阿刀亥矿煤中硬水铝石则与磷钡铝石共生(Dai et al.,2012d)。煤中铝硅酸盐矿物是富铝溶液与泥炭沼泽中有机质释放的 P 反应的产物(Ward et al.,1996)。因此,准格尔煤田和大青山煤田 Al 的硅酸盐矿物(磷锶铝石或磷钡铝石)和 Al 的氢氧化物矿物(勃姆石或硬水铝石)的共生组合关系表明它们的形成均与聚煤盆地北部本溪组风化壳的铝供给有关，而形成时间没有明显的期次。官板乌素矿煤中磷锶铝石族矿物不仅包含大量 Sr，而且含有少量 Ca(0.91%～1.31%，均值为 1.11%)和 Ba(bdl～0.17%)(表 3.24)。

(五)碳酸盐矿物

6 号煤低温灰中碳酸盐矿物主要为铁白云石、方解石和菱铁矿。带能谱仪的扫描电镜测试结果表明铁白云石的 Ca(21.84%)含量较高，而 Mg(5.48%)和 Fe(7.79%)含量较低(表 3.24)；菱铁矿含少量的 Mg(2.24%)和 Ca(0.69%)；方解石含少量的 Fe(1.60%)和 Mg(0.51%)。

碳酸盐矿物在 6 号煤垂向剖面分布不均，中部富集。低温灰中铁白云石、方解石和菱铁矿的最低值低于 XRD 或 Siroquant 检测限，最大值分别高达 35.3%、41.3%和 12.8%(表 3.23)。官板乌素矿煤中碳酸盐矿物主要充填在胞腔和裂隙中(图 3.51，图 3.52)，为自生成因。少量菱铁矿呈团块状出现在基质镜质体中。

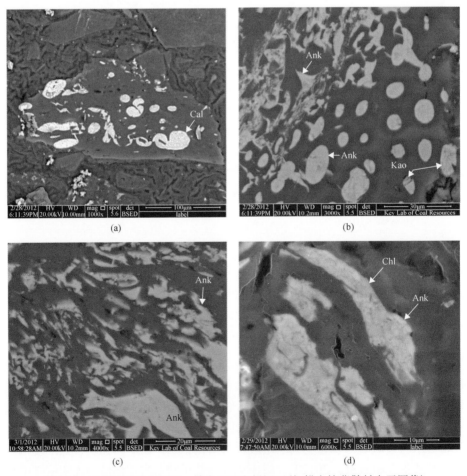

图 3.51　充填胞腔的方解石、铁白云石和绿泥石(扫描电镜背散射电子图像)

Cal-方解石；Ank-铁白云石；Kao-高岭石；Chl-绿泥石

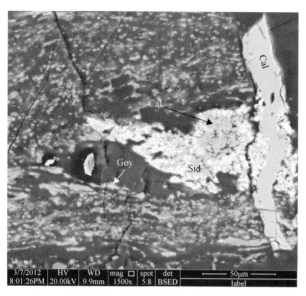

图 3.52　充填胞腔的菱铁矿和铁白云石(扫描电镜背散射电子图像)
Cal-方解石；Goy-磷锶铝石；Sid-菱铁矿

如图 3.44 所示，6 号煤的光亮煤和半暗煤中碳酸盐矿物含量最高，其次为暗淡煤和夹矸。光亮煤因富含脆性镜质组而易发育裂隙，这些裂隙为后生热液进入煤层形成碳酸盐矿物提供了通道。

煤中充填裂隙和胞腔的碳酸盐矿物多属后生成因，且多与岩浆岩热液侵入有关(Kisch and Taylor，1966；Ward et al.，1989；Querol et al.，1997；Finkelman et al.，1998)。大青山煤田阿刀亥矿煤的碳酸盐矿物与晚侏罗世到早白垩世燕山期的岩浆活动有关(Dai et al.，2012d)。准格尔煤田 6 号煤的煤阶明显低于大青山煤田阿刀亥矿煤，这表明准格尔煤田形成碳酸盐矿物的后生热液流体温度不够高，它们带来的热量未能显著促进镜质体反射率升高。官板乌素矿煤中碳酸盐矿物的形成温度较低，约为 80℃(Kolker and Chou，1994；Ward，2002)。

(六)黄铁矿

黄铁矿在 6 号煤中含量较低，低温灰中最高值仅为 1.5%。煤层上部第二段含量明显高于下部第一段(图 3.44)。黄铁矿主要以充填裂隙的脉状产出(图 3.53)，属后生成因。黄铁矿与碳酸盐矿物类似，也富集在裂隙发育的光亮煤和半暗煤中(图 3.44)。

准格尔煤田(官板乌素矿、黑岱沟矿、哈尔乌素矿)6 号煤和大青山煤田阿刀亥矿 6 号煤形成时受海水影响较小，导致其全硫含量较低，且未检测出同生黄铁矿(Dai et al.，2006，2008b，2012d)。而准格尔煤田 9[上]煤、9 煤和 10 煤受海水影响较大，它们的全硫含量大于 2%(刘焕杰等，1991)。

在扫描电镜下可以观察到充填裂隙的闪锌矿[图 3.53(b)]，其属后生热液成因。由于其含量较低，在显微镜和 X 射线衍射下并未检测到。

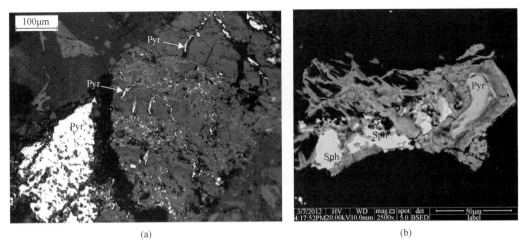

(a)　　　　　　　　　　　　　　(b)

图 3.53　充填裂隙的黄铁矿（油浸反射光）和闪锌矿（扫描电镜背散射电子图像）

Pyr-黄铁矿；Sph-闪锌矿

（七）含 Ti 矿物

6 号煤多数分层中含 Ti 矿物（如金红石和锐钛矿）含量低于 XRD 和 Siroquant 检测限。G36 样品在带能谱仪的扫描电镜下在发现了 Ti 的氧化物矿物（金红石或锐钛矿）（图 3.54），能谱显示这种矿物富 Fe 而且含有少量的 S 和 Cl（表 3.25）。黑岱沟矿煤中也检测到了少量金红石（Dai et al.，2006）。

除 Ti 的氧化物外，在带能谱仪的扫描电镜下发现 G36 分层中存在一种新矿物，其化学成分以 Ti、Cl 和 Fe 为主，含有少量 S（表 3.25，图 3.54）。能谱测试中 Al 和 Si 的值可能受周围高岭石的影响。这种组成的矿物很可能是 Ti 的氯氧化物或羟基氯化物矿物，该类矿物此前并未见报道。与 Ti 的氧化物矿物不同［图 3.54（c）］，该矿物呈胶状结构［图 3.54（b）、（d）］。其单颗粒的化学组成内外有别（图 3.55）。内部圈层较外部富 Cl 贫 Ti，因此在背散射电子像上颜色较深（图 3.54，表 3.25）。该矿物值得进一步研究。

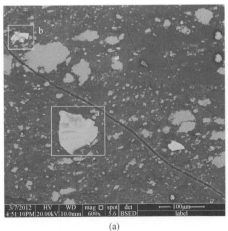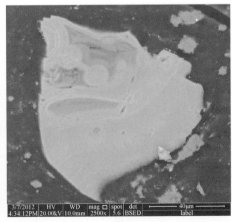

(a)　　　　　　　　　　　　　　(b)

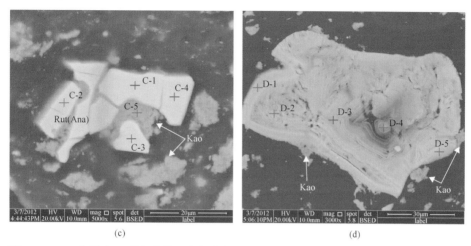

图 3.54　G36 分层中 Ti 的氧化物、氯氧化物、羟基氯化物矿物(扫描电镜背散射电子图像)
(b)和(c)图分别为(a)图中 a 和 b 方框的放大图；C-1、D-1 分别为测点；Kao-高岭石；Rut-金红石；Ana-锐钛矿

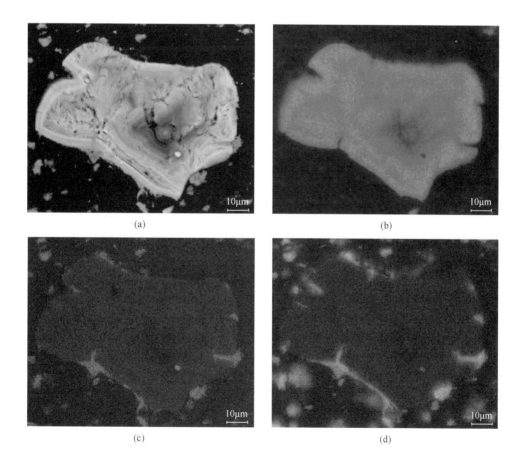

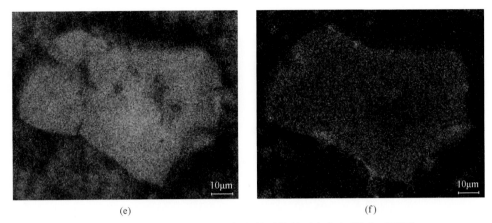

(e)　　　　　　　　　　　　　　　　　　　(f)

图 3.55　Ti 的氯氧化物或羟基氯化物矿物的元素分布（见文后彩图）

(a)扫描电镜背散射电子图像；(b)～(f)分别为元素 Ti、O、Al、Cl、Fe 的面扫描图

表 3.25　带能谱仪的扫描电镜下测得的含 Ti 氯氧化物、羟基氯化物、金红石或锐钛矿中元素含量

(单位：%)

测点	D-1	D-2	D-3	D-4	D-5	C-1	C-2	C-3	C-4	C-5
O	17.85	22.26	17.03	15.52	26.87	30.30	24.03	28.60	30.32	37.38
Al	2.34	2.90	2.66	2.45	2.88	4.04	4.16	4.85	4.30	28.81
Si	0.28	0.65	0.66	0.31	0.69		0.91	1.76	1.16	33.81
S	0.79	1.01	1.13	1.87	0.94	0.55	0.54	0.36	0.25	
Cl	4.22	4.59	6.54	13.28	3.73	0.30		0.22	0.29	
Ti	71.29	66.00	69.39	63.66	61.92	52.46	54.13	51.75	51.03	
Fe	3.22	2.58	2.58	2.90	2.97	12.35	16.23	12.47	11.47	
Pb									1.19	

（八）烧石膏

6 号煤低温灰中烧石膏含量从低于检测限到 5.9%（表 3.23）。下部分层烧石膏的出现频率和含量均比上部分层高，而夹矸样品中未检测到烧石膏（表 3.23）。

烧石膏是煤低温灰中常见的矿物。其在低温灰化过程的等离子氧环境中由显微组分释放的 S 与 Ca 反应生成（Frazer and Belcher，1973；Ward et al.，2001；Ward，2002；Dai et al.，2012c），或由石膏脱水形成（Dai et al.，2012c）。官板乌素矿 6 号煤中并未发现石膏。石膏常出现在一些低阶煤中（Koukouzas et al.，2010；Dai et al.，2012c），也可由煤样孔隙水中 Ca 和 SO$_4^{2-}$离子在空气中暴露或人工干燥过程中形成。

四、煤中的常量和微量元素

表 3.26 列出了官板乌素矿 6 号煤中常量元素氧化物和微量元素含量及世界硬煤、中国煤和阿刀亥矿煤的平均值比较。与中国煤和世界硬煤均值相比（表 3.26，图 3.56），官板乌素矿煤中显著富集 P$_2$O$_5$（0.126%）、Li（175μg/g）、F（434μg/g）、Cl（1542μg/g）、Ga（12.9μg/g）、Sr（703μg/g）、Th（12.9μg/g）、Zr（143μg/g）、Pb（26.5μg/g）和 Hf（3.96μg/g）；而 SiO$_2$/Al$_2$O$_3$ 值（0.75）、Ni、Co、Se、Rb 和 Cs 含量明显较低（图 3.56）。

表 3.26　官板乌素矿 6 号煤层和夹矸中常量元素氧化物及微量元素的含量

分层样品	SiO_2	TiO_2	Al_2O_3	Fe_2O_3	MnO	MgO	CaO	Na_2O	K_2O	P_2O_5	SiO_2/Al_2O_3	Li	Be	F	Cl	Sc	V	Cr	Co	Ni	Cu	Zn	Ga
G46-P	36.3	0.47	43.3	0.85	0.001	0.09	0.08	0.03	0.08	0.028	0.84	1576	0.26	757	1545	6.01	24.2	11.9	2.39	8.16	19.5	22.8	9.98
G45-2	7.17	0.49	22.7	0.14	0.001	0.08	0.15	0.01	0.25	0.037	0.32	371	1.91	1286	1818	11	58.6	24.4	0.83	4.88	17.4	40.7	21.2
G45-1	6.43	1.85	12.2	0.47	0.005	0.22	0.56	0.02	0.29	0.109	0.53	12.3	3.2	865	1977	17.5	64	32.4	2.16	6.34	52.6	29	25.8
G44-2-P	34.1	1.28	35.1	0.78	0.002	0.28	0.16	0.03	0.6	0.059	0.97	400	0.19	845	1917	6.22	4.9	6.29	0.34	2.24	6.16	15.9	11.9
G44-1-P	41.8	0.47	38.3	1.14	bdl	0.1	0.08	0.03	0.11	0.027	1.09	894	0.42	416	1590	5.87	10.9	7.86	0.75	8.27	13.8	15.4	11.3
G43	6.94	0.67	16.9	0.34	0.002	0.1	0.28	0.01	0.33	0.041	0.41	409	2.65	1126	1780	14.5	20.4	19.2	1.04	2.87	19.4	23.7	18.4
G42	5.09	0.49	7.96	0.81	0.002	0.18	0.24	0.02	0.09	0.208	0.64	329	1.26	448	1629	6.01	20.2	11.7	2.17	3.32	10.3	39.8	21.1
G41	14.7	0.47	18.5	1.95	0.026	0.41	0.17	0.02	0.13	0.023	0.79	505	0.87	794	1836	4.81	17.2	10.6	1.1	3.48	11.5	15.8	13.4
G40	3.04	0.31	7.67	0.41	0.01	0.1	1.17	0.02	0.1	0.014	0.40	231	1.21	597	2268	3.7	20.1	11.7	1.13	4.03	10.5	99.8	6.92
G39	1.04	0.1	3.73	0.27	0.016	0.08	2.21	0.02	0.01	0.047	0.28	73.1	0.8	336	1975	3.27	10.6	9.51	1.63	3.31	9.02	13	8.3
G38	4.6	0.54	10.4	0.37	0.009	0.09	1.5	0.02	0.36	0.014	0.44	199	1.33	832	2072	3.25	140	24.3	0.8	3.02	11.5	30.6	5.49
G37	1.41	0.1	3	0.13	0.006	0.08	0.83	0.02	0.01	0.024	0.47	163	1.22	266	1871	3.39	10.3	13.3	1.68	2.31	8.11	18.5	8.26
G36	1.38	0.21	1.82	0.84	0.011	0.07	0.13	0.01	0.02	0.013	0.76	107	1.06	134	2096	5.14	15.6	11.4	1.87	1.79	11.2	28.2	7.92
G35-P	43.2	0.75	38.6	0.35	0.003	0.01	0.04	0.05	0.11	0.018	1.12	295	0.57	578	2403	4.99	5.71	2.55	0.33	1.25	10.4	13.2	10.1
G34	1.07	0.13	1.51	1.01	0.023	0.19	0.72	0.02	0.04	0.005	0.71	17.2	1.39	155	1883	7.97	46.4	17.3	1.96	1.61	11.8	12	7
G33-P	31.7	0.44	30.9	2.04	0.032	0.14	0.19	0.04	0.15	0.024	1.03	1088	0.89	590	2055	2.36	6.36	4.95	0.41	1.84	7.57	7.84	7.01
G32	1.21	0.05	2.71	0.47	0.013	0.22	1.65	0.02	0.01	0.121	0.45	106	1.25	205	1870	1.9	6.43	10	1.63	4.22	5.59	42.3	12.5
G31	1.39	0.12	2.63	0.37	0.009	0.12	1.09	0.02	0.04	0.054	0.53	89	1.26	202	2253	2.66	15.8	12.3	1.88	1.47	7.79	19.3	9.49
G30-P	36.7	0.5	33.0	1.43	0.027	0.06	0.17	0.04	0.15	0.017	1.11	343	0.39	517	1932	3.78	15.9	4.64	0.43	0.32	12.7	7.83	10.4
G29	9.9	0.2	9.96	3.45	0.071	0.14	0.35	0.02	0.23	0.007	0.99	176	0.91	319	1982	4.64	12.7	8.59	0.9	1.72	6.59	15.4	7.47
G28	3.88	0.43	10.3	0.74	0.027	0.25	4.37	0.06	0.09	0.042	0.38	55.1	1.29	227	1982	5.32	17.8	14.6	1.44	1.95	10	15.8	9.42
G27-P	32.1	0.66	29.4	0.8	0.012	0.06	0.18	0.04	0.26	0.021	1.09	545	0.63	486	1840	3.29	40.7	9.99	1.58	4.51	9.13	31.1	8.78
G26	18.6	0.52	17.4	1.16	0.015	0.07	0.21	0.02	0.29	0.034	1.07	229	0.95	407	1825	4.66	47.9	15.2	0.79	1.44	11	30.8	7.14
G25	5.36	0.33	6.39	0.42	0.003	0.06	0.39	0.02	0.12	0.022	0.84	65.2	1.81	358	2035	4.57	45.7	18.3	0.6	1.14	10.9	19	4.52
G24	5.65	0.2	5.66	0.51	0.009	0.06	0.44	0.02	0.14	0.004	1.00	92.2	1.45	217	1959	3.58	13.9	14	0.74	1.13	11.5	11.3	3.42
G23	4.2	0.17	4.2	0.81	0.014	0.07	0.77	0.02	0.06	0.006	1.00	106	1.06	127	2011	3.84	9.76	13.5	1.46	1.8	9.86	18.5	5.36
G22	3.02	0.14	4.99	0.57	0.01	0.05	1.53	0.03	0.01	0.988	0.61	34.2	1.59	495	1818	3.48	9.67	11.1	0.58	2.19	13.7	24	11.1

续表

分层样品	SiO₂	TiO₂	Al₂O₃	Fe₂O₃	MnO	MgO	CaO	Na₂O	K₂O	P₂O₅	SiO₂/Al₂O₃	Li	Be	F	Cl	Sc	V	Cr	Co	Ni	Cu	Zn	Ga
G21	6.1	0.28	7.47	0.88	0.022	0.06	1.91	0.02	0.07	0.75	0.82	113	1.37	412	2220	4.4	14.3	12.1	1.73	3.33	9.54	20.1	16.9
G20-P	38.4	0.72	34.1	0.66	0.01	0.03	0.1	0.04	0.14	0.018	1.13	303	0.56	430	2100	4.58	42.9	12.4	1.3	1.65	12.4	22.8	11.2
G19	7.34	0.55	7.53	3.11	0.065	0.13	2.1	0.03	0.07	0.071	0.97	164	1.62	231	2092	9.17	77.7	21	0.99	2.1	12	31.5	5.87
G18	6.03	0.08	6.03	1.55	0.028	0.08	0.71	0.02	0.06	0.008	1.00	89.2	1.58	186	2107	10.8	48.1	23.6	1.65	1.97	9.69	25.7	11.2
G17-P	36.7	0.86	33.1	0.59	0.011	0.04	1.12	0.03	0.08	0.019	1.11	493	0.82	500	167	7.91	158	20.9	1.1	3.98	13.1	39.8	13.8
G16	4.41	0.26	4.31	1.34	0.025	0.06	0.52	0.02	0.04	0.008	1.02	79.4	1.98	135	119	8.66	211	37.9	1.73	2.64	13.5	49.9	8.62
G15-P	43.9	0.74	38.7	0.23	0.002	bdl	0.09	0.03	0.14	0.026	1.13	390	0.62	604	305	7.31	8.71	2.57	0.31	1.02	13.4	15.7	15
G14	20.3	0.59	18.1	0.46	0.006	0.04	0.15	0.02	0.17	0.019	1.12	263	1.77	334	358	8.18	19.5	7.97	0.63	2.08	9.03	16.1	13.4
G13-P	40.9	0.55	35.9	0.36	bdl	0.04	0.09	0.04	0.3	0.035	1.14	316	0.68	532	2100	5.27	23	6.08	0.72	1.31	8.05	23.2	18.9
G12	15.4	0.36	14.1	0.82	0.012	0.05	0.18	0.02	0.13	0.014	1.09	236	1.94	288	432	8.02	15.7	10.6	1.03	2.23	16.3	16.9	12.5
G11	5.98	0.1	6.09	0.77	0.013	0.04	0.26	0.01	0.08	0.102	0.98	240	2.68	207	254	6	267	32.5	1.98	3.14	15.5	43.5	25.9
G10	11.3	0.33	10.6	0.89	0.014	0.05	0.31	0.02	0.19	0.006	1.07	247	2	204	214	5.47	14.3	12.4	0.8	1.43	8.77	26.5	7.01
G9	19.3	0.8	18.4	0.39	0.004	0.05	0.44	0.03	0.19	0.017	1.05	281	2.14	423	356	8.84	20	12.8	0.75	2.79	16.3	35.1	12.7
G8	12.2	0.33	11.5	1.36	0.017	0.06	0.4	0.02	0.07	0.009	1.06	287	1.21	225	447	6.53	14.2	8.32	0.98	1.89	13.4	15.6	9.06
G7	10.0	0.2	11.1	1.85	0.03	0.09	0.93	0.03	0.08	0.902	0.90	150	1.73	461	367	9.5	40.3	13.9	1.04	5.19	11.2	35.7	58.6
G6	14.2	0.59	12.9	0.34	0.004	0.04	0.33	0.02	0.11	0.01	1.10	206	2.91	214	492	5.35	99.5	24.6	0.39	1.18	9.25	28.2	6.07
G5-P	43.4	0.22	38.4	0.24	0.003	bdl	0.4	0.05	0.15	0.02	1.13	368	0.34	403	493	3.86	17.1	3.09	0.16	0.83	10.2	5.23	10.5
G4	6.97	0.7	5.78	0.83	0.009	0.04	0.52	0.02	0.04	0.017	1.21	148	1.06	229	164	9.91	32.2	21.8	1.04	1.5	8.87	38.2	14.2
G3	12.7	0.78	11.7	0.59	0.005	0.04	0.77	0.02	0.16	0.01	1.09	268	2.29	215	590	8.96	24.7	14.5	0.63	1.74	8.04	24.8	8.75
G2	6.97	0.09	6.63	0.74	0.015	0.13	2.07	0.02	0.02	0.006	1.05	108	0.97	161	583	6.48	8.73	10.6	2.58	3.35	5.86	34	17.3
G1-3	10.7	1.27	9.72	0.31	0.003	0.03	0.15	0.01	0.07	0.01	1.10	147	1.81	184	305	9.31	32	17.7	0.46	1.01	12.1	33.8	5.84
G1-2	16.0	0.72	15.3	0.44	0.001	0.04	0.27	0.02	0.12	0.645	1.05	232	2.46	407	71.8	10.7	28.8	12.5	0.35	1.16	10.2	22.5	26
G1-1	9.35	0.11	8.41	0.97	0.073	0.03	0.35	0.05	0.03	0.008	1.11	84.8	1.52	116	503	5.29	9.6	10.2	1.09	3.7	10.1	26.7	6.71
WA	6.97	0.43	9.34	0.73	0.014	0.11	0.83	0.02	0.12	0.126	0.75	175	1.64	434	1542	6.87	38.3	16.2	1.28	2.76	13.3	29.1	12.9
阿刀亥矿	9.99	0.55	10.75	0.94	0.016	0.32	1.69	0.03	0.027	0.124	0.93	7.02	1.85	207	116	9.6	47.2	16.3	4.54	7.28	23.5	28.7	16.3
中国煤	8.47	0.33	5.98	4.85	0.015	0.22	1.23	0.16	0.19	0.092	1.42	31.8	2.11	130	255	4.38	35.1	15.4	7.08	13.7	17.5	41.4	6.55
世界硬煤	nd	0.133	nd	nd	0.011	nd	nd	nd	nd	0.053	nd	14	2	82	340	3.7	28	17	6	17	16	28	6
CC	0.82	1.30	1.56	0.15	0.93	0.50	0.67	0.13	0.63	1.37	0.53	12.50	0.82	5.29	4.54	1.86	1.37	0.95	0.21	0.16	0.83	1.04	2.15

续表

分层样品	Ge	Se	Rb	Sr	Zr	Nb	Mo	Cd	In	Sn	Sb	Te	Cs	Ba	Hf	Ta	W	Re	Hg	Tl	Pb	Bi	Th	U
G46-P	0.31	0.08	2.88	78.2	119	16	0.69	0.085	0.031	3.08	0.04	0.029	0.21	51.3	3.77	1.01	1.17	0.001	0.011	0.04	17.9	0.35	7.57	3.31
G45-2	1.33	0.24	8.07	215	364	22.5	1.57	0.134	0.104	4.43	0.1	0.048	0.34	54.5	7.05	1.65	2.56	0.006	0.046	0.08	42	0.66	19.4	9.21
G45-1	2.3	0.6	2.66	72	157	18.2	4.82	0.231	0.194	5.14	0.27	0.06	0.14	124	6.6	1.39	1.28	0.007	0.029	0.07	73.5	1.55	27	5.5
G44-2-P	1.25	0.2	8.88	173	126	8.88	0.59	0.054	0.024	3.69	0.02	0.048	0.32	24	2.02	0.62	0.52	0.011	0.05	0.02	6.7	0.29	47.6	1.64
G44-1-P	0.35	0.07	3.02	58.2	199	18.8	2.63	0.15	0.047	4.75	0.11	0.048	0.26	40.5	5.6	1.75	1.39	0.002	0.059	0.35	20.4	0.33	13	2.79
G43	1.4	0.32	6.9	187	132	16.5	2.56	0.137	0.158	6.43	0.22	0.068	0.33	58	6.85	1.2	1.7	0.004	0.046	0.23	43.3	0.88	23.9	8.18
G42	1.89	0.14	2.05	1065	129	10.2	2.67	0.091	0.08	3.68	0.27	0.037	0.11	61.8	4.02	0.71	0.82	0.004	0.146	0.64	21	0.44	8.66	3.74
G41	0.5	0.1	3.75	74.6	149	18.9	2.08	0.16	0.076	4.98	0.18	0.056	0.25	51.9	3.6	1.54	3.2	0.01	0.125	0.38	31.1	0.54	17.4	2.92
G40	0.51	0.14	2.25	71.9	47.6	7.57	1.83	0.152	0.048	3.15	0.19	0.036	0.13	51.6	1.64	0.56	0.75	0.006	0.062	0.72	23.2	0.41	9.09	2.61
G39	0.57	0.12	0.35	250	49.9	5.05	2.18	0.075	0.046	2.66	0.21	0.027	0.02	39.9	1.44	0.33	0.29	0.006	0.024	0.16	14.6	0.33	3.92	1.82
G38	0.43	0.12	9.36	79.8	74.1	15.2	2.86	0.181	0.048	6.59	0.18	0.076	0.24	37.4	1.95	1.45	1.53	0.007	0.045	0.15	18.7	0.56	15.8	3.02
G37	0.9	0.17	0.45	95.3	30	3.33	1.79	0.103	0.035	5.12	0.27	0.053	0.04	48.7	1.29	0.42	0.45	0.006	0.019	0.19	12.5	0.25	8.7	2.01
G36	0.53	0.14	0.77	44.2	154	6.29	2.83	0.053	0.071	3.29	1.15	0.031	0.07	50.2	3.7	0.48	0.67	0.002	0.049	0.18	32.9	0.52	5.21	5.2
G35-P	0.12	0.03	3.97	18.1	224	33.5	1.93	0.224	0.07	7.51	0.21	0.076	0.43	16.3	11.9	2.77	4.48	0.003	0.004	0.04	38.3	0.66	6.33	2.43
G34	0.79	0.18	1.6	26.9	165	3.31	2.71	0.097	0.115	2.08	0.9	0.03	0.05	45.7	4.21	0.19	0.24	0.006	0.011	0.11	25.4	0.36	19.7	6.03
G33-P	0.25	0.04	3.84	35.4	155	24.9	1.93	0.114	0.053	4.23	0.24	0.044	0.41	18.3	6.12	2.33	9.44	0.002	0.012	0.06	28.4	0.47	8.97	1.64
G32	1.29	0.14	0.43	714	23.9	1.38	1.96	0.113	0.019	2.03	0.4	0.018	0.05	54.3	0.87	0.07	0.78	0.004	0.024	0.16	12.5	0.15	1.98	1.34
G31	0.91	0.12	1.02	282	50.9	4.47	2.83	0.09	0.038	2.17	0.63	0.022	0.07	51.8	1.95	0.31	0.78	0.001	0.042	0.47	18.8	0.34	5.36	3.26
G30-P	0.48	0.06	5.49	26.5	153	23.9	1.81	0.127	0.058	6.66	0.21	0.061	0.73	43	7.9	1.94	4.07	0.005	0.037	0.08	16.1	0.64	14.4	4.94
G29	0.41	0.09	5.09	25.6	129	5.52	1.16	0.069	0.068	4.23	0.38	0.058	0.28	37.2	3.04	0.61	0.78	0.005	0.019	0.2	25	0.32	25.4	3.35
G28	0.83	0.17	0.8	53	273	4.39	2.33	0.104	0.063	2.23	0.82	0.023	0.04	36.6	4.94	0.31	0.77	0.006	0.028	0.24	25.5	0.27	8.56	3.47
G27-P	0.41	0.07	6.67	33.4	195	19.2	1.23	0.098	0.051	5.46	0.26	0.058	0.34	51.5	5.8	1.22	2.52	0.003	0.037	0.05	22.3	0.25	12.6	4.22
G26	0.37	0.1	8.17	32.1	113	16.7	1.28	0.12	0.052	5.53	0.3	0.066	0.57	71	2.85	1.61	2.23	0.002	0.03	0.45	20.2	0.54	19.3	3.17
G25	0.35	0.15	3.13	70.5	79.2	8.24	1.36	0.076	0.056	3.14	0.2	0.03	0.09	49.4	2.47	0.62	0.88	0.002	0.015	0.21	18.8	0.45	12.4	2.95
G24	0.17	0.14	3.45	29.7	71.6	5.74	0.71	0.13	0.058	4.31	0.19	0.049	0.16	46	2.21	0.55	0.76	0.004	0.011	0.09	23.2	0.49	12.8	2.51
G23	0.22	0.11	1.53	59.7	72.6	4.97	2.02	0.087	0.05	3.09	0.41	0.027	0.08	36.8	2.18	0.38	0.37	0.003	0.023	0.3	14.6	0.31	4.6	2
G22	1.5	0.21	0.48	6995	37.7	2.58	0.7	0.044	0.051	2.74	0.12	0.025	0.02	135	1.23	0.31	0.5	0.004	0.06	0.32	19.4	0.23	5.12	1.13
G21	2.07	0.22	1.87	5002	90.4	7.49	0.99	0.092	0.044	3.43	0.21	0.041	0.13	92.6	2.35	0.76	0.77	0.005	0.022	0.2	20.1	0.53	7.68	2.3

续表

分层样品	Ge	Se	Rb	Sr	Zr	Nb	Mo	Cd	In	Sn	Sb	Te	Cs	Ba	Hf	Ta	W	Re	Hg	Tl	Pb	Bi	Th	U
G20-P	0.3	0.07	6.21	17.6	247	21.2	1.55	0.128	0.057	4.32	0.09	0.047	0.42	67.5	8	1.65	1.82	0.002	0.008	0.04	12.5	0.38	18.4	3.47
G19	0.45	0.22	3.3	75.3	274	3.14	0.79	0.069	0.066	2.17	0.19	0.025	0.1	54.4	6.06	0.31	0.59	0.004	0.018	0.22	24.5	0.32	8.28	2.17
G18	0.84	0.28	2.05	231	70	11.1	1.65	0.136	0.094	5	0.31	0.052	0.07	63.1	10.1	1.11	0.8	0.006	0.01	0.12	27.5	0.41	15.3	2.68
G17-P	0.44	0.16	2.29	19.8	257	28.3	1.04	0.112	0.073	5.97	0.24	0.061	0.12	22	8.72	1.41	1.47	0.003	0.006	0.2	11.6	0.18	10.2	3.59
G16	0.46	0.16	1.08	20.2	360	7.01	1.66	0.12	0.108	3.54	0.52	0.038	0.06	31.7	6.65	0.52	0.38	0.003	0.016	0.13	29.6	0.35	3.62	1.97
G15-P	0.4	0.09	5.13	39.7	253	31.1	0.787	0.084	0.058	3.16	0.05	0.032	0.32	47.8	13.7	1.64	1.79	0.002	0.004	0.04	8.5	0.1	8.22	3.94
G14	1.22	0.24	4.22	34.1	262	24.6	1.45	0.091	0.059	4.33	0.16	0.049	0.33	61.7	10.1	1.73	1.52	0.006	0.027	0.09	23.2	0.27	18.3	3.28
G13-P	0.84	0.09	9.25	72.9	202	29.2	0.96	0.11	0.038	3.31	0.09	0.033	0.6	61	9.68	1.86	1.37	0.004	0.02	0.14	15.5	0.15	9.69	2.84
G12	0.96	0.24	2.97	28.7	202	15.8	1.11	0.102	0.082	3.37	0.18	0.036	0.15	36.2	4.63	1.09	1.14	0.011	0.025	0.02	23.7	0.35	12.9	3.88
G11	2.88	0.27	3.93	395	105	3.34	1.12	0.08	0.1	2.84	0.51	0.032	0.1	64.6	3.08	0.26	0.29	0.012	0.02	0.09	20.9	0.31	5.99	2.43
G10	0.34	0.14	3.99	17.4	136	9.06	0.98	0.122	0.08	4.53	0.28	0.045	0.16	45.8	3.48	0.75	1.04	0.007	0.014	0.05	23.1	0.35	11	2.51
G9	0.51	0.25	5.81	39	332	33.1	1.19	0.142	0.096	7.79	0.26	0.081	0.46	65	6.3	2.28	2.36	0.008	0.02	0.12	32.1	0.69	25	4.46
G8	0.31	0.17	1.7	16	273	14.9	2.4	0.175	0.132	6.27	0.59	0.063	0.14	54.9	5.9	1.63	0.84	0.006	0.083	1.16	31.2	0.73	13.5	2.83
G7	7.28	0.33	2.78	5219	191	8.84	0.75	0.096	0.124	3.39	0.32	0.037	0.12	152	4.38	0.71	0.38	0.013	0.012	0.12	22.5	0.44	11.9	3.08
G6	0.11	0.06	4.25	11.6	233	22.8	0.71	0.129	0.081	4.57	0.14	0.046	0.13	58.7	4.84	1.38	1.36	0.003	0.009	0.07	22.3	0.36	3.68	4.05
G5-P	0.07	0.06	4.8	11.2	110	21.5	0.68	0.061	0.042	3.01	0.05	0.027	0.26	21.8	7.44	1.77	0.78	bdl	0.002	0.04	7	0.39	2.79	1.17
G4	0.65	0.21	1.79	67.1	249	15.8	1.39	0.142	0.136	5.63	0.55	0.058	0.1	41.1	8.45	1.2	1.32	0.006	0.023	0.28	27.3	0.41	13.8	3.45
G3	0.55	0.27	3.42	52.3	194	27.3	0.65	0.128	0.09	7.07	0.25	0.083	0.17	49.8	5.45	1.87	2.26	0.003	0.025	0.56	26.8	0.57	24.6	4.85
G2	0.4	0.21	0.56	26.6	141	5.45	1.39	0.07	0.09	3.19	0.64	0.029	0.05	32.5	3.49	0.2	0.48	0.003	0.028	0.21	15	0.18	4.24	2.18
G1-3	0.14	0.21	1.79	19.8	182	22.6	1.17	0.094	0.079	4.92	0.2	0.054	0.08	50.3	4.7	1.19	1.77	0.006	0.009	0.03	23.4	0.41	11.4	4.19
G1-2	2.94	0.29	3.06	2670	225	13.7	0.44	0.065	0.096	4.03	0.16	0.04	0.18	129	4.47	1.17	1.31	0.005	0.007	0.02	22.3	0.55	14.1	4.07
G1-1	0.23	0.14	0.9	31.8	72.7	4.76	0.85	0.114	0.082	3.27	0.26	0.034	0.04	40.5	2.26	0.31	0.35	0.005	0.054	0.32	23.1	0.24	6.81	2.65
WA	1.08	0.2	2.99	703	143	11.1	1.83	0.11	0.08	4.03	0.34	0.044	0.15	62	3.96	0.85	1.1	0.005	0.036	0.23	26.5	0.49	12.9	3.74
阿刀亥矿	1.49	0.31	1.59	128	446	10.6	3.67	0.22	0.09	4.86	0.38	0.06	0.11	276	8.96	0.77	1.03	0.003	0.33	0.21	25.6	0.56	12.4	3.43
中国煤	2.78	2.47	9.25	140	89.5	9.44	3.08	0.25	0.047	2.11	0.84	nd	1.13	159	3.71	0.62	1.08	<0.001	0.163	0.47	15.1	0.79	5.84	2.43
世界硬煤	2.4	1.3	18	100	36	4	2.1	0.2	0.04	1.4	1	nd	1.1	150	1.2	0.3	0.99	nd	0.1	0.58	9	1.1	3.2	1.9
CC	0.45	0.15	0.17	7.03	3.97	2.78	0.87	0.55	2.00	2.88	0.34	nd	0.14	0.41	3.30	2.83	1.11	0.36	0.40	0.45	2.94	0.45	4.03	1.97

注：WA 表示权衡均值；CC 表示富集系数，其中，常量元素的 CC=宫坂乌素煤/中国煤；微量元素的 CC=宫坂乌素煤/世界硬煤；nd 表示无数据；bdl 表示低于检测限；表中常量元素单位为%，微量元素单位为 μg/g；灰色背景为夹矸样品。

资料来源：阿刀亥煤数据引自 Dai 等（2012d）；中国煤数据引自 Dai 等（2012b）；世界硬煤数据引自 Ketris 和 Yudovich（2009）。

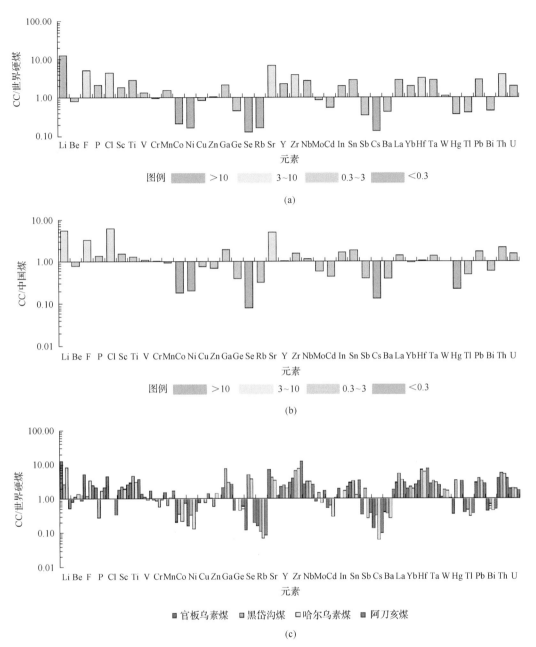

图3.56　准格尔煤田和大青山煤田煤中元素相对于中国煤均值和世界煤均值的富集系数（见文后彩图）

(a)官板乌素矿煤和世界硬煤均值；(b)官板乌素矿煤和中国煤均值；(c)官板乌素矿、
哈尔乌素矿、黑岱沟矿、阿刀亥矿煤和世界硬煤

（一）矿物和元素组成对比

为检验煤中矿物定量的准确性，Ward 等（1999）引入矿物定量结果和元素组成对比的方法。先将低温灰 X 射线衍射后的定量矿物按照其标准化学式换算成元素组成，然后将换算元素数据与直接测试元素结果（如 XRF、ICP-MS 等）进行比对，依据它们的相

关性判断定量结果的准确性。由于高温灰化过程中(815℃)黏土矿物的羟基水和碳酸盐矿物的 CO_2 被释放出来,按照标准化学式计算矿物元素时要去除相应组成。高温灰化过程中黏土矿物脱水、黄铁矿氧化和碳酸盐分解等综合作用导致低温灰产率常高于高温灰产率(图 3.57)。

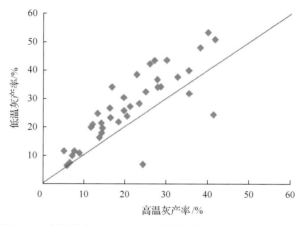

图 3.57　高温灰产率(815℃)和低温灰产率(<200℃)关系图

为了便于对比,将煤基的常量元素氧化物数据换算成灰基,去除 SO_3 后做归一化处理。图 3.58 和图 3.59 为经标准化的 XRF 测得的煤灰中 SiO_2、Al_2O_3、Fe_2O_3、CaO、MgO、P_2O_5、Sr 和 Li 含量与 XRD 的矿物结果推算出的数据的比较结果。富锂绿泥石的标准化学组以锂绿泥石和鲕绿泥石的均值计算。Ward 等(1999,2001)将两组数据分别放入 X 和 Y 坐标系中,通过两组数据与对角线的比对直观地呈现它们之间的差别。

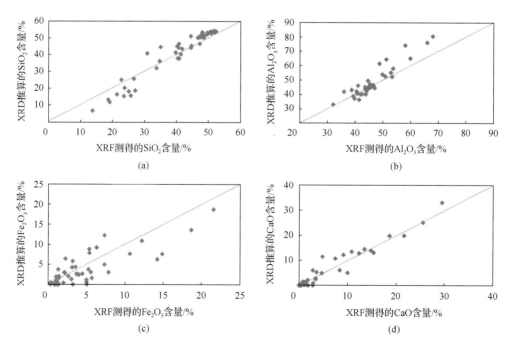

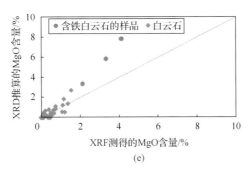

(e)

图 3.58 经标准化的 XRF 测得的煤灰中氧化物含量与 XRD 的
矿物结果推算出的常量元素氧化物含量的比较

(a) SiO₂; (b) Al₂O₃; (c) Fe₂O₃; (d) CaO; (e) MgO

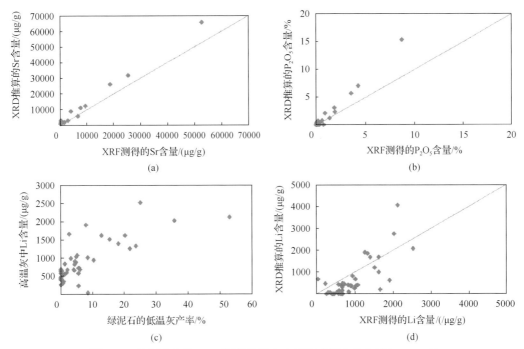

图 3.59 经标准化的 XRF 测得的煤灰中元素或氧化物含量与 XRD 的
矿物结果推算出的 Sr、P₂O₅、Li 含量的比较

(a) Sr; (b) P₂O₅; (c) 绿泥石的低温灰产率与高温灰中 Li 含量; (d) Li

对比图 3.58(a)、(b) 中官板乌素矿煤中 SiO₂ 和 Al₂O₃ 的点均落在对角线附近,表明 X 射线衍射的矿物换算结果与直接测试数据大致匹配。Al₂O₃ 对比图的高值区离散程度较大。6 号煤富勃姆石的样品中含有相当数量的绿泥石(图 3.50),Al 漂移可能造成绿泥石的标准化学式与实际组成产生差异,因为 Fe 可以类质同象取代绿泥石晶格中的 Al(Bailey and Lister,1989)。

图 3.58(c) 中 Fe₂O₃ 的分布整体上平行于对角线,但离散程度较高,原因有两点:①铁白云石或绿泥石中 Fe 的含量估值有误差(表 3.24);②低温灰中可能出现的无定形的氧化物或氢氧化物矿物无法被 XRD 检测到。

CaO 对比图中的点均落在对角线附近[图 3.58(d)]，特别是在 CaO 含量高值区，这些样品中 Ca 主要与方解石和铁白云石有关。

MgO 对比图[图 3.58(e)]受 3 个高铁白云石样品(G31、G32 和 G34，表 3.23)的影响较大。MgO 高值区的离散是因为铁白云石样品的 MgO 低于标准化学式中 Ca∶Mg∶Fe=1∶1∶1 的比例。

官板乌素矿富铝磷酸盐矿物分层中 Sr 和 Ba 含量较高(表 3.23)。通过矿物组成间接换算和直接测试的 Sr 位于对角线附近[图 3.59(a)]，说明磷锶铝石是官板乌素矿煤中 Sr 的主要载体。实际落点与对角线的差异可能是少量 Ba 或 Ca 类质同象替代 Sr 的结果。

图 3.59(b)中 P_2O_5 的间接换算值和直接测试值也有偏差，原因可能有两点：①低温灰中磷锶铝石含量估值偏高；②实际铝磷酸盐矿物中 P 含量比标准化学式中低。扫描电镜下磷锶铝石的能谱检测结果显示 S 元素的存在(表 3.24)，表明磷锶铝石形成过程中 P_2O_4 部分被 SO_4 取代，导致其 P 含量较低。

如图 3.59(c)所示，通过 ICP-MS 直接测试得到的 Li 含量与富锂绿泥石呈正相关。直接测得的 Li 含量与富锂绿泥石换算的 Li 含量之间的相关性较好[图 3.59(d)]。前者略高于后者，这表明除绿泥石外，Li 还可能赋存在其他组分中。图 3.59(c)中绿泥石含量与 Li 含量的关系表明约 500μg/g 的 Li 赋存在其他组分中。

(二)煤中的常量元素

官板乌素矿煤中常量元素氧化物以 Al_2O_3 和 SiO_2 为主(表 3.26)。与 Dai 等(2012b)报道的中国煤均值相比，官板乌素矿煤中 Al_2O_3 和 P_2O_5 含量较高，SiO_2、Na_2O、MgO、K_2O、CaO、MnO、Fe_2O_3 和 TiO_2 的含量较低(表 3.26)。由于石英含量较低，SiO_2 主要赋存于黏土矿物中。Al_2O_3 主要赋存于勃姆石和高岭石中，少量 Al_2O_3 与绿泥石和伊利石有关。

根据矿物组成对 6 号煤划分的第一、第二段中常量元素组成差异也很明显(图 3.60)。官板乌素矿煤中富集勃姆石导致其 SiO_2/Al_2O_3 值(均值 0.75)明显低于高岭石(1.18)和中国煤均值(1.42；Dai et al.，2012b)。煤层夹矸中 SiO_2/Al_2O_3 值(0.84~1.14)高于煤分层的均值(0.75)(图 3.60)。6 号煤上部第二段比下部第一段富勃姆石而贫高岭石(图 3.44)，致使上部第二段的 SiO_2/Al_2O_3 值明显低于下部第一段(图 3.60)。总体上，SiO_2、Al_2O_3 和 SiO_2/Al_2O_3 值(图 3.60)和矿物组成(图 3.44)在煤层垂直剖面上的变化趋势一致。

石英和高岭石是煤中常见的矿物，因此多数煤中 SiO_2/Al_2O_3 值高于高岭石中 SiO_2/Al_2O_3 值(1.18)。准格尔煤田(黑岱沟矿、哈尔乌素矿和官板乌素矿)和大青山煤田(阿刀亥矿)煤中富集 Al 的氢氧化物矿物(勃姆石或硬水铝石)和高岭石，贫石英，致使它们具有低的 SiO_2/Al_2O_3 值(表 3.26)。

G19、G28、和 G39 分层中高含量的 Ca 与碳酸盐矿物有关。

如上所述，6 号煤中高含量的 P_2O_5 主要赋存在磷锶铝石中。P_2O_5 和 Sr 的相关系数高达 0.98，而 P_2O_5 和 Ba 也具有较高的相关系数(0.85)(表 3.27)，因为磷锶铝石中 Ba 可以类质同象替代 Sr。P_2O_5 在煤层剖面(图 3.60)上的分布规律和磷锶铝石一致(图 3.44)。

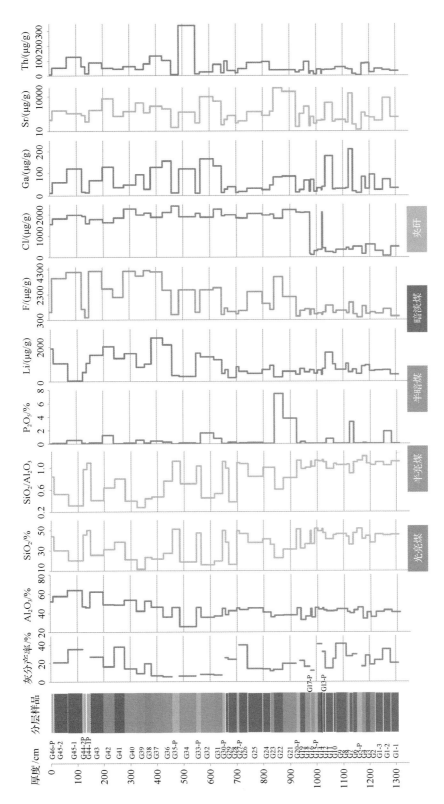

图 3.60　典型元素在官板乌素矿 6 号煤层层面的变化规律（见文后彩图）

表 3.27　基于相关系数推断的元素亲和性

元素与灰分的相关系数

第一组：$r_{ash}=0.7\sim1.0$：Al_2O_3 (0.88)，SiO_2 (0.92)，Nb (0.76)，Cs (0.77)，Ta (0.78)，W (0.74)

第二组：$r_{ash}=0.50\sim0.69$：K_2O (0.57)，Li (0.65)，Rb (0.62)，Zr (0.56)，Sn (0.53)，Th (0.57)

第三组：$r_{ash}=0.30\sim0.49$：TiO_2 (0.44)，F (0.37)，Be (0.30)，Sc (0.38)，Hf (0.45)

第四组：$r_{ash}=-0.29\sim0.29$：Na_2O(0.20)，MgO(−0.01)，P_2O_5(0.03)，CaO(−0.26)，MnO(−0.02)，Fe_2O_3(0.14)，V(−0.08)，Cr(−0.10)，Ni(0.02)，Cu(0.12)，Zn(−0.09)，Ga(0.23)，Ge(0.10)，Se(0.20)，Sr(−0.03)，Y(0.16)，Cd(0.26)，In(0.25)，Ba(0.20)，La-Lu(0.11~0.20)，Hg(0.07)，Tl(−0.03)，Pb(0.27)，Bi(0.29)

第五组：$r_{ash}<-0.30$：Cl(−0.41)，S_t(−0.36)，Co(−0.58)，Mo(−0.31)，Sb(−0.45)

铝硅酸盐结合态

$r>0.5$：K_2O(0.72, 0.42)，TiO_2(0.69, 0.40)，Li(0.55, 0.53)，F(0.53, 0.06)，Sc(0.54, 0.29)，Cu(0.51, 0.05)，Rb(0.59, 0.47)，Nb(0.75,0.73)，Cd(0.51, 0.18)，Sn(0.58, 0.53)，Te(0.60, 0.53)，Cs(0.71, 0.68)，Ta(0.78, 0.74)，W(0.71, 0.61)，Pb(0.57, 0.14)，Bi(0.62, 0.18)，Th(0.68, 0.48)

$r>0.3\sim0.5$：Be(0.48, 0.30)，Se(0.46, 0.13)，Y(0.41, 0.88)，Zr(0.41, 0.47)，In(0.45, 0.20)，Ba(0.32, 0.17)，Eu-Lu(0.31~0.44，0.08~0.10)，Hf(0.43, 0.41)，Re(0.32, 0.25)，U(0.40, 0.14)[①]

碳酸盐结合态

$r_{Ca}>0.7$：无元素

$r_{Ca}\geqslant0.5\sim0.69$：无元素

$r_{Ca}=0.3\sim0.49$：Cl(0.35)

硫酸盐/硫化物结合态

$r_s>0.7$：无元素

$r_s=0.5\sim0.69$：Hg(0.64)，Tl(0.57)[2]

$r_s=0.30\sim0.49$：P_2O_5(0.30)，Sr(0.33)

磷酸盐结合态

$r_P>0.7$：Ge(0.71)，Sr(0.98)，Ba(0.85)，La(0.71)，Pr(0.72)，Nd(0.72)，Sm(0.75)，Eu(0.71)

$r_P=0.5\sim0.69$：Ga(0.60)，Ce(0.69)，Gd(0.65)

$r_P=0.30\sim0.49$：Mo(0.30)，Tb(0.47)，Dy(0.34)，S_t(0.30)

其他元素的相关系数

Li-Al_2O_3=0.55；Li-SiO_2=0.53；Li-K_2O=0.45；Li-F=0.51；Li-Rb=0.57；Li-Nb=0.56；Li-Sn=0.51；Li-Cs=0.61；Li-Ta=0.60；Li-W=0.70；

F-Al_2O_3=0.53；F-SiO_2=0.06；F-K_2O=0.68；

Al_2O_3-SiO_2=0.79；Ga-Al_2O_3=0.23；Ga-SiO_2=0.13；

Ga-Sr=0.51；Ga-Ba=0.70；Sr-Ba=0.78

Cl-Na=0.07；Cl-Al_2O_3=−0.27；Cl-SiO_2=−0.58；Cl-水分=0.35；P_2O_5-Sr=0.98；P_2O_5-Ba=0.85；P_2O_5-Ga=0.60；Zr-Hf=0.97

注：①括号中的第一个数字是和 Al_2O_3 的相关系数，第二个数字是和 SiO_2 的相关系数；

②Hg-Fe_2O_3=0.05；Tl-Fe_2O_3=0.10。

（三）元素的亲和性

元素含量和灰分的相关性可以提供元素赋存状态的基本信息。高的正相关表明该元素具有较强的无机亲和性，而低的正相关或负相关则代表元素具有有机亲和性（Kortenski and Sotirov，2002；Eskenazy et al.，2010）。依据元素与灰分的相关系数，可将官板乌素矿煤中元素（或元素的氧化物）分为 5 组（表 3.27）。对于 38 个样品，在 95%的置信区间相关系数大于 0.3 则为相关。

第一组包括 Al_2O_3、SiO_2、Nb、Cs、Ta 和 W。它们与灰分的相关系数为 $0.7\sim1.0$（$r_{ash}=0.7\sim1.0$）。官板乌素矿煤中高岭石和勃姆石是灰分的主要贡献者，Si 和 Al 是高岭石和勃姆石的主要成分，因此灰分与 SiO_2 和 Al_2O_3 之间的相关系数较高，分别为 0.92 和 0.88。本组元素 Nb、Cs、Ta 和 W 亦具有较高的铝硅酸盐亲和性（$r_{Al-Si}=0.61\sim0.78$；表 3.27）。

第二组包括 K_2O、Li、Rb、Zr、Sn 和 Th。它们与灰分的相关系数为 0.50～0.69，仍表现出较强的无机亲和性（表 3.27）。除 Zr（Zr-Al_2O_3=0.41 和 Zr-SiO_2=0.47）外，本组元素具有较高的硅铝亲和性（r_{Al-Si}>0.5）；它们与 P_2O_5（-0.22～-0.12）和 Sr（-0.22～-0.17）的相关系数较低。据此推断本组元素主要赋存在黏土矿物中，而与磷酸盐矿物关系不大。

第三组包括 TiO_2、F、Be、Sc 和 Hf，它们与灰分的相关系数为 0.30～0.49。本组元素中 TiO_2、F、Sc 与 Al_2O_3 的相关系数均大于 0.5，表明它们与铝硅酸盐矿物有关。

第四组包括 Na_2O、MgO、P_2O_5、CaO、MnO、Fe_2O_3、V、Cr、Ni、Cu、Zn、Ga、Ge、Se、Sr、Y、Cd、In、Ba、La-Lu、Hg、Tl、Pb 和 Bi。它们与灰分的较低的相关系数（-0.29～0.29）表明其具有无机和有机双重亲和性。

第五组包括 Cl、S_t、Co、Mo 和 Sb。它们与灰分呈较强的负相关，表明本组元素的赋存状态与有机质关系密切。

（四）富集的微量元素及其分布特征

1. 锂

与 Dai 等（2012b）统计的中国煤均值（Li，31.8μg/g）及 Ketris 和 Yudovich（2009）报道的世界硬煤均值（14μg/g）相比，官板乌素矿煤中 Li 含量较高，其均值为 175μg/g。但在煤层剖面上的变化较大，含量为 12.3～505μg/g。

由于 Li 的原子序数较小及其对环境的毒性较弱，煤中 Li 赋存状态的研究程度较低。煤中 Li 常常赋存在黏土矿物中，有些煤中 Li 与云母和电气石有关（Finkelman，1981；唐修义和黄文辉，2004）。Swaine（1990）报道保加利亚某些褐煤中 Li 与有机质关系密切。Dai 等（2008b）根据 Li 与灰分、Al_2O_3、SiO_2、Na_2O、K_2O、Rb 和 Cs 之间高的相关系数推断哈尔乌素矿煤中 Li（平均 116μg/g）与铝硅酸盐矿物有关。Zhao 等（2018）发现锂绿泥石是山西晋城矿区 15 号煤中高含量 Li 的主要载体。

官板乌素矿煤灰中 Li 含量与绿泥石呈良好的正相关，并且根据含锂的绿泥石推算的 Li 含量与实际测得的含量值的吻合程度较好［图 3.59（c）、（d）］，这表明官板乌素矿煤中 Li 主要赋存在含锂的绿泥石中。少量的 Li 也与煤中其他物相有关。Li 和灰分（0.65）、Li 和 Al_2O_3（0.55）、Li 和 SiO_2（0.53）、Li 和 K_2O（0.42）的正相关关系（表 3.27）表明 Li 还可能与高岭石或伊利石有关。而 Li 和 SiO_2/Al_2O_3 之间的低相关系数表明 Li 的富集与勃姆石关系不大（图 3.61）。6 号煤中所有分层的统计结果表明 Li 与 F 也呈正相关（0.51），上

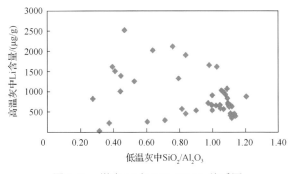

图 3.61　煤中 Li 与 SiO_2/Al_2O_3 关系图

部第二段 Li 和 F 的相关系数更高(0.63)(图 3.62)。Li 也与亲石元素 Rb、Nb、Sn、Cs、Ta 和 W 呈正相关(表 3.27),进一步表明 Li 与铝硅酸盐矿物关系密切。煤层剖面上,Li 在上部含量高于下部(图 3.60)。

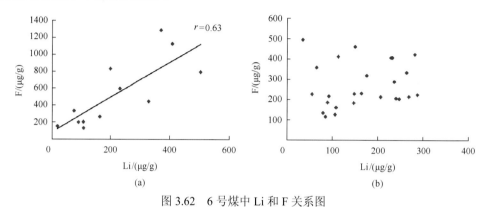

(a)　　　　　　　　　　　　　　　　(b)

图 3.62　6 号煤中 Li 和 F 关系图

(a)上部分层, G31~G45-2(除 G45-1); (b)下部分层, G1~G29

如图 3.63 所示,哈尔乌素矿和官板乌素矿煤的高温灰中 Li$_2$O 含量明显高于阿刀亥

厚度
/cm　　　分层样品　　　灰分产率/%　　　Al$_2$O$_3$/%　　　Li$_2$O/(μg/g)　　　Ga/(μg/g)　　　REO/(μg/g)

光亮煤　　　半亮煤　　　半暗煤　　　暗淡煤　　　夹矸

(a)

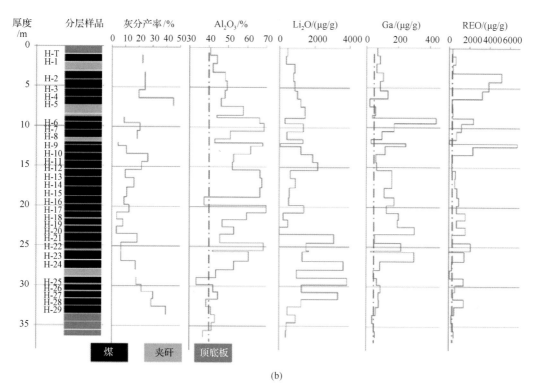

(b)

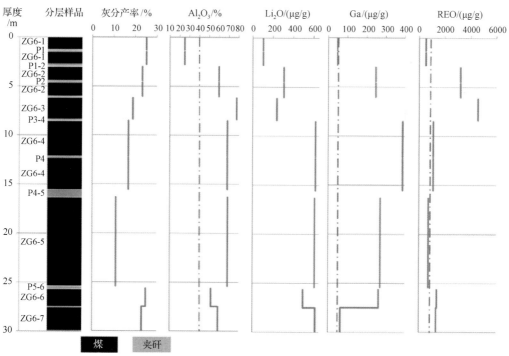

(c)

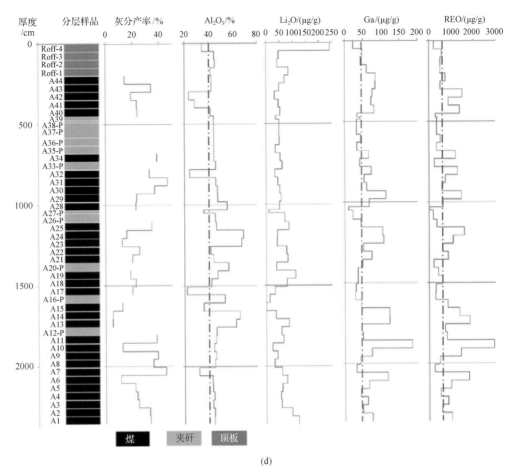

图 3.63　官板乌素矿、哈尔乌素矿、黑岱沟矿、阿刀亥矿煤层纵剖面
Al_2O_3、Ga、Li_2O 和 REO 的分布规律（见文后彩图）
图中红线表示推荐的工业品位；(a)官板乌素矿；(b)哈尔乌素矿；(c)黑岱沟矿；(d)阿刀亥矿

矿的和黑岱沟矿的高温灰。官板乌素矿煤灰中 Li_2O 的平均值为 2085μg/g，最大值可达 5390μg/g，上部第一段煤灰中 Li_2O 平均值为 2829μg/g。从经济价值角度来看，可以考虑从官板乌素矿 6 号煤燃煤产物中提取利用 LiO_2。

2. 氟

中国西南地区典型的室内燃煤型地方病氟中毒使煤中氟研究程度较高。煤中氟主要与黏土矿物和氟磷灰石有关，其次为萤石、电气石、黄玉、角闪石和云母（Godbeer and Swaine，1987；Swaine，1990；Finkelman，1995；鲁百合，1996）。煤中也存在与有机质密切相关的氟（Mclntyre et al.，1985；Bouška et al.，2000；Wang et al.，2011b）。哈尔乌素矿煤中氟主要赋存在勃姆石和有机质中（Dai et al.，2008b），阿刀亥矿煤中氟主要与磷酸盐矿物（磷钡铝石和氟磷灰石）有关。

官板乌素矿煤的氟含量（平均为 434μg/g）比中国煤均值高 3 倍左右（130μg/g；Dai et al.，2012b）。氟与灰分的正相关关系（r = 0.37）表明官板乌素矿煤中氟以无机态存在。F 与 Al_2O_3（0.53）的显著的正相性及与 SiO_2 的低相关性（0.06）揭示氟与含铝矿物（如勃姆石）关系密切，而与含 Si 矿物(如高岭石)关系不大。因此，6 号煤富含勃姆石的上部第二段的氟含量明显高于下部第一段(图 3.60)。在上部第二段中 F 和 Li 也呈良好的正相关关系(除 G45-1)，而在下部第一段中 F 和 Li 的相关系数较低(图 3.62)。6 号煤上部第二段中 Li 主要与绿泥石有关，因此推断 F 与形成绿泥石的后生热液侵入有关。

3. 镓

官板乌素矿煤中 Ga 的平均含量为 12.9μg/g，明显高于中国煤均值(6.55μg/g；Dai et al.，2012b)和世界硬煤均值(6μg/g；Ketris and Yudovich，2009)，但低于黑岱沟矿(平均44.8μg/g)、哈尔乌素矿(18μg/g)和阿刀亥矿(16.3μg/g；Dai et al.，2012d)。

煤中 Ga 一般与黏土矿物有关(Chou，1997；Finkelman，1981)。由于 Ga 与 Al 的地球化学性质相似，在含 Al 的矿物中 Ga 往往能类质同象替代 Al。

官板乌素矿煤中 Ga 呈现出无机结合态和有机结合态的双重亲和性。因为 Ga 和灰分($r = 0.23$)、Ga 和 Al_2O_3($r=0.23$)、Ga 和 SiO_2($r=0.13$)、Ga 和勃姆石($r=0.08$)的相关系数均不高。

Ga 和 P_2O_5(0.60)、Ga 和 Sr(0.51)及 Ga 和 Ba(0.70)的高相关系数表明 Ga 与磷锶铝石关系密切。磷锶铝石也是 REY 的主要载体，因为 REY 与 Ga、P_2O_5、Sr 均呈现出高的相关性。

官板乌素矿、哈尔乌素矿、黑岱沟矿和阿刀亥矿煤中 Ga 的赋存状态略有不同。哈尔乌素矿煤中 Ga 主要赋存在勃姆石和有机质中，阿刀亥矿煤中 Ga 主要与硬水铝石和高岭石有关，而黑岱沟矿煤中 Ga 的主要载体是勃姆石。

4. 氯

尽管众多学者已对煤中氯的赋存状态进行了广泛研究(Daybell and Pringle，1958；Skipsey，1975；Caswell，1981；Caswell et al.，1984；Huggins and Huffman，1995；Ward et al.，1999；Vassilev et al.，2000；Spears，2005)，但是还没有令人信服的结论。Vassilev 等(2000)认为煤中有机质与氯的关系最为密切，其次是矿物中包裹体和无定型矿物，再次为煤中液体组分或独立矿物。Spears(2005)曾报道英国高氯煤中氯与水分关系密切，且与有机质存在离子交换，而与硅酸盐矿物关系不大。

官板乌素矿煤中氯含量变化为 71.8～2268μg/g，均值为 1542μg/g，明显高于中国煤和世界煤均值(表 3.26)。依据氯含量在煤层剖面划分的两段显然不同于依据矿物和元素组成划分的两段(图 3.60)。除 G13-P 的 Cl 含量为 2100μg/g 外，从底部分层(G1-1)至 G17-P 氯含量较低；从 G18 分层到顶部 G46-P 分层 Cl 含量急剧上升(图 3.60)。Cl 在煤层剖面上的含量与分层所处位置有关，而与岩性关系不大(图 3.60)。Cl 和灰分之间负的相关系数($r = -0.41$；表 3.27)似乎表明煤中氯与有机质相关。但煤中存在有机态 Cl 的可能性不大，因为有机氯化合物几乎都是人工合成的而非自然形成的(梁汉东，2001)。另外，HCl 在煤中存在的可能性也很小(梁汉东，2001)。官板乌素矿煤中氯也不可能以 NaCl 形式存在，因为 Na 和 Cl 之间的相关系数较低(0.07)，而且 Na_2O 含量也明显低于 Cl(表 3.26)。

Cl-Al_2O_3($r = -0.27$)和 Cl-SiO_2($r = -0.58$)的低相关系数表明黏土矿物或勃姆石与 Cl 的赋存关系不大。Cl 和煤的水分呈弱正相关关系($r=0.35$，图 3.64)，表明少量氯与水分有关。Spears(2005)报道的英国煤中也存在与水分相关的氯。

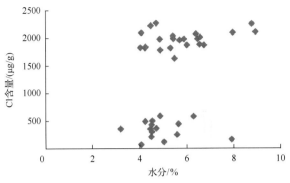

图 3.64　6 号煤中 Cl 和水分关系图

官板乌素矿煤中氯可能是以分子(Cl₂)形态存在。梁汉东(2001)在贵州超高硫煤中检测到与有机质有关的 Cl_{1-4} 的分子存在。煤中的 Cl_2 还需要进一步研究。如上所述,官板乌素矿 6 号煤中还存在少量与 Ti 的氯氧化物或羟基氯化物有关的 Cl。

5. 锶

官板乌素矿煤中锶含量均值(703μg/g)高于中国煤和世界硬煤的均值(140μg/g、100μg/g 表 3.26)、阿刀亥矿(128μg/g; Dai et al., 2012d)、哈尔乌素矿(350μg/g)和黑岱沟矿(423μg/g)。

官板乌素矿煤中 Sr 主要赋存在磷锶铝石中。Sr 和 P_2O_5 之间的相关系数高达 0.98 (表 3.27)。磷锶铝石通常富含稀土元素(Dai et al., 2008b),所以 Sr、P 和 REY(尤其是 LREY)之间的相关系数也较高(图 3.65)。

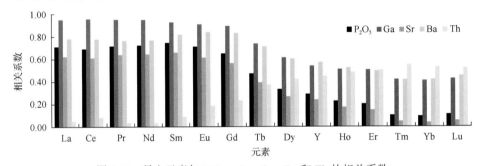

图 3.65　稀土元素与 P_2O_5、Ga、Sr、Ba 和 Th 的相关系数

此外,Sr-Ba 和 P_2O_5-Ba 的相关系数较高,分别为 0.78 和 0.85。在煤层剖面上 Sr、P 和磷锶铝石的变化规律类似(图 3.44)。

6. 钍

官板乌素矿 6 号煤中 Th 的含量(12.9μg/g)是中国煤均值的两倍左右(5.84μg/g; Dai et al., 2012b),与阿刀亥煤(12.4μg/g; Dai et al., 2012d)接近,但低于黑岱沟煤(17.8μg/g; 表 3.7)和哈尔乌素煤(17μg/g)。

煤中 Th 通常被认为赋存在矿物中,如独居石、锆石、磷钇矿或黏土矿物(Palmer and Filby, 1984; Finkelman, 1995)。黑岱沟矿和哈尔乌素矿煤中 Th 主要与锆石、勃姆石和有机质有关(Dai et al., 2006, 2008b)。类似地,阿刀亥矿煤中 Th 不仅与矿物质有关而且与有机质关系密切。

官板乌素矿煤中 Th 与 Al_2O_3($r=0.68$)、SiO_2($r=0.48$)、K_2O($r=0.73$)、TiO_2($r=0.55$)、Rb($r=0.61$)、Nb($r=0.62$)、Te($r=0.76$)、Cs($r=0.68$)、Ta($r=0.69$)、W($r=0.61$)、Bi($r=0.64$) 和 HREY($0.48\sim0.52$)的正相关表明钍主要赋存在黏土矿物和其他副矿物中。阴山古陆的中元古界钾长花岗岩中富含 Th(鄢明才和迟清华，1997)。因此在接近物源区的准格尔煤田和大青山煤田煤中富集 Th，从北往南随着距古陆距离的增加煤中 Th 趋于正常。

7. 锆和铪

官板乌素矿煤中 Zr(143μg/g)和 Hf 含量(3.96μg/g)高于中国煤均值(Dai et al.，2012b)和世界硬煤均值(Ketris and Yudovich，2009)，低于黑岱沟矿、哈尔乌素矿和阿刀亥矿。

Zr、Hf 与灰分的相关系数较高，分别为 0.56 和 0.45。Zr-Al_2O_3 和 Zr-SiO_2 的相关系数也较高，分别为 0.41 和 0.47，表明 Zr 赋存在黏土矿物中。官板乌素矿煤中 Zr 的赋存状态和阿刀亥矿的煤类似(Dai et al.，2012d)。准格尔煤田黑岱沟矿和哈尔乌素矿煤中锆石是 Zr 最主要的载体。官板乌素矿煤中 Zr 和 Hf(0.97)之间的高相关系数表明它们之间关系密切。

8. 稀土元素(REY)

官板乌素矿煤中 REY 的含量差别较大，为 $15.1\sim936$μg/g，平均值为 154μg/g；其均值接近中国煤均值(136μg/g；Dai et al.，2012b)，高于世界硬煤均值(68.6μg/g；Ketris and Yudovich，2009)(表 3.28)。

通常煤中稀土元素(REY)与黏土矿物、自生矿物(如含 REY 的铝磷酸盐矿物、硫酸盐，含水磷酸盐和碳酸盐)及有机质有关(Eskenazy，1987a，1987b；Finkelman，1995；Chou，1997；Seredin and Dai，2012)。

表 3.27 中，REY-灰分的相关系数(均小于 0.2)较低表明 REY 呈现有机结合态和无机结合态双重亲和性。REY，特别是 LREY 与 P_2O_5、Sr、Ba 和 Ga(图 3.65)的高相关系数表明 LREY 主要与磷锶铝石和磷钡铝石关系密切。$MREY$-Al_2O_3 和 $HREY$-Al_2O_3 的相关系数较高，而 REY-SiO_2 的相关系数较低(图 3.66)表明 MREY 和 HREY 主要赋存在富铝的勃姆石中。然而，MREY 和 HREY 与 TiO_2 和 Sc 之间的高相关系数表明它们与副矿物也有关系。

从稀土元素和灰分的低相关性推断有部分稀土元素可能赋存在有机质中(表 3.27)。哈尔乌矿素和阿刀亥矿煤的 LREY 和 MREY 有较强的有机亲和性(Dai et al.，2008b，2012d)。官板乌素矿煤中 LREY、MREY、HREY 与灰分之间的相关系数相似表明 REY 均具有有机亲和性(图 3.66)。

除 G22 和 G14 分层异常外，官板乌素矿煤中 REY 分布模式主要是 LREY 富集型和 HREY 富集型(表 3.28，图 3.67)。LREY 富集型主要集中在煤层剖面的上部，而 HREY 富集型则以下部分层为主(表 3.28)。煤层剖面下部 G22 和 G14 分层为混合富集型，前者为 LREY 和 MREY 富集型，后者为 MREY 和 HREY 富集型(表 3.28，图 3.67)。

我国华北古生代某些高阶煤典型的 LREY 富集是泥炭堆积阶段受陆源碎屑或凝灰岩输入的结果(Seredin and Dai，2012)。然而官板乌素矿 6 号煤上部 LREY 富集则是本溪组的风化铝土矿含 REY 的胶体输入所致。

煤中 HREY 富集常与富含 HREY 的地下水循环有关(Seredin，2001)。因此，6 号煤下部分层遭受的地下水循环要强于上部分层。6 号煤的夹矸中低的稀土元素含量就是其受地下水淋滤的证据(表 3.28)。

表 3.28　官板乌素矿煤中稀土元素含量与参数

样品	La	Ce	Pr	Nd	Sm	Eu	Gd	Tb	Dy	Y	Ho	Er	Tm	Yb	Lu	REY	REO	REO-Ash[a]	(La/Lu)$_N$	(La/Sm)$_N$	(Gd/Lu)$_N$	Eu/Eu*	Ce/Ce*	Y/Y*	类型*
G46-P	6.05	16	1.82	6.42	1.11	0.29	1.06	0.24	1.54	7.27	0.28	0.81	0.13	0.89	0.14	44.1	53	64	0.47	0.82	0.65	1.24	1.09	0.84	H
G45-2	36.1	80.7	8.44	28.1	3.95	0.85	3.74	0.65	4.16	23.3	0.84	2.5	0.43	2.63	0.39	197	237	1119	0.98	1.37	0.80	1.04	1.05	0.95	H
G45-1	82.6	156	12.7	47.6	8.66	2.12	10.2	1.75	9.53	50.5	1.91	5.13	0.88	5.66	0.88	396	478	1346	1.01	1.43	0.98	1.05	1.07	0.90	L
G44-2-P	40.8	83.4	9.57	32.7	3.87	0.63	3.12	0.56	3.57	17.5	0.72	1.97	0.31	2.09	0.32	201	243	324	1.37	1.58	0.83	0.86	0.96	0.83	L
G44-1-P	12.1	23.1	2.46	7.65	0.94	0.19	0.9	0.22	1.34	7.82	0.3	0.88	0.16	1.04	0.16	59.3	71	86	0.82	1.94	0.48	0.98	0.96	0.93	H
G43	47.2	84.2	8.84	30.7	5.37	1.09	4.64	1.03	5.88	28	1.1	3.36	0.56	3.36	0.46	226	272	1004	1.09	1.32	0.84	1.03	0.93	0.83	L
G42	63.8	92.4	10.7	41.3	4.81	0.79	3.48	0.49	2.37	13.9	0.48	1.43	0.25	1.35	0.2	238	287	1760	3.35	1.99	1.44	0.90	0.80	0.99	L
G41	20	34.7	3.3	9.1	1.09	0.25	1.41	0.26	1.41	7.22	0.28	0.85	0.14	0.93	0.12	81.1	98	256	1.75	2.75	0.97	0.94	0.96	0.87	L
G40	12.9	26.7	2.83	9.26	1.76	0.36	1.88	0.35	2.13	11.6	0.42	1.21	0.2	1.08	0.15	72.8	88	614	0.91	1.10	1.05	0.92	1.01	0.93	H
G39	20.6	33.9	3.67	12	2.11	0.34	1.9	0.36	2.07	10.6	0.36	1.04	0.16	1.1	0.16	90.4	109	1229	1.36	1.46	0.99	0.79	0.88	0.93	L
G38	5.75	10.6	1.41	6.83	1.92	0.36	1.94	0.38	2.2	14.1	0.42	1.29	0.23	1.32	0.2	49.0	59	299	0.31	0.45	0.83	0.87	0.85	1.11	H
G37	32.1	54.9	5.56	18.5	3.16	0.51	2.91	0.49	2.9	16.4	0.56	1.77	0.29	1.79	0.26	142	171	2645	1.30	1.52	0.93	0.79	0.93	0.97	L
G36	11.8	19.8	2.46	8.68	1.81	0.38	1.85	0.34	2.38	11.7	0.42	1.28	0.22	1.41	0.22	64.8	78	1543	0.57	0.98	0.71	0.96	0.84	0.88	H
G35-P	4.18	8.29	1.03	2.48	0.46	0.08	0.38	0.08	0.44	2.38	0.08	0.32	0.07	0.39	0.07	20.7	25	30	0.68	1.36	0.49	0.92	0.91	0.94	H
G34	7.02	17.5	2.77	12.1	3.02	0.47	2.32	0.48	3.4	16.3	0.62	1.95	0.32	1.94	0.29	70.5	85	1463	0.26	0.35	0.67	0.83	0.88	0.85	H
G33-P	7.22	14.6	1.96	5.78	0.69	0.12	0.64	0.09	0.61	2.5	0.11	0.36	0.06	0.41	0.05	35.2	42	63	1.45	1.57	1.02	0.81	0.88	0.72	L
G32	41.2	68.6	8.16	26.3	3.47	0.48	2.76	0.43	2.74	15.9	0.51	1.44	0.24	1.41	0.2	174	210	2751	2.22	1.78	1.17	0.73	0.85	1.02	L
G31	23.4	38.7	4.13	14.8	2.24	0.49	1.91	0.4	2.41	12.8	0.45	1.35	0.24	1.3	0.2	105	126	1780	1.25	1.57	0.81	1.12	0.89	0.93	L
G30-P	12.4	24.3	2.78	9.22	1.59	0.21	1.41	0.19	1.1	5.15	0.18	0.61	0.09	0.61	0.1	59.9	72	98	1.38	1.17	1.24	0.67	0.94	0.86	L
G29	8.74	18	1.86	6.81	1.27	0.25	1.46	0.26	1.59	8.77	0.33	0.96	0.18	1.03	0.16	51.7	62	240	0.57	1.03	0.75	0.84	1.02	0.92	H
G28	23.7	43.2	4.39	15.3	2.99	0.52	2.71	0.52	3.11	16.2	0.57	1.61	0.27	1.7	0.23	117	141	580	1.12	1.19	1.01	0.86	0.96	0.92	L
G27-P	17.8	28	2.39	6.99	1.25	0.23	1.06	0.21	1.23	6.88	0.24	0.89	0.13	0.93	0.14	68.4	82	127	1.36	2.14	0.64	0.95	0.94	0.96	L
G26	13.5	22.6	2.11	6.21	1.15	0.22	1.13	0.28	1.71	9.75	0.38	1.12	0.19	1.08	0.19	61.6	74	186	0.75	1.76	0.50	0.91	0.95	0.92	H
G25	5.84	11.9	1.37	5.64	1.39	0.41	1.96	0.51	3.07	16.5	0.6	1.92	0.28	1.78	0.28	53.5	64	454	0.23	0.63	0.60	1.13	0.96	0.92	H
G24	1.14	3.68	0.534	2.05	1.01	0.21	1.26	0.3	2.23	13.4	0.45	1.4	0.24	1.36	0.21	29.5	36	258	0.06	0.17	0.51	0.85	1.02	1.01	H
G23	1.45	3.95	0.51	2.18	0.87	0.21	1.25	0.31	2.1	11.6	0.39	1.23	0.22	1.32	0.17	27.8	33	287	0.09	0.25	0.61	0.91	1.03	0.97	H
G22	37	69.9	8.14	31.6	5.8	1.1	4.48	0.72	3.76	21.8	0.7	1.89	0.28	1.74	0.25	189	228	1716	1.58	0.96	1.51	1.01	0.92	1.02	L & M

续表

样品	La	Ce	Pr	Nd	Sm	Eu	Gd	Tb	Dy	Y	Ho	Er	Tm	Yb	Lu	REY	REO	REO-Ash[a]	$(La/Lu)_N$	$(La/Sm)_N$	$(Gd/Lu)_N$	Eu/Eu^*	Ce/Ce^*	Y/Y^*	类型
G21	78.1	123	13.3	45.4	6.74	1.28	5.66	0.79	3.99	21.2	0.75	2.03	0.34	1.96	0.3	305	368	1869	2.82	1.74	1.62	0.97	0.86	0.93	L
G20-P	3.72	10	0.935	2.49	0.45	0.17	0.62	0.18	1.41	6.69	0.26	0.79	0.14	0.99	0.15	29.0	35	46	0.26	1.25	0.35	1.46	1.22	0.83	H
G19	4.57	13.1	1.84	7.49	2.04	0.51	2.53	0.62	3.97	20.6	0.81	2.23	0.37	2.32	0.34	63.3	76	335	0.14	0.34	0.62	1.03	1.00	0.87	H
G18	21.4	39.2	4.12	16.2	3.7	0.86	3.47	0.83	5.28	25.4	1.04	3.11	0.45	3.14	0.47	129	155	943	0.49	0.87	0.63	1.12	0.95	0.82	H
G17-P	2.97	8.27	1.4	6.5	2.07	0.52	1.99	0.48	3.01	14.2	0.57	1.84	0.28	1.84	0.3	46.2	56	75	0.11	0.22	0.56	1.20	0.87	0.82	H
G16	4.35	11	1.39	5.43	1.27	0.36	1.5	0.39	2.41	12.4	0.49	1.55	0.28	1.7	0.24	44.8	54	447	0.19	0.51	0.53	1.22	1.01	0.86	H
G15-P	16.8	35.1	3.23	6.83	0.67	0.2	1.02	0.25	1.58	9.39	0.35	1.15	0.22	1.44	0.22	78.5	95	111	0.83	3.75	0.40	1.08	1.08	0.96	H
G14	24.2	52.5	5.65	21.5	4.05	0.92	3.98	0.65	3.69	20.1	0.76	2.13	0.37	2.31	0.29	143	173	417	0.88	0.90	1.14	1.08	1.02	0.91	H & M
G13-P	66.5	103	8.8	19.3	1.37	0.26	1.58	0.31	1.82	9.27	0.37	1.06	0.21	1.33	0.2	215	258	325	3.53	7.28	0.66	0.83	0.93	0.85	L
G12	18.3	41.3	5.12	19.1	3.5	0.93	3.26	0.75	4.43	22.6	0.79	2.47	0.38	2.33	0.36	126	151	463	0.54	0.78	0.76	1.29	0.97	0.91	H
G11	88.2	148	14.9	50.5	5.61	1.19	5.8	0.76	4.02	21.1	0.71	1.92	0.36	2.13	0.31	346	417	2871	3.06	2.36	1.59	0.98	0.92	0.94	L
G10	3.15	8.62	1.02	4.95	1.8	0.4	1.63	0.47	2.59	15.1	0.48	1.54	0.24	1.54	0.25	43.8	53	211	0.14	0.26	0.56	1.10	1.08	1.03	H
G9	14	31.8	2.46	7.54	1.86	0.58	3.07	0.67	4.02	22.5	0.8	2.35	0.43	2.57	0.35	95	115	275	0.43	1.13	0.75	1.08	1.22	0.95	H
G8	1.22	3.26	0.384	1.84	0.97	0.25	1.74	0.36	2.42	15.7	0.52	1.53	0.28	1.63	0.24	32.3	39	140	0.05	0.19	0.60	0.84	1.08	1.06	H
G7	230	405	45.3	173	23.4	3.28	12.2	1.46	6.43	28.4	1.03	2.95	0.37	2.32	0.37	936	1128	4042	6.69	1.47	2.80	0.89	0.90	0.83	L
G6	1.27	4.19	0.382	1.48	0.44	0.16	0.58	0.14	0.81	4.43	0.15	0.46	0.08	0.47	0.08	15.1	18	61	0.16	0.43	0.58	1.42	1.36	0.96	H
G5-P	2.37	4.41	0.372	0.98	0.33	0.13	0.45	0.12	0.89	5.31	0.17	0.58	0.11	0.71	0.09	17.0	21	24	0.28	1.06	0.42	1.57	1.05	1.03	H
G4	35.7	69.6	5.34	11.3	1.91	0.57	2.62	0.56	3.47	18	0.73	2.11	0.34	2.08	0.3	155	186	1110	1.26	2.80	0.73	1.17	1.12	0.86	L
G3	17.7	36.7	3.54	10.6	2.65	0.68	3.25	0.77	4.36	25.6	0.96	2.62	0.43	2.43	0.36	113	136	474	0.53	1.00	0.77	1.07	1.05	0.95	H
G2	2.15	8.62	1.44	7.28	2.27	0.66	2.79	0.61	3.59	19.9	0.72	2.05	0.3	1.7	0.27	54.4	66	356	0.09	0.14	0.88	1.22	0.98	0.94	H
G1-3	1.24	2.65	0.38	1.97	0.94	0.33	2.12	0.65	3.98	20.8	0.79	2.25	0.35	2.06	0.32	40.8	49	210	0.04	0.20	0.56	0.99	0.87	0.89	H
G1-2	103	160	17.5	63.9	11.7	2.23	7.25	1.01	5.12	24.1	0.83	2.54	0.38	2.25	0.35	402	485	1370	3.13	1.32	1.74	1.12	0.85	0.88	L
G1-1	3.84	12.4	1.54	4.86	1.3	0.25	1.35	0.41	2.53	13.4	0.49	1.41	0.21	1.45	0.21	45.7	55	269	0.20	0.44	0.54	0.87	1.12	0.91	H
WA	32.3	57.6	6.06	21.6	3.64	0.73	3.35	0.61	3.54	18.81	0.68	1.99	0.33	1.99	0.3	154	185	926	nd	nd	nd	nd	nd	nd	nd
中国煤	22.5	46.7	6.42	22.3	4.07	0.84	4.65	0.62	3.74	18.2	0.96	1.79	0.64	2.08	0.38	136	164	nd	nd	nd	nd	nd	nd	nd	nd
世界硬煤	11	23	3.4	12	2.2	0.43	2.70	0.31	2.10	8.4	0.57	1.00	0.20	1.00	0.20	68.6	82.5	nd	nd	nd	nd	nd	nd	nd	nd

注: WA 表示权衡均值; nd 表示无数据。表中稀土元素单位为 μg/g; a 表示灰基; $Eu/Eu^*=2Eu_N/(Sm_N+Gd_N)$; $Ce/Ce^*=2Ce_N/(La_N+Pr_N)$; $Y/Y^*=2Y_N/(Dy_N+Ho_N)$; REY 以上地壳值(UCC)进行标准化(Taylor and McLennan, 1985)，并计算$(La/Lu)_N$、$(La/Sm)_N$、$(Gd/Lu)_N$、Eu/Eu^*、Ce/Ce^*及Y/Y^*; 类型表示 REY 富集类型; 灰色背景为夹矸样品。

资料来源: 阿刀亥煤数据引自Dai等(2012d); 中国煤数据引自Dai等(2012b); 世界硬煤数据引自Ketris和Yudovich(2009)。

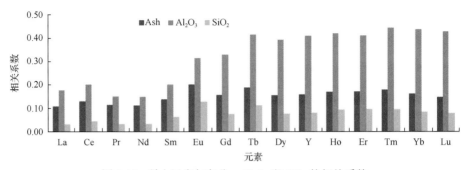

图 3.66　稀土元素与灰分、Al_2O_3 和 SiO_2 的相关系数

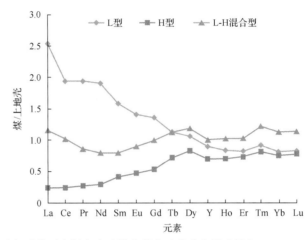

图 3.67　经上地壳标准化后官板乌素矿煤中稀土元素分布模式图（Taylor and McLennan，1985）

轻、中、重分布模式均为各自富集类型所有分层样品的均值

　　根据配分模式可以推断富 LREY 的上部煤层的稀土元素主要来源于本溪组风化壳铝土矿的供给，而富 HREY 的下部分层中的稀土元素受地下水循环控制。阴山古陆的钾长花岗岩对煤层稀土元素的贡献较小。花岗岩一般具有 Eu 负异常的典型特征，而官板乌素矿煤中未见明显的 Eu 异常（表 3.28，图 3.66）。

　　如图 3.67 所示，官板乌素矿和阿刀亥矿煤中稀土元素配分模式类似，而与黑岱沟矿和哈尔乌素矿煤略有差别。后者的 Eu 呈负异常（图 3.68）。

　　官板乌素矿 6 号煤夹矸中稀土元素含量整体上低于其下伏煤层（表 3.28）。以 G46-P 夹矸为例，它的 REY 含量为 44.1μg/g，其下伏煤层稀土元素含量为 197μg/g。准格尔盆地黑岱沟矿和哈尔乌素矿 6 号煤也存在类似的情况，夹矸受地下水淋滤致使含 REY 的淋滤液在下伏煤层中富集（Dai et al.，2006，2008b）。Dai 等（2006）认为含 REY 的淋滤液可以通过 3 种形式赋存在煤中：①形成自生的富 REY 矿物（如磷锶铝石）；②进入铝的氢氧化矿物（如勃姆石）晶体；③被有机质吸附。上述成因的 REY 在世界其他煤中也有报道（Eskenazy，1987a，1987b；Crowley et al.，1989；Hower et al.，1999a）。

　　9. 煤灰中关键金属提取的前景

　　准格尔煤田官板乌素矿、黑岱沟矿、哈尔乌素矿和大青山煤田阿刀亥矿煤灰中高含量 Ga 的经济价值值得考虑。官板乌素矿煤灰中 Ga 含量为 17.8～210μg/g，平均值为 77.8μg/g

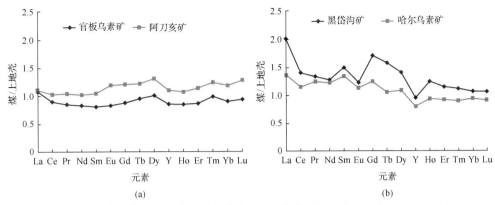

图 3.68　经上地壳标准化后官板乌素矿、阿刀亥矿、黑岱沟矿和哈尔乌素矿煤中
稀土元素分布模式(Taylor and McLennan，1985)

(图 3.63)。上部第二段 561cm 煤灰中镓平均值为 99.6μg/g。官板乌素矿煤灰的 Al 和 Ga 组成与普通铝土矿(30%～55%，Al_2O_3；30～80μg/g，Ga；Seredin，2012)相差不大。铝土矿中 Ga 品位达到 20～100μg/g 就可以考虑对其进行开发利用(全国矿产储量委员会办公室，1987)。哈尔乌素矿、黑岱沟矿和阿刀亥矿煤灰中 Al 和 Ga 的含量也与普通铝土矿相当(图 3.63)。

1987 年我国公布煤中 Ga 的工业品位为 30～50μg/g(全国矿产储量委员会办公室，1987)。从目前实际来看已有规范中煤中 Ga 的工业品位值得商榷。因为，有些规范仅对煤中 Ga 含量有要求，而对煤厚、灰分、是否存在其他有益伴生金属(如 Al 和 REY)、市场供需和提取方法等其他因素都未涉及。基于准格尔煤田黑岱沟矿 6 号煤灰中 Ga 和 Al 在试验工厂提取的实际情况，作者建议当煤灰中 Ga 含量高于 50μg/g、$SiO_2/Al_2O_3<1$(或者煤灰中 $Al_2O_3>40\%$)、煤厚大于 5m(适合分层开采)时可以考虑燃煤产物中 Al 和 Ga 的联合提取。

官板乌素矿煤灰中 Al_2O_3 的含量变化为 25.9%～63.92%，均值为 43.99%[图 3.63(a)]。上部富勃姆石的第二段煤灰中 Al_2O_3 的平均值更是高达 47.22%[图 3.63(a)]。准格尔煤田哈尔乌素矿和大青山阿刀亥矿煤灰中 Al_2O_3 含量和普通铝土矿相当(图 3.63)。鉴于已有从准格尔煤田黑岱沟矿煤的燃煤产物中成功提取 Al_2O_3 的实例(Dai et al.，2010b；Seredin，2012)，推测官板乌素矿上部分层煤的燃烧产物中高含量的 Al_2O_3 颇具开发利用前景。

官板乌素矿煤炭储量为 77.4 万 t，煤的灰分产率平均值为 20.25%，煤灰中 Al_2O_3 和 Ga 含量分别为 43.88%和 77.8μg/g。据此初步估算官板乌素矿煤中 Al_2O_3 和 Ga 的储量分别为 6.89Mt 和 1219t。

一般用 REY 氧化物(REO)的含量来估算矿床中稀土元素的丰度(Seredin and Dai，2012)。官板乌素矿 6 号煤上部和全层煤灰中 REO 均值分别为 1412μg/g 和 1121μg/g。官板乌素矿煤灰中 REO 含量高于一些离子吸附型稀土矿床(陇南，840μg/g；华山，700μg/g；Bao and Zhao，2008)及热液成因的大吨位和低品位的稀土元素的矿石(如 Round Top Mountain，USA，690μg/g)。

Seredin(2004)根据俄罗斯远东地区从燃煤产物中实际提取的稀土元素，建议将 1000μg/g 作为低阶煤煤灰的 REO 工业品位。Seredin 和 Dai(2012)将煤灰中 REO 的工业品位进一步修正为煤灰中 REO 含量为 800～900μg/g，且煤厚大于 5m。因此，除 Al_2O_3、Ga、Li_2O 外，稀土元素也可以考虑从官板乌素矿的煤中联合提取。如图 3.63 所示，黑岱沟矿、哈尔乌素矿和阿刀亥矿的大多数煤分层中 REO 也达到了工业品位。

表 3.29 中初步总结了官板乌素矿、哈尔乌素矿、黑岱沟矿和阿刀亥矿煤灰中可利用金属元素的开发前景指数（Seredin and Dai，2012）。准格尔煤田和大青山煤田煤灰中 Al_2O_3、Ga 和 REO 含量均高于其工业品位。Li_2O 仅在官板乌素矿上部达到工业品位。官板乌素矿煤中稀土元素的开发前景指数高于黑岱沟矿、哈尔乌素矿和阿刀亥矿。

表 3.29　官板乌素矿、黑岱沟矿、哈尔乌素矿和阿刀亥矿煤灰中可利用金属元素的开发前景指数

煤矿		厚度/m*	A_d/%	Al_2O_3/%	Ga/(μg/g)	Li_2O/(μg/g)	REO/(μg/g)	C_{outl}
官板乌素	上部分层	5.61	16.86	47.22	99.6	2829	1412	0.91
	下部分层	5.89	23.48	40.70	57.1	1377	844	1.58
	全层	11.50	20.25	43.88	77.8	2085	1121	1.23
黑岱沟		27.81	17.62	62.44	44.5	499	1461	0.83
哈尔乌素		28.41	18.05	53.43	135	1281	1404	0.92
阿刀亥		16.50	25.00	44.46	72.9	57.35	976	0.93
工业品位		>5.0		40.0	50	2000	800~900	0.70

注：元素值均为灰分基准；C_{outl} 表示稀土元素的开发前景指数，C_{outl}=[(Nd+Eu+Tb+Dy+Er+Y)/∑REY]/[(Ce+Ho+Tm+Yb+Lu)/∑REY]（依据 Seredin and Dai, 2012）。* 表示除灰分后的厚度。

五、本节小结

官板乌素矿 6 号煤中富集 Al、Ga 和 REY，进一步印证了准格尔盆地存在与煤共（伴）生的镓铝矿床。官板乌素矿 6 号煤中矿物组成主要包括高岭石、勃姆石、绿泥石、碳酸盐矿物（方解石、白云石和菱铁矿）和磷锶铝石。同黑岱沟矿、哈尔乌素矿和阿刀亥矿类似，官板乌素矿 6 号煤中勃姆石、磷锶铝石和部分高岭石来源于盆地北部物源区的本溪组风化壳铝土矿。碳酸盐矿物和多数黄铁矿属自生成因。富锂绿泥石是热液成因的自生矿物，其组成介于锂绿泥石和鲕绿泥石之间。另外，在 6 号煤中还检测到了 Ti 的氯氧化物或羟基氯化物矿物。

官板乌素矿 6 号煤中富集 Al_2O_3、P_2O_5、Li、F、Cl、Ga、Sr 和 Th。高含量的勃姆石和磷锶铝石导致 SiO_2/Al_2O_3 值较低。P、Ga 和 Sr 主要赋存在磷锶铝石中。Li 主要与富锂绿泥石关系密切，其次为高岭石和伊利石。F 主要与勃姆石有关，其次为有机质。Cl 很可能以分子形式产出或赋存于 Ti 的氯氧化物或羟基氯化物中。Th 与黏土矿物及未识别的副矿物有关。稀土元素的赋存状态比较复杂，不仅与磷锶铝石、勃姆石有关，而且与有机质有关。煤层剖面上稀土元素配分模式表明该煤层受物源区铝土矿和地下水循环的双重影响。

官板乌素矿 6 号煤中 Al_2O_3、Ga、REY 和 Li_2O 都具备从燃煤产物中提取利用的前景。

第六节　大青山煤田阿刀亥矿[①]

本节论述了大青山煤田阿刀亥矿晚石炭世主采煤层（CP2）的矿物和地球化学组成。

[①] 本节主要引自 Dai S F, Zou J H, Jiang Y F, et al. 2012. Mineralogical and geochemical compositions of the Pennsylvanian coal in the Adaohai Mine, Daqingshan Coalfield, Inner Mongolia, China: modes of occurrence and origin of diaspore, gorceixite, and ammonian illite. International Journal of Coal Geology, 94: 250-270. 该文已获得 Elsevier 授权使用。

阿刀亥矿 CP2 煤的矿物主要有硬水铝石、勃姆石、磷钡铝石、方解石、白云石、菱铁矿和黏土矿物(主要是高岭石和铵伊利石)，还有少量的锐钛矿、磷灰石、石英和黄铁矿。根据矿物在煤层中的分布情况，可以将 CP2 煤在纵向上从上到下划分为 4 段，即Ⅰ~Ⅳ段。Ⅰ段和Ⅳ段的主要矿物是高岭石，Ⅱ段和Ⅲ段的主要矿物为铵伊利石、硬水铝石、勃姆石、磷钡铝石、方解石、白云石和菱铁矿。其中，形成硬水铝石、勃姆石和磷钡铝石的物质来自物源区本溪组风化壳上氧化了的铝土矿。此外，磷钡铝石的形成时间可能早于硬水铝石，后者是三水铝石在岩浆侵入的热液作用下脱水形成的产物。铵伊利石可能是高岭石和氮反应的产物，其中氮是岩浆侵入时煤发生变质作用过程中从有机质中释放出来的。方解石和白云石主要以胞腔和外生裂隙填充物的形成存在，它们的来源可能是岩浆热液。

与中国煤和世界硬煤相比，阿刀亥矿 CP2 煤中富集 CaO(1.69%)、MgO(0.32%)、P_2O_5(0.124%)、F(207μg/g)、Ga(16.3μg/g)、Zr(446μg/g)、Ba(276μg/g)、Hg(0.33μg/g)、Th(12.4μg/g)，但是因为其具有高含量的硬水铝石、勃姆石和磷钡铝石而具有较低的 SiO_2/Al_2O_3 值。煤中的 F 主要赋存于磷钡铝石和磷灰石中，Ga 的主要载体是硬水铝石和高岭石，而不是磷钡铝石。Ba 主要赋存于磷钡铝石和重晶石中。Hg 可能主要来自岩浆侵入，同时赋存于有机质和矿物中。利用聚类分析方法，可以将 CP2 煤中的元素(或元素的氧化物)分为 A、B、C、D、E 共 5 组。A 组(REE-Be-Y-Se-Ga-Ge-Sc-In-Pb-Bi-Nb-Ta-TiO_2-W-Hg-Sb-Zr-Hf-Th-U)绝大部分为亲石元素，赋存于铝硅酸盐矿物中；B 组(Sn-Te-Zn-Cd-V-As-Cr-Cu-Mo-Ni-Re)与灰分呈弱相关，与微量的未知硫化物矿物相关；C 组(Na_2O-Al_2O_3-SiO_2-Li-K_2O-Rb-Cs-Tl)可能赋存于黏土矿物和硬水铝石中；D 组(P_2O_5-Ba-F-Sr-S-Cl)除了 S，都主要赋存于磷钡铝石和磷灰石中；E 组(Fe_2O_3-MnO-CaO-MgO)主要赋存于碳酸盐矿物中。CP2 煤中 LREE(La~Eu)和 HREE(Gd~Lu)高度分异，$(La/Yb)_N$ 均值为 8.71，轻稀土元素相对富集，而重稀土元素相对轻稀土元素具有更强的有机亲和性。

一、概况与样品采集

从阿刀亥矿 CP2 煤中共采集了 48 个样品，包括 33 个煤样、11 个夹矸样、4 个顶板样，样品的编号、厚度和主要特征如图 3.69 所示。自下而上煤和夹矸样品编号为 A1~A44，顶板的编号分别为 Roof-1~Roof-4。夹矸总厚度占煤层总厚度的 22.85%。

二、煤质特征与镜质组反射率

阿刀亥矿煤的挥发分产率均值为 21.65%，镜质组随机反射率为 1.58%，按照美国 ASTM 煤类划分方案(ASTM, 2012)，其属于低挥发分烟煤。按照国家标准《煤炭质量分级 第 1 部分：灰分》(GB/T 15224.1—2018)(灰分产率介于 16.01%~29%为中灰分煤)和《煤炭质量分级 第 2 部分：硫分》(GB/T 15224.2—2010)(全硫含量<1%为低硫煤)，阿刀亥矿煤总体上属于中灰分、低硫煤，只有 A7、A23、A24、A44 分层硫分较高(全硫含量为 1.01%~1.09%)，其他低硫煤分层中的硫主要是有机硫(表 3.30)。

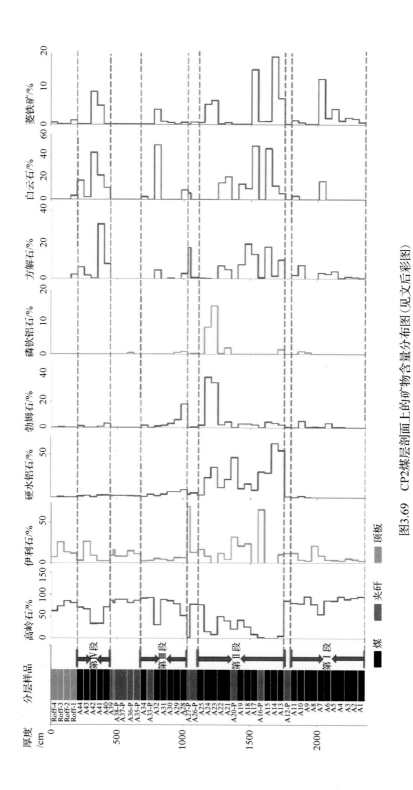

图3.69　CP2煤层剖面上的矿物含量分布图 (见文后彩图)

表 3.30 阿刀亥矿 CP2 煤样品的工业分析和元素分析数据、形态硫含量及镜质组反射率（单位：%）

样品	工业分析			元素分析				形态硫			$R_{o,ran}$
	M_{ad}	A_d	V_{daf}	C_{daf}	H_{daf}	N_{daf}	$S_{t,d}$	$S_{p,d}$	$S_{s,d}$	$S_{o,d}$	
A44	0.28	14.17	19.37	89.62	4.47	1.41	1.09	bdl	0.02	1.07	1.57
A43	0.45	34.16	22.84	87.03	4.85	1.01	0.71	nd	nd	nd	1.55
A42	0.42	18.97	18.98	88.49	3.92	1.36	0.79	nd	nd	nd	1.61
A41	0.45	23.26	23.28	85.56	4.05	1.15	0.71	nd	nd	nd	1.59
A40	0.19	23.57	21.74	87.88	4.34	1.31	0.90	nd	nd	nd	1.66
A34	0.61	38.60	23.79	84.47	4.50	0.90	0.54	nd	nd	nd	1.62
A32	0.48	32.84	27.99	81.10	3.73	1.26	0.58	nd	nd	nd	1.61
A31	0.58	46.48	26.99	84.06	5.11	0.97	0.47	nd	nd	nd	1.59
A30	0.49	36.85	23.47	83.88	4.67	1.52	0.62	nd	nd	nd	1.63
A29	0.53	23.28	19.18	87.27	4.39	1.67	0.85	nd	nd	nd	1.63
A28	0.51	22.58	21.08	88.08	4.53	1.30	0.91	nd	nd	nd	1.46
A25	0.64	34.70	22.10	85.57	4.68	1.08	0.71	nd	nd	nd	1.61
A24	0.51	15.55	19.09	89.86	4.54	1.68	1.01	bdl	0.02	0.99	1.55
A23	0.06	12.26	18.86	89.50	4.54	1.37	1.08	bdl	0.01	1.07	1.59
A22	0.24	25.33	22.62	87.55	4.47	1.13	0.86	nd	nd	nd	1.57
A21	0.11	20.00	22.25	88.45	4.37	1.55	0.91	nd	nd	nd	1.54
A19	0.22	18.44	20.95	88.37	4.41	1.36	0.94	nd	nd	nd	1.66
A18	0.31	22.59	19.74	88.59	4.44	1.34	0.67	nd	nd	nd	1.49
A17	0.27	19.98	24.21	85.83	3.92	1.24	0.82	nd	nd	nd	1.61
A15	0.43	12.58	16.40	90.29	4.02	1.42	0.84	nd	nd	nd	1.56
A14	0.31	5.37	16.40	91.50	4.26	1.49	0.93	nd	nd	nd	1.62
A13	0.26	5.24	16.26	91.34	4.23	1.48	0.98	nd	nd	nd	1.60
A11	0.43	38.25	23.63	81.83	5.22	0.91	0.56	nd	nd	nd	1.57
A10	0.15	12.55	18.29	89.50	1.40	6.74	0.86	nd	nd	nd	1.53
A9	0.52	39.05	23.44	84.18	5.24	0.85	0.53	nd	nd	nd	1.56
A8	0.35	35.63	22.65	83.33	5.15	1.69	0.58	nd	nd	nd	1.47
A7	0.34	45.22	38.03	76.76	4.62	1.13	1.08	0.60	bdl	0.48	1.57
A6	0.26	11.17	17.18	89.83	4.66	2.25	0.86	nd	nd	nd	1.63
A5	0.34	21.89	19.57	88.48	4.80	1.15	0.72	nd	nd	nd	1.53
A4	0.36	23.49	19.74	87.58	4.88	1.27	0.70	nd	nd	nd	1.55
A3	0.44	24.55	19.58	87.84	4.76	1.27	0.67	nd	nd	nd	1.60
A2	0.50	33.07	22.07	85.37	4.97	1.17	0.58	nd	nd	nd	1.69
A1	0.46	33.45	22.75	84.93	5.16	1.39	0.67	nd	nd	nd	1.50
WA	0.38	25.00	21.65	86.79	4.46	1.48	0.78	nd	nd	nd	1.58

注：M 表示水分；A 表示灰分产率；V 表示挥发分；C 表示碳元素；H 表示氢元素；N 表示氮元素；S_t 表示全硫；S_p 表示黄铁矿硫；S_o 表示有机硫；ad 表示空气干燥基；d 表示干燥基；daf 表示干燥无灰基；$R_{o,ran}$ 表示镜质组随机反射率；WA 表示权衡均值；nd 表示无数据；bdl 表示低于检测限。

与黑岱沟矿（灰分产率为 17.72%，全硫为 0.73%）和哈尔乌素矿煤（灰分产率为 18.34%，全硫为 0.46%）相比，阿刀亥矿煤的灰分略微偏高，硫分接近，但是煤阶明显较高。

阿刀亥矿煤中惰质组含量为 13.8%～71.2%，均值为 35.1%（表 3.31），高于中国华北晚古生代煤（一般＜25%，韩德馨，1996），但是低于准格尔煤田煤（46.1%～52.9%；Dai et al., 2006, 2008b）。惰质组主要是半丝质体[图 3.70(a)、(b)，均值为 12.5%]，其次是粗粒体[图 3.70(c)，均值为 8.7%]和丝质体[图 3.70(d)，均值为 6.3%]。

表 3.31　阿刀亥矿煤的显微组分组成（无矿物基）　（单位：%）

样品	T	CT	CD	CG	VD	TV	SF	F	Mac	Mic	Fg	ID	TI
A44	31.8	18.9	33.1	bdl	bdl	83.8	6.2	3.6	4.1	0.2	bdl	2.1	16.2
A43	36.9	5.2	33.2	0.3	1.8	77.4	12.9	1.8	5.8	0.5	bdl	1.6	22.6
A42	30.0	1.0	20.2	bdl	bdl	51.2	24.7	7.2	6.0	bdl	bdl	10.9	48.8
A41	50.2	9.0	22.7	2.7	1.5	86.1	5.2	1.6	4.1	bdl	0.2	2.7	13.8
A40	3.3	30.1	30.7	0.3	14.1	78.5	11.3	1.2	1.1	bdl	bdl	7.8	21.4
A34	13.9	0.3	14.4	bdl	0.3	28.9	10.7	16.8	26.5	bdl	bdl	17.2	71.2
A32	27.5	11.5	27.9	bdl	8.7	75.6	9.4	5.0	4.3	0.2	bdl	5.4	24.3
A31	14.9	6.1	28.4	0.3	0.7	50.4	21.9	5.0	10.1	bdl	bdl	12.6	49.6
A30	21.3	2.5	35.7	bdl	bdl	59.5	8.9	5.4	17.5	bdl	bdl	8.7	40.5
A29	29.7	5.7	37.6	bdl	0.2	73.2	10.1	2.6	6.4	0.2	bdl	7.5	26.8
A28	28.7	13.6	29.5	bdl	bdl	71.8	10.1	3.5	10.2	0.9	bdl	3.5	28.2
A25	30.6	5.2	33.7	bdl	1.0	70.5	11.8	4.4	8.0	bdl	bdl	5.2	29.4
A24	38.5	3.6	37.2	bdl	bdl	79.3	7.3	3.0	4.7	0.3	bdl	5.5	20.8
A23	49.8	6.8	22.7	bdl	0.2	79.5	7.2	8.0	2.0	bdl	bdl	3.3	20.5
A22	41.7	4.9	28.9	0.7	1.0	77.2	7.2	3.9	6.5	0.2	bdl	4.9	22.7
A21	34.5	1.4	41.1	0.2	1.3	78.5	8.8	3.4	5.0	0.2	bdl	4.0	21.4
A19	33.9	6.1	31.3	bdl	bdl	71.3	6.1	6.3	8.7	bdl	bdl	7.6	28.7
A18	23.6	8.2	27.9	0.3	1.7	61.7	12.5	10.7	9.9	bdl	bdl	5.1	38.2
A17	24.5	11.5	22.4	0.8	0.5	59.7	19.0	9.7	6.6	bdl	bdl	4.9	40.2
A15	9.4	3.6	50.9	bdl	0.6	64.5	15.4	4.4	5.7	1.4	bdl	8.6	35.5
A14	28.7	6.2	34.6	bdl	bdl	69.5	6.7	3.5	7.3	bdl	bdl	13.0	30.5
A13	33.4	4.4	22.6	bdl	bdl	60.4	27.9	0.9	3.7	bdl	bdl	7.2	39.7
A11	13.6	4.3	36.8	bdl	bdl	54.7	11.7	0.3	19.3	0.5	bdl	13.4	45.2
A10	23.2	3.6	39.6	bdl	0.6	67.0	10.4	7.4	7.1	bdl	bdl	8.1	33.0
A9	37.3	1.8	12.8	bdl	2.6	54.5	16.4	9.1	7.3	bdl	bdl	12.8	45.6
A8	33.2	4.7	11.9	bdl	2.2	52.0	13.5	10.9	11.7	bdl	bdl	11.9	48.0
A7	25.1	4.6	29.3	bdl	1.2	60.2	12.3	7.1	14.2	bdl	0.3	5.8	39.7
A6	20.5	5.5	40.7	bdl	bdl	66.7	12.7	5.3	6.5	0.6	bdl	8.1	33.2
A5	24.5	7.9	16.6	0.3	0.8	50.1	15.7	7.1	15.4	bdl	bdl	11.7	49.9
A4	25.4	8.8	17.8	bdl	0.9	52.9	11.5	16.3	10.2	0.2	bdl	8.9	47.1
A3	11.6	2.3	41.1	0.3	1.0	56.9	15.1	10.2	8.1	bdl	bdl	9.7	43.1
A2	33.6	2.9	19.4	bdl	bdl	55.9	13.4	13.3	10.9	bdl	bdl	6.5	44.1
A1	21.3	14.8	20.1	bdl	bdl	56.2	19.9	8.8	12.1	bdl	bdl	3.0	43.8
WA	27.5	6.9	28.9	Trace	1.3	64.6	12.5	6.3	8.7	Trace	Trace	7.6	35.1

注：T 表示结构镜质体；CT 表示均质镜质体；CD 表示基质镜质体；CG 表示团块镜质体；VD 表示碎屑镜质体；TV 表示镜质组总量；SF 表示半丝质体；F 表示丝质体；Mic 表示微粒体；Mac 表示粗粒体；Fg 表示菌类体；ID 表示碎屑惰质体；TI 表示惰性组总量；WA 表示根据煤分层厚度计算的权衡均值；Trace 表示痕量；bdl 表示低于检测限。

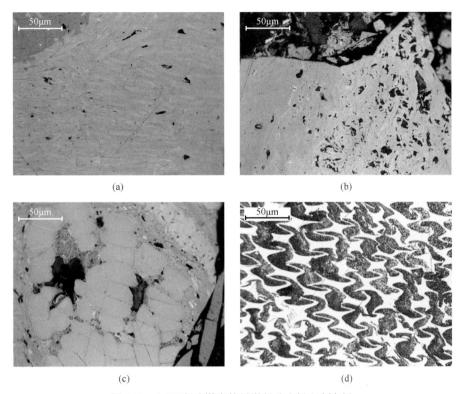

图 3.70　阿刀亥矿煤中的显微组分(油浸反射光)

(a)和(b)半丝质体,油浸反射光;　(c)粗粒体;　(d)丝质体

三、煤中的矿物

阿刀亥矿煤低温灰、夹矸、顶底板中矿物的含量见表 3.32。普遍存在的矿物有高岭石、伊利石、硬水铝石、勃姆石、方解石、白云石(或铁白云石)和菱铁矿,部分样品中含有石英、黄铁矿、含铝的磷酸盐矿物及少量锐钛矿。矿物在煤层纵向上的分布具有明显的规律性,据此将煤层在纵向上从上到下划分为 4 段,即 I 段(A1~A11 分层)、II 段(A13~A25 分层)、III段(A28~A34 分层)和IV段(A40~A44 分层)。

(一)高岭石

由 XRD 谱图可知,阿刀亥矿煤分层低温灰、夹矸和顶板中的高岭石具有有序的结晶结构。高岭石在阿刀亥矿煤中以结构镜质体和丝质体胞腔填充物的形式存在,这也是高岭石在煤和煤系地层中常见的赋存形式,表明了高岭石的自生成因(Ward, 1989)。高岭石在第 II 段(均值为 31%)远低于在第 I 段(均值为 85%)、第III段(均值为 71.6%)和第IV段(均值为 55.2%)中的含量(图 3.69)。

除了本溪组风化壳上氧化了的铝土矿,泥炭堆积阶段的物源还包括来自中元古代聚煤盆地北部和西部的阴山古陆的钾长花岗岩(王双明, 1996)。因此,相对于广大的华北盆地煤,陆源碎屑来源的黏土矿物是煤层中重要的矿物成分(Dai et al., 2006)。

表 3.32 阿刀亥矿煤低温灰、夹矸、顶底板中矿物的含量（低温灰基）

(单位：%)

样品	低温灰产率	石英	高岭石	伊利石	硬水铝石	勃姆石	方解石	白云石	菱铁矿	磷钡铝石	锐钛矿	黄铁矿
Roof-4	nd	30.0	62.1	7.4					0.5			
Roof-3	nd		73.0	25.7	1.0	0.3						
Roof-2	nd		85.7	13.6	0.6							
Roof-1	nd		80.4	11.7	0.7		2.6	3.4	1.1			
A44	21.68		70.2	2.8	1.6	1.2	6.8	17.5				
A43	nd		66.9	26.5	2.4		2.0	2.1				
A42	nd		33.4	9.3	0.9		0.1	43.1	9.1		4.1	
A41	35.56		34.4	2.4	2.8	0.9	32.1	22.2	5.2			
A40	30.52		71.3	2.5	2.9	3.3	8.8	10.7			0.6	
A39-P	nd	0.5	87.0	9.4	2.3						0.9	
A38-P	nd		80.4	16.2	2.4						1.0	
A37-P	nd		89.2	8.3	2.5							
A36-P	nd		82.1	15.1	2.3					0.5		
A35-P	nd		87.0	11.3	1.8							
A34	45.49		92.0	2.3	1.4	1.7		2.5				
A33-P	nd	0.5	92.9	3.1	3.6							
A32	45.72		31.2	5.6	2.3	1.1	5.2	50.4	4.2			
A31	53.40		89.0	4.5	4.1	1.7			0.8			
A30	43.18		86.3	2.8	6.8	3.2	0.4		0.5			
A29	27.91		78.8	6.9	7.1	6.1	3.0	8.7	0.6	0.6	0.5	
A28	27.29		52.3	6.7	9.4	17.9	18.4	5.9		0.9	0.4	
A27-P	nd	0.2	1.7	70.0	3.9							
A26-P	nd	0.3	77.7	13.3	5.4	0.4	0.8		0.7	0.3	1.1	

续表

样品	低温灰产率	石英	高岭石	伊利石	硬水铝石	勃姆石	方解石	白云石	菱铁矿	磷钡铝石	锐钛矿	黄铁矿
A25	40.99		76.8	17.0	3.0	1.9	0.5		0.5		0.3	
A24	nd		15.2	8.8	23.4	38.2	0.2		5.6	8.6		
A23	15.01		8.6		35.3	34.2			6.6	15.3		
A22	30.02		50.1	12.3	11.8	2.3	7.6	15.3	0.2	0.3		
A21	23.82		40.4	4.5	21.4	4.5	5.5	21.0	0.5	2.1		
A20-P			21.1	32.6	46.3							
A19	22.37		42.1	21.3	10.9	3.0	8.3	14.5				
A18	26.72		26.4	24.0	16.1	2.9	20.5	10.1				
A17	nd		9.5		9.1	2.3	14.4	49.5	15.3			
A16-P	nd		2.1	66.3	29.8		0.7		0.8		0.3	
A15	nd				28.5	4.4	18.8	47.0	0.9		0.5	
A14	6.13				62.2	3.5	1.7	12.6	18.9		1.1	
A13	6.44		5.5	11.2	54.3	2.2	11.1	5.6	7.2	1.6	1.3	
A12-P	nd		85.9	12.2	1.4	0.5						
A11	68.41		80.4	12.4	0.6		2.2	3.3	1.1			
A10	15.01	0.3	79.5	4.0	1.9	5.0	8.1		0.5	0.9		
A9	45.95	0.2	95.6	2.6	0.5	0.6				0.5		
A8	40.81		77.8	21.5		0.7						
A7	nd		55.0	9.6		0.3	3.5	16.7	12.6			2.3
A6	12.37		86.6	3.9		3.5	2.9		1.8		1.3	
A5	25.52		86.3	3.5		0.6	4.4		4.3		0.9	
A4	27.58		95.2	2.7		0.4	0.4		1.0		0.4	
A3	nd	0.2	89.9	5.6			1.2		1.9		1.2	
A2	39.00		93.3	4.2			0.9		1.6			
A1	39.51		95.7	2.7			0.5		0.6		0.5	

(二)伊利石

阿刀亥矿煤层中的伊利石主要是铵伊利石,XRD 图谱显示其 $d(001)$ 稍高于常见的钾伊利石(图 3.71)。如 Daniels 和 Altaner(1990,1993)、Ward 和 Christie(1994)、Nieto(2002)所讨论,铵伊利石的存在可能反映了煤阶提高过程或热液蚀变过程中氮从有机质中的释放,以及铵根离子进入煤孔隙水中的过程。铵根离子可以与钾伊利石和/或高岭石发生反应,使铵根离子进入伊利石晶体形成铵伊利石(如 Boudou et al.,2008,以及本节中其他参考文献),这种反应可以发生在煤中,也可以发生在夹矸中。

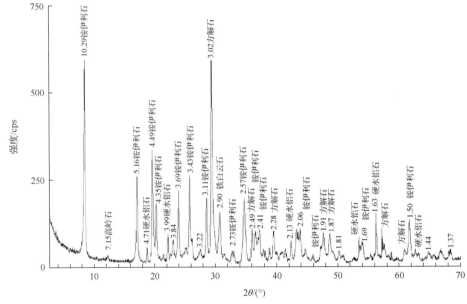

图 3.71　夹矸样品 A-27P 的 X 射线衍射谱图
图中伊利石为铵伊利石

铵伊利石主要富集在第Ⅱ段,第Ⅱ段中高岭石的含量相对于第Ⅰ段、第Ⅲ段和第Ⅳ段较少(图 3.69)。伊利石与高岭石的赋存状态相似,但是铵伊利石可能形成于一个较高的温度,是高岭石和氮反应的产物,而氮是岩浆侵入时煤发生变质作用过程中从有机质中释放而来的。这也解释了高岭石和铵伊利石的含量在煤层截面上此消彼长的规律。晚侏罗纪和早白垩纪的燕山运动导致了花岗岩的侵入。Ward 等(1989)报道了澳大利亚煤中表生碎屑或者火山碎屑成因的蒙脱石形成的伊利石,该煤与岩浆侵入体相接触。Kwiecinska 等(1992)报道了波兰一个接近岩浆岩岩脉的煤中伊利石的形成。Burger 等(1990)发现,在中国云南东部低煤阶和高阶煤,以及相应的煤层夹矸中,分别含高岭石及由高岭石形成的伊利石。

(三)硬水铝石、勃姆石、磷钡铝石和磷灰石

阿刀亥矿煤中的磷钡铝石(表 3.32)实际上具有一个介于标准磷钡铝石、磷锶铝石和磷钙铝石之间的结构,也就是介于这 3 种端元矿物之间的固溶体(Ward et al.,1996),这也得到了带能谱仪的扫描电镜数据(表 3.33)的证实。

表3.33 阿刀亥矿 CP2 煤层、顶板和夹矸中常量元素氧化物及微量元素的含量

分层样品	SiO$_2$	TiO$_2$	Al$_2$O$_3$	Fe$_2$O$_3$	MnO	MgO	CaO	Na$_2$O	K$_2$O	P$_2$O$_5$	SiO$_2$/Al$_2$O$_3$	Li	Be	F	Cl	Sc	V	Cr	Co	Ni	Cu	Zn	Ga
Roof-4	56.2	0.98	30.9	0.70	0.004	0.13	0.12	0.014	0.646	0.039	1.82	101	2.18	266	100	6.33	31.8	33.7	8.79	13.1	20.5	53.6	20.6
Roof-3	40.7	1.43	35.4	0.82	0.004	0.04	0.18	0.047	0.246	0.074	1.15	17.2	3.13	406	40	29.1	158	106	36.1	46.7	79.1	199	38.3
Roof-2	44.6	0.86	38.7	0.37	bdl	bdl	0.08	0.045	0.092	0.064	1.15	16.5	2.51	368	50	17.0	60.8	37.8	4.38	7.61	27.4	179	37.2
Roof-1	26.3	1.22	23.8	1.64	0.012	0.39	2.32	0.067	0.044	0.033	1.11	22.4	3.55	306	100	15.8	44.7	22.1	2.92	9.81	32.7	36.3	34.6
A44	5.97	0.35	6.04	0.36	0.003	0.14	1.22	0.022	0.007	0.017	0.99	4.60	1.05	91.0	150	7.73	62.7	15.2	10.6	7.71	16.5	16.7	12.0
A43	16.1	0.94	14.5	0.39	0.004	0.12	1.06	0.035	0.063	0.031	1.11	7.76	1.65	119	20	16.6	105	21.4	8.87	6.60	22.5	18.5	28.9
A42	4.30	1.81	4.49	2.84	0.028	1.21	3.92	0.017	0.026	0.029	0.96	2.81	2.48	141	150	27.9	75.2	26.1	3.75	9.92	35.1	21.8	14.4
A41	5.65	0.22	6.62	2.18	0.059	0.50	7.94	0.030	0.009	0.010	0.85	5.11	1.39	95.6	120	7.45	63.8	25.7	9.76	13.2	69.6	44.7	16.8
A40	9.63	0.53	9.77	0.62	0.008	0.17	1.79	0.036	0.019	0.031	0.99	5.82	2.15	124	100	9.46	60.4	21.7	10.6	17.3	68.4	96.2	19.1
A39-P	42.3	1.77	37.0	0.90	0.005	0.03	0.37	0.060	0.214	0.083	1.14	14.0	2.45	247	30	18.9	104	72.0	23.7	30.6	53.3	191	28.6
A38-P	37.2	1.25	32.5	1.27	0.009	0.11	0.56	0.052	0.284	0.081	1.14	17.4	1.80	240	140	21.2	266	116	28.2	36.9	62.3	139	31.2
A37-P	41.6	1.86	36.6	1.15	0.002	0.03	0.16	0.066	0.216	0.077	1.14	18.8	2.18	244	100	24.4	95.5	72.6	20.0	33.3	45.7	162	27.2
A36-P	42.3	1.34	37.0	1.33	0.010	0.06	0.13	0.067	0.336	0.092	1.14	19.3	2.68	270	bdl	21.8	132	88.2	19.3	33.4	78.5	136	36.8
A35-P	42.0	1.33	36.7	1.12	0.005	0.05	0.11	0.058	0.325	0.096	1.14	13.3	2.10	147	30	13.8	104	71.5	20.5	32.0	69.8	128	27.9
A34	18.7	0.87	17.2	0.68	0.006	0.12	0.57	0.054	0.034	0.074	1.09	9.46	3.09	128	bdl	20.0	64.8	30.6	2.31	7.92	54.5	32.1	25.3
A33-P	35.8	0.79	32.0	0.27	0.001	0.02	0.15	0.101	0.065	0.075	1.12	19.5	3.15	207	bdl	10.6	38.3	19.9	4.86	4.78	17.4	39.3	28.8
A32	7.10	0.48	7.93	4.73	0.054	2.46	8.38	0.025	0.024	0.055	0.90	5.01	1.93	124	bdl	18.1	81.1	28.7	3.73	9.27	33.2	25.3	24.0
A31	22.0	0.83	21.4	0.40	0.001	0.04	0.20	0.049	0.029	0.093	1.03	9.55	2.83	196	10	10.8	45.0	10.9	3.93	18.6	14.5	10.9	24.8
A30	18.2	0.68	17.4	0.29	0.002	0.03	0.21	0.040	0.017	0.056	1.05	8.73	2.52	117	60	12.3	54.2	18.6	5.96	10.5	19.9	20.0	22.4
A29	10.6	0.66	11.1	0.24	0.001	0.04	0.20	0.024	0.028	0.088	0.95	6.12	2.28	115	130	14.6	57.9	21.1	5.86	18.2	15.1	29.2	26.3
A28	6.01	0.57	12.5	0.58	0.006	0.16	1.04	0.026	0.046	0.302	0.48	5.19	1.92	248	290	9.52	41.4	18.7	8.57	20.6	21.4	26.6	15.2
A27-P	29.3	0.37	27.5	2.39	0.090	0.83	14.2	0.026	0.088	0.111	1.07	3.32	0.91	531	bdl	2.08	25.7	7.84	3.39	28.5	6.58	17.1	7.96
A26-P	27.0	1.18	25.0	0.35	0.001	0.04	0.55	0.071	0.086	0.059	1.08	17.8	1.75	393	bdl	10.4	41.3	14.7	2.41	10.3	13.8	23.6	12.3
A25	17.0	0.86	16.2	0.25	0.001	0.03	0.19	0.051	0.060	0.038	1.05	13.8	2.46	256	200	16.9	53.2	23.3	3.96	12.4	25.4	22.5	15.4
A24	2.41	0.44	10.7	0.29	0.004	0.04	0.39	0.016	0.039	1.023	0.23	3.08	2.00	824	380	7.83	30.6	15.0	8.13	10.5	17.5	44.6	16.2

续表

分层样品	SiO₂	TiO₂	Al₂O₃	Fe₂O₃	MnO	MgO	CaO	Na₂O	K₂O	P₂O₅	SiO₂/Al₂O₃	Li	Be	F	Cl	Sc	V	Cr	Co	Ni	Cu	Zn	Ga
A23	0.92	0.37	8.24	0.23	0.003	0.04	0.45	0.010	0.011	0.952	0.11	2.33	1.19	429	110	9.14	43.1	10.1	10.5	2.91	16.6	27.0	13.1
A22	9.08	0.41	10.6	0.70	0.008	0.41	2.53	0.037	0.024	0.169	0.86	9.06	1.45	151	110	8.76	45.2	16.2	6.58	6.51	16.4	23.1	13.0
A21	6.57	0.30	8.85	0.68	0.012	0.33	2.01	0.036	0.012	0.343	0.74	7.56	1.39	300	20	6.66	25.7	12.6	7.08	4.83	16.4	24.0	14.9
A20-P	27.1	0.92	39.3	0.46	0.005	0.09	0.52	0.044	0.189	0.370	0.69	12.1	2.07	1272	50	7.44	21.8	11.5	0.74	4.93	10.5	23.2	33.8
A19	7.48	0.22	8.79	0.41	0.005	0.20	1.42	0.034	0.016	0.030	0.85	9.48	0.89	165	bdl	2.99	15.8	11.1	3.60	3.70	10.4	20.9	6.65
A18	7.64	0.31	9.58	0.33	0.004	0.21	3.42	0.028	0.028	0.061	0.80	8.15	1.01	555	50	2.14	15.2	13.2	3.08	4.68	7.70	24.2	8.13
A17	2.01	0.10	4.38	4.13	0.103	1.45	6.49	0.026	0.005	0.028	0.46	3.04	0.87	204	100	2.32	12.4	12.6	3.02	6.68	7.54	13.2	6.09
A16-P	20.4	0.88	27.1	0.88	0.010	0.18	0.63	0.030	0.258	0.200	0.75	2.95	1.28	525	10	7.14	23.6	11.7	1.15	6.79	11.2	21.0	14.3
A15	0.10	0.10	4.54	1.18	0.023	0.91	3.95	0.005	0.001	0.107	0.02	bdl	1.18	199	bdl	2.78	11.7	7.30	1.85	2.43	8.10	15.7	5.67
A14	0.10	0.25	3.53	0.78	0.012	0.15	0.35	0.004	0.003	0.050	0.03	0.92	1.08	112	50	2.33	19.7	12.6	1.40	2.77	17.3	21.1	6.58
A13	0.72	0.14	3.28	0.29	0.004	0.05	0.41	0.010	0.005	0.077	0.22	2.08	0.91	153	bdl	1.27	15.2	12.1	2.04	3.72	9.93	76.0	6.45
A12-P	32.1	0.47	29.1	0.15	bdl	0.03	0.23	0.057	0.162	0.055	1.10	16.5	1.84	214	20	3.03	15.6	9.39	1.03	4.74	11.5	17.9	29.7
A11	18.7	0.82	17.7	0.14	bdl	0.05	0.30	0.037	0.075	0.133	1.06	11.5	2.58	371	120	5.78	28.5	13.4	1.36	2.51	15.1	37.9	19.0
A10	5.83	0.23	5.59	0.06	0.001	0.01	0.54	0.012	0.024	0.052	1.04	1.37	2.73	79.2	40	12.3	45.4	10.7	3.41	2.86	14.1	31.2	23.3
A9	20.2	0.45	18.0	0.09	bdl	0.01	0.10	0.043	0.046	0.138	1.12	7.73	2.89	270	160	9.22	28.6	13.5	1.30	4.07	10.6	23.5	29.1
A8	18.4	0.55	16.1	0.11	0.0004	0.02	0.08	0.028	0.062	0.030	1.14	5.01	2.28	114	bdl	6.79	23.0	9.94	2.23	1.48	12.1	12.7	14.9
A7	14.5	0.35	14.5	6.12	0.123	1.57	5.34	0.050	0.047	0.015	1.00	12.5	1.32	205	130	5.49	23.5	10.2	2.10	4.21	8.62	14.8	14.3
A6	5.27	0.53	4.81	0.16	0.002	0.02	0.23	0.008	0.010	0.004	1.10	4.06	2.09	87.6	140	11.3	39.4	14.9	3.49	3.89	92.2	28.1	13.2
A5	10.6	0.78	9.5	0.38	0.006	0.02	0.38	0.018	0.023	0.008	1.12	6.16	1.88	165	190	9.71	41.6	13.6	2.26	4.04	11.4	33.0	14.6
A4	11.9	0.58	10.5	0.24	0.004	0.02	0.11	0.018	0.021	0.009	1.13	5.99	1.60	132	bdl	5.99	33.6	10.2	2.01	3.50	9.12	8.14	10.3
A3	12.1	0.88	10.7	0.40	0.007	0.02	0.22	0.022	0.032	0.010	1.13	6.60	2.44	130	110	11.4	49.2	17.8	1.66	3.11	14.4	36.9	15.4
A2	16.8	0.60	14.9	0.38	0.006	0.01	0.19	0.034	0.026	0.016	1.13	15.0	2.26	201	70.0	11.3	64.5	16.7	2.13	4.20	18.0	23.1	16.2
A1	17.0	0.78	15.0	0.19	0.002	0.02	0.17	0.030	0.014	0.022	1.13	19.0	1.17	237	10.0	9.79	180	23.7	2.81	5.32	44.4	43.7	25.4
WA	9.99	0.55	10.8	0.94	0.016	0.32	1.69	0.028	0.027	0.124	0.84	7.02	1.85	207	116	9.6	47.2	16.3	4.54	7.28	23.5	28.7	16.3
中国煤	8.47	0.33	5.98	4.85	0.015	0.22	1.23	0.16	0.19	0.09	1.42	31.8	2.11	130	255	4.38	35.1	15.4	7.08	13.7	17.5	41.4	6.55
世界硬煤	nd	0.133	nd	nd	0.011	nd	nd	nd	nd	0.05	nd	14	2	82	340	3.7	28	17	6	17	16	28	6

续表

分层样品	Ge	Se	Rb	Sr	Zr	Nb	Mo	Cd	In	Sn	Sb	Te	Cs	Ba	Hf	Ta	W	Re	Hg	Tl	Pb	Bi	Th	U
Roof-4	1.10	0.11	25.0	25.3	282	17.2	0.80	0.15	0.07	4.65	0.13	0.05	1.61	186	11.3	1.08	5.77	bdl	0.11	0.45	17.8	0.18	11.7	2.43
Roof-3	3.77	0.40	14.0	78.4	349	23.2	3.37	0.40	0.12	5.09	0.19	0.05	0.94	250	12.1	1.42	2.36	bdl	0.34	0.46	35.6	0.46	18.5	3.09
Roof-2	2.81	0.28	4.59	31.8	382	28.7	1.70	0.54	0.08	4.82	0.12	0.06	0.35	192	14.2	2.20	1.57	bdl	0.63	0.30	49.9	0.34	31.3	5.30
Roof-1	1.79	0.52	3.08	40.0	734	32.2	4.32	0.36	0.20	9.09	0.48	0.11	0.26	160	14.6	2.30	1.55	0.004	0.61	0.37	36.1	1.54	26.1	5.65
A44	0.99	0.20	0.88	26.4	979	12.9	5.12	0.18	0.08	3.54	0.29	0.04	0.03	148	8.23	0.66	1.00	bdl	0.19	0.12	18.4	0.49	8.94	2.44
A43	1.26	0.31	3.58	20.8	162	16.9	7.20	0.19	0.11	4.93	0.37	0.05	0.26	116	21.9	1.16	0.97	bdl	0.38	0.50	31.1	0.54	24.8	5.20
A42	2.28	0.59	2.53	25.6	290	28.4	3.57	0.22	0.19	6.01	0.28	0.08	0.10	121	20.6	1.99	2.05	0.005	0.55	0.14	66.6	1.54	40.6	6.77
A41	1.83	0.37	1.12	63.9	286	3.80	7.26	0.50	0.06	4.40	0.35	0.05	0.09	159	3.09	0.20	0.43	0.002	0.70	0.21	10.3	0.35	4.35	1.36
A40	1.83	0.37	1.08	45.2	428	6.85	5.58	0.48	0.11	8.94	0.31	0.09	0.10	82.3	5.13	0.45	0.78	bdl	0.28	0.20	20.2	0.65	7.83	1.90
A39-P	2.35	0.12	8.88	53.6	373	21.4	1.33	0.39	0.11	4.42	0.06	0.05	0.41	160	11.5	1.40	2.45	bdl	0.36	0.38	30.4	0.18	13.4	1.96
A38-P	2.20	0.23	13.2	63.3	298	16.3	2.66	0.48	0.11	3.81	0.16	0.04	0.59	167	7.77	0.99	1.72	bdl	0.34	0.59	20.6	0.31	10.3	1.96
A37-P	2.29	0.24	9.76	63.4	439	20.5	1.01	0.31	0.09	4.80	0.12	0.05	0.42	151	11.8	1.26	1.92	bdl	0.59	0.37	20.3	0.17	10.2	1.94
A36-P	3.25	0.23	17.5	107	150	22.9	1.55	0.36	0.14	5.73	0.11	0.06	0.86	215	7.00	1.50	2.33	bdl	0.12	0.58	27.5	0.56	16.2	2.52
A35-P	2.46	0.14	12.2	67.8	162	18.6	2.11	0.45	0.14	3.14	0.10	0.03	0.59	171	6.32	1.19	2.25	bdl	0.16	0.40	24.9	0.45	11.5	2.05
A34	2.41	0.84	2.12	67.4	871	16.8	4.25	0.34	0.19	6.45	0.31	0.06	0.16	103	12.5	1.32	1.61	0.001	0.31	0.07	77.3	1.57	28.5	5.19
A33-P	0.99	0.11	2.70	43.5	322	16.2	2.19	0.18	0.06	2.55	0.25	0.03	0.21	128	7.31	1.00	1.43	bdl	0.17	0.32	40.3	0.59	8.72	3.55
A32	2.86	0.64	2.28	75.8	133	7.33	6.18	0.25	0.10	3.92	0.67	0.05	0.10	145	12.0	0.49	0.78	0.014	0.34	0.35	32.8	0.65	7.84	5.41
A31	2.24	0.41	1.57	88.2	710	17.7	3.31	0.15	0.10	5.18	0.26	0.05	0.11	111	12.0	1.33	1.95	bdl	0.22	0.10	28.4	0.60	13.7	5.94
A30	1.56	0.37	1.16	47.9	989	15.2	4.61	0.23	0.12	5.41	0.36	0.06	0.08	95.1	12.0	1.28	1.69	0.011	0.26	0.06	32.9	1.05	13.5	4.82
A29	2.46	0.55	1.86	87.1	167	12.7	5.48	0.19	0.11	5.51	0.26	0.06	0.09	117	14.9	1.19	0.95	0.012	0.35	0.17	31.8	0.60	12.5	5.75
A28	1.05	0.32	1.89	175	110	13.5	4.54	0.23	0.10	4.52	0.52	0.05	0.10	430	12.3	1.18	0.88	0.026	0.42	0.32	38.1	0.61	15.5	3.94
A27-P	0.27	0.08	3.40	265	107	5.67	0.64	0.09	0.03	3.08	0.23	0.04	0.48	535	3.20	0.28	1.11	0.002	0.34	2.38	3.77	0.06	2.00	0.73
A26-P	0.54	0.15	4.11	68.8	450	17.4	2.36	0.23	0.12	6.00	0.35	0.07	0.42	139	8.92	1.43	2.20	0.003	0.19	0.63	16.2	0.48	12.8	2.68
A25	0.97	0.32	3.28	28.2	719	16.0	3.74	0.21	0.14	5.79	0.49	0.07	0.22	113	11.3	1.40	1.00	0.005	0.35	0.21	34.3	1.26	19.7	3.76
A24	1.76	0.27	1.62	833	102	12.1	3.71	0.26	0.07	6.39	0.27	0.08	0.08	2238	8.81	0.93	0.87	0.002	0.32	0.27	20.6	0.41	11.1	2.60
A23	0.85	0.21	0.65	931	129	11.7	4.95	0.20	0.07	3.83	0.38	0.04	0.05	2244	9.40	0.71	1.09	bdl	0.30	0.20	17.2	0.34	9.49	2.04

续表

分层样品	Ge	Se	Rb	Sr	Zr	Nb	Mo	Cd	In	Sn	Sb	Te	Cs	Ba	Hf	Ta	W	Re	Hg	Tl	Pb	Bi	Th	U
A22	0.88	0.19	1.61	146	594	6.50	3.02	0.28	0.10	3.86	0.36	0.06	0.12	243	6.08	0.44	0.77	0.007	0.23	0.18	17.4	0.51	6.38	1.96
A21	1.28	0.24	0.80	368	737	5.85	2.50	0.18	0.08	3.41	0.29	0.04	0.04	890	6.10	0.35	0.57	0.003	0.24	0.22	13.0	0.79	5.56	2.82
A20-P	0.80	0.19	5.42	175	435	39.3	1.70	0.28	0.11	8.13	0.22	0.10	0.28	553	11.1	3.76	4.09	0.002	0.91	0.37	34.6	0.75	25.6	3.99
A19	0.53	0.16	1.03	53.5	467	4.98	2.81	0.14	0.06	3.37	0.24	0.04	0.11	127	4.98	0.37	0.74	0.003	0.21	0.26	14.6	0.41	5.96	1.48
A18	0.79	0.14	1.38	231	286	4.16	2.18	0.15	0.04	3.80	0.16	0.05	0.11	207	3.20	0.36	1.02	bdl	0.14	0.62	13.0	0.38	4.34	0.94
A17	0.55	0.14	0.77	79.1	280	2.75	1.92	0.09	0.04	2.90	0.19	0.04	0.04	183	2.39	0.13	0.49	bdl	0.22	0.24	9.85	0.24	3.19	0.77
A16-P	0.82	0.17	6.71	125	537	19.2	1.58	0.26	0.09	5.05	0.28	0.06	0.58	346	11.4	1.50	2.38	bdl	0.40	0.37	23.0	0.67	24.6	5.47
A15	0.52	0.15	0.30	99.8	204	2.01	1.52	0.06	0.03	2.17	0.15	0.02	0.01	149	1.24	0.13	0.63	bdl	0.11	0.12	7.04	0.18	2.64	0.90
A14	0.55	0.12	0.62	55.9	123	6.75	1.77	0.14	0.05	3.80	0.19	0.04	0.03	179	3.77	0.50	0.61	0.001	0.19	0.12	12.7	0.30	7.20	1.84
A13	0.79	0.17	0.53	96.8	598	4.41	1.76	0.28	0.04	7.98	0.16	0.10	0.03	247	2.36	0.30	0.64	bdl	0.12	0.33	9.93	0.20	3.95	1.21
A12-P	1.36	0.16	6.72	80.0	275	19.1	1.21	0.23	0.07	7.08	0.32	0.09	0.51	95.1	6.30	1.55	3.08	bdl	0.31	0.51	32.6	0.50	14.7	3.42
A11	1.24	0.23	3.61	109	389	16.2	2.14	0.19	0.07	5.97	0.29	0.07	0.33	90.6	6.14	1.23	2.13	bdl	0.32	0.37	24.6	0.54	10.7	3.23
A10	2.08	0.39	1.22	110	333	14.6	6.91	0.28	0.11	6.70	1.53	0.07	0.09	62.8	20.8	0.81	1.08	bdl	0.72	0.09	27.6	0.47	35.4	14.3
A9	3.78	0.41	2.59	216	520	14.9	3.23	0.17	0.07	4.13	0.70	0.05	0.30	113	9.84	0.68	1.02	0.002	0.20	0.15	35.0	0.38	14.6	3.83
A8	0.99	0.18	2.89	39.9	557	12.4	4.85	0.17	0.11	5.80	0.47	0.05	0.30	58.3	7.96	0.87	1.38	bdl	0.22	0.24	15.9	0.46	15.9	3.32
A7	0.96	0.17	2.12	30.8	358	7.11	2.03	0.16	0.05	4.68	0.64	0.06	0.20	72.3	6.51	1.02	1.15	bdl	0.64	0.31	22.9	0.35	15.1	2.55
A6	1.68	0.28	0.81	6.73	131	6.51	2.15	0.24	0.10	4.82	0.31	0.06	0.04	30.8	8.72	0.43	0.54	bdl	0.41	0.05	21.8	0.34	9.42	2.64
A5	1.57	0.30	1.19	10.2	783	9.92	2.36	0.20	0.07	4.37	0.39	0.06	0.10	43.7	8.57	0.71	1.30	bdl	0.78	0.12	24.3	0.42	12.3	3.37
A4	0.63	0.15	1.08	10.7	580	6.41	2.50	0.13	0.06	4.10	0.37	0.05	0.08	34.6	5.77	0.46	0.69	bdl	0.16	0.18	17.3	0.25	5.95	1.84
A3	1.55	0.32	1.55	9.02	580	11.9	1.97	0.25	0.10	4.49	0.33	0.05	0.12	50.6	6.70	0.84	1.44	0.001	0.35	0.11	40.6	0.65	10.9	3.55
A2	1.27	0.26	1.43	13.9	449	9.08	2.13	0.24	0.09	4.54	0.34	0.06	0.09	47.6	9.44	0.66	0.84	0.001	0.45	0.10	34.9	0.57	11.9	2.78
A1	3.16	0.37	1.33	24.7	685	12.5	3.78	0.36	0.08	4.60	0.46	0.06	0.08	44.8	10.8	0.82	0.86	0.006	0.35	0.09	23.1	0.37	9.23	2.72
WA	1.49	0.31	1.59	128	446	10.6	3.67	0.22	0.09	4.86	0.38	0.06	0.11	276	8.96	0.77	1.03	0.006	0.33	0.21	25.6	0.56	12.4	3.43
中国煤	2.78	2.47	9.25	140	89.5	9.44	3.08	0.25	0.05	2.11	0.84	nd	1.13	159	3.71	0.62	1.08	<0.001	0.163	0.47	15.1	0.79	5.84	2.43
世界硬煤	2.4	1.3	18	100	36	4	2.1	0.2	0.04	1.4	1	nd	1.1	150	1.2	0.3	0.99	nd	0.1	0.58	9	1.1	3.2	1.9

注：WA 表示权衡均值；nd 表示无数据；bdl 表示低于检出限；表中常量元素单位为%，微量元素单位为 μg/g。

资料来源：中国煤数据引自 Dai 等(2012b)；世界硬煤数据引自 Ketris 和 Yudovich(2009)。

　　硬水铝石、勃姆石和磷钡铝石主要富集在 A13～A24 分层中(第Ⅱ段,图 3.69),少量的硬水铝石和勃姆石也存在于第Ⅲ段中大部分煤分层(尤其是 A28 分层),其次是第Ⅰ段和第Ⅳ段。第Ⅳ段和大部分第Ⅰ段、第Ⅲ段的煤分层中则不含磷钡铝石。硬水铝石在夹矸中普遍存在(表 3.32)。除了夹矸 A26-P,夹矸样品中不含或者只含极少量(≤0.5%,矿物基)的勃姆石和磷钡铝石。

　　硬水铝石[图 3.72(a)、(b)]和勃姆石一般充填在胞腔中,或赋存于基质镜质体和粗粒体中[图 3.72(c)、(f),图 3.73],也见填充于变形的胞腔中[图 3.72(b)]。

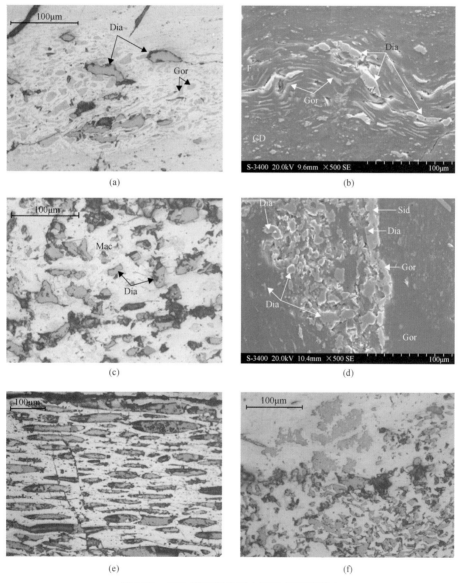

(a)　　　　　　　　　　　　　　　(b)

(c)　　　　　　　　　　　　　　　(d)

(e)　　　　　　　　　　　　　　　(f)

图 3.72　CP2 煤层第Ⅱ段中矿物的赋存状态

(a)和(b)丝质体胞腔中的硬水铝石和磷钡铝石;(c)粗粒体中的硬水铝石;(d)内生裂隙和基质镜质体中的硬水铝石、磷钡铝石和菱铁矿;(e)充填丝质体胞腔的碳酸盐矿物;(f)基质镜质体中的硬水铝石和碳酸盐矿物;(a)、(c)、(e)、(f)为反射光图像,(b)和(d)为扫描电镜背散射电子图像;CD-基质镜质体;F-丝质体;Mac-粗粒体;Dia-硬水铝石;Sid-菱铁矿;Gor-磷钡铝石

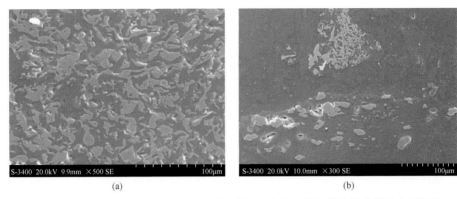

(a)　　　　　　　　　　　　　(b)

图 3.73　阿刀亥矿煤中分布在基质镜质体中的硬水铝石的扫描电镜背散射电子图像

　　磷钡铝石一般也充填于丝质体、半丝质体和结构镜质体胞腔及基质镜质体中[图 3.72(a)、(b)、(d)]。硬水铝石与磷钡铝石的关系(图 3.74)表明前者可能先于后者形成。磷灰石在煤中非常少见,其含量低于 XRD 检测限,仅在扫描电镜下被发现,一般存在于胞腔中(图 3.75)。硬水铝石、磷钡铝石和磷灰石的赋存状态表明它们都是自生成因的。

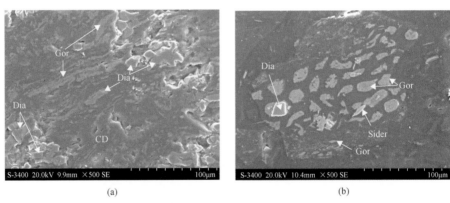

(a)　　　　　　　　　　　　　(b)

图 3.74　煤中磷钡铝石和硬水铝石的扫描电镜背散射电子图像

(a)基质镜质体中的磷钡铝石、基质镜质体和内生裂隙中的硬水铝石;(b)胞腔中的磷钡铝石;
CD-基质镜质体;Dia-硬水铝石;Gor-磷钡铝石;Sider-镁磷铁矿

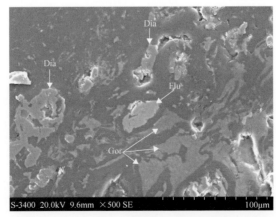

图 3.75　煤中磷灰石、磷钡铝石和硬水铝石的扫描电镜背散射电子图像

Dia-硬水铝石;Gor-磷钡铝石;Flu-氟磷灰石

铝的氢氧化物矿物，包括勃姆石和三水铝石在煤中时有发现（Ward，2002；Dai et al.，2006，2008b；Kalaitzidis et al.，2010；Wang et al.，2011a，2011c）。准格尔煤田煤中高含量的勃姆石主要来源于物源区本溪组风化壳铝土矿，三水铝石以胶体溶液的形式从物源区中被短距离带入泥炭沼泽中，在泥炭聚积阶段和成岩作用早期经压实作用脱水而形成勃姆石（Dai et al.，2006，2008b）。

部分硬水铝石以填充于胞腔的形式存在，表明它们的成因不是直接来自陆源碎屑物质，而是经过溶液或者胶体的脱水作用形成。体系中缺少硅是一个重要原因，因为足够的硅的存在会形成高岭石，而不是三水铝石。

在第Ⅱ段的泥炭堆积阶段，处于聚煤盆地（大青山煤田）北部和东部的源区发生抬升，导致本溪组铝土矿暴露。聚煤盆地处于北部和西部的阴山古陆及北部和东部抬升的本溪组风化壳之间的低洼区。陆源碎屑物质不仅来自阴山古陆，还来自本溪组铝土矿，导致除了黏土矿物外还形成了大量的三水铝石。由物源区铝土矿形成的富铝溶液进入泥炭沼泽，在泥炭堆积和成岩作用阶段脱水形成三水铝石。

由燕山运动引起的岩浆侵入不仅是阿刀亥矿煤为较高煤阶的原因，还是三水铝石脱水及硬水铝石形成的原因。因为较少遭受岩浆的侵入，大青山煤田内其他相邻煤矿［图3.6(b)］都是挥发分相对较高的烟煤。

磷钡铝石和磷灰石很可能也是本溪组风化壳铝土矿的产物，与硬水铝石的形成阶段相同，但形成时间上早于硬水铝石。这些难溶的含铝磷酸盐矿物赋存于有机质孔膜中，可能是泥炭有机质中释放的磷与富铝溶液发生反应形成的。Dai 等（2006）报道了准格尔煤田 6 号煤中部层位中与勃姆石共生的磷锶铝石。

除了第Ⅱ段，在第Ⅰ段、第Ⅲ段和第Ⅳ段部分分层中也含有硬水铝石、勃姆石和磷钡铝石，但是含量少于第Ⅱ段。这表明在第Ⅰ段、第Ⅲ段和第Ⅳ段的泥炭堆积阶段，作为陆源碎屑供给的本溪组铝土矿物质进入泥炭沼泽的量相对较少。

准格尔煤田中形成的是勃姆石而不是硬水铝石，原因在于其没有遭受岩浆活动，因而具有相对较低的煤阶。形成硬水铝石比形成勃姆石需要更高的温度（章柏盛，1984；梁绍暹等，1997）。

(四)碳酸盐矿物

阿刀亥矿煤中的碳酸盐矿物主要包括方解石、白云石和菱铁矿。其中白云石在 XRD 衍射谱图上具有介于白云石和铁白云石之间的谱线特征，因此阿刀亥矿煤中的白云石是含有一定铁的白云石。这与带能谱仪的扫描电镜数据相吻合，也可以通过下面的 XRD 结果与 XRF 直接检测的常量元素含量的比较结果得到证实。

碳酸盐矿物主要富集在第Ⅱ段，第Ⅰ段、第Ⅲ段和第Ⅳ段相对较少。方解石和白云石主要是后生成因，充填于胞腔和外生裂隙中［图3.72(e)，图3.76(a)～(c)］。菱铁矿的赋存状态［图3.76(d)］也表明了它是后生成因的。

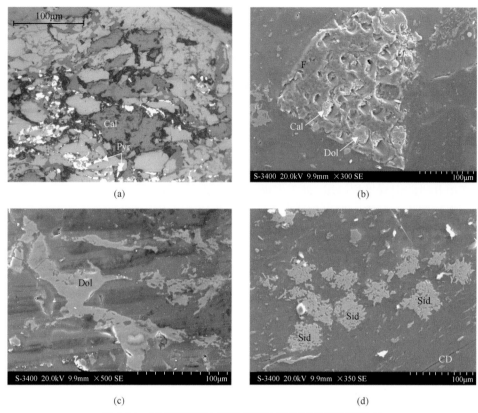

图 3.76　阿刀亥矿煤中碳酸盐矿物和黄铁矿的赋存状态

(a)外生裂隙中的黄铁矿和方解石；(b)胞腔中的方解石和白云石；(c)外生裂隙中的白云石；(d)菱铁矿；(a)为反射光图像，

(b)~(d)为扫描电镜背散射电子图像；Cal-方解石；Sid-菱铁矿；Pyr-黄铁矿；Dol-白云石；F-丝质体；CD-基质镜质体

碳酸盐矿物在煤中普遍存在，可以在同生、后生到煤化作用后期的任何阶段形成(Kortenski，1992)。然而，在正常的酸性成煤环境中形成碳酸盐矿物是比较少见的(Bouška et al.，2000；Dai and Chou，2007；Belkin et al.，2010)。已有不少关于岩浆侵入体附近煤中较高含量的碳酸盐矿物的报道，这些矿物主要来源于岩浆热液(Kisch and Taylor，1966；Ward et al.，1989；Querol et al.，1997；Finkelman et al.，1998；Dai and Ren，2007)。一般认为这类碳酸盐矿物是岩浆热液与煤化作用过程中释放的 CO 和 CO_2 反应的产物(Ward，2002)。此外，碳酸盐矿物的形成机理还包括在煤阶跃迁过程中，钙从有机质中释放出来并与孔隙水中的 CO_2 发生反应，最后形成的矿物以充填外生裂隙的形式存在。阿刀亥矿煤中的白云石、方解石和菱铁矿可能就是晚侏罗纪和早白垩纪燕山运动引起的岩浆热液成因的矿物。碳酸盐矿物比较富集的第Ⅱ段中还含有较多的伊利石和硬水铝石，这反映了该热液相对温度较高。但是热液温度尚不至于引起镜质组随机反射率增高(表3.30)。这也存在另一种可能，即形成碳酸盐矿物的热液为伊利石和硬水铝石的形成提供了所需要的高温，在这种情况下，碳酸盐矿物也是岩浆侵入的产物。

(五)石英、黄铁矿和锐钛矿

除了顶板中石英较丰富外，阿刀亥矿只有少数煤分层样品中含有低含量(0.2%~0.5%)

的石英，其他样品中的石英含量接近或低于 XRD 和 Siroquant 的检测限。

黄铁矿只在 A7 分层(2.3%)中检出，赋存于外生裂隙中[图 3.76(a)]，属于后生成因。

Permana 等(2013)在澳大利亚 Bowen 盆地北部 South Walker Creek 二叠纪煤中发现了类似的矿物组合，即铵伊利石、硬水铝石、方解石、白云石和磷锶铝石-磷钡铝石系列，此外还有绿泥石。该组矿物在 South Walker Creek 煤纵剖面上的分布与阿刀亥矿煤中矿物的分布规律非常相似，表明矿物可能具有相似的成因。

四、煤中的常量和微量元素

阿刀亥矿样品中常量元素的氧化物和微量元素的含量见表 3.33。与中国煤中常量元素氧化物相比(Dai et al.，2012b)，阿刀亥矿煤的 Al_2O_3/SiO_2 值较低，而常量元素氧化物 CaO(1.69%)、MgO(0.32%)、P_2O_5(0.124%)，微量元素 F(207μg/g)、Ga(16.3μg/g)、Zr(446μg/g)、Ba(276μg/g)、Hg(0.33μg/g)、Pb(25.6μg/g)、Th(12.4μg/g)含量较高。

(一)常量元素氧化物及其和矿物组成的对比

利用 Ward 等(1999)提出的方法，分别计算了从矿物推算出的常量元素氧化物含量和 XRF 直接测试并经过归一化的常量元素氧化物含量。计算过程中利用了矿物理想的化学计量组成，用常见的钾伊利石的成分作为伊利石化学组成，磷钙铝石代表磷钡铝石的成分，并假设铁白云石中含有相同比例的钙、镁和铁。对两组来源的数据中 SiO_2、Al_2O_3、K_2O、CaO、MgO、Fe_2O_3 的含量分别行了对比，如图 3.77 所示。如果落点在图中的对角线上，则代表两组来源的数据完全一致。

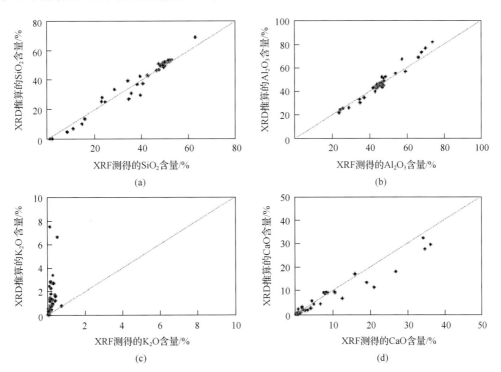

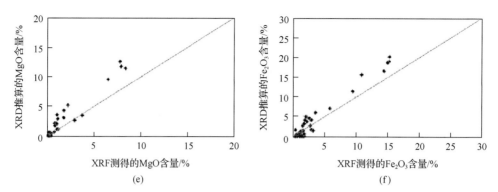

图 3.77　经标准化的 XRF 测得的煤灰中氧化物含量与 XRD 推算出的氧化物含量的比较

(a) SiO_2；　(b) Al_2O_3；　(c) K_2O；　(d) CaO；　(e) MgO；　(f) Fe_2O_3

经 XRD 推测的和 XRF 直接检测的 SiO_2、Al_2O_3 的含量比较吻合，表明 XRD 和 Siroquant 检测到的硅酸盐矿物含量与化学方法检测的数据比较一致。两组 CaO、MgO、Fe_2O_3 数据吻合程度也较高，但图中部分数据点在一定程度上偏离对角线，表明白云石中钙所占比例超过了镁和铁，而不是计算过程中假设的均等比例。

从矿物组成中推测出的 K_2O 显著高于 XRF 检测的值，主要是因为实际样品中的伊利石为铵伊利石，而不是计算过程中采用的钾伊利石。这样的不一致的对比结果证实了 XRD 检测出的伊利石为铵伊利石的可靠性。

(二)煤中的常量元素及其在剖面上的分布

阿刀亥矿 CP2 煤中的常量元素含量较高的是 Al_2O_3 和 SiO_2，二者都比中国煤中的均值稍高(Dai et al.，2012b)。因为石英在煤中含量极低，黏土矿物是硅的主要载体。除了磷钡铝石，铝主要赋存于黏土矿物、硬水铝石和勃姆石中。

阿刀亥矿 CP2 煤分层中 SiO_2/Al_2O_3 均值为 0.84，低于中国煤中的均值(1.42；Dai et al.，2012b)。夹矸和第 I 段下部 SiO_2/Al_2O_3 值接近高岭石中的 SiO_2/Al_2O_3 值(1.18)，而大部分煤分层中 SiO_2/Al_2O_3 值都较低。大部分地区煤中 SiO_2/Al_2O_3 值高于高岭石，是因为高岭石和石英是主要矿物。但是也有一些煤中 SiO_2/Al_2O_3 值较低，如富集勃姆石的准格尔煤田晚石炭世煤(如黑岱沟矿和哈尔乌素矿 6 号煤)。阿刀亥矿煤剖面上 SiO_2/Al_2O_3 值的变化特征与矿物组成特征(图 3.69)是一致的。

阿刀亥矿 CP2 煤中 CaO、MgO、P_2O_5 含量高于中国煤均值。显然较高的钙和镁是由丰富的碳酸盐矿物导致的。CaO、Fe_2O_3、MgO、MnO 之间的相关系数都较高，证明这些元素主要赋存于碳酸盐矿物(白云石和方解石)中。

阿刀亥矿煤中的磷主要赋存于磷钡铝石和磷灰石中。尽管 P_2O_5 与 Al_2O_3、SiO_2、灰分产率都呈负相关关系，(相关系数分别为：P_2O_5-SiO_2= −0.33，P_2O_5-Al_2O_3= −0.02，P_2O_5-A_d= −0.25；表 3.34)，但磷不一定赋存于有机质中，这是因为大部分磷锶铝石都赋存于低灰分煤中。

表 3.34　阿刀亥矿煤中元素的亲和性分类（依据煤中元素与灰分、元素与元素间的皮尔森相关系数）

与灰分的相关性

Group 1: r_{ash} = 0.7～1.0: Al_2O_3(0.89), SiO_2(0.90), Na_2O(0.86), Li(0.71)

Group 2: r_{ash} = 0.50～0.69: K_2O(0.64), Be(0.52), Ga(0.62), Rb(0.66), Cs(0.69), W(0.52)

Group 3: r_{ash} = 0.35～0.49: TiO_2(0.39), Ge(0.40), Se(0.37), Nb(0.38), La(0.47), Ce(0.45), Pr(0.41), Nd(0.38), Gd(0.35), Ta(0.48), Pb(0.35)

Group 4: r_{ash} = –0.32～0.34: CaO(0.03), Fe_2O_3(0.20), MgO(0.10), MnO(0.15), P_2O_5(–0.25), F(–0.05), Cl(–0.1), As(0.16), Sc(0.32), V(0.30), Cr(0.29), Co(–0.18), Ni(0.22), Cu(–0.02), Zn(–0.24), Sr(–0.27), Y(0.31), Zr(0.34), Mo(0.13), Cd(0.04), In(0.32), Sn(0.09), Sb(0.14), Te(0.03), Ba(–0.32), Sm(0.33), Eu(0.29), Tb(0.32), Dy(0.32), Ho(0.31), Er(0.29), Tm(0.29), Yb(0.29), Lu(0.29), Hf(0.25), Re(0.10), Hg(0.12), Tl(0.07), Th(0.23), U(0.16)

Group 5: r_{ash} = S(–0.67)

铝硅酸盐矿物亲和性

$r_{Al–Si}$ > 0.7: Na_2O, Li

$r_{Al–Si}$ = 0.5～0.69: K_2O, Ga, Be, Rb, Cs, W

$r_{Al–Si}$ = 0.35～0.49: TiO_2, Zr, Nb, La, Ce, Pr, Nd, Ta, Pb

---

碳酸盐矿物亲和性

r_{Ca} > 0.7: Fe_2O_3(0.83), MgO(0.87), MnO(0.80)

其余元素与 Fe 和 Mg 的相关系数 < 0.32

硫酸盐矿物亲和性

r_s > 0.7: 无元素

r_s = 0.5～0.69: 无元素

r_s = 0.35～0.49: Ba(0.45), Co(0.45)

磷酸盐矿物亲和性

r_P > 0.7: F(0.76), Sr(0.98), Ba(0.98)

r_P = 0.5～0.69: 无元素

r_P = 0.35～0.49: Cl(0.48), Co(0.44)

部分元素之间的相关系数

Al_2O_3-SiO_2=0.93; Fe_2O_3-MgO=0.93; Fe_2O_3-MnO=0.94; MgO-MnO=0.79; Ga-Al_2O_3 =0.63; Ga-SiO_2=0.65; F-Ba=0.74; Zr-P=0.31; P_2O_5-Al_2O_3 = –0.02; P_2O_5-SiO_2 = –0.33; Er-Hf= –0.05

　　煤中锐钛矿含量大于 1%时一般都含有较高的 TiO_2。A42 分层样品中含异常高的 TiO_2，标准化后为 9.69%，也是由较高比例的锐钛矿(4.1%)引起的，另外从样品的矿物组成计算出来的 TiO_2 也较高(5.7%)。此外，A6、A5、A3 等分层样品中也含有较多的 TiO_2。

　　只有 A7 分层样品中因为有少量的黄铁矿而含有高于检测限的黄铁矿硫。

　　阿刀亥矿煤基于矿物组成划分的 4 个分段的常量元素含量有显著差异，如下所述。

　　第 I 段和第 IV 段：A1～A11、A40～A44 分层样品的 SiO_2/Al_2O_3 值平均分别为 1.1 和 0.98（图 3.78），原因在于矿物组成以黏土矿物为主，只有少量的硬水铝石（表 3.32）。

　　第 II 段：A13～A24 分层样品的常量元素以 Al_2O_3 为主。SiO_2/Al_2O_3 值在绝大部分样品中都很低，范围在 0.02～0.86，均值为 0.43，这与样品中高含量的硬水铝石和勃姆石的矿物组成是一致的。本段中 P_2O_5 的含量均值为 0.28%，明显高于第 I 段(0.04%)、第 III 段(0.111%)和第 IV 段(0.024%)。A23 和 A24 分层样品因含有较高的磷钡铝石和磷锶铝石，所以 P_2O_5、Ba 和 Sr 的含量异常高，不过这样高含量的 P_2O_5、Ba 和 Sr 只是出现在这个层位的煤中。

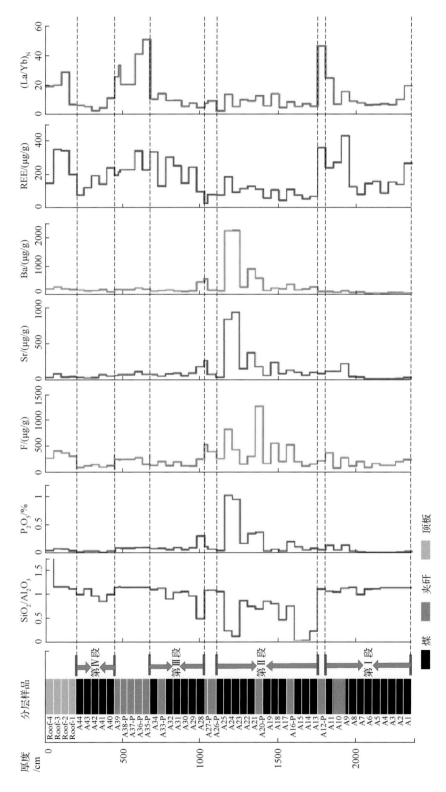

图 3.78　CP2煤层剖面上SiO₂/Al₂O₃及部分元素含量的变化图（见文后彩图）

第Ⅲ段：相对于第Ⅱ段，样品中 SiO_2/Al_2O_3 较高，而 P_2O_5 较低(图 3.78)，这是因为本段相对于第Ⅱ段含较少的硬水铝石和磷钡铝石，而黏土矿物含量相对较高(图 3.69)。只有 A28 分层样品中的 SiO_2/Al_2O_3 值较低，因为其中硬水铝石和勃姆石含量相对较高。也有少数样品虽然 SiO_2/Al_2O_3 值较低，但是并没有显著含量的硬水铝石或者勃姆石。

(三)元素的亲和性

元素含量与灰分产率之间的相关性可以为元素的有机或无机亲和性提供初步的信息 (Kortenski and Sotirov, 2002；Eskenazy et al., 2010)。依据阿刀亥矿样品中元素含量与灰分产率的相关系数，可以将元素(或元素的氧化物)划分为 5 组(表 3.34)。

第一组元素(或元素的氧化物)与灰分呈高度正相关($r_{ash}=0.7\sim1.0$)，包括 Al_2O_3、SiO_2、Na_2O、Li。其中硅和铝是组成铝硅酸盐矿物(高岭石和伊利石)的元素，此外，硬水铝石和磷钡铝石也是铝的主要载体。灰分与 SiO_2、Al_2O_3 的相关系数分别为 0.90 和 0.89。Li、Na_2O 与 Al_2O_3、SiO_2 之间的相关系数也很高。

第二组元素(或元素的氧化物)与灰分之间有相对较高的相关性。包括 K_2O、Be、Ga、Rb、Cs、W，都与灰分呈较强的正相关，相关系数为 0.50～0.69。这组元素具有铝硅酸盐矿物的亲和性($r_{Al-Si}=0.5\sim0.69$)。这些亲石元素可能主要赋存于硬水铝石和黏土矿物中，而不是磷钡铝石中，因为它们与 Al_2O_3、SiO_2 之间存在较高的相关性，却与 P_2O_5(0.15～0.02)和钡(–0.22～–0.07)存在较低或者负相关性。

第三组包括 TiO_2、Ge、Se、Nb、La、Ce、Pr、Nd、Gd、Ta、Pb、Bi。它们与灰分之间的相关系数为 0.35～0.49。其中，TiO_2、Nb、La、Ce、Pr、Nd、Ta、Pb 具有铝硅酸盐矿物亲和性，它们和 Al、Si 的相关系数在 0.35～0.49。

第四组包括 CaO、Fe_2O_3、MgO、MnO、P_2O_5、F、Cl、As、Sc、V、Cr、Co、Ni、Cu、Zn、Sr、Y、Zr、Mo、Cd、In、Sn、Sb、Te、Ba、Sm、Eu、Tb、Dy、Ho、Er、Tm、Yb、Lu、Hf、Re、Hg、Tl、Th、U。它们与灰分之间的相关系数为–0.32～0.34，表明它们存在有机或者无机亲和性。

第五组只有一个元素 S。S 与灰分之间存在强负相关关系(–0.67)，表明硫以有机亲和性为主(如硫主要以有机硫的形式存在)。

(四)元素的地球化学组合

利用聚类分析的方法研究了阿刀亥矿煤中元素(或元素的氧化物)的共生组合关系，并依据元素(或元素的氧化物)之间的共生组合关系，将元素(或元素的氧化物)分为 5 组，分别称为 A、B、C、D、E 组(图 3.79)。

A 组元素包括 REE、Be、Y、Se、Ga、Ge、Sc、In、Pb、Bi、Nb、Ta、TiO_2、W、Hg、Sb、Zr、Hf、Th、U(图 3.79)。除了 Sb、Hf、Hg、Th、U 之外，这组元素与灰分具有较高的相关性，相关系数为 0.29～0.62(表 3.35)。稀土元素(尤其是重稀土元素)和本组其他元素(除了 Ta、Hg、Sb、Zr；$r<0.5$)与灰分的相关性相对较高。稀土元素与灰分的相关系数整体上随着稀土元素原子序数的升高而减小(表 3.35)。

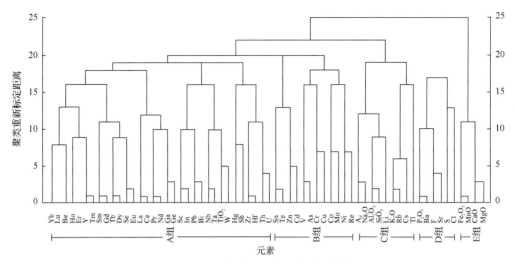

图 3.79　基于 33 个样品聚类分析结果的树状图

稀土元素之间的相关系数均大于 0.6。A 组中大部分元素是赋存于铝硅酸盐矿物中的亲石元素。Zr 和 Hf 之间存在极弱的相关性（$r = -0.05$），表明它们在煤中发生了分异，但是具体的地球化学过程还不明确。

B 组包括 Sn、Te、Zn、Cd、V、As、Cr、Cu、Co、Mo、Ni、Re。该组元素与灰分的相关系数为 $-0.24 \sim 0.30$。此外，除了 Cu-Cd（0.71）、Ni-Re（0.58）、V-Cr（0.67），这组元素之间的相关系数都低于 0.45。B 组元素很可能与痕量的未知硫化物矿物有关。

C 组包括 Na_2O、Al_2O_3、SiO_2、Li、K_2O、Rb、Cs、Tl（图 3.79）。本组除了 Tl，其余的元素都与灰分呈强正相关关系（表 3.34）。SiO_2 和 Al_2O_3 都是贡献灰分产率的矿物（黏土矿物和硬水铝石）的组成元素。Na_2O、Li、K_2O、Rb、Cs、Li 很可能也赋存在这些矿物中。

D 组元素包括 P_2O_5、Ba、F、Sr、S、Cl。该组元素都和灰分呈负相关关系，除了硫是和有机质相关，它们都存在于矿物中（磷钡铝石和磷灰石），与灰分的低相关性很可能是由于自生的磷钡铝石和磷灰石都不出现在高灰分区域。

E 组包括 4 个元素的氧化物，即 Fe_2O_3、MnO、CaO、MgO。它们与灰分也呈低正相关关系，但是它们之间的相关系数较高（表 3.34）。这组元素主要赋存于碳酸盐矿物（白云石、方解石和菱铁矿）中，因此其主要来源于岩浆热液。

（五）煤中富集的微量元素

1. 氟

尽管 F 与灰分的相关系数是 -0.05，但这并不意味着 F 具有有机亲和性。F 和 P_2O_5（0.76）、Ba（0.74）之间的正相关关系表明 F 主要存在于磷钡铝石中，因此 F 主要富集在第 II 段（图 3.78）。只有极少量的 F 存在于磷灰石中。带能谱仪的扫描电镜数据（表 3.36）表明 F 在磷钡铝石和氟磷灰石中的平均含量分别为 1.21% 和 4.11%。F 在硬水铝石中的含量低于能谱的检测限（表 3.36）。不同于阿刀亥矿煤中 F 的赋存形式，在准格尔煤田中，F 主要赋存于勃姆石和有机质中。

表 3.35　稀土元素与部分元素之间的相关系数

REE	A_d	Al_2O_3	SiO_2	P	Sr	Ba	Be	Y	Se	Ga	Ge	Sc	In	Pb	Bi	Nb	Ta	TiO_2	W	Hg	Sb	Zr	Hf	Th	U
La	0.47	0.49	0.50	0.03	0.04	-0.07	0.64	0.60	0.61	0.73	0.80	0.30	0.28	0.42	0.19	0.32	0.21	0.19	0.32	0.01	0.33	0.09	0.26	0.22	0.36
Ce	0.45	0.45	0.49	-0.04	-0.01	-0.13	0.69	0.71	0.71	0.80	0.90	0.42	0.38	0.48	0.26	0.42	0.28	0.28	0.37	0.13	0.41	0.10	0.40	0.35	0.51
Pr	0.41	0.40	0.46	-0.03	-0.01	-0.11	0.67	0.70	0.69	0.80	0.95	0.46	0.39	0.49	0.26	0.47	0.32	0.35	0.36	0.21	0.42	0.09	0.46	0.40	0.53
Nd	0.37	0.36	0.41	-0.02	-0.01	-0.09	0.65	0.76	0.74	0.80	0.97	0.54	0.44	0.52	0.31	0.51	0.36	0.41	0.35	0.25	0.40	0.09	0.50	0.43	0.54
Sm	0.32	0.25	0.32	-0.06	-0.06	-0.11	0.62	0.86	0.84	0.77	0.96	0.68	0.56	0.62	0.43	0.53	0.39	0.47	0.31	0.32	0.43	0.07	0.58	0.52	0.58
Eu	0.28	0.22	0.22	0.16	0.14	0.14	0.56	0.88	0.89	0.68	0.83	0.79	0.67	0.70	0.59	0.58	0.49	0.57	0.34	0.33	0.23	0.02	0.59	0.54	0.47
Gd	0.34	0.26	0.32	-0.05	-0.07	-0.10	0.64	0.92	0.93	0.75	0.92	0.77	0.66	0.72	0.55	0.56	0.47	0.55	0.34	0.35	0.34	0.06	0.61	0.56	0.56
Tb	0.32	0.22	0.30	-0.07	-0.08	-0.10	0.67	0.95	0.95	0.73	0.84	0.82	0.74	0.76	0.63	0.57	0.48	0.54	0.36	0.38	0.38	0.07	0.65	0.64	0.63
Dy	0.31	0.20	0.29	-0.11	-0.13	-0.15	0.71	0.97	0.95	0.70	0.81	0.83	0.74	0.77	0.64	0.56	0.48	0.54	0.36	0.41	0.39	0.06	0.64	0.64	0.65
Ho	0.30	0.20	0.28	-0.09	-0.11	-0.13	0.73	0.99	0.95	0.71	0.79	0.83	0.74	0.74	0.62	0.56	0.49	0.52	0.37	0.40	0.42	0.04	0.65	0.63	0.68
Er	0.28	0.19	0.27	-0.11	-0.13	-0.16	0.75	0.99	0.94	0.70	0.77	0.82	0.75	0.75	0.62	0.58	0.50	0.51	0.37	0.40	0.43	0.02	0.67	0.65	0.70
Tm	0.28	0.20	0.26	-0.08	-0.09	-0.13	0.76	0.98	0.92	0.69	0.75	0.81	0.74	0.75	0.63	0.58	0.50	0.49	0.39	0.35	0.45	0.03	0.66	0.66	0.71
Yb	0.28	0.20	0.28	-0.09	-0.10	-0.15	0.77	0.97	0.91	0.71	0.77	0.79	0.71	0.73	0.58	0.58	0.48	0.49	0.38	0.37	0.45	0.02	0.66	0.64	0.70
Lu	0.28	0.23	0.29	-0.06	-0.07	-0.12	0.79	0.96	0.90	0.70	0.75	0.77	0.70	0.72	0.57	0.57	0.48	0.46	0.39	0.36	0.46	0.03	0.64	0.63	0.71

表 3.36　通过 SEM-EDS 分析得到的阿刀亥矿煤中矿物的元素含量半定量数据（无碳基）

（单位：%）

矿物	值	O	F	Na	Mg	Al	Si	P	S	K	Ca	Sr	Fe	Zr	Mn	Ba
氟磷灰石 (N=2)	Min	35.37	3.41	0.01	0.02	0.01	0.01	19.09	bdl	bdl	35.85	bdl	0.01	2.31	bdl	0.01
	Max	33.95	4.82	0.02	0.07	0.03	0.15	19.12	bdl	bdl	36.74	bdl	0.09	2.96	bdl	0.03
	AV	34.66	4.11	0.01	0.04	0.02	0.08	19.11	bdl	bdl	36.30	bdl	0.05	2.63	bdl	0.15
磷钡铝石 (N=14)	Min	33.79	bdl	bdl	bdl	11.66	bdl	9.18	bdl	bdl	0.09	bdl	bdl	Bdl	bdl	10.76
	Max	60.64	4.71	0.13	0.74	19.58	bdl	18.27	1.98	0.16	4.11	7.43	bdl	3.85	bdl	43.53
	AV	47.78	1.21	0.04	0.09	14.72	bdl	12.07	0.62	0.03	1.71	4.01	bdl	1.67	bdl	16.19
硬水铝石 (N=26)	Min	53.89	bdl	bdl	bdl	20.62	bdl	bdl	bdl	bdl	bdl	bdl	bdl	0.01	bdl	bdl
	Max	76.97	bdl	0.34	0.14	46.11	1.07	6.65	1.38	0.30	1.07	1.24	bdl	0.99	bdl	5.52
	AV	58.77	bdl	bdl	bdl	38.62	0.09	0.78	0.08	0.02	0.09	0.06	bdl	0.11	bdl	0.54
菱铁矿 (N=4)	Min	52.31	bdl	bdl	4.70	bdl	bdl	bdl	bdl	bdl	0.14	bdl	32.76	bdl	bdl	bdl
	Max	57.10	bdl	0.06	9.91	0.04	bdl	bdl	bdl	bdl	2.95	bdl	41.28	bdl	1.13	bdl
	AV	53.65	bdl	bdl	6.71	bdl	bdl	bdl	bdl	bdl	1.27	bdl	38.10	bdl	0.38	bdl
白云石 (N=2)	Min	52.57	bdl	bdl	6.28	bdl	bdl	bdl	bdl	bdl	23.45	bdl	8.29	bdl	bdl	bdl
	Max	56.13	bdl	bdl	9.06	0.07	0.33	bdl	bdl	0.10	24.85	bdl	16.34	bdl	0.98	0.14
	AV	54.35	bdl	bdl	7.76	0.04	0.17	bdl	bdl	0.05	24.15	bdl	12.32	bdl	0.50	0.08
方解石 (N=1)		52.41	bdl	bdl	bdl	bdl	bdl	bdl	bdl	bdl	47.16	bdl	bdl	bdl	bdl	bdl

注：N 表示测点数；Min 表示最小值；Max 表示最大值；AV 表示均值；bdl 表示低于检测限（0.01%）。

表 3.37　阿刀亥矿 CP2 煤层、顶板和夹矸中稀土元素的含量及参数

样品	La	Ce	Pr	Nd	Sm	Eu	Gd	Tb	Dy	Ho	Er	Tm	Yb	Lu	REE	LREE	HREE	L/H	Eu/Eu*	Ce/Ce*	(La/Yb)N	(La/Sm)N	(Gd/Lu)N
Roof-4	36.7	61.5	7.23	26.9	3.76	0.66	2.81	0.38	2.00	0.34	1.08	0.17	1.27	0.22	145	137	8.27	16.54	0.60	0.84	19.53	6.14	1.59
Roof-3	82.4	151	17.5	61.5	9.8	1.85	7.44	1.25	6.64	1.06	3.05	0.46	2.77	0.42	347	324	23.1	14.03	0.64	0.9	20.1	5.29	2.21
Roof-2	80.0	164	17.1	54.4	6.88	1.04	5.13	0.73	4.03	0.74	2.16	0.32	1.87	0.27	339	323	15.3	21.21	0.51	1	28.91	7.32	2.37
Roof-1	46.1	82.3	8.54	29.3	4.98	1.16	5.85	1.03	6.54	1.28	3.97	0.62	4.42	0.67	197	172	24.4	7.07	0.66	0.92	7.05	5.83	1.09
A44	15.4	29.1	3.23	12.7	2.65	0.55	2.44	0.46	2.68	0.52	1.77	0.25	1.62	0.25	73.6	63.6	9.99	6.37	0.65	0.93	6.42	3.66	1.22
A43	21.6	49.2	5.61	20.0	3.97	1.03	4.20	0.79	4.39	0.80	2.51	0.40	2.63	0.38	118	101	16.1	6.30	0.77	1.03	5.55	3.42	1.38
A42	19.4	69.9	10.5	44.3	9.15	2.46	9.24	1.54	9.27	1.66	4.96	0.78	4.84	0.71	189	156	33.0	4.72	0.81	1.13	2.71	1.33	1.62
A41	22.3	55.1	6.75	26.7	5.14	1.32	5.46	0.91	5.64	1.09	3.29	0.47	3.31	0.50	138	117	20.7	5.68	0.76	1.05	4.55	2.73	1.36
A40	55.3	105	10.0	37.2	6.54	1.50	5.82	1.06	6.20	1.16	3.33	0.54	3.29	0.50	237	216	21.9	9.84	0.73	0.98	11.36	5.32	1.45
A39-P	43.0	94.7	8.98	30.8	4.15	0.87	3.28	0.53	2.66	0.38	1.05	0.18	1.13	0.16	192	183	9.37	19.48	0.7	1.08	25.71	6.52	2.55
A38-P	56.5	86.8	11.8	38.1	5.21	1.26	4.40	0.65	2.91	0.50	1.35	0.18	1.14	0.18	211	200	11.3	17.65	0.78	0.76	33.49	6.83	3.04
A37-P	53.2	99.0	11.9	40.3	6.01	1.27	5.13	0.69	3.57	0.59	1.71	0.24	1.75	0.25	226	212	13.9	15.20	0.68	0.89	20.54	5.57	2.55
A36-P	87.6	144	17.9	61.1	8.55	1.86	6.58	0.93	4.55	0.64	1.79	0.24	1.43	0.21	337	321	16.4	19.61	0.73	0.81	41.4	6.45	3.9
A35-P	67.4	78.6	13.7	46.4	6.59	1.20	3.83	0.61	2.59	0.39	1.09	0.16	0.89	0.12	224	214	9.68	22.10	0.67	0.58	51.17	6.44	3.97
A34	80.8	145	13.1	45.2	9.13	2.41	9.99	1.82	10.3	1.84	5.34	0.88	5.20	0.85	332	296	36.2	8.16	0.77	0.96	10.5	5.57	1.46
A33-P	26.9	65.1	5.57	19.1	2.71	0.59	2.02	0.34	1.88	0.35	1.13	0.17	1.27	0.22	127	120	7.38	16.26	0.74	1.19	14.31	6.25	1.14
A32	70.5	127	12.1	44.1	9.45	2.15	9.22	1.52	9.27	1.75	5.07	0.81	4.90	0.77	299	265	33.3	7.96	0.7	0.95	9.72	4.7	1.49
A31	49.7	111	12.0	45.0	6.82	1.47	6.17	0.98	5.91	1.19	3.49	0.56	3.45	0.59	248	226	22.3	10.12	0.68	1.04	9.73	4.59	1.3
A30	26.3	60.9	7.08	26.4	4.45	1.02	4.81	0.81	4.86	0.97	2.94	0.53	3.10	0.47	145	126	18.5	6.82	0.67	1.03	5.73	3.72	1.27
A29	47.8	105	11.9	41.9	6.74	1.41	6.85	1.11	6.49	1.34	4.23	0.61	4.09	0.64	240	215	25.4	8.47	0.63	1.01	7.9	4.46	1.33
A28	18.8	33.5	4.16	17.4	3.38	0.86	3.77	0.62	3.90	0.75	2.65	0.42	2.65	0.42	93.3	78.1	15.2	5.14	0.73	0.86	4.79	3.5	1.12
A27-P	4.36	8.89	1.17	4.16	0.85	0.32	1.08	0.17	0.89	0.15	0.42	0.08	0.38	0.07	23.0	19.8	3.24	6.10	1.02	0.91	7.75	3.23	1.92
A26-P	20.5	33.4	3.13	9.30	1.67	0.41	1.91	0.37	2.16	0.39	1.30	0.19	1.45	0.21	76.4	68.4	7.98	8.57	0.7	0.89	9.55	7.73	1.13
A25	10.6	25.1	3.19	13.3	3.49	0.89	4.00	0.79	4.74	0.93	2.92	0.46	2.72	0.44	73.6	56.6	17.0	3.33	0.73	1.01	2.63	1.91	1.13
A24	44.0	73.9	8.88	33.2	4.98	1.72	5.31	0.78	4.39	0.77	2.26	0.35	2.15	0.35	183	167	16.4	10.19	1.02	0.84	13.83	5.56	1.89
A23	17.7	34.7	3.98	15.9	3.49	1.22	3.20	0.65	3.21	0.71	1.99	0.35	2.16	0.37	89.6	77.0	12.6	6.09	1.1	0.94	5.54	3.19	1.08
A22	26.0	50.9	5.40	15.7	2.35	0.56	2.51	0.44	2.72	0.53	1.64	0.26	1.71	0.24	111	101	10.1	10.04	0.7	0.96	10.27	6.96	1.3

续表

样品	La	Ce	Pr	Nd	Sm	Eu	Gd	Tb	Dy	Ho	Er	Tm	Yb	Lu	REE	LREE	HREE	L/H	Eu/Eu*	Ce/Ce*	(La/Yb)$_N$	(La/Sm)$_N$	(Gd/Lu)$_N$
A21	26.5	52.8	6.28	22.8	3.84	1.03	3.58	0.64	3.67	0.66	1.96	0.31	1.89	0.28	126	113	13.0	8.72	0.84	0.93	9.47	4.34	1.59
A20-P	28.8	47.8	4.92	15.0	2.16	0.52	2.35	0.40	2.30	0.44	1.38	0.25	1.52	0.23	108	99.2	8.87	11.18	0.7	0.87	12.8	8.39	1.27
A19	10.8	22.4	2.59	8.92	1.72	0.33	2.00	0.36	2.27	0.38	1.26	0.17	1.21	0.17	54.6	46.8	7.82	5.98	0.54	0.97	6.03	3.95	1.46
A18	24.5	46.1	5.16	15.9	1.95	0.42	2.15	0.35	2.15	0.39	1.24	0.21	1.17	0.19	102	94.0	7.85	11.98	0.62	0.92	14.15	7.91	1.41
A17	7.13	16.0	1.95	7.31	1.53	0.37	2.02	0.35	2.13	0.36	1.18	0.17	0.99	0.16	41.7	34.3	7.36	4.66	0.64	0.99	4.87	2.93	1.57
A16-P	24.8	46.1	4.95	16.7	2.66	0.47	2.93	0.48	2.89	0.55	1.79	0.27	1.93	0.27	107	95.7	11.1	8.61	0.51	0.93	8.68	5.87	1.35
A15	13.4	28.5	3.63	14.3	2.72	0.37	2.35	0.48	2.72	0.49	1.50	0.27	1.61	0.24	72.6	62.9	9.66	6.51	0.44	0.95	5.62	3.1	1.22
A14	11.8	20.2	2.36	8.17	1.70	0.27	1.61	0.26	1.54	0.31	0.98	0.19	1.06	0.16	50.6	44.5	6.11	7.28	0.49	0.85	7.52	4.37	1.25
A13	13.2	25.9	3.22	11.9	2.13	0.37	2.18	0.38	2.37	0.47	1.53	0.22	1.53	0.25	65.7	56.7	8.93	6.35	0.52	0.91	5.83	3.9	1.09
A12-P	118	180	14.4	32.3	2.36	0.46	2.78	0.34	1.97	0.41	1.45	0.25	1.70	0.31	357	348	9.21	37.73	0.55	0.88	46.9	31.47	1.12
A11	74.0	112	9.81	25.2	3.18	0.54	3.10	0.48	3.11	0.58	1.94	0.28	2.01	0.31	237	225	11.8	19.03	0.52	0.86	24.88	14.65	1.25
A10	50.0	122	13.5	45.6	8.25	1.27	6.70	1.28	7.67	1.49	4.58	0.75	4.66	0.75	269	241	27.9	8.63	0.51	1.09	7.25	3.81	1.11
A9	107	192	21.1	69.6	10.3	1.58	8.10	1.17	6.91	1.27	3.97	0.68	4.62	0.71	429	402	27.4	14.64	0.51	0.9	15.65	6.54	1.42
A8	27.2	53.3	5.92	20.5	3.08	0.57	3.02	0.60	3.44	0.67	2.05	0.31	2.00	0.35	123	111	12.4	8.89	0.56	0.95	9.19	5.56	1.07
A7	16.2	31.4	3.87	13.4	2.63	0.56	2.50	0.49	2.71	0.51	1.49	0.23	1.35	0.19	77.5	68.1	9.47	7.19	0.66	0.91	8.11	3.88	1.64
A6	26.6	59.0	7.13	25.6	4.82	0.91	4.75	0.82	4.88	0.92	2.86	0.43	2.73	0.43	142	124	17.8	6.96	0.57	0.99	6.58	3.47	1.38
A5	27.9	64.4	8.14	29.8	5.15	1.08	4.94	0.81	5.10	0.91	2.66	0.42	2.73	0.45	154	136	18.0	7.57	0.65	0.99	6.91	3.41	1.37
A4	21.9	33.6	3.48	12.2	2.37	0.53	2.43	0.42	3.00	0.57	1.86	0.29	1.98	0.31	84.9	74.1	10.9	6.82	0.67	0.83	7.47	5.82	0.98
A3	27.6	62.2	7.81	29.0	5.06	1.03	5.00	0.84	4.80	0.89	2.63	0.41	2.76	0.43	150	133	17.8	7.47	0.62	0.98	6.76	3.43	1.45
A2	32.2	56.3	6.33	22.4	3.80	0.91	4.19	0.71	4.57	0.79	2.35	0.32	2.10	0.36	137	122	15.4	7.92	0.69	0.88	10.36	5.33	1.45
A1	51.1	111	14.6	54.9	9.70	1.89	8.28	1.13	5.25	0.83	2.03	0.28	1.76	0.23	263	243	19.8	12.29	0.63	0.94	19.62	3.32	4.48
WA-C	33.2	66.2	7.42	26.56	4.72	1.05	4.60	0.78	4.61	0.86	2.62	0.41	2.61	0.41	156	139	16.9	8.23	0.67	0.96	8.71	4.56	1.44
WA-P	48.3	80.4	8.95	28.48	3.90	0.84	3.30	0.50	2.58	0.44	1.31	0.20	1.33	0.20	181	171	9.86	17.33	0.71	0.89	24.75	8.61	2.18
中国煤	22.5	46.7	6.42	22.3	4.07	0.84	4.65	0.62	3.74	0.96	1.79	0.64	2.08	0.38	118	103	14.9	6.92	0.59	0.90	7.31	3.48	1.52
世界硬煤	11	23	3.5	12	2	0.47	2.7	0.32	2.1	0.54	0.93	0.31	2.08	0.2	60.1	52.0	8.1	6.42	0.62	0.87	7.43	3.46	1.68

注：L/H 表示 LREE 与 HREE 含量比值；Eu/Eu* =2Eu$_N$/(Sm$_N$+Gd$_N$)；Ce/Ce* =2Ce$_N$/(La$_N$+Pr$_N$)；WA-C 表示煤中元素含量权衡均值。WA-P 表示夹矸中元素含量权衡均值；元素单位为 μg/g。

资料来源：中国煤数据引自 Dai 等 (2012)；世界硬煤数据引自 Ketris 和 Yudovich (2009)。

2. 镓

Ga 在煤中一般与黏土矿物有关(Finkelman, 1993; Chou, 1997; 任德贻等, 2006)。阿刀亥矿煤中 Ga 含量较高(均值为 16.3μg/g), 接近哈尔乌素矿(18μg/g), 低于黑岱沟矿(均值为 44.8μg/g), 但是远高于中国煤均值(6.55μg/g; Dai et al., 2012b)。可以依据 Ga 与灰分(r =0.62)、Al_2O_3(r =0.63)、SiO_2(r =0.65)的正相关性推断, 阿刀亥矿煤中的 Ga 主要是与无机质相关, 包括黏土矿物和硬水铝石。阿刀亥矿煤中 Ga 的赋存状态不同于哈尔乌素矿, Ga 在后者中的主要载体是有机质、高岭石和勃姆石。Ga 也可能在闪锌矿中类质同象置换锌(Swaine, 1990; Sun et al., 2007), 阿刀亥矿煤中的硫较低, Ga 与硫呈负相关(r = –0.51), 煤中也没有闪锌矿的存在, 因此 Ga 在阿刀亥矿煤中与硫化物无关。

3. 锆

阿刀亥矿煤中 Zr 均值为 446μg/g, 远高于中国煤均值(89.5μg/g; Dai et al., 2012b)和世界煤均值(36μg/g; Ketris and Yudovich, 2009)。Zr 与 Al、Si 之间的相关系数较高, 分别为 0.5 和 0.51, 表明锆主要赋存于黏土矿物中。而黑岱沟矿和哈尔乌素矿煤中 Zr 的主要载体是锆石。

4. 钍

阿刀亥煤中的 Th(12.4μg/g)约为中国煤中 Th 均值的 2 倍(5.84μg/g; Dai et al., 2012b), 略低于黑岱沟矿(17.8μg/g)和哈尔乌素矿(17μg/g)(表 3.7, 表 3.15)。黑岱沟矿和哈尔乌素矿煤中的 Th 主要赋存于锆石、勃姆石和有机质中。阿刀亥矿煤中的 Th 与 TiO_2(0.67)、Be(0.63)、Sc(0.77)、Y(0.62)、Nb(0.83)、Ta(0.77)、Bi(0.66)、HREE(0.56～0.66)都具有较高的相关系数, 说明 Th 很可能与这些元素是同一来源。此外, Th 与 Al_2O_3(0.21)、SiO_2(0.27)、灰分(0.23)都呈弱相关关系, 表明 Th 可能与有机质有关。

阿刀亥矿煤中的 Th 有可能来自陆源碎屑物质。阴山古陆中元古代钾长花岗岩中富集 Th(鄢明才和迟清华, 1997)。阿刀亥矿煤中高含量的 Th 也表明陆源区的 Th 含量要高于其他更远的区域。Th 不易以溶液的形式从源区迁移至聚煤盆地, 因为 Th 容易水解成 $Th(OH)_4$, 并在原地沉积。

5. 钡

煤中 Ba 最常见的载体是重晶石, Ba 也可以类质同象置换铁白云石、方解石、长石中的 Ca 和 K, 以及被黏土吸附, 或者在低煤阶煤中赋存有机质中(Swaine, 1990; Finkelman, 1995; Bouška et al., 2000)。阿刀亥矿煤中的 Ba(均值 276μg/g)不仅远高于中国煤均值(159μg/g; Dai et al., 2012b)和世界煤均值(150μg/g; Ketris and Yudovich, 2009), 还高于准格尔煤田黑岱沟矿(56.0μg/g)和哈尔乌素矿(41μg/g)煤中 Ba 含量。Ba 与 P_2O_5(0.98)、Sr(0.98)的强相关性证明了磷钡铝石是煤中 Ba 的载体之一。Ba 和 S 也有较高的相关系数(0.45), 说明部分 Ba 也可能存在于重晶石中。

如前所述, P_2O_5、F、Sr、Ba 之间存在紧密的共生关系, 这些元素在剖面上也有相似的变化规律。它们主要在磷钡铝石和硬水铝石丰富的第Ⅱ段中富集。

6. 汞

尽管 Hg 在煤中的含量非常低, 煤中的 Hg 却因为其具毒性及其通过食物链产生的生物累积性而备受关注(Yudovich and Ketris，2005)。一般认为煤中的 Hg 主要赋存于黄铁矿中(Hower et al.，2008)，有研究表明 Hg 也可以赋存于方解石和绿泥石(Zhang et al.，2002)、硒铅矿(Hower and Robertson，2003)、氯氧汞矿和辰砂中(Brownfield et al.，2005)。

阿刀亥矿煤中 Hg 含量较高，均值为 0.33μg/g。Hg 是煤中极具挥发性的元素之一(Smith，1987)。Finkelman 等(1998)发现在150℃的温度下 Hg 就可以部分挥发，在550℃时可以全部挥发。虽然煤中的 Hg 似乎很容易受到岩浆活动的温度影响而被驱走，但是 Dai 和 Ren(2007)、Finkelman 等(1998)、Golab 和 Carry(2004)的研究结果都显示受到岩浆侵入的煤中 Hg 含量反而较高。

Hg 与灰分的相关系数很低(0.12)，表明 Hg 可能兼有有机和无机亲和性。Hg 在受岩浆影响的煤中富集，可能是因为当温度下降到环境温度时，被驱走的液体中的 Hg 重新沉积并吸附在煤中，而不是存在于煤的硫化物中(Finkelman et al.，1998)。

7. 稀土元素

阿刀亥矿煤中 REE(La～Lu)含量为 41.7～429μg/g，均值为 156μg/g，稍高于中国煤均值(118μg/g；表 3.37)和世界煤均值(60.1μg/g；Ketris and Yudovich，2009)(表 3.37)。稀土元素在第Ⅰ段、第Ⅲ段和第Ⅳ段中较高，但是在第Ⅱ段中较低(图 3.78)。

有报道表明，稀土元素常与灰分呈正相关，主要有关的矿物是黏土矿物和磷酸盐矿物(Finkelman，1995；Chou，1997；Dai et al.，2008b)。但是稀土元素也可能部分赋存于煤的有机质中(Eskenazy，1987a)。与灰分、SiO_2、Al_2O_3(表 3.35)的正相关关系(非强正相关)表明阿刀亥矿煤中部分稀土元素与矿物有关。哈尔乌素煤中 HREE(Gd～Eu)较 LREE(La～Eu)具有更强的无机亲和性。相反，阿刀亥矿煤的 LREE 和灰分的相关性更强，HREE 与灰分的相关性相对较弱(图 3.80)，表明阿刀亥矿煤的重稀土具有更强的有机亲和性。这个结论与 Eskenazy(1987a)和 Querol 等(1995)的结果一致，但是与 Eskenazy(1999)的结果不完全一致。

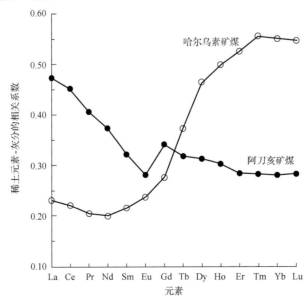

图 3.80　稀土元素-灰分的相关系数(哈尔乌素矿煤数据引自 Dai et al.，2008b)

阿刀亥矿和哈尔乌素矿煤中稀土元素不同的赋存状态可能反映了煤中稀土元素在来源上的不同。哈尔乌素矿煤中大部分稀土元素来自经过较强淋滤作用的顶板，然后被有机质吸附。哈尔乌素矿煤中夹矸的 LREE 比 HREE 更易淋滤，导致夹矸中的 REE、L/H 值低，以及下伏煤中 REE 含量、L/H 值高。

与哈尔乌素矿的情况正好相反，除了夹矸 A26-P、A27-P 和 A35-P，阿刀亥矿其他夹矸中 REE、L/H 值和 (La/Yb)$_N$ 都高于下部煤分层中的值（表 3.37；图 3.78）。这表明，阿刀亥矿煤的夹矸可能没有受到地下水的淋滤作用。

除了 A33-P 和 A12-P 外，阿刀亥矿煤夹矸中 Ce 异常（Ce/Ce*）低于下部煤分层（表 3.37）。哈尔乌素矿煤则表现出相反的地球化学模式，其中的 Ce 被氧化为 Ce^{4+}，并在原地沉积，导致哈尔乌素矿煤夹矸的淋滤液中贫 Ce。这也致使哈尔乌素矿煤夹矸中的 REE 值较低，但是 Ce 和 Ce/Ce* 整体上高于下伏煤分层。

阿刀亥矿煤的 L/H 值（均值为 8.23）、(La/Yb)$_N$ 值（均值为 8.71）（尽管整体上低于夹矸中的各值）高，表明煤中富集轻稀土，并且轻重稀土元素存在高度分异。煤和夹矸中 (Gd/Lu)$_N$ 整体上都低于 (La/Sm)$_N$，表明轻稀土相对重稀土元素更加分异。

尽管稀土元素离子半径都很相似，但较小的差别也可能导致它们在矿物中的类质同象置换能力不同（Taylor and Mclennan，1985；刘英俊和曹励明，1993）。HREE 与 Sc^{3+} 和 Hf^{4+} 的离子半径相似，经常导致含 Sc 和 Hf 的矿物中也富集中稀土元素。LREE 与 Sr^{2+} 和 Ba^{2+} 的离子半径相似，也导致含 Sr^{2+} 和 Ba^{2+} 的矿物相对富集 LREE。这也可能是 LREE 与 Sr、Ba 往往呈高度正相关的原因（Dai et al.，2008b）。但是阿刀亥矿煤中没有类似的现象，LREE、Sr、Ba、P$_2$O$_5$ 之间往往都是负相关关系（表 3.35），这表明 REE 并不明显地赋存于磷钡铝石中。此外，阿刀亥矿和哈尔乌素矿煤中 HREE 都与 Sc 和 Hf 呈正相关（表 3.35）。

五、本节小结

相对于大青山煤田其他煤矿的煤，阿刀亥矿 CP2 煤为高煤阶煤（低挥发分，$R_{o,ran}$=1.58%），归因于晚侏罗世、早白垩世岩浆侵入活动的影响。煤的灰分产率（25.00%）中等，硫分（0.78%）较低，硫主要为有机硫。

煤中矿物主要有硬水铝石、勃姆石、磷钡铝石、方解石、白云石、菱铁矿和黏土矿物（主要是高岭石和铵伊利石），还有少量的锐钛矿、磷灰石、石英和黄铁矿。根据矿物在煤层中的含量分布，可以将煤层在剖面上从上至下划分为 4 段（第Ⅰ～第Ⅳ段）。第Ⅰ和第Ⅳ段主要的矿物是高岭石，第Ⅱ段和第Ⅲ段的主要矿物为铵伊利石、硬水铝石、勃姆石、磷钡铝石、方解石、白云石和菱铁矿。其中，形成硬水铝石、勃姆石和磷钡铝石的物质来自物源区本溪组风化壳上氧化了的铝土矿。磷钡铝石的形成时间可能早于硬水铝石，后者是三水铝石在岩浆侵入的热作用下的脱水产物。铵伊利石可能是高岭石和氮反应的产物，而氮是岩浆侵入时煤发生变质作用过程中从有机质中释放而来的。方解石和白云石主要以后生的胞腔和外生裂隙填充物的形成存在，它们的来源可能是岩浆热液。

依据元素的赋存状态，阿刀亥矿 CP2 煤中元素（或元素的氧化物）可以分为 5 组：A 组（REE-Be-Y-Se-Ga-Ge-Sc-In-Pb-Bi-Nb-Ta-TiO$_2$-W-Hg-Sb-Zr-Hf-Th-U）、B 组（Sn-Te-Zn-Cd-V-As-Cr-Cu-Co-Mo-Ni-Re）、C 组（A_d-Na$_2$O-Al$_2$O$_3$-SiO$_2$-Li-K$_2$O-Rb-Cs-Tl）、D 组（P$_2$O$_5$-Ba-F-Sr-S-Cl）及 E 组（Fe$_2$O$_3$-MnO-CaO-MgO）。A 组和 C 组元素整体上与灰分呈强正相关关系，其余 3 组元素则与灰分呈弱正相关或负相关关系。

与中国煤和世界煤均值相比，阿刀亥矿 CP2 煤富集 CaO、MgO、P$_2$O$_5$、F、Ga、Zr、Ba、Hg、Pb、Th，但是 SiO$_2$/Al$_2$O$_3$ 值较低。CaO 和 MgO 的主要载体是碳酸盐矿物。P$_2$O$_5$、F、Ba 主要赋存于磷钡铝石和磷灰石中，Ga 的主要载体是硬水铝石和高岭石。Hg 很可能是由岩浆侵入活动引起的，在有机质和矿物中均有分布。

阿刀亥矿 CP2 煤中富集 LREE，LREE 和 HREE 高度分异。而 HREE 相对 LREE 具有更强的有机亲和性。

第七节　大青山煤田海柳树矿[①]

本节论述了大青山煤田海柳树矿晚石炭世主采煤层（Cu2）的矿物和地球化学组成。沉积源区供给和酸性热液流体是控制该煤层矿物和地球化学组成的主要因素。海柳树矿主采煤层沉积于阴山古陆造山带内的次级拗陷（山间盆地），其沉积源区是造山带内的次级隆起，主要由寒武-奥陶系地层及太古宙的变质岩组成。Cu2 煤层的矿物组成以高岭石为主，有少量的石英、硫化物和硒化物矿物（包括黄铜矿、硒方铅矿、方铅矿、闪锌矿、硒铅矿、硫镍钴矿）、铝的磷酸盐矿物、水磷铈石。该煤层富集 SiO$_2$（均值 17.1%）、TiO$_2$（0.60%）、Al$_2$O$_3$（13.7%）、Zr（289μg/g）、Hf（7.09μg/g），轻度富集 F、Sc、V、Cu、Ga、Se、Y、Nb、Mo、Cd、Sn、La、Ta、W、Hg、Pb、Bi 和 Th。煤中 Ti 大部分赋存于高岭石中。煤中的微量元素 Cu、Se、Sn、Hg、Pb 和 Bi 主要赋存于硫化物和硒化物矿物中。微量元素 Zr、Hf 和 Nb 主要来源于沉积源区。后生的酸性热液活动有利于 Ti 替代高岭石晶格中的 Al，促进同沉积矿物锆石、锐钛矿、石英的溶解，同时也导致中稀土元素的富集。

一、概况与样品采集

海柳树矿位于大青山煤田的西南部[图 3.6（b）]，该矿的主采煤层为 Cu2 煤层，与阿刀亥矿 CP2 煤层属于同一煤层。共采集了该煤层 19 个分层样品，包括 9 个煤分层样品、8 个夹矸样品、顶底板样品各 1 个。从底到顶，煤分层和夹矸的编号为 HLS-1～HLS-18（表 3.38），夹矸编号的后缀为 "-P"。顶底板的编号为分别为 HLS-18-R 和 HLS-0-F。Cu2 煤层的总厚度为 5.34m，其中夹矸的厚度为 1.84m，占总厚度的 34.5%。

---

① 本节主要引自 Dai S F, Li T J, Jiang Y F, et al. 2015. Mineralogical and geochemical compositions of the Pennsylvanian coal in the Hailiushu Mine, Daqingshan Coalfield, inner Mongolia, China: implications of sediment-source region and acid hydrothermal solutions. International Journal of Coal Geology, 137: 92-110. 该文已获得 Elsevier 授权使用。

表 3.38　海柳树矿样品的分层厚度、工业分析、元素分析和镜质组随机反射率

分层样品	厚度/cm	M_{ad}/%	A_d/%	V_{daf}/%	$S_{t,d}$/%	C_{daf}/%	H_{daf}/%	N_{daf}/%	$R_{o,ran}$/%
HLS-18-R	>50	0.60	83.05	nd	0.09	nd	nd	nd	nd
HLS-17	30	0.82	50.42	55.09	0.35	73.98	6.44	1.20	0.83
HLS-16	40	1.08	12.67	41.34	0.55	84.87	5.63	1.37	0.81
HLS-15	40	0.96	33.43	40.65	0.39	82.67	5.57	1.26	0.90
HLS-14-P	30	0.62	76.36	nd	0.02	nd	nd	nd	nd
HLS-13-P	23	0.59	80.74	nd	0.02	nd	nd	nd	nd
HLS-12-P	40	0.52	67.40	nd	0.25	nd	nd	nd	nd
HLS-11-P	40	0.53	87.69	nd	0.77	nd	nd	nd	nd
HLS-10	40	1.07	32.57	43.32	0.44	80.29	5.76	1.24	0.80
HLS-9-P	16	0.41	85.22	nd	0.03	nd	nd	nd	nd
HLS-8	45	1.09	30.65	43.08	0.57	80.89	5.59	1.25	0.83
HLS-7-P	10	0.66	85.43	nd	0.03	nd	nd	nd	nd
HLS-6	30	1.06	26.00	43.88	0.87	82.64	5.77	1.41	0.85
HLS-5-P	10	0.43	83.79	nd	0.04	nd	nd	nd	nd
HLS-4	35	0.84	30.81	42.15	0.57	81.94	5.50	1.40	0.83
HLS-3	50	0.97	39.06	48.12	0.55	78.94	5.85	1.26	0.85
HLS-2-P	15	1.02	85.47	nd	0.05	nd	nd	nd	nd
HLS-1	40	0.82	38.35	45.55	0.60	79.08	5.83	1.29	0.89
HLS-0-F	>50	nd	89.20	nd	0.04	nd	nd	nd	nd
煤均值	350*	0.97	32.53	44.64	0.54	80.66	5.76	1.29	0.84

注：M 表示水分；A 表示灰分；V 表示挥发分；S_t 表示全硫；C 表示碳元素；H 表示氢元素；N 表示氮元素；$R_{o,ran}$ 表示镜质组随机反射率；ad 表示空气干燥基；d 表示干燥基；daf 表示干燥无灰基；nd 表示无数据。
*表示煤层总厚度。

二、海柳树矿煤的工业分析和元素分析

海柳树矿煤的挥发分产率均值为 44.64%，镜质组随机反射率均值为 0.84%，按照美国 ASTM 煤类划分方案（ASTM，2012），海柳树矿煤属于高挥发分烟煤 A。灰分产率变化较大，为 12.67%～50.42%，均值为 32.53%。按照国家标准《煤炭质量分级 第 1 部分：灰分》（GB/T 15224.1—2018），海柳树矿煤属于高灰分煤。煤中硫分含量较低（均值为 0.54%），属于低硫煤（Chou，2012）。

三、海柳树矿煤的显微组分特征

海柳树矿煤中镜质组含量远高于惰质组含量（表 3.39）。海柳树矿煤中显微组分与中国华北聚煤盆地北部、准格尔煤盆地有明显不同[图 3.81(a)]，后两者中的惰质组含量略高于镜质组含量（韩德馨，1996；Dai et al，2012a）。海柳树矿煤中显微组分也不同于阿

刀亥矿，后者的镜质组和惰质组含量均值分别为 64.6%和 35.1%（无矿物基）。

表 3.39　海柳树煤的显微组分组成（无矿物基）　　　（单位：%）

样品	T	CT	CD	CG	VD	TV	SF	F	Mic	Mac	ID	TI	Sp	Cut	TL
HLS-17		50.9	41.0	0.6	3.1	95.7	1.2	0.6			1.2	3.1		1.2	1.2
HLS-16		20.9	60.1	0.3	0.0	81.3	1.8		0.6	2.1	5.2	9.8	4.6	4.3	8.9
HLS-15	0.3	19.3	49.8	1.6	0.6	71.7	10.6	0.3	0.6	3.4	8.7	23.7	1.9	2.8	4.7
HLS-10	1.3	27.4	43.9	0.8	6.8	80.2	3.0	0.4	0.4	1.7	6.3	11.8	0.4	7.6	8.0
HLS-8		39.8	40.4	2.3	1.8	84.2	2.9	1.2	0.6	0.6	6.4	11.7	0.6	3.5	4.1
HLS-6		24.2	48.8		3.6	76.6	4.4			2.0	5.2	11.7	1.6	10.1	11.7
HLS-4	1.9	12.6	28.2		1.5	44.2	12.1	0.5		8.7	13.1	34.5	2.4	18.9	21.4
HLS-3		25.9	42.7		0.4	69.0	7.8	0.9	0.4	5.2	6.0	20.3	2.2	8.6	10.8
HLS-1		15.1	42.9	0.4	2.4	60.7	7.9	1.2		7.5	7.1	23.8	2.0	13.5	15.5
WA	0.4	26.0	44.3	0.7	2.1	73.4	5.8	0.6	0.3	3.6	6.7	17.0	1.8	7.8	9.5
阿刀亥矿	27.5	6.9	28.9	Trace	1.3	64.6	12.5	6.3	Trace	8.7	7.6	35.1			

注：T 表示结构镜质体；CT 表示均质镜质体；CD 表示基质镜质体；CG 表示团块镜质体；VD 表示碎屑镜质体；TV 表示镜质组总量；SF 表示半丝质体；F 表示丝质体；Mic 表示微粒体；Mac 表示粗粒体；ID 表示碎屑惰质体；TI 表示惰质组总量；Sp 表示孢子体；Cut 表示角质体；TL 表示类脂组总量；Trace 表示痕量；WA 表示权衡均值。

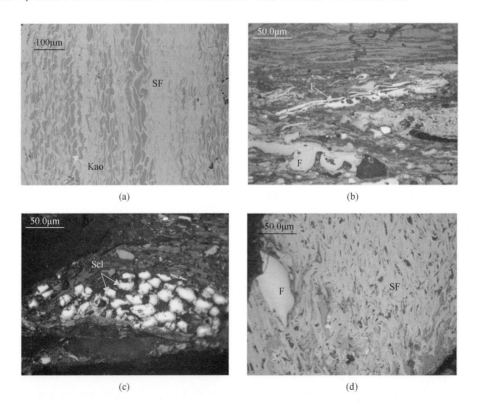

(a)　　　　　　　　　　　　　　　　(b)

(c)　　　　　　　　　　　　　　　　(d)

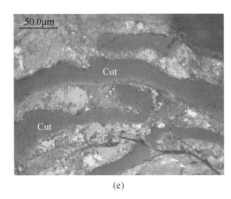
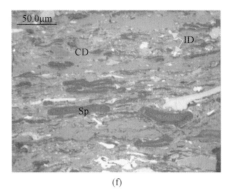

(e) (f)

图 3.81　海柳树矿煤中的显微组分

(a)样品 HLS-4 中的半丝质体及胞腔充填的高岭石；(b)样品 HLS-4 中的丝质体和高岭石；(c)样品 HSL-1 中的分泌体；(d)样品 HLS-4 中的丝质体和半丝质体；(e)样品 HLS-4 中的厚壁角质体；(f)样品 HLS-4 中的孢子体、碎屑惰质体和基质镜质体；SF-半丝质体；F-丝质体；CD-基质镜质体；Sp-孢子体；ID-碎屑惰质体；Cut-角质体；Scl-分泌体；Kao-高岭石

海柳树矿煤中镜质组以基质镜质体和均质镜质体为主，有少量的碎屑惰质体、团块镜质体和结构镜质体（表 3.39）。煤中惰质组以半丝质体、碎屑惰质体、粗粒体为主，含有少量的丝质体和微粒体。类脂组以孢子体和角质体为主。

丝质体和半丝质体的特征表现出其经氧化作用而形成的［图 3.81(a)～(d)］。丝质体和半丝质体的结构一般保存不好［图 3.81(b)～(d)］，有时有膨胀和降解的痕迹［图 3.81(b)］，表明它们在遭受氧化作用以前，遭受了向粗粒体演变的降解作用(Hower et al.，2013a；O'kefee et al., 2013)。丝质体和半丝质体胞腔中通常充填黏土矿物［图 3.81(a)］。有时会观察到棱角分明的丝质体或分泌体的碎片［图 3.81(d)］。角质体以厚壁角质体为特征，分布在基质镜质体中［图 3.81(e)］；孢子体沿平行层理方向分布［图 3.81(f)］。基质镜质体作为基质，胶结黏土矿物、孢子体和碎屑惰质体［图 3.81(b)、(f)］。

四、海柳树矿煤和围岩中的矿物组成

(一)煤中的矿物

海柳树矿煤分层的灰化产率、低温灰、夹矸、顶底板中矿物含量及 SEM-EDS 下发现的痕量矿物见表 3.40。高岭石在煤分层低温灰中占绝对优势(85.0%～98.5%)，煤分层低温灰中还有少量的石英、黄铁矿和伊利石。在少量低温灰样品中，检测到了方解石、磷锶铝石、烧石膏(表 3.40)。在扫描电镜下，检测到了磷铝铈矿、锆石、水磷铈石、硒铅矿、硫镍钴矿、闪锌矿、锌铁铜硫化物($ZnFe_{0.5}Cu_{0.5}$)S_2、锐钛矿等，这些矿物在低温灰中的含量低于 XRD 检测限。

高岭石在煤中呈平行于层理的细分散状、透镜状、薄层状、团块状［图 3.81、图 3.82(a)］，有时充填在裂隙和胞腔中［图 3.82(b)，图 3.83(a)、(b)］，偶尔呈蠕虫状［图 3.84(a)、(b)］。海柳树矿煤中高岭石的赋存状态和其他地区煤中高岭石的赋存状态相似，这些赋存状态表明高岭石是自生成因的产物(Ward, 1989)。石英呈磨圆度较好或不规则颗粒分布在基质镜质体中［图 3.83(c)～(e)］，表明是其陆源碎屑成因的；有时会见到石英充填在裂隙中［图 3.83(a)］。

表 3.40　海柳树矿煤分层的低温灰产率、夹矸、顶底板中矿物含量(%)
及 SEM-EDS 下发现的痕量矿物

样品	LTA/%	石英	高岭石	伊利石	黄铁矿	方解石	菱铁矿	磷锶铝石	烧石膏	痕量*
HLS-18-R	82.55**	0.9	97.3	1.3	0.5					
HLS-17	59.52	0.3	98.5	1.0	0.2					
HLS-16	15.34	0.3	96.5	1.0	0.1	1.8		0.2		
HLS-15	37.78	0.2	97.4		0.2	2.2				
HLS-14-P	75.89**	0.3	98.9	0.7	0.1					Alu
HLS-13-P	80.26**	0.2	99.6		0.2					闪锌矿、Alu、锆石
HLS-12-P	67.05**	0.2	99.1	0.4	0.3					锐钛矿、硒方铅矿
HLS-11-P	87.23**	23.9	73.5	0.3	1.3		1.0			锐钛矿、水磷铈石、锆石、石膏、闪锌矿、磷铝铈矿
HLS-10	39.16	0.5	98.2	0.3	0.5	0.4				
HLS-9-P	84.87**	0.6	99.4							闪锌矿、磷铝铈矿
HLS-8	35.15	1.7	96.2	1.5	0.4			0.2		
HLS-7-P	84.87**	0.4	99.5		0.1					方铅矿
HLS-6	29.91	1.5	97.1	0.3	1.1					
HLS-5-P	83.43**	1.8	97.6		0.6					闪锌矿、黄铜矿、锐钛矿
HLS-4	38.72	9.6	85.0	5.1	0.4					水磷铈石、硒铅矿、锆石、黄铁矿、闪锌矿
HLS-3	48.22	2.1	96.9	0.5	0.5					
HLS-2-P	84.6**	0.4	99.4	0.1	0.1					闪锌矿
HLS-1	46.80	1.7	94.6	2.7	0.5	0.4				黄铁矿、锐钛矿、磷铝铈矿、硫镍钴矿、闪锌矿、水磷铈石、$(ZnFe_{0.5}Cu_{0.5})S_2$
HLS-0-F	85.73**	8.0	87.8	3.8				0.3		

注：LTA 表示煤的低温灰产率；Alu 表示含 Sr、Ba、Ca 等铝磷酸盐矿物。
*表示 SEM-EDS 下观察到的矿物(但低于 XRD 检测限)；**表示高温灰产率。

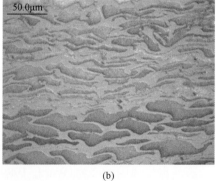

图 3.82　海柳树煤中的黏土矿物(油浸反射光)
(a)顺层理分布的黏土矿物，样品 HLS-4；(b)充填在胞腔中的黏土矿物，样品 HLS-4

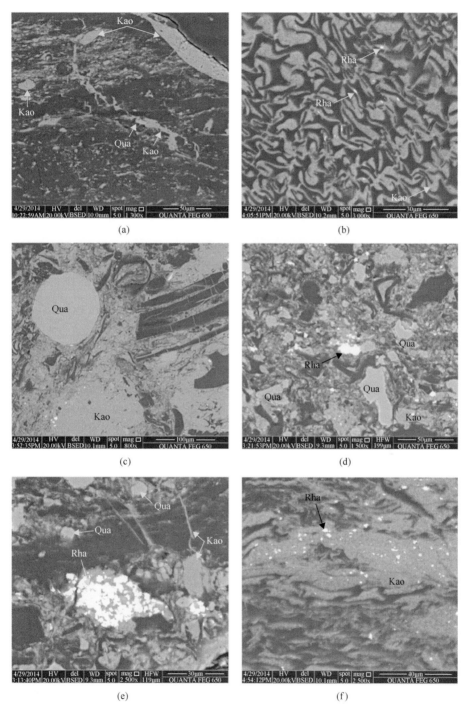

图 3.83　海柳树矿煤中高岭石、石英、含硅的水磷铈石扫描电镜背散射电子图像
(a)样品 HLS-1 中团块状和裂隙充填的高岭石，裂隙充填的石英；(b)样品 HLS-4 中充填在胞腔的高岭石和含硅的水磷铈石；
(c)样品 HLS-4 中的团块状高岭石和磨圆度较好的石英；(d)样品 HLS-4 基质镜质体中不规则的石英颗粒，高岭石中含硅的
水磷铈石；(e)样品 HLS-4 中高岭石中含硅的水磷铈石，裂隙充填的高岭石，基质镜质体中的石英；(f)样品 HLS-4 中高岭
石中含硅的水磷铈石，高岭石顺层理分布；Kao-高岭石；Qua-石英；Rha-含硅的水磷铈石

含硅的水磷铈石主要分布在高岭石基质中[图 3.83(d)～(f)]，有时会充填在丝质体胞腔

中[图 3.83(b)]。SEM-EDS 测试结果表明，水磷铈石含少量的 Ca(0.67%～0.70%)。在富含稀土元素的煤层中，经常会发现含硅和不含硅的水磷铈石，并认为其是低温热液的产物 (Seredin and Dai, 2012)。黄铁矿主要充填在裂隙和丝质体胞腔中[图 3.84(c)～(f)]。其他硫化物矿物，如硫镍钴矿、闪锌矿、硒铅矿、锌铁铜硫化物$(ZnFe_{0.5}Cu_{0.5})S_2$主要分布在基质镜质体中[图 3.85(a)～(c)]，充填在丝质体胞腔中[图 3.85(c)]。硫镍钴矿中含有少量的 Fe 和 Pb，锌铁铜硫化物$(ZnFe_{0.5}Cu_{0.5})S_2$中含有少量的 Pb，硒铅矿中含有少量的 Cu 和 Fe。

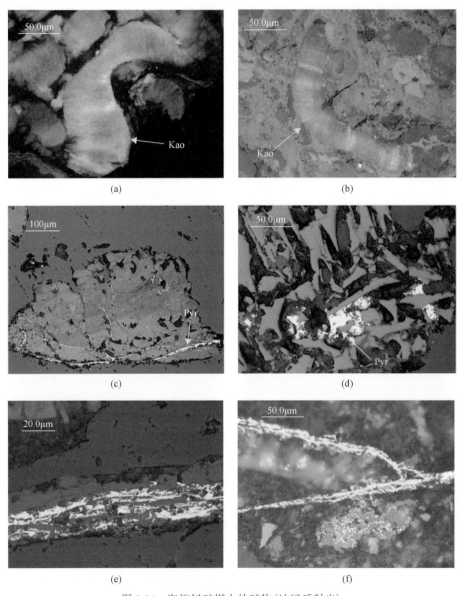

图 3.84　海柳树矿煤中的矿物(油浸反射光)

(a)样品 HLS-15 中蠕虫状高岭石；(b)样品 HLS-8 中蠕虫状高岭石；(c)充填在裂隙中的黄铁矿，样品 HLS-1；(d)黄铁矿赋存于破碎的丝质体胞腔中，样品 HLS-4；(e)脉状黄铁矿，样品 HLS-12；(f)脉状黄铁矿，样品 HLS-18；Kao-高岭石；Pyr-黄铁矿

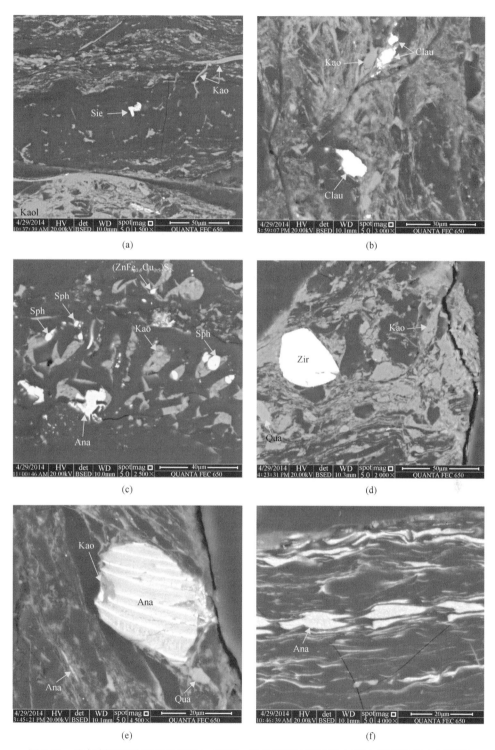

图 3.85　海柳树矿煤中硫化物矿物、锆石、锐钛矿及高岭石的扫描电镜背散射电子图像

(a)样品 HLS-1 中的硫镍钴矿和裂隙充填的高岭石；(b)样品 HLS-4 基质镜质体中的硒铅矿；(c)样品 HLS-1 中的闪锌矿及锌铁铜硫化物(ZnFe$_{0.5}$Cu$_{0.5}$)S$_2$；(d)样品 HLS-4 中的锆石；(e)样品 HLS-4 中的锐钛矿；(f)充填于惰性组分胞腔中的锐钛矿，样品 HLS-1；Kao-高岭石；Sph-闪锌矿；Qua-石英；Ana-锐钛矿；Zir-锆石；Clau-硒铅矿；Sie-硫镍钴矿

锆石主要以磨圆度较好的单颗粒状分布在有机质中，其赋存状态表明其为陆源碎屑成因[图 3.85(d)]。锐钛矿主要以两种形式存在，即以陆源碎屑成因的单颗粒赋存于基质镜质体中和自生成因充填于成煤植物胞腔中[图 3.85(f)]。

（二）夹矸、顶底板中的矿物

除了两个样品有高含量的石英外（底板 HLS-0-F，8.0%；夹矸 HLS-11-P，23.9%），夹矸、顶底板中的矿物主要为高岭石，并含有少量的石英、伊利石和黄铁矿（表 3.40）。这种矿物组合特征与煤的低温灰样品中的矿物组合相似。

夹矸样品 HSL-5-P 和 HSL-11P 中的石英具有尖锐的棱角[图 3.86(b)、(c)]，有时含有包裹体[图 3.86(d)]。高岭石在这两个夹矸中不显层理，并含有棱角尖锐的空洞[图 3.86(a)～(d)]。石英的赋存状态和棱角尖锐的空洞表明这两层夹矸属于火山灰成因。棱角尖锐的空洞可能是火山碎屑经分解后留下的痕迹。这种火山灰成因的夹矸在其他地区也经常被发现，称之为火山灰蚀变黏土岩夹矸，简称为 tonstein（Burger et al.，1990，2000；

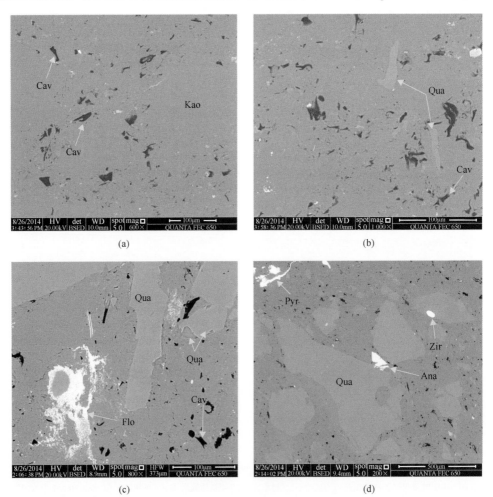

(a)　　　　　　　　　　　　　　(b)

(c)　　　　　　　　　　　　　　(d)

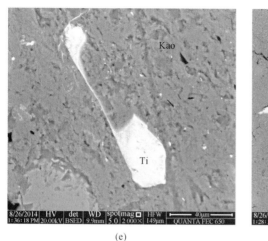
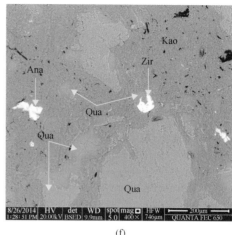

(e) (f)

图 3.86　夹矸中石英、高岭石、锆石、锐钛矿、磷铈铝石的扫描电镜背散射电子图像

(a)高岭石基质及被完全溶蚀的晶体颗粒留下的空洞；(b)棱角尖锐的石英及被完全溶蚀的晶体颗粒留下的空洞；(c)石英、磷铝铈石，以及被完全溶蚀的晶体颗粒留下的空洞；(d)锆石、含有包裹体的石英、单颗粒锐钛矿、黄铁矿；(e)棱角尖锐的钛的氧化物矿物，高岭石基质；(f)被溶液溶蚀的锆石、单颗粒的锐钛矿、自生石英、高岭石基质；(a)和(b)为样品 HLS-5-P；(c)～(f)为样品 HLS-11-P；Kao-高岭石；Qua-石英；Ti-钛的氧化物矿物；Zir-锆石；Flo-磷铝铈矿；Cav-晶体矿物被溶蚀的留下的空洞；Pyr-黄铁矿；Ana-锐钛矿

周义平等，1992；周义平和任友谅，1994；Spears et al.，1988；周义平，1999；Zhou et al.，1982，2000；Yudovich and Ketris，2002；Lyons et al.，2006；Guerra et al.，2008；Zhao et al.，2013）。张慧等（2000a，2000b）、周安朝等（2001）、王水利和葛岭梅（2007）在该矿区的煤层中发现了酸性—中性的火山灰夹层。在锆石和石英被溶蚀的空洞中充填着自生石英［图 3.86（f）］。Ti 的氧化物（可能是锐钛矿）以单颗粒形式出现在煤中，并且显示尖锐的棱角［图 3.86（e）、（f）］，可能是热液流体溶蚀所致。

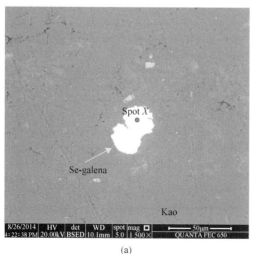
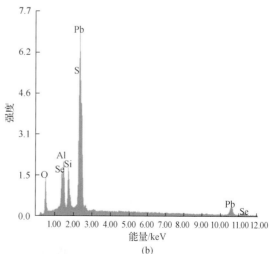

(a) (b)

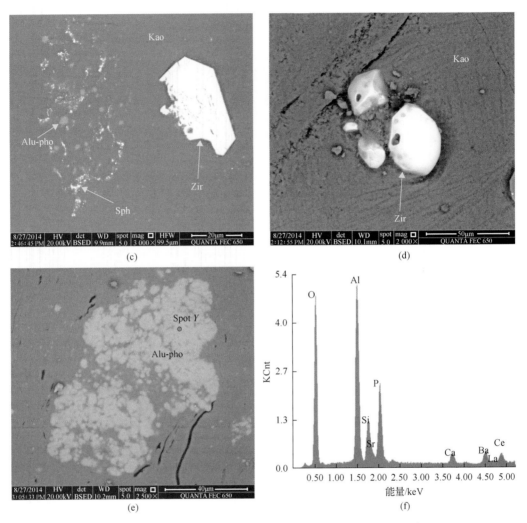

图 3.87　夹矸中痕量矿物的扫描电镜背散射电子图像及其能谱图

(a)样品 HLS-12-P 中高岭石基质中的硒方铅矿；(b)测点 X 的能谱数据；(c)样品 HLS-13-P 中的闪锌矿，锆石及含 Sr、Ba、Ca 和 Ce 的铝磷酸盐矿物；(d)样品 HLS-7-P 中的锆石颗粒；(e)样品 HLS-13-P 中高岭石中的含 Sr、Ba、Ca 和 Ce 的铝磷酸盐矿物；(f)测点 Y 的能谱数据；Se-galena-硒方铅矿；Kao-高岭石；Sph-闪锌矿；Zir-锆石；Alu-pho-含 Sr、Ba、Ca 和 Ce 的铝磷酸盐矿物；Spot X-测点 X；Spot Y-测点 Y

在其他夹矸中，没有发现具有棱角尖锐的或含有包裹体的石英，也没有发现具有尖锐棱角的空洞(图 3.87)。这些夹矸中的锆石颗粒已经破碎或磨圆度较好[图 3.87(c)]，可能是从沉积源区搬运到泥炭沼泽所致。虽然没有观察到明显的沉积层理，但这些夹矸应该是外生碎屑沉积形成的。泥炭沼泽的中的腐殖酸对高岭石的蚀变或淋溶作用导致层理缺失(Staub and Cohen，1978)。值得提到的是，夹矸样品 HLS-11-P 并不是被煤分层而是被一层正常沉积的黏土岩夹矸直接覆盖，与其他地区发现的赋存的夹矸明显不同(Burger et al.，1990；Zhou et al.，2000；Lyons et al.，2006；Guerra et al.，2008；Zhao et al.，2013)。海柳树矿夹矸样品 HLS-11-P 的赋存特征表明，在火山物质喷发后不久(对应于夹矸

HSL-11-P)，陆源物质(对应于夹矸 HLS-12-P、HLS-13-P 和 HLS-14-P)被搬运到成煤盆地中，并覆盖在火山灰之上。

除了以上所描述的矿物外，通过 SEM-EDS 在夹矸中发现了一些其他的痕量矿物，这些矿物低于 XRD 和 Siroquant 的检测限。这些痕量矿物包括方铅矿、硒方铅矿、黄铁矿、闪锌矿、含铅的闪锌矿(由 20.6%的铅、24.1%的硫和 55.3%的 Zn 组成)、黄铜矿、含铅的黄铜矿，以及含稀土元素的矿物，如磷铝铈矿[图 3.86(c)]、水磷铈石，含 Sr、Ba、Ca、Ce 的铝磷酸盐矿物[图 3.87(c)、(e)]，锐钛矿(表 3.40)。

五、煤中的常量元素氧化物和微量元素

(一)常量元素氧化物及其和矿物组成的对比

海柳树矿样品中常量元素氧化物及微量元素的含量见表 3.41。与中国煤中常量元素氧化物相比(表 3.7)，SiO_2、TiO_2、Al_2O_3 在海柳树矿煤中富集，而其他常量元素氧化物(包括 Fe_2O_3、MgO、CaO、MnO、Na_2O、K_2O、P_2O_5)含量较低。

海柳树矿煤中低温灰产率和高温灰产率非常接近，但前者略高于后者[图 3.88(a)]，主要是因为在高温灰化过程中，黏土矿物失水和硫化物矿物被氧化所致。从矿物推算出的常量元素氧化物含量与 XRF 直接测试并经过归一化的常量元素氧化物含量之间的关系如图 3.88(b)~(f)所示，这些氧化物包括 SiO_2、Al_2O_3、Fe_2O_3、CaO、K_2O(无 SO_3 基)。考虑到其他矿物(除了高岭石)含量很低(表 3.40)，以及 Siroquant 定量过程出现的误差，每个经 XRD 推算出的常量元素氧化物的含量和 XRF 直接测得的常量元素氧化物的含量比较吻合，表明经过 XRD 和 Siroquant 检测到的矿物含量是非常可靠的。

从矿物组成中推测出的 Al_2O_3 含量稍高于 XRF 检测的值[图 3.88(c)]，可能主要是因为大部分 Ti 替代了高岭石中的 Al。灰分-K_2O、K-SiO_2、K-Al_2O_3 的相关系数较高，分别为 0.7、0.74、0.64，表明海柳树矿煤中钾主要赋存于伊利石中。

海柳树矿煤中 TiO_2 的均值为 0.60%(表 3.41)，远高于中国煤均值(0.33%；表 3.7)。煤样品中灰分产率和 TiO_2 的相关系数较高($r=0.51$)，表明 Ti 主要赋存于矿物质中。然而，通过 XRD 分析，在煤的低温灰产物、顶底板、夹矸中没有发现独立的含 Ti 的矿物(如金红石、锐钛矿、钛铁矿)，虽然 SEM-EDS 下在煤分层和夹矸中发现了痕量的锐钛矿[图 3.85(e)，图 3.86(d)、(e)]。

作者的经验表明，XRD 和 Siroquant 对锐钛矿或金红石的检测限约为 0.1%。海柳树矿样品(煤、顶底板和夹矸)中缺少锐钛矿或金红石，因此煤的低温灰(均值 1.56%)和围岩中高含量的 Ti 不是赋存于含 Ti 矿物(如锐钛矿)中，而是以其他形式存在。

TiO_2-Al_2O_3($r=0.42$)、TiO_2-SiO_2($r=0.53$)和 TiO_2-K_2O($r=0.61$)的相关系数较高，表明大部分 Ti 赋存于高岭石中，小部分 Ti 赋存于伊利石中，虽然伊利石在煤和围岩中含量很低(表 3.40)。在 SEM 下，可以观察到煤和夹矸中的 Ti 在高岭石中有两种赋存状态：①Ti 和高岭石密切相关，但不是以单颗粒形式存在[图 3.89(a)~(c)]；②Ti 以单颗粒矿物形式存在[可能是锐钛矿；图 3.86(d)，图 3.90(a)]。Ti 可能是替代了高岭石

表 3.41　海柳树矿 Cu2 煤层、夹矸和顶底板中常量元素氧化物及微量元素的含量

分层样品	厚度/cm	SiO2	TiO2	Al2O3	Fe2O3	MnO	MgO	CaO	Na2O	K2O	P2O5	SiO2/Al2O3	Li	Be	B	F	Sc	V	Cr	Co	Ni	Cu	Zn
HLS-18-R	>50	44.3	1.60	35.6	0.52	0.003	bdl	0.112	bdl	0.110	0.070	1.24	16.1	2.33	3.97	280	12.3	112	41.6	9.81	19.5	29.1	113
HLS-17	30	26.6	0.55	22.5	0.13	0.001	bdl	0.051	bdl	0.077	0.024	1.18	15.7	2.48	0.47	262	9.20	33.8	7.05	2.87	5.88	14.7	18.4
HLS-16	40	6.47	0.27	5.50	0.04	0.001	bdl	0.110	bdl	0.008	0.004	1.18	3.36	3.79	0.85	78.2	5.77	32.4	10.1	6.77	7.98	15.4	49.1
HLS-15	40	17.2	0.76	14.5	0.14	0.003	bdl	0.237	bdl	0.015	0.023	1.19	11.0	4.04	10.2	166	7.81	42.8	8.85	4.79	8.91	15.6	38.4
HLS-14-P	30	39.5	1.09	33.2	0.13	0.003	bdl	0.083	bdl	0.040	0.046	1.19	19.5	3.26	3.11	363	14.7	42.6	11.3	1.04	5.44	17.4	9.13
HLS-13-P	23	41.9	0.42	35.2	0.10	bdl	bdl	0.055	bdl	0.048	0.057	1.19	14.4	2.72	1.73	373	9.94	21.5	2.65	0.67	2.37	6.24	110
HLS-12-P	40	35.9	0.99	29.7	0.12	bdl	bdl	0.048	bdl	0.063	0.035	1.21	18.4	2.64	3.46	320	12.0	50.0	6.94	1.24	3.42	14.2	179
HLS-11-P	40	57.2	1.33	26.5	1.77	0.016	bdl	0.051	bdl	0.140	0.065	2.16	29.6	2.38	4.24	228	15.5	130	60.4	17.7	37.3	32.1	117
HLS-10	40	17.1	0.60	14.3	0.08	0.001	bdl	0.040	bdl	0.018	0.012	1.20	28.3	2.34	bdl	198	5.71	72.0	9.44	4.43	6.82	20.7	38.8
HLS-9-P	16	45.8	0.64	38.1	0.15	bdl	bdl	0.044	bdl	0.033	0.036	1.20	18.7	2.70	1.24	476	5.82	13.9	0.86	0.28	0.20	7.75	64.8
HLS-8	45	15.9	0.49	12.8	0.09	0.001	0.01	0.045	bdl	0.036	0.070	1.24	10.9	2.91	7.73	200	5.51	62.6	7.93	4.09	6.48	18.4	30.9
HLS-7-P	10	45.9	0.55	38.0	0.07	bdl	0.02	0.068	bdl	0.036	0.038	1.21	28.7	3.90	3.42	368	4.16	5.91	0.54	0.44	0.86	4.06	99.4
HLS-6	30	13.8	0.27	11.1	0.40	0.001	0.01	0.038	bdl	0.016	0.021	1.24	9.46	3.36	0.71	169	4.80	49.6	8.93	6.39	9.70	27.5	53.6
HLS-5-P	10	43.1	1.19	35.0	0.11	bdl	bdl	0.046	bdl	0.039	0.037	1.23	45.6	3.94	bdl	390	11.6	64.2	9.95	0.99	2.45	32.7	82.9
HLS-4	35	17.3	0.86	11.9	0.16	bdl	bdl	0.037	bdl	0.068	0.029	1.45	27.1	5.51	5.34	162	14.6	131	44.3	4.81	8.61	69.5	86.0
HLS-3	50	20.2	0.63	16.1	0.32	0.002	0.02	0.038	bdl	0.039	0.022	1.25	41.3	2.85	0.24	190	7.86	87.7	23.5	10.2	21.6	43.1	51.8
HLS-2-P	15	43.9	0.85	36.5	0.15	0.002	bdl	0.056	bdl	0.046	0.023	1.20	77.7	2.87	2.96	330	5.52	32.8	5.54	1.23	3.88	10.2	58.2
HLS-1	40	19.9	0.93	15.6	0.28	0.002	0.03	0.139	bdl	0.073	0.035	1.28	45.6	2.30	8.66	195	10.2	177	42.8	11.3	30.6	78.5	132
HLS-0-F	>50	48.7	0.99	34.7	0.59	bdl	0.05	0.066	bdl	0.330	0.079	1.40	104	2.81	11.8	244	13.2	92.6	50.1	7.10	25.5	37.5	50.7
WA-C	350	17.1	0.60	13.7	0.18	0.001	bdl	0.083	bdl	0.038	0.027	1.25	22.3	3.26	3.92	179	7.86	77.9	18.3	6.37	12.3	34.0	55.6
WA-P	184	44.3	0.95	32.3	0.48	0.004	bdl	0.057	bdl	0.067	0.045	1.37	27.4	2.86	2.93	335	11.4	56.4	17.9	4.57	10.5	17.2	99.8
中国煤		8.47	0.33	5.98	4.85	0.015	0.22	1.23	0.16	0.19	0.092	1.41.42	31.8	2.11	53	130	4.38	35.1	15.4	7.08	13.7	17.5	41.4
世界硬煤		nd	0.133	nd	nd	0.011	nd	nd	nd	nd	0.053	nd	14	2	47	82	3.7	28	17	6	17	16	28
CC		2.02	1.82	2.29	0.04	0.07	nd	0.07	nd	0.20	0.29	nd	1.59	1.63	0.08	2.18	2.12	2.78	1.08	1.06	0.72	2.12	1.99

续表

分层样品	Ga	Ge	As	Se	Rb	Sr	Zr	Nb	Mo	Cd	In	Sn	Sb	Cs	Ba	Hf	Ta	W	Hg	Tl	Pb	Bi	Th	U
HLS-18-R	38.5	1.68	1.76	0.80	4.18	29.6	581	29.6	2.35	1.02	0.18	10.2	0.26	0.49	49.5	15.0	1.81	25.1	0.229	0.25	33.5	0.73	15.5	2.64
HLS-17	21.4	1.30	0.41	1.32	3.85	4.78	317	24.6	3.48	0.44	0.08	4.48	0.20	0.57	18.5	9.03	1.80	1.37	0.127	0.10	39.3	0.31	6.36	2.83
HLS-16	19.8	1.51	0.16	1.40	0.36	1.79	152	7.13	3.78	0.23	0.05	3.52	0.34	0.06	6.27	4.10	0.32	0.90	0.220	0.03	19.9	10.7	6.11	2.98
HLS-15	16.0	1.66	0.20	1.13	0.62	13.7	362	20.0	2.87	0.42	0.07	3.10	0.34	0.12	32.4	8.75	1.27	6.45	0.798	0.08	31.6	0.15	3.20	2.26
HLS-14-P	40.3	0.83	0.20	1.36	1.71	15.0	490	27.7	1.09	0.51	0.17	5.15	0.10	0.32	62.4	14.2	1.86	4.05	0.032	0.04	24.8	bdl	23.4	5.70
HLS-13-P	40.4	0.85	0.31	0.93	2.04	17.0	339	19.9	0.97	0.67	0.11	6.01	0.19	0.40	69.5	10.8	1.32	4.75	0.112	0.06	54.0	0.99	12.2	3.83
HLS-12-P	35.5	1.05	0.53	0.84	3.67	9.77	422	23.7	2.67	0.67	0.10	3.91	0.54	0.64	28.4	11.2	1.48	4.56	0.221	0.11	41.3	0.33	37.9	8.57
HLS-11-P	31.3	1.34	2.06	1.04	3.51	15.5	456	16.6	1.47	0.70	0.10	2.63	0.12	0.43	38.7	11.5	0.54	91.7	0.219	0.41	23.6	0.01	10.9	1.34
HLS-10	13.4	1.57	0.47	2.22	0.74	2.58	213	8.11	3.90	0.26	0.05	1.44	0.24	0.14	6.68	5.15	0.47	0.83	0.150	0.10	12.8	bdl	4.46	1.07
HLS-9-P	37.2	0.95	0.33	0.42	1.96	1.60	347	46.2	1.54	0.54	0.06	3.80	0.10	0.40	0.70	12.6	3.37	2.48	0.854	0.07	51.0	0.08	42.6	8.67
HLS-8	18.2	2.80	1.26	1.82	1.79	58.1	321	16.0	11.8	0.41	0.07	2.37	0.35	0.22	104	7.41	0.95	1.12	0.173	0.11	22.2	bdl	7.44	3.35
HLS-7-P	26.1	1.33	0.22	0.64	2.10	7.78	411	46.1	1.24	0.72	0.08	6.97	0.07	0.36	16.8	15.0	3.30	4.26	0.149	0.05	53.8	0.07	5.78	4.34
HLS-6	19.8	2.82	4.15	2.54	0.82	6.30	475	26.1	13.0	0.61	0.08	3.74	0.33	0.12	9.53	11.7	1.59	0.60	0.382	0.33	31.1	0.70	17.5	3.25
HLS-5-P	38.2	0.76	0.49	1.61	1.14	2.99	538	40.4	2.60	0.69	0.15	7.13	0.06	0.21	2.14	16.8	2.51	7.11	0.174	0.08	35.0	0.11	18.6	4.73
HLS-4	21.1	1.52	0.41	7.45	4.62	10.9	373	15.9	6.10	0.77	0.14	3.95	0.21	0.53	36.0	8.51	1.04	1.21	0.463	0.16	76.1	0.42	12.8	2.92
HLS-3	22.6	2.29	1.44	3.72	1.78	10.2	241	11.5	7.26	0.44	0.06	2.71	0.78	0.29	19.7	6.16	0.81	14.4	0.559	0.38	23.0	0.70	7.58	3.02
HLS-2-P	39.0	1.17	0.07	0.64	2.28	5.19	275	19.6	0.64	0.55	0.08	10.0	0.26	0.41	15.3	8.89	1.65	2.75	0.090	0.03	10.7	20.1	3.80	1.64
HLS-1	21.1	2.22	0.69	6.16	2.95	21.6	217	8.05	8.40	0.65	0.09	7.50	0.60	0.41	36.2	5.01	0.28	0.51	0.433	0.21	30.6	21.1	3.23	0.99
HLS-0-F	28.2	1.79	0.15	0.51	12.1	44.0	200	12.6	0.22	0.31	0.07	2.17	0.05	1.46	58.2	5.14	0.59	14.6	0.057	0.15	14.9	bdl	5.51	1.05
WA-C	19.2	1.99	0.97	3.09	1.88	15.5	289	14.6	6.74	0.46	0.08	3.57	0.40	0.27	31.5	7.09	0.90	3.48	0.375	0.17	30.6	3.88	7.31	2.51
WA-P	36.1	1.05	0.71	0.96	2.63	11.2	417	26.0	1.59	0.63	0.11	4.93	0.22	0.43	35.8	12.1	1.65	23.2	0.214	0.14	35.0	1.86	21.3	4.94
中国煤	6.55	2.78	3.79	2.47	9.25	140	89.5	9.44	3.08	0.25	0.047	2.11	0.84	1.13	159	3.71	0.62	1.08	0.163	0.47	15.1	0.79	5.84	2.43
世界硬煤	6	2.4	8.3	1.3	18	100	36	4	2.1	0.2	0.04	1.4	1	1.1	150	1.2	0.3	0.99	0.1	0.58	9	1.1	3.2	1.9
CC	3.20	0.83	0.12	2.38	0.10	0.16	8.03	3.65	3.21	2.30	2.00	2.55	0.40	0.5	0.21	5.91	3.00	3.52	3.75	0.29	3.40	3.53	2.28	1.32

注：WA-C 表示煤中元素含量权衡均值；WA-P 表示夹矸中元素含量权衡均值；CC 表示富集系数。其中，常量元素的 CC 值=海柳树煤/中国煤；微量元素的 CC 值=海柳树煤/世界硬煤；nd 表示无数据；表中常量元素单位为%，微量元素单位为 μg/g。

资料来源：中国煤数据引自 Dai 等 (2012b)；世界硬煤数据引自 Ketris 和 Yudovich (2009)。

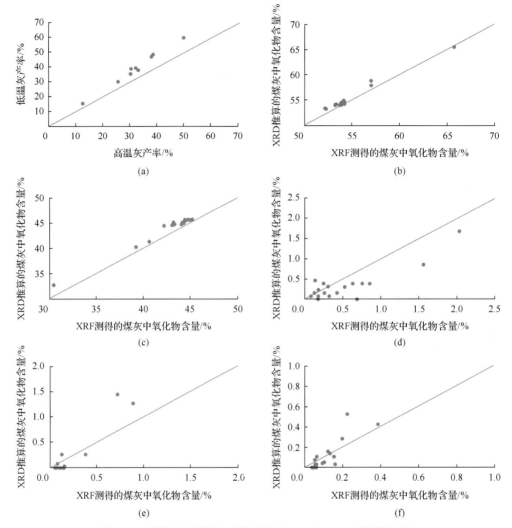

图 3.88　高温灰与低温灰产率对比及 XRF 与 XRD 结果的对比

(a)高温灰产率和低温灰产率之间的关系；(b)~(f)分别为经标准化的 XRF 测得的煤灰中 SiO_2、
Al_2O_3、Fe_2O_3、CaO、K_2O 含量与 XRD 推算出的常量元素氧化物含量的比较

或伊利石晶格中的 Al，或者说锐钛矿以非常细的颗粒赋存于高岭石中。海柳树矿煤中
Ti 在高岭石中的赋存状态和澳大利亚冈尼达(Gunnedah)盆地中的煤相似。根据 Ward
等(1999)的研究，大约有 1.5%的 Ti 赋存于"纯"的高岭石中，这部分 Ti 以类质同象
替代高岭石中的 Al 或以单独的含 Ti 矿物(如锐钛矿)沿高岭石的解理分布。Shoval 等
(2008)也发现 Ti 在高岭石中以这两种形式存在。Dolcater 等(1970)的研究表明，在含
Ti 的高岭石中，有 86%的 Ti 以 TiO_2 形式(主要是锐钛矿)存在，有时会有少量的金红
石。因此，酸性的热液流体不仅有利于先形成含 Ti 矿物的分解，而且有利于 Ti 替代高
岭石晶格中的 Al。

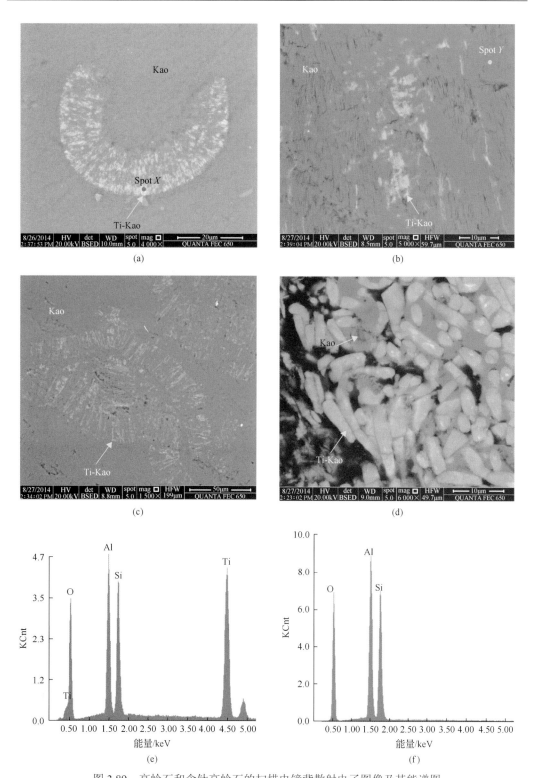

图 3.89　高岭石和含钛高岭石的扫描电镜背散射电子图像及其能谱图

(a)和(b)蠕虫状含钛高岭石，高岭石基质；(c)高岭石和含钛高岭石；(d)含钛高岭石充填在高岭石的空洞中；(e)和(f)含钛高岭石和纯高岭石(测点分别为 X 和 Y)的能谱图；(a)样品 HLS-2-P；(b)～(d)样品 HLS-9-P；Kao-高岭石；Ti-Kao-含钛高岭石

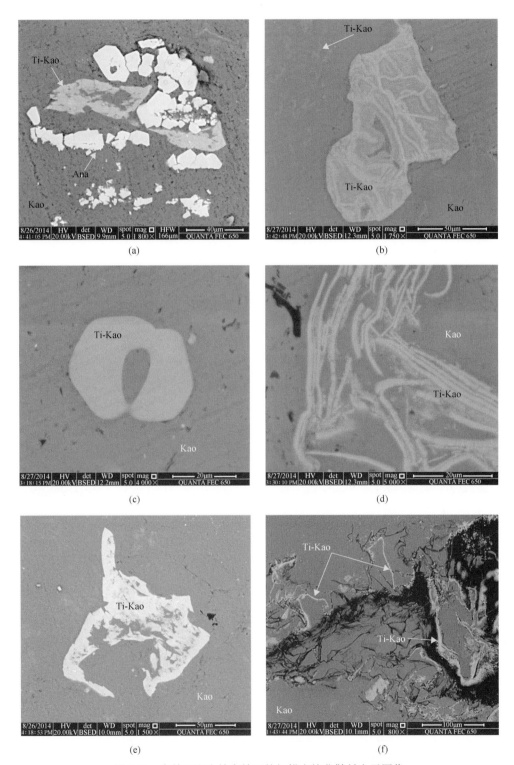

图 3.90　高岭石和含钛高岭石的扫描电镜背散射电子图像

(a) 含钛高岭石(灰色部分)和锐钛矿颗粒(白色部分)；(b)～(e)高岭石基质中的含钛高岭石；(f)空洞中的含钛高岭石；(a)和(e)
为样品 HLS-12-P；(b)～(d)为样品 HLS-14-P；(f)为样品 HLS-7-P；Ti-Kao-含钛高岭石；Kao-高岭石；Ana-锐钛矿

(二)微量元素

与 Ketris 和 Yudovich(2009)报道的世界硬煤相比,海柳树矿煤中 Zr 和 Hf 富集(5<CC<10),其他一些元素如 F、Sc、V、Cu、Ga、Se、Y、Nb、Mo、Cd、Sn、La、Ta、W、Hg、Pb、Bi 和 Th 轻度富集((2<CC<5);微量元素 B、As、Rb、Sr、Sb、Cs、Ba、Tl 亏损(CC<0.5);其他元素的含量接近世界硬煤中元素的含量(0.5<CC<2)(图3.91,表3.41,表3.42)。

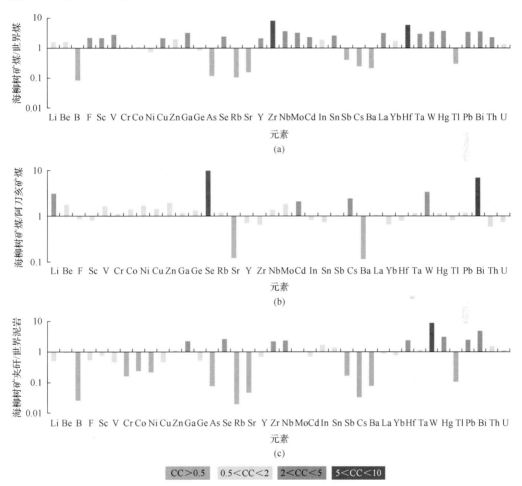

图 3.91　海柳树煤和夹矸中微量元素的富集系数(见文后彩图)

(a)海柳树矿煤的富集系数; (b)海柳树矿煤和阿刀亥矿煤中微量元素对比; (c)海柳树矿夹矸和世界泥岩夹矸对比;阿刀亥矿煤数据根据 Dai 等(2012d);世界硬煤数据根据 Ketris 和 Yudovich(2009);世界泥岩数据根据 Grigoriev(2009)

Zr-Hf、Zr-Nb、Zr-Th、Zr-Ta 的相关系数较高,分别为 0.97、0.88、0.71、0.81,表明煤中这些亲石元素(Hf、Nb、Th 和 Ta)主要赋存于锆石中。另外,在样品 HLS-1 中充填于胞腔的自生锐钛矿中也检测到了少量的 Zr 和 Y。自生的水磷铈石中也含有少量的 Th(0.72%~2.08%;样品 HLS-1)。此外,在样品 HLS-8~HLS-18R 的剖面上,元素 Zr、Nb、Th 及稀土元素表现出相似的变化特征(图3.92),亦表明这些元素具有相同的载体。

表 3.42　海柳树矿 Cu2 煤层、顶板和夹矸中稀土元素的含量及参数

样品	La	Ce	Pr	Nd	Sm	Eu	Gd	Tb	Dy	Y	Ho	Er	Tm	Yb	Lu	REY[a]	REO[a]
HLS-18-R	91.2	185	21.4	74.1	11.0	1.79	9.72	0.98	4.34	15.8	0.67	1.64	0.20	1.25	0.16	419	503
HLS-17	20.7	56.4	6.57	26.8	6.02	1.29	5.49	0.72	3.55	14.1	0.58	1.61	0.20	1.37	0.18	146	175
HLS-16	2.48	6.80	0.89	4.09	1.18	0.28	1.64	0.36	3.02	18.8	0.67	2.28	0.33	2.43	0.35	45.6	54.7
HLS-15	15.1	41.9	4.83	19.7	4.15	0.85	4.11	0.60	3.50	16.6	0.62	1.82	0.24	1.67	0.22	116	139
HLS-14-P	15.3	33.9	3.91	14.3	3.62	0.88	4.81	0.85	5.38	27.4	0.98	2.77	0.38	2.58	0.36	117	141
HLS-13-P	48.7	98.6	9.48	31.8	5.13	0.98	5.49	0.75	4.27	22.5	0.77	2.15	0.29	1.89	0.25	233	279
HLS-12-P	25.1	56.6	6.57	25.3	4.98	0.98	5.16	0.81	5.01	25.9	0.94	2.71	0.38	2.62	0.35	163	196
HLS-11-P	83.8	168	19.2	67.4	9.57	1.58	8.95	0.98	4.78	18.0	0.76	1.89	0.23	1.43	0.17	387	465
HLS-10	10.1	25.8	2.89	12.1	2.48	0.55	2.60	0.36	2.03	10.6	0.38	1.17	0.16	1.19	0.16	72.5	87.0
HLS-9-P	73.0	166	15.6	46.5	6.63	1.02	6.55	0.73	3.75	17.2	0.61	1.70	0.23	1.56	0.20	341	409
HLS-8	71.0	180	15.3	48.8	7.75	1.36	8.09	0.83	3.84	15.3	0.61	1.68	0.21	1.54	0.20	357	428
HLS-7-P	29.7	39.8	3.58	11.0	1.93	0.38	2.87	0.44	2.74	17.4	0.54	1.60	0.23	1.59	0.23	114	137
HLS-6	46.9	113	11.6	41.4	7.22	1.06	7.34	0.88	4.57	21.3	0.79	2.24	0.30	2.08	0.29	261	313
HLS-5-P	41.0	90.4	9.46	33.0	6.03	0.86	6.26	0.94	5.77	32.4	1.07	3.09	0.44	2.98	0.42	234	281
HLS-4	73.6	161	16.7	60.0	11.5	1.72	11.5	1.53	8.30	36.0	1.38	3.80	0.49	3.31	0.44	391	469
HLS-3	27.2	64.0	6.76	26.2	4.86	0.92	4.78	0.59	3.05	13.9	0.51	1.46	0.19	1.27	0.18	156	187
HLS-2-P	11.8	25.5	2.79	9.9	1.70	0.37	1.95	0.26	1.36	6.31	0.22	0.58	0.08	0.52	0.07	63.4	76.1
HLS-1	42.2	97.8	9.66	34.2	6.06	1.34	5.90	0.69	3.33	12.7	0.51	1.31	0.16	1.05	0.13	217	260
HLS-0-F	75.7	140	16.2	58.1	9.91	2.02	8.84	0.87	3.57	13.2	0.54	1.34	0.16	1.01	0.13	332	398
WA-C	34.1	82.5	8.25	29.9	5.56	1.02	5.60	0.71	3.81	17.3	0.66	1.89	0.25	1.73	0.23	194	232
WA-P	43.4	90.3	9.71	33.7	5.54	1.01	5.76	0.78	4.44	21.6	0.78	2.17	0.29	1.96	0.26	222	266
世界硬煤	11	23	3.4	12	2.2	0.43	2.7	0.31	2.1	8.4	0.57	1	0.3	1	0.2	68.6	82.3

注：WA-C 表示煤中元素含量权衡均值；WA-P 表示夹矸中元素含量权衡均值；稀土元素单位为 μg/g；a 表示灰基。

资料来源：世界硬煤数据引自 Ketris 和 Yudovich (209)。

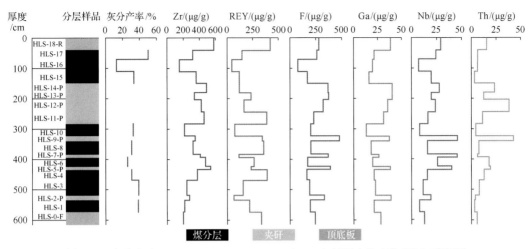

图 3.92　灰分产率、Zr、REY、F、Ga、Nb 和 Th 在剖面上的变化(见文后彩图)

灰分产率和 F 在剖面上的变化相似(图 3.92)，并且相关系数较高(r_{F-ash}=0.93)，F-SiO$_2$ (r=0.93) 和 F-Al$_2$O$_3$ 亦呈明显的正相关，表明 F 主要赋存于高岭石中。与煤分层相比，虽然夹矸中明显富集 Ga 和 F(图 3.92)，但 Ga 和灰分呈微弱的正相关(r_{Ga-ash}=0.22)，表明煤中的 Ga 既和有机质有关，又和无机质有关。

煤中的 Bi、Sn 和 Ni、Cu、Zn 之间呈正相关(r_{Bi-Cu}=0.47；r_{Bi-Ni}=0.68；r_{Bi-Zn}=0.74；r_{Sn-Cu}= 0.65；r_{Sn-Ni}= 0.66；r_{Sn-Zn}= 0.76)，Bi 和 Sn 的相关系数也很高(r=0.81)，表明 Bi 和 Sn 主要赋存于硫化物矿物中(如硒铅矿、硒方铅矿、方铅矿)，Se 可以类质同象替代矿物晶格中的 S。在准格尔煤中也发现了方铅矿(Dai et al.，2006；Li and Zhao，2007)。

总之，元素 Cu、Se、Hg、Pb 和全硫在剖面上变化相似(图 3.93)，表明该煤中的 Cu、Hg、Pb 的硫化物矿物和硒化物矿物具有亲和性，SEM-EDS 和光学显微镜下观测到的硒铅矿、锌铁铜硫化物(ZnFe$_{0.5}$Cu$_{0.5}$)S$_2$、黄铁矿亦进一步证实了该亲和性。其他学者也报道了微量元素 Cu、Hg、Pb 的硫化物或硒化物的亲和性(Hower and Robertson，2003；Yudovich and Ketris，2006；Mastalerz and Drobniak，2007；Kolker，2012)。

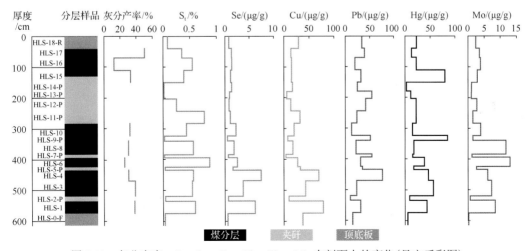

图 3.93　灰分产率、S$_t$、Se、Cu、Pb、Hg、Mo 在剖面上的变化(见文后彩图)

微量元素 Mo 在煤分层中富集,而在夹矸、顶底板中含量较低(图 3.91,图 3.93)。灰分产率和 Mo 的相关系数为–0.13,表明煤中 Mo 大部分和煤的有机质相关。Dai 等(2015d)的研究表明,煤型 U-Se-Mo-Re-V 矿床中的 Mo 具有有机亲和性。但是 Seredin 和 Finkelman(2008)报道 Mo 在煤型铀矿床中主要以辉钼矿的形式存在。

虽然煤中 P_2O_5 和部分微量元素(Sr、Ba 和 Ce)的含量远低于中国煤(Dai et al., 2012b)和世界硬煤(Ketris and Yudovich, 2009)的均值,但 P_2O_5 和这几个微量元素呈高度正相关($r_{P-Sr} = 0.96$,$r_{P-Ba} = 0.97$,$r_{P-Ce} = 0.82$),表明海柳树矿煤中 Sr、Ba 和 Ce 主要赋存于铝的磷酸盐矿物中(磷锶铝石-磷钡铝石-磷钙铝石-磷铈铝石系列)。海柳树矿煤中铝的磷酸盐矿物结构介于以上 4 种矿物之间,可能是以 4 种矿物之间的固溶体形式存在。在海柳树矿煤的夹矸中也发现有铝磷酸盐矿物[图 3.87(c)、(e)]。在澳大利亚一些煤层中也发现了相似的铝磷酸盐矿物(Ward et al.,1996)。

Rb-K 和 Cs-K 的相关系数较高,分别为 0.95 和 0.97,表明 Rb、Cs 和 K 密切相关;另外,Rb、Cs 分别和 Si、Al 呈明显的正相关($r_{Rb-Al} = 0.50$,$r_{Rb-Si} = 0.63$;$r_{Cs-Al} = 0.65$,$r_{Cs-Si} = 0.75$),表明 Rb 和 Cs 主要赋存于伊利石中。

与 Grigoriev(2009)报道的世界泥岩相比,海柳树矿煤夹矸中仅富集 W,微量元素 Ga、Se、Zr、Nb、Hf、Hg、Pb、Bi 轻度富集,其他微量元素或亏损(CC<0.5)或接近于(0.5<CC<2)世界泥岩的值。夹矸中 Se 和 Pb 主要赋存于硒方铅矿中[图 3.87(a)],Zr、Hf、Nb 主要赋存于锆石中[图 3.86(d)、(f),图 3.87(c)、(d)]。

除了样品 HLS-8(轻稀土元素富集型)和 HLS-16(重稀土元素富集型)外,煤分层中的稀土元素以中稀土元素富集型为主(图 3.94)。另外,一些样品中的轻稀土元素略高于重稀土元素含量[图 3.94(a)]。样品 HLS-10 和 HLS-15 中的重稀土元素比轻稀土元素更富集[图 3.94(b)]。

煤中中稀土元素富集主要和 3 个因素有关:①循环于含煤盆地的酸性天然水(Johanneson and Zhou,1997),特别是那些富集稀土元素的酸性热液(McLennan,1989;Michard,1989);②相对于轻稀土元素和重稀土元素,腐殖质对中稀土元素具有更强的吸附性(Seredin and Shpirt,1999;Seredin et al.,1999);③以高钛玄武岩和低钛玄武岩为主要成分构成的沉积源区。海柳树矿煤中 Ti 的赋存状态和被溶蚀的锆石[图 3.86(f)]是酸性热液所致,因此,海柳树矿煤中的中稀土元素的富集主要是因为后生热液。

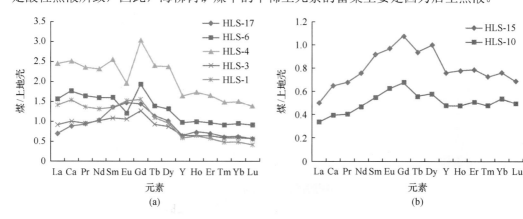

(a)   (b)

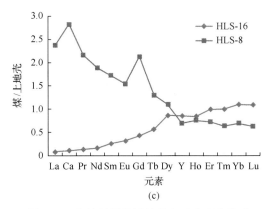

图 3.94　海柳树煤分层的稀土元素配分模式

(a)样品 HSL-1、HSL-3、HSL-4、HSL-6 和 HSL-17 的轻稀土元素配分模式；(b)样品 HLS-10 和 HLS-15 的中稀土元素配分模式；(c)样品 HLS-8 和 HLS-16 的重稀土元素配分模式；上地壳值根据 Taylor 和 McLennan(1985)

　　海柳树矿煤层顶底板和正常沉积的夹矸(HLS-2-P、HLS-9-P、HLS-13-P)富集轻稀土元素(图 3.95)，表明沉积源区以长英质为主，这种组成特征也被煤和围岩中的 Al_2O_3/TiO_2 值证实。Al_2O_3/TiO_2 值在指示沉积源区物质组成方面具有很好的应用(Hayashi et al.，1997；

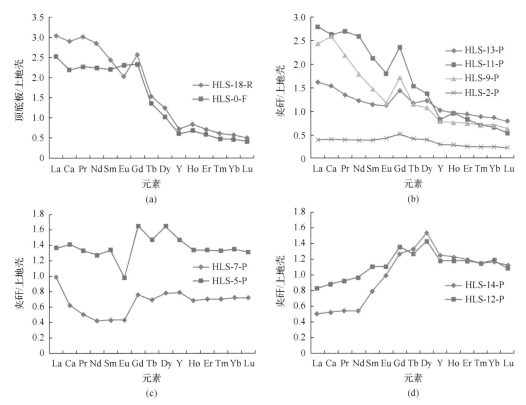

图 3.95　海柳树矿煤层夹矸、顶底板中的稀土元素配分模式

(a)轻稀土元素富集型的顶底板；(b)轻稀土元素富集型的夹矸；(c)中稀土元素富集型的夹矸；
(d)重稀土元素富集型的夹矸；上地壳值根据 Taylor 和 McLennan(1985)

He et al., 2010)，因为 Al_2O_3/TiO_2 值在沉积源区母岩和盆地中的泥岩(或砂岩)中相似(Hayashi et al., 1997)。来源于典型的基性、中性和酸性的沉积岩中的 Al_2O_3/TiO_2 值分别为 3～8、8～21、21～70(Hayashi et al., 1997)。海柳树矿煤层顶板(22.3)、底板(35.1)、夹矸(19.9～83.8)及煤(均值 25.3)中的 Al_2O_3/TiO_2 值，进一步证实了该含煤沉积来源于长英质的沉积源区。

虽然 HLS-12-P 和 HLS-14-P 属于正常的沉积岩夹矸，但它们分别具有中稀土元素和重稀土元素富集特征。尽管火山灰蚀变黏土岩夹矸 HLS-5-P 和 HLS-11-P 来源于长英质火山灰，也分别具有中稀土元素和重稀土元素富集特征[图 3.95(b)、(c)]，但稀土元素 Gd 在样品 HLS-11-P 夹矸中表现出正异常。热液流体作用经常引起重稀土元素和中稀土元素在煤中富集(Seredin and Dai，2012)。

六、煤中微量元素和矿物异常原因讨论

煤矿区地质报告和以前的研究(Dai et al.，2012d；邹建华等，2012)均表明海柳树矿和阿刀亥矿均分布于大青山煤田内[图 3.6(b)]，阿刀亥矿的 CP2 煤层和海柳树矿的 Cu2 煤层属于同一煤层。硫分含量在海柳树矿和阿刀亥矿煤中很低，是煤层形成于陆相沉积环境的结果。

煤层和围岩的地球化学组成也表明海柳树矿的煤层形成于陆相环境。煤中 B 的含量均值为 3.92μg/g，远低于世界硬煤中 B 的平均含量(47μg/g；Ketris and Yudovich，2009)。虽然用 B 的含量作为古盐度指标来反映原始的沉积环境还存在争议(Bouška and Pesek，1983；Lyons et al.，1989；Eskenazy et al.，1994)，但海柳树矿煤中如此低含量的 B，表明泥炭的聚积环境主要受淡水影响(Goodarzi and Swaine，1994)。其他一些元素的含量也很低，如 Mg、Ca、Na、Sr、Rb 等(表 3.40)，而这些元素在海水中的含量要比在淡水中的含量高出 2～4 个数量级(Reimann and de Caritat，1998)，这进一步表明煤层形成于淡水环境。另外，大青山煤田阿刀亥矿和准格尔煤田距离非常近[图 3.6(a)]，并且煤中矿物组合相似，表明煤层形成的古气候也可能相似。根据准格尔煤田石炭纪灰岩 $\delta^{18}O$ 和 $\delta^{13}C$ 的组成，刘焕杰等(1991)、程东等(2001)认为当时的海水温度为 29～32℃，属于湿热气候。陈钟惠等(1984)、林万智(1984)、程东等(2001)的研究表明，准格尔煤田石炭纪时的纬度在北纬 14°左右。

然而，阿刀亥矿的 CP2 煤层和海柳树矿的 Cu2 煤层的煤阶、矿物和地球化学组成差异很大，主要表现为以下几个方面。

与海柳树矿 Cu2 煤相比，阿刀亥煤的挥发分产率较低(21.65%)，而镜质组反射率较高(1.58%)，因此，按照美国 ASTM 对煤类的划分方案(ASTM，2012)，阿刀亥矿煤属于低挥发分烟煤。同一煤层具有较大的煤阶差别，主要与晚侏罗世—早白垩世燕山运动所导致的岩浆侵入有关(钟蓉和陈芬，1988)。从矿区的西北方向到东南方向，随着离侵入岩体距离的缩短，依次分布高挥发分烟煤、中挥发分烟煤、低挥发分烟煤[图 3.6(b)]。

在阿刀亥矿煤中检测到的一些矿物，如硬水铝石、磷钡铝石、铵伊利石、白云石(或铁白云石)(Dai et al.，2012d)，在海柳树矿煤中没有发现。在海柳树矿煤中亦没有检测到勃姆石，但是其在内蒙古准格尔煤田中却高度富集(Wang et al.，2011c；Dai et al.，2012a)；而海柳树矿煤中矿物的最大特征是高度富集高岭石，含有少量的硫化物和硒化物矿物(表 3.40)。和阿刀亥矿煤相比，海柳树矿煤中常量元素氧化物 Fe_2O_3、MgO、CaO、

MnO、Na₂O、P₂O₅(图 3.96)和微量元素 Sr、Ba 亏损，而 Li、Se、Cd、Cs、W 和 Bi 相对富集[图 3.91(b)]。

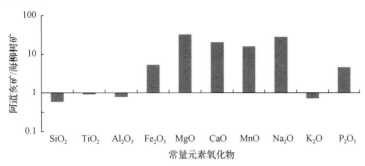

图 3.96　阿刀亥矿和海柳树矿煤中常量元素氧化物含量的比较

　　阿刀亥矿和海柳树矿同一煤层在矿物和地球化学组成上的较大差异主要是因为沉积源区和不同后生热液流体所致，这两者对煤中的无机组成均有重要影响。

　　大青山煤田位于华北板块北部的阴山古陆造山带内部(李星学，1954；李洪喜等，2004)，阴山古陆也是华北聚煤盆地的主要沉积源区(韩德馨和杨起，1980)[图 3.6(a)]。大青山煤田是在造山带内部次级拗陷(或山间盆地)的基础上发育形成的，因此，围绕着该次级拗陷的造山带内部的次级隆起是大青山煤田的主要沉积源区(琪木道尔吉，1980)。阿刀亥矿和海柳树矿不同的次级隆起导致了煤层形成时的沉积源区不同。阿刀亥矿泥炭聚积时的沉积源区是本溪组风化壳铝土矿，而海柳树矿泥炭聚积时的沉积源区是寒武系和奥陶系地层及太古宙的变质岩(周安朝和贾炳文，2000；周安朝等，2010)。

　　阿刀亥矿煤中硬水铝石和磷钡铝石来源于泥炭聚积期间陆源区铝土矿的风化产物。硬水铝石是三水铝石经过岩浆侵入体的烘烤作用失水而形成的。铵伊利石是在较高温度条件下，有机质经岩浆热液变质作用过程中释放出的氮和高岭石发生反应而形成的。高含量的方解石和白云石来源于岩浆热液。

　　海柳树矿的主采煤层的变质程度低，没有遭受岩浆侵入的影响；但是酸性热液流体对煤层的矿物和地球化学组成产生了重要影响。由于酸性热液的影响，夹矸中的同沉积矿物遭受了溶蚀[图 3.86(f)]，形成了一些自生的硫化物矿物和硒化物矿物，图 3.85(a)～(c)，图 3.87(a)、(b)]，中稀土元素[图 3.94(b)]及 Se 和 Bi 得以富集，Ti 的独立矿物遭到分解及分解后的 Ti 替代高岭石晶格中的 Al(图 3.89，图 3.90)，火山灰蚀变黏土岩夹矸中火山灰碎屑分解而遗留下降解痕迹[图 3.86(a)～(d)]。一般而言，Ti 和 Zr 的抗淋溶能力强，但在酸性介质条件下，相对容易溶解(Ward et al.，1999)。Ti 和高岭石的紧密结合关系(图 3.89，图 3.90)表明高岭石中沉淀形成的 Ti 是原先形成的含 Ti 矿物在酸性热液条件下分解所致，这个过程可能发生在晚侏罗世—早白垩世的强烈构造活动背景下(钟蓉和陈芬，1998；和政军等，1998；杨起，1999)。然而，阿刀亥矿煤中锐钛矿含量(0.3%～4.1%，灰基)和该煤中 TiO₂ 含量(XRF 检测的均值为 0.55%)相对应，与海柳树矿煤层差异明显。

　　海柳树矿煤层厚度仅为 3.5m，煤灰中含有 738μg/g 的 REO。根据 Dai 等(2012a)及 Seredin 和 Dai(2012)提出的煤灰中 Ga、Al、REY 的利用参考标准(煤层厚度大于 5m、Ga＞50μg/g，REO＞800μg/g，SiO₂/Al₂O₃＜1；灰基)，海柳树矿煤中 Al、Ga、REY 均不

具有开发利用的价值，虽然该煤灰中的 Ga 和 Al₂O₃ 的含量 (Ga 的含量为 67.2μg/g，Al₂O₃的含量为 42.2%) 高于中国和世界煤灰中的均值。

七、本节小结

大青山煤田海柳树矿主采煤层 Cu2 是在阴山古陆造山带内次级拗陷的基础上发育形成的，与大青山煤田其他矿煤层相比，煤阶较低 (高挥发分烟煤，ASTM 标准)，灰分产率较高 (32.53%)，硫分含量低 (均值 0.54%)。

沉积源区 (主要组成为寒武-奥陶系地层和太古宙变质岩) 和酸性热液流体活动是影响海柳树矿煤矿物和地球化学组成的主要因素。

与大青山煤田阿刀亥矿煤层相比，海柳树矿煤中高岭石占绝对优势，有微量的硒化物矿物和水磷铈石。该煤层富集 Ti，并且其主要赋存于高岭石中。煤中 Ti 的赋存状态、中稀土元素的富集、同沉积矿物 (如锆石、锐钛矿、石英) 的分解是后生酸性热液流体影响的结果。

虽然相邻的阿刀亥矿煤中 Al、Ga、REE 具有重要的潜在利用价值，但海柳树矿煤中的这些金属元素的经济价值较低。

第八节　大青山煤田大炭壕矿[①]

本节论述了大青山煤田大炭壕矿晚石炭世主采煤层 (CP2) 的矿物和地球化学组成，并将其与前面所述的阿刀亥矿及海柳树矿进行了对比性研究。该矿中的煤主要为高灰低硫的烟煤。矿物组成主要是石英、高岭石、不同含量的碳酸盐矿物 (方解石、铁白云石、菱铁矿)，以及少量的白云母、伊利石、黄铁矿及锐钛矿。煤层黏土岩夹矸具有和煤类似的矿物组成，但是石英含量相对较低。尽管大炭壕矿主采煤层也沉积于阴山古陆造山带山间盆地，但其矿物组成不同于阿刀亥矿及海柳树矿。这可能归因于它们在泥炭堆积阶段有不同的沉积源区。大炭壕矿主采煤层的物源来自造山带内的次级隆起，主要由奥陶系石英砂岩或震旦系石英岩组成。大炭壕矿煤中高含量的石英表明其当时的泥炭沼泽与沉积源区距离很近。大炭壕矿与海柳树矿及阿刀亥矿不同的矿物组成很可能归因于山间盆地内不同的次级隆起。黏土岩夹矸中高岭石呈麦粒状纹理、片状和蠕虫状，多见 β 石英，证明其为火山灰蚀变形成的，其原始岩浆具有挥发分和富硅的组成特征。

大炭壕矿煤大部分表现为相对富集 LREY 和 MREY，下部煤层几乎都为 HREY 类型，这是热液流体活动的结果。大炭壕矿煤显著的 Eu 负异常与其造山带内次生隆起的奥陶系富石英砂岩或者震旦纪石英岩的物源物质相一致。大部分夹矸也表现 Eu 负异常，这与夹矸样品为酸性火山灰物质相一致。

大炭壕矿煤中相对富集 Zr、Hf、Th、Be、F、Zn、Ga、Nb、Mo、Cd、In、Sn、Ta、Hg、W、Pb、REY。其中，Zr、Nb、Ta、Hf、Ga 的载体为以高岭石为主的黏土矿。REY、Th、U 的主要载体则为锐钛矿，另外，U 部分赋存于有机质中。F、Pb、Cd、Sn、In 的

① 本节主要引自 Zhao L, Sun J H, Guo W M, et al. 2016. Mineralogy of the Pennsylvanian coal seam in the Datanhao mine, Daqingshan Coalfield, Inner Mongolia, China: genetic implications for mineral matter in coal deposited in an intermontane basin. International Journal of Coal Geology, 167: 201-214. 该文已获得 Elsevier 授权使用。

主要载体也为高岭石。Hg 则赋存于硫化物矿物中。大炭壕矿煤中 REY、Zr、Hf、Nb、Ta、Ga 有潜在利用价值。

一、概况与样品采集

大炭壕露天矿位于大青山煤田的西南部[图 3.6(b)]，该矿的主采煤层为 CP2 煤层，和阿刀亥矿 CP2 煤层及海柳树矿 Cu2 煤层属于同一煤层。在该煤层共采集了包括煤、夹矸和顶板在内的 62 个样品，未采集到底板样品。从底到顶，煤分层和夹矸的编号为 D0～D61，夹矸编号的后缀为"-P"，顶板编号的后缀为"-R"。CP2 煤层的总厚度为 11.69m，其中夹矸厚度为 7.98m，煤层厚度为 3.71m，占总厚度的 31.7%。

二、工业分析和元素分析

大青山煤田大炭壕矿 CP2 煤层样品的工业分析、元素分析和镜质组随机反射率见表 3.43。大炭壕矿煤的灰分介于 15.64%～49.61%（权衡均值为 34.66%）。按照国家标准《煤炭质量分级 第 1 部分：灰分》（GB15224.1—2018）（灰分产率大于>29%为高灰分煤），大炭壕矿煤属于高灰分煤。煤中全硫含量范围为 0.33%～0.83%，权衡均值为 0.51%。大炭壕矿煤属于低硫煤（Chou，2012）。水分变化范围为 0.51%～1.01%（干燥基）。挥发分为 27.03%～38.57%，权衡均值为 33.99%（干燥无灰基）。镜质组随机反射率权衡均值为 1.17%，大炭壕矿煤主要是中等挥发分烟煤（ASTM，2012）。

表 3.43 大炭壕矿煤样的工业分析、元素分析和镜质组反射率   （单位：%）

分层样品	M_{ad}	A_d	V_{daf}	C_{daf}	H_{daf}	N_{daf}	$S_{t,d}$	$R_{o,ran}$
D59	0.78	48.36	36.92	78.56	5.74	0.93	0.44	1.15
D58	0.74	48.36	38.57	79.98	5.53	0.93	0.33	1.06
D49	0.77	32.28	30.72	84.78	5.33	1.08	0.47	1.13
D47	0.90	22.73	31.06	85.99	5.31	1.19	0.57	1.08
D43	0.72	28.77	27.03	86.02	5.15	1.18	0.48	1.16
D42	0.80	27.54	29.13	82.50	5.17	1.16	0.48	1.19
D40	0.87	41.58	32.86	79.50	5.55	1.13	0.44	1.20
D38	0.80	45.87	30.66	79.61	5.42	1.06	0.35	1.20
D36	0.70	39.51	36.51	81.12	5.39	1.11	0.51	1.20
D33	0.77	48.94	34.08	77.21	5.61	0.82	0.37	1.23
D32	0.55	30.08	27.85	83.80	5.22	1.08	0.62	1.22
D20	0.98	21.70	30.52	84.82	5.16	1.31	0.59	1.15
D18	0.81	49.31	33.88	78.71	5.64	1.00	0.45	1.13
D17	0.99	49.61	36.48	75.97	5.80	0.98	0.38	1.19
D16	0.87	18.89	31.43	84.41	5.05	1.35	0.83	1.23
D14	0.94	22.82	29.52	86.01	4.68	1.00	0.63	1.05
D12	1.01	20.25	29.35	90.95	5.10	1.40	0.75	1.06
D11	0.68	42.77	37.12	68.42	3.65	0.80	0.40	1.20
D10	0.92	15.64	27.85	80.44	4.97	1.21	0.60	1.17
D1	0.51	41.27	35.55	74.77	5.08	1.06	0.60	1.15

注：M 表示水分；A 表示灰分；V 表示挥发分；S_t 表示全硫；C 表示碳元素；H 表示氢元素；N 表示氮元素；$R_{o,ran}$ 表示镜质组随机反射率；ad 表示空气干燥基；d 表示干燥基；daf 表示干燥无灰基。

三、显微组分特征

大炭壕矿煤中镜质组主要成分是基质镜质体(均值为 49.6%，无矿物基，表 3.44)，其次是均质镜质体(均值为 23.5%，无矿物基)和碎屑镜质体(均值为 6.9%，无矿物基)，结构镜质体最为少见。惰质组以半丝质体(均值为 7.5%，无矿物基)和碎屑惰质体(均值为 5.5%，无矿物基)为主，其次是粗粒体、丝质体和微粒体。孢子体是唯一的类脂组，其含量低于检测限。

表 3.44　大炭壕煤的显微组分组成(无矿物基)　　　　　(单位：%)

样品	T	CT	CD	VD	TV	F	SF	Mac	Mic	ID	TI
D59	2.1	22.0	58.9	4.3	87.2	5.0	2.8	4.3	bdl	0.7	12.8
D58	1.6	1.1	66.7	9.8	79.2	1.6	11.5	3.8	bdl	3.8	20.8
D49	0.4	15.6	57.2	6.2	79.4	3.9	5.8	3.1	0.4	7.4	20.6
D47	bdl	18.1	57.5	4.0	79.6	0.4	4.9	1.8	5.3	8.0	20.4
D43	bdl	7.9	63.8	4.2	75.8	0.4	15.8	0.8	1.7	5.4	24.2
D42	bdl	17.1	49.5	3.2	69.8	3.2	9.9	3.2	4.5	9.5	30.2
D40	bdl	19.3	57.8	8.9	85.9	0.5	4.7	1.0	1.0	6.8	14.1
D38	bdl	11.3	61.5	5.2	77.9	0.9	10.8	7.4	bdl	3.0	22.1
D36	bdl	36.9	45.1	7.5	89.6	1.5	6.0	2.2	bdl	0.7	10.4
D33	1.4	11.7	52.6	8.5	74.2	0.5	16.0	1.9	bdl	7.5	25.8
D32	0.3	6.0	65.6	0.7	72.6	5.4	15.4	2.3	bdl	4.3	27.4
D20	0.4	32.7	38.8	1.9	73.8	0.4	3.8	5.8	6.2	10.0	26.2
D18	0.4	18.4	37.3	18.4	74.6	0.8	8.2	2.9	0.8	12.7	25.4
D17	2.4	54.9	17.5	10.2	85.0	1.2	4.9	2.0	bdl	6.9	15.0
D16	0.4	25.9	48.3	3.9	78.4	0.4	4.7	2.2	7.8	6.5	21.6
D14	bdl	42.9	38.0	4.4	85.4	2.0	8.8	1.0	bdl	2.9	14.6
D12	bdl	17.2	66.2	1.0	84.3	1.0	4.0	1.5	3.5	5.6	15.7
D11	bdl	35.1	22.6	28.6	86.3	5.4	3.6	0.6	2.4	1.8	13.7
D10	bdl	41.1	34.7	3.5	79.2	bdl	5.9	5.0	1.0	8.9	20.8
D1	bdl	20.2	62.6	6.7	89.6	bdl	3.7	5.5	bdl	1.2	10.4
WA	0.5	23.5	49.6	6.9	80.5	1.9	7.5	2.9	1.7	5.5	19.5

注：T 表示结构镜质体；CT 表示均质镜质体；CD 表示基质镜质体；VD 表示碎屑镜质体；TV 表示镜质组总量；SF 表示半丝质体；F 表示丝质体；Mic 表示微粒体；Mac 表示粗粒体；ID 表示碎屑惰质体；TI 表示惰质组总量；bdl 表示低于检测限；WA 表示权衡均值；由于四舍五入，TV、TI 数据可能存在 0.1%的误差。

无矿物基准下，镜质组总量(69.8%～89.6%，均值为 80.5%)高于海柳树矿(均值 73.4%)，远高于阿刀亥矿(均值 64.6%)。临近大青山煤田的准格尔煤田(如官板乌素矿、哈尔乌素矿和黑岱沟矿)6 号煤中惰质组含量则远高于镜质组。

四、大炭壕矿煤和围岩中的矿物

大炭壕矿样品的分层厚度、煤的高温灰(HTA)产率、低温灰(LTA)产率，以及煤、夹矸、顶板中的矿物含量见表 3.45。尽管有些分层样品的灰分产率在 50%～60%，但这些样品大部分表现出与煤类似的矿物学特征，因此本书在煤的矿物学研究中将这些样品也归于煤样作为讨论。

表 3.45 大炭壕矿样品的分层厚度、煤的低温灰和高温灰产率及煤、夹矸、顶板中矿物的含量

分层样品	厚度/cm	LTA/%	HTA/%	石英/%	高岭石/%	云母/%	伊利石/%	伊蒙混层/%	方解石/%	菱铁矿/%	铁白云石/%	黄铁矿/%	闪锌矿/%	锐钛矿/%	磷锶铝石/%
D61-R	>70	—	88.4	19.4	62.9		7.9	7.3	0.2	1.3	0.8				0.3
D60-R	90	—	76.5	14.0	82.5			2.7						0.9	
D59	26	58.2	48.0	20.2	76.0				1.6		2.0			0.3	
D58	15	58.0	48.0	27.2	61.6				3.9	0.4	6.7			0.2	
D57-P	26	—	86.1	12.6	72.0	4.6			9.3		1.4				
D56-P	13	—	77.0	15.1	80.5	4.0					0.5				
D55-P	75	—	85.5	10.6	84.8		4.3				0.3				
D54-P	10	—	79.7	15.0	82.7						0.3			2.0	
D53-P	25	—	75.5	14.2	84.6						0.5	0.4		0.3	
D52-P	6	—	79.2	8.6	87.2		4.0				0.2				
D51-P	28	—	71.3	36.8	61.2									1.9	
D50-P	30	79.4	67.4	5.4	93.0					0.6	0.5			0.5	
D49	7	39.7	32.0	32.7	64.6				0.3		2.3				
D48-P	15	—	79.6	4.0	95.5						0.4			0.1	
D47	20	25.6	22.5	24.6	70.3				3.5	0.5	1.1				
D46-P	15	—	85.1	1.8	94.9	2.6						0.7			
D45-P	10	82.0	63.8	3.1	43.4	7.7			31.0	8.3	2.9	3.4	0.3		
D44-P	7	—	81.8	2.5	96.8									0.6	
D43	15	37.6	28.6	38.2	60.2				0.3					1.2	
D42	28	30.6	27.3	18.5	80.3				0.4	0.4	0.5				

续表

分层样品	厚度/cm	LTA/%	HTA/%	石英/%	高岭石/%	云母/%	伊利石/%	伊蒙混层/%	方解石/%	菱铁矿/%	铁白云石/%	黄铁矿/%	闪锌矿/%	锐钛矿/%	磷锶铝石/%
D41-P	7	77.8	66.9	10.2	89.8										
D40	26	48.2	41.2	16.0	80.0		1.9		0.3	0.3	0.9			0.6	
D39-P	6	—	74.6	9.6	89.3									1.1	
D38	18	52.5	45.5	26.1	73.1									0.7	
D37-P	8	—	78.4	8.9	90.1									1.1	
D36	20	46.6	39.2	9.8	73.7				5.2	4.8	5.9			0.6	
D35-P	35	—	74.2	2.1	97.5									0.4	
D34-P	30	75.6	64.3	9.3	90.7										
D33	20	56.6	48.6	15.0	83.4					0.3	1.2			0.1	
D32	25	33.4	29.9	24.7	73.6					0.5	0.7			0.5	
D31-P	22	64.6	55.4	12.6	87.1						0.2			0.1	
D30-P	12	—	80.3	4.5	92.7	2.4						0.4			
D29-P	20	78.5	66.1	3.3	96.7										
D28-P	6	—	76.0	3.5	96.3									0.1	
D27-P	25	61.0	51.7	7.9	89.4				2.2		0.5			0.1	
D26-P	40	—	82.7	2.9	96.1				0.4					0.6	
D25-P	18	66.7	55.5	5.4	81.5	2.1			2.9	4.3	3.8				
D24-P	13	—	85.5	1.3	98.7										
D23-P	3	60.8	52.1	7.6	89.0				0.7	2.4	0.3				
D22-P	10	—	85.5	3.4	96.2				0.4	0					
D21-P	30	69.9	58.8	8.8	89.6					1.0				0.6	

续表

分层样品	厚度/cm	LTA/%	HTA/%	石英/%	高岭石/%	云母/%	伊利石/%	伊蒙混层/%	方解石/%	菱铁矿/%	铁白云石/%	黄铁矿/%	闪锌矿/%	锐钛矿/%	磷锶铝石/%
D20	17	24.6	21.5	8.9	88.8				1.0						
D19-P	17	—	86.4	6.7	93.3						1.3				
D18	5	55.6	48.9	24.8	71.2	3.6						0.4			
D17	20	59.4	49.1	7.0	93.0										
D16	13	21.0	18.7	3.5	86.2				3.1	3.1	3.5	0.7			
D15-P	4	76.1	66.4	11.4	80.6	3.7	4.3								
D14	11	28.4	22.6	9.9	57.4	5.9			17.9	3.6	5.0	0.3		0.1	
D13-P	12	—	82.3	2.8	97.2						0.1				
D12	15	23.2	20.0	3.8	85.4				5.1	3.2	2.0	0.5			
D11	25	63.9	42.5		13.0				55.2	26.7	5.1				
D10	30	18.9	15.5	17.9	59.9				20.8	1.4					
D9-P	25	—	78.1	50.9	31.5	6.4	9.3		0.5	0.3	1.1				
D8-P	30	—	76.5	38.6	51.9	0.8	5.4			2.6				0.7	
D7-P	15	—	82.3	52.4	33.4	2.0	10			0.6				1.6	
D6-P	15	—	82.4	19.9	76.9		2.7							0.6	
D5-P	25	—	71.6	20.1	75.4		3.2				0.6			0.8	
D4-P	25	—	78.8	11.7	83.9		3.9			0.1	0.4				
D3-P	25	—	79.5	13.3	81.2	2.5					1.3			1.7	
D2-P	30	81.0	68.0	2.3	95.9				0.3		0.6	0.3		0.6	
D1	15	53.2	41.1	0.7	62.0		4.2		18.6	4.4	10.1				
D0-P	30	—	84.6	3.4	96.6										

　　大炭壕矿煤中的矿物主要有高岭石、石英,不同含量的碳酸盐矿物(方解石、铁白云石、菱铁矿),少量的云母、伊利石、黄铁矿及锐钛矿(表 3.45)。不同矿物在煤层剖面上没有显著的变化规律。

(一)煤中的矿物

　　除了靠近底部的煤层,石英在低温灰中的比例大多为 20%~30%。如果排除高含量的碳酸盐矿物的影响,那么石英所占比例会更高。大炭壕矿煤中石英大多以单个颗粒形式存在[图 3.97(a)],少部分充填植物胞腔。这两种石英分别为陆源和自生成因。

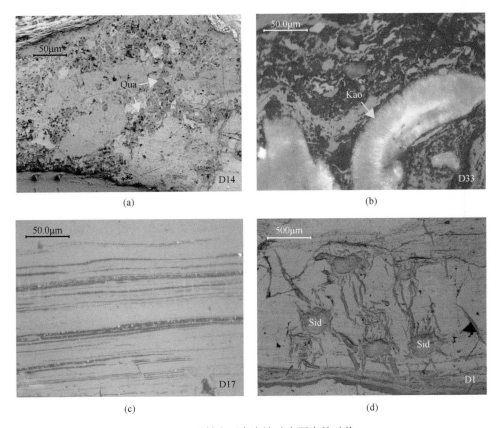

图 3.97　反射光下大炭壕矿夹矸中的矿物
(a)基质镜质体中陆源碎屑成因的石英,干物镜;(b)蠕虫状高岭石,油浸物镜;(c)层状黏土矿物,油浸物镜;(d)菱铁矿结核与周围的脉状方解石/铁白云石,干物镜;Qua-石英;Kao-高岭石;Sid-菱铁矿

　　XRD 图谱表明大炭壕矿煤的低温灰中高岭石结晶度较好。高岭石在煤中主要以植物胞腔充填物的形式存在,少量高岭石呈蠕虫状[图 3.97(b)]。大炭壕矿煤中高岭石的赋存状态表明其主要是自生成因。

　　大炭壕矿煤中伊利石含量较低,只在少数几个低温灰中能检测到,主要是以铵伊利石的形式存在,XRD 图谱上显示[001]峰在 10.3Å 左右。煤中铵伊利石主要在较高煤阶煤中发现,一般认为其是高岭石与氮反应的产物,氮则来自有机质在煤阶提高过程中的释放(Daniels and Altaner，1990；Dai et al.，2012c；Permana et al.，2013；Zheng et al.，2016)。高灰分煤中的黏土矿物主要以层状出现[图 3.97(c)]，主要成分为陆源碎屑成因的伊利石和伊蒙混层矿物。

　　大炭壕矿煤中的碳酸盐矿物主要包括方解石、铁白云石、菱铁矿，其在煤层剖面上分布不均。方解石和铁白云石主要充填裂隙和胞腔，也充填在菱铁矿结核周围的裂隙中[图 3.97(d)]。能谱分析表明大炭壕矿煤中的铁白云石的化学成分介于白云石与铁白云石之间。

　　菱铁矿主要以结核形式存在[图 3.97(d)]。菱铁矿结核周围的有机质层理明显受到挤压作用，表明菱铁矿形成于同生作用早期。

　　大炭壕矿煤中黄铁矿含量较低，大多在低温灰中低于 2%，主要以莓球状[图 3.98(a)]和自形晶体[图 3.98(b)]存在。莓球状黄铁矿和菱铁矿结核的关系表明前者的形成晚于后者[图 3.98(c)]。菱铁矿常被后生黄铁矿包围[图 3.98(d)]。锐钛矿含量较低，但是在煤层中分布广泛。XRD 分析在两个高灰分煤中分别检测出了闪锌矿[图 3.98(e)]和磷锶铝石(表 3.45)。含量低于 XRD 和 Siroquant 检测限、只能在扫描电镜下鉴定出的矿物有含钙的稀土元素磷酸盐矿物[图 3.98(e)]和方铅矿[图 3.98(f)]。

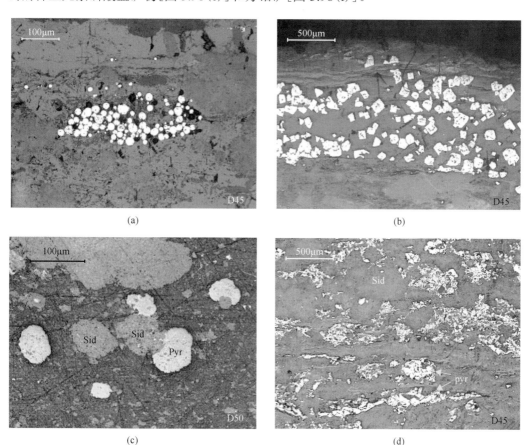

(a)　　　　　　　　　　　　　(b)

(c)　　　　　　　　　　　　　(d)

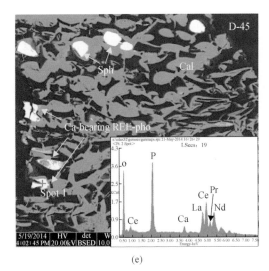
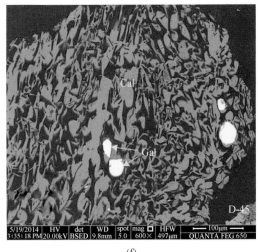

(e)　　　　　　　　　　　　　　　　　　(f)

图 3.98　大炭壕矿夹矸中的矿物

(a)莓球状黄铁矿；(b)自形黄铁矿晶体；(c)莓球状黄铁矿和菱铁矿结核；(d)菱铁矿结核和后生黄铁矿；(e)充填胞腔的方解石、闪锌矿及含钙的稀土元素磷酸盐矿物；(f)充填胞腔的方铅矿和方解石；(a)～(d)为干物镜下反射光照片；(e)和(f)为扫描电镜背散射电子图像；Sid-菱铁矿；Pyr-黄铁矿；Cal-方解石；Sph-闪锌矿；Ca-bearing REE-pho-含钙的稀土元素磷酸盐矿物；Gal-方铅矿

(二)夹矸和顶底板中的矿物

与大部分大炭壕矿煤相反，石英在夹矸，尤其是煤层中部的夹矸中含量较低。一些夹矸(如 D48-P、D44-P～D46-P、D39-P、D37-P、D22-P、D19-P)中石英含量明显低于相邻的煤分层。如果排除煤中较高含量的碳酸盐矿物，则对比效果更明显。

光学显微镜和扫描电镜下，夹矸中的石英大多呈碎片状或长条状，棱角明显[图 3.99(a)～(c)]，有时具有熔蚀港湾结构[图 3.99(b)]。这些赋存状态都表明石英是火山碎屑成因。一些石英颗粒[图 3.99(a)、(b)]为次圆状，可能是其在火山碎屑流环境中发生了磨圆作用。

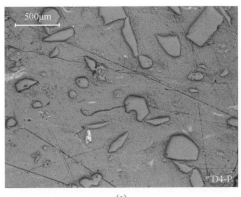
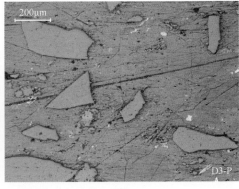

(a)　　　　　　　　　　　　　　　　　　(b)

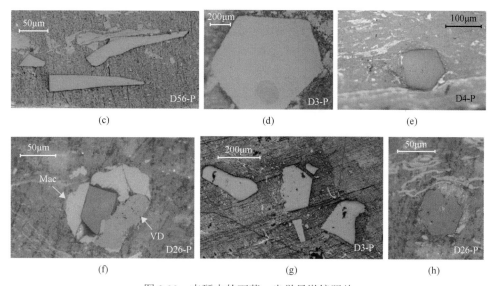

图 3.99　夹矸中的石英，光学显微镜照片

(a)~(c)为尖角状石英颗粒，其中(b)图中间为显示岩浆熔蚀的石英；(d)~(h)为β石英；(g)、(h)图中间为破碎或被溶蚀的石英；(a)图为正交偏光下透射光照片；(b)~(h)为单偏光下反射光照片；VD-碎屑镜质体；Mac-粗粒体

　　夹矸中的自形石英非常常见[图 3.99(d)~(h)]，部分自形石英中含有气体包裹体[图 3.99(d)]，有的是石英的自形晶体[图 3.99(e)]。此外一些自形石英晶体在一定程度上破碎或者被溶蚀[图 3.99(g)、(h)]。β石英在世界范围内的夹矸(如 Bohor and Triplehorn，1993；Hower et al.，1999a；Zhou et al.，2000；Dai et al.，2008c；Zhao et al.，2012)及含煤岩系凝灰岩中(Zhao et al.，2016，2017)都常见报道。

　　自形石英也可以由自生作用形成(Sykes and Lindqvist，1993；Ward，2002，2016)，但是这些晶体往往都有双锥体及晶面。大炭壕矿煤中的石英自形晶体都是β石英，但是没有发育棱柱，可以确定其是火山碎屑成因。因此大炭壕矿夹矸中的石英主要为火山碎屑成因，很可能形成于高温和富挥发分的硅质火山岩成分。

　　冯宝华(1989)在中国北方石炭-二叠纪煤层中鉴定出了一些夹矸，依据是存在火山成因的矿物β-石英、透长石和锆石。在光学显微镜下，大炭壕矿煤层夹矸中也发现了火山成因的锆石[图 3.100(a)]。

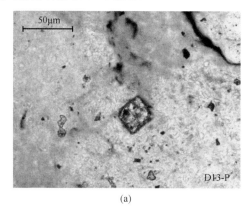

(a)

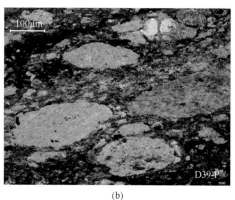

(b)

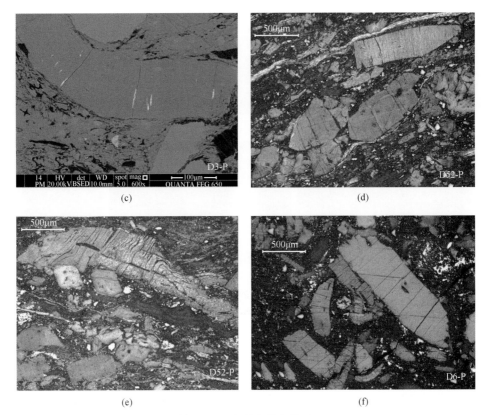

图 3.100　夹矸中的高岭石

(a)高岭石基质中的锆石,正交偏光;(b)麦粒状纹理(graupen)的高岭石,正交偏光;(c)蠕虫状高岭石,白色为硫化物矿物,
扫描电镜背散射电子图像;(d)~(f)蠕虫状和书本状高岭石,反射光,单偏光

　　XRD 图谱显示黏土岩夹矸中的高岭石较为有序。一些夹矸呈麦粒状结构[图 3.100(b)],成分为隐晶质至微晶质高岭石。光学显微镜和扫描电镜下,片状和蠕虫状高岭石很常见[图 3.100(c)~(f)]。

　　黏土岩夹矸中常含有铵伊利石,部分夹矸(D-7-P 和 D-9-P)同时含有白云母和铵伊利石。黏土岩夹矸中的铵伊利石与煤中的铵伊利石成因类似。白云母则主要为陆源碎屑成因。最底部的黏土岩夹矸还含有伊蒙混层矿物,也是陆源碎屑成因。

　　锐钛矿[图 101(a)、(b)]和黄铁矿是夹矸中的微量矿物。锐钛矿的粒径大多<2μm,并且常含有 EDS 可测出的 Nb 和 Zr[图 3.101(b)]。尽管锆石含量低于 XRD 检测限,但是扫描电镜下可鉴定出的矿物还有微量的锆石[图 3.101(a)]、重晶石[图 3.101(c)]、方铅矿[图 3.101(d)],以及含 Ca、Th、U 的稀土元素磷酸盐矿物[图 3.101(e)]。

五、煤中的常量元素氧化物和微量元素

　　大炭壕矿样品中常量元素氧化物含量及高温灰产率、微量元素含量见表 3.46 和表 3.47。与中国煤中元素氧化物含量均值相比,大炭壕矿煤中富集 Al_2O_3、SiO_2、CaO、MgO、MnO 和 TiO_2(表 3.46),而 Fe_2O_3、K_2O、Na_2O 和 P_2O_5 均不富集,接近或低于中国煤均值(Dai et al., 2012b)。

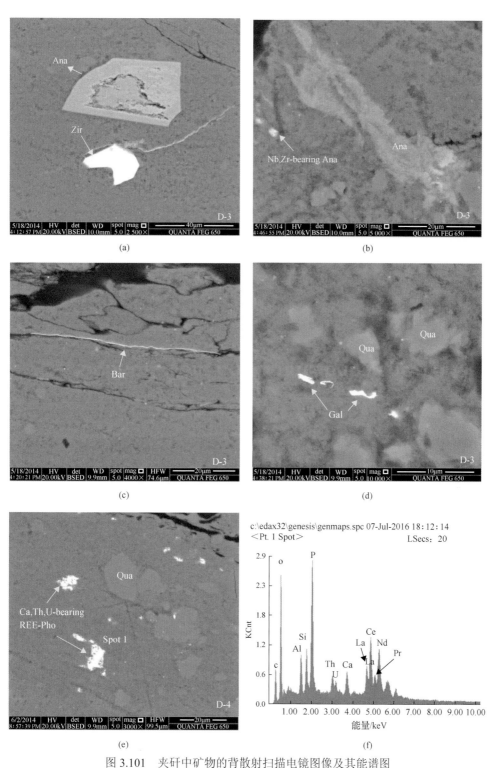

图 3.101　夹矸中矿物的背散射扫描电镜图像及其能谱图

(a)锐钛矿和锆石；(b)锐钛矿；(c)重晶石；(d)方铅矿和石英；(e)含 Ca、Th、U 的稀土元素磷酸盐矿物；(f)(e)图中 Spot 1
的 EDS 检测数据；Ana-锐钛矿；Zir-锆石；Nb, Zr-bearing Ana-含 Nb 和 Zr 的锐钛矿；Bar-重晶石；Gal-方铅矿；Ca, Th,
U-bearing REE-Pho-含 Ca、Th 和 U 的稀土元素磷酸盐矿物

表 3.46　大炭壕矿样品中常量元素氧化物含量(煤基)及高温灰产率　　　（单位：%）

分层样品	HTA	SiO₂	TiO₂	Al₂O₃	Fe₂O₃	MnO	MgO	CaO	Na₂O	K₂O	P₂O₅	SiO₂/Al₂O₃
D61-R	88.43	54.2	0.48	28.2	2.10	0.005	0.67	0.87	bdl	1.40	0.149	1.92
D60-R	76.45	46.1	1.01	28.2	0.33	bdl	0.07	0.13	bdl	0.28	0.055	1.63
D59	47.98	28.5	0.48	15.6	0.44	0.005	0.24	1.01	bdl	0.13	0.053	1.83
D58	48.01	27.8	0.21	12.2	1.33	0.028	0.77	2.86	bdl	0.12	0.032	2.28
D57-P	86.07	50.9	0.38	29.5	1.02	0.005	0.46	3.12	bdl	0.27	0.052	1.73
D56-P	76.99	46.0	0.42	26.4	0.53	0.005	0.19	0.39	bdl	0.42	0.063	1.74
D55-P	85.55	49.4	0.50	32.0	0.49	bdl	0.19	0.32	bdl	0.56	0.038	1.54
D54-P	79.75	48.0	1.71	28.6	0.24	bdl	0.13	0.25	bdl	0.43	0.060	1.68
D53-P	75.55	44.6	0.53	27.3	0.24	bdl	0.09	0.19	bdl	0.23	0.036	1.63
D52-P	79.21	46.1	0.49	31.5	0.28	bdl	0.07	0.21	bdl	0.29	0.049	1.46
D51-P	71.33	49.2	1.46	16.7	0.23	bdl	0.08	0.12	bdl	0.24	0.094	2.95
D50-P	67.43	37.2	0.67	27.5	0.96	0.002	0.21	0.25	bdl	0.29	0.033	1.35
D49	32.03	21.6	0.26	8.27	0.39	0.008	0.19	0.54	bdl	0.06	0.029	2.61
D48-P	79.56	44.3	0.56	33.7	0.21	bdl	0.11	0.20	bdl	0.22	0.039	1.31
D47	22.52	13.8	0.26	6.60	0.39	0.014	0.07	0.69	bdl	0.04	0.043	2.09
D46-P	85.14	46.5	0.47	37.3	0.27	bdl	0.03	0.14	bdl	0.13	0.089	1.25
D45-P	63.77	19.1	0.18	13.9	14.4	0.469	0.82	11.7	bdl	0.25	0.041	1.37
D44-P	81.81	44.8	0.73	35.5	0.17	0.003	0.04	0.14	bdl	0.16	0.036	1.26
D43	28.56	20.1	0.75	7.08	0.21	0.007	0.02	0.10	bdl	0.04	0.022	2.84
D42	27.32	16.6	0.27	9.79	0.22	0.007	0.03	0.12	bdl	0.03	0.016	1.70
D41-P	66.85	38.8	0.72	26.6	0.26	bdl	0.06	0.10	bdl	0.13	0.034	1.46
D40	41.22	24.4	0.67	15.2	0.32	0.006	0.06	0.20	bdl	0.05	0.032	1.61
D39-P	74.64	43.1	1.22	29.6	0.19	bdl	0.02	0.09	bdl	0.12	0.051	1.46
D38	45.50	29.4	0.73	14.7	0.22	0.002	0.04	0.08	bdl	0.06	0.042	2.00
D37-P	78.36	44.5	1.40	31.7	0.26	bdl	0.02	0.10	bdl	0.11	0.075	1.40
D36	39.23	19.0	0.60	13.0	2.22	0.027	0.55	2.36	bdl	0.06	0.135	1.46
D35-P	74.17	40.8	1.07	31.6	0.23	bdl	0.05	0.10	bdl	0.11	0.036	1.29
D34-P	64.34	37.1	0.70	25.5	0.52	0.002	0.09	0.11	bdl	0.12	0.042	1.45
D33	48.56	28.8	0.51	18.0	0.41	0.004	0.10	0.28	bdl	0.07	0.031	1.60
D32	29.91	18.6	0.42	9.54	0.20	0.003	0.03	0.11	bdl	0.04	0.020	1.95
D31-P	55.39	32.5	0.58	21.7	0.17	bdl	0.03	0.10	bdl	0.09	0.042	1.50
D30-P	80.34	44.5	0.62	32.9	0.16	bdl	0.03	0.07	bdl	0.24	0.041	1.35
D29-P	66.13	35.1	0.32	27.6	0.11	bdl	0.05	0.08	bdl	0.12	0.028	1.27
D28-P	75.99	40.4	0.49	31.3	0.14	bdl	0.05	0.10	bdl	0.15	0.031	1.29
D27-P	51.72	29.0	0.60	20.6	0.42	0.013	0.06	0.44	bdl	0.10	0.043	1.41

续表

分层样品	HTA	SiO$_2$	TiO$_2$	Al$_2$O$_3$	Fe$_2$O$_3$	MnO	MgO	CaO	Na$_2$O	K$_2$O	P$_2$O$_5$	SiO$_2$/Al$_2$O$_3$
D26-P	82.66	45.0	1.08	35.5	0.30	0.008	0.03	0.23	bdl	0.15	0.131	1.27
D25-P	55.49	23.3	0.37	17.2	7.59	0.307	0.60	2.81	bdl	0.08	0.055	1.35
D24-P	85.52	46.5	0.48	38.0	0.19	bdl	bdl	0.07	bdl	0.07	0.041	1.22
D23-P	52.10	27.6	0.43	19.3	2.99	0.125	0.14	0.50	bdl	0.07	0.070	1.43
D22-P	85.49	45.2	0.74	35.0	0.27	0.009	bdl	0.35	bdl	0.07	0.143	1.29
D21-P	58.79	33.0	0.95	23.1	1.13	0.044	0.05	0.12	bdl	0.13	0.030	1.43
D20	21.48	12.1	0.24	8.31	0.20	0.005	0.05	0.23	bdl	0.03	0.010	1.46
D19-P	86.40	49.8	0.27	35.8	0.12	0.003	0.03	0.09	bdl	0.14	0.022	1.39
D18	48.91	31.0	0.27	15.3	0.34	0.003	0.04	0.07	bdl	0.13	0.033	2.03
D17	49.12	28.0	0.21	20.3	0.14	0.002	0.02	0.08	bdl	0.07	0.025	1.38
D16	18.73	8.68	0.22	6.66	1.45	0.055	0.14	0.71	bdl	0.02	0.009	1.30
D15-P	66.41	38.5	0.46	24.0	0.70	0.018	0.09	0.13	bdl	0.42	0.049	1.60
D14	22.61	9.35	0.20	5.81	2.04	0.084	0.30	3.50	bdl	0.03	0.012	1.61
D13-P	82.30	45.5	0.44	35.9	0.11	0.002	0.03	0.08	bdl	0.13	0.017	1.27
D12	20.05	8.97	0.09	7.04	1.23	0.055	0.11	1.04	bdl	0.02	0.016	1.27
D11	42.48	2.55	0.04	2.12	19.1	0.599	1.08	15.6	bdl	bdl	0.044	1.20
D10	15.49	8.31	0.12	4.50	0.46	0.019	0.02	1.22	bdl	0.02	0.018	1.85
D9-P	78.07	57.8	0.42	14.0	1.43	0.033	0.30	0.63	bdl	0.91	0.029	4.13
D8-P	76.55	51.5	0.43	19.1	1.95	0.043	0.23	0.22	bdl	0.47	0.051	2.70
D7-P	82.30	62.3	0.44	15.6	0.79	0.016	0.16	0.08	bdl	0.87	0.037	3.99
D6-P	82.42	52.1	0.88	28.6	0.18	0.002	0.05	0.08	bdl	0.29	0.043	1.82
D5-P	71.59	45.0	0.78	24.3	0.41	0.005	0.12	0.29	0.072	0.18	0.066	1.85
D4-P	78.82	49.7	0.52	27.5	0.26	bdl	0.05	0.16	bdl	0.22	0.037	1.81
D3-P	79.53	48.6	0.69	28.3	0.62	0.005	0.15	0.52	bdl	0.17	0.030	1.72
D2-P	67.95	35.5	0.89	28.0	0.35	0.003	0.08	0.19	0.039	0.15	0.053	1.27
D1	41.06	13.4	0.53	11.0	5.84	0.144	1.03	7.32	bdl	0.06	0.048	1.22
D0-P	84.62	44.6	0.35	36.7	0.17	0.002	0.03	0.08	bdl	0.22	0.033	1.22
WA	34.39	18.1	0.36	10.5	2.07	0.060	0.24	2.05	bdl	0.05	0.034	1.72
中国煤	nd	8.47	0.33	5.98	4.85	0.015	0.22	1.23	0.16	0.19	0.092	1.42

注：HTA 表示高温灰产率；WA 表示煤中权衡均值；bdl 表示低于检测限；nd 表示无数据。

资料来源：中国煤数据引自 Dai 等（2012b）。

（一）常量元素氧化物

经 XRD 的矿物结果推算出的常量元素氧化物含量与经标准化的 XRF 直接测得的并经过归一化的常量元素氧化物含量之间的关系如图 3.102 所示。

表 3.47 大炭壕矿 6 号煤层、夹矸和顶板中微量元素的含量

(单位: μg/g)

分层样品	Li	Be	B	F	Sc	V	Cr	Co	Ni	Cu	Zn	Ga	Ge	As	Se	Rb	Sr
D61-R	10.5	2.32	24.4	1259	4.74	37.8	6.39	5.12	7.28	18.1	77.1	31.3	0.88	2.92	0.66	49.3	150
D60-R	18.6	6.58	10.5	644	10.1	42.8	5.10	1.74	3.55	27.6	20.1	23.2	1.20	0.51	1.62	9.87	19.7
D59	2.21	5.80	21.1	344	5.88	46.2	12.0	4.58	4.65	26.5	78.5	22.8	4.22	0.97	0.82	4.98	63.4
D58	5.71	4.50	12.6	303	5.08	46.9	9.21	4.65	5.01	18.1	155	21.9	4.44	1.11	1.40	5.99	78.5
D57-P	bdl	2.31	7.9	632	6.05	14.3	0.29	2.01	1.36	8.08	51.7	23.3	1.18	2.12	0.62	9.23	77.5
D56-P	23.9	3.73	20.8	738	6.10	18.2	4.94	3.20	4.91	14.2	88.6	40.1	2.38	0.76	0.82	8.62	29.3
D55-P	22.0	3.66	20.8	794	6.38	16.1	5.04	0.29	1.52	9.49	97.2	43.3	0.99	0.43	0.56	7.95	5.54
D54-P	31.3	6.57	16.0	638	9.88	31.7	4.69	1.20	3.22	74.6	28.4	53.8	1.99	0.51	2.49	8.76	19.6
D53-P	35.9	5.37	11.5	606	5.34	15.1	5.09	0.96	2.45	11.6	56.9	64.6	1.74	0.83	1.38	5.99	15.1
D52-P	62.9	7.32	16.0	598	6.70	24.7	7.19	1.53	3.59	12.5	127	31.7	1.93	0.90	1.07	7.93	10.5
D51-P	23.8	6.88	11.2	399	11.4	60.9	26.7	0.88	3.42	19.7	17.5	40.1	2.80	0.67	1.54	10.9	110
D50-P	16.5	4.99	73.4	446	10.9	13.9	4.83	2.45	2.49	10.2	31.5	38.3	2.64	0.48	0.69	9.90	41.2
D49	1.53	3.80	14.7	149	5.01	26.5	5.25	5.77	4.37	14.2	170	18.2	3.02	0.69	0.98	4.61	26.1
D48-P	29.2	5.10	13.3	481	4.75	6.31	2.31	0.60	1.12	4.87	8.08	33.6	1.12	0.09	0.32	4.47	3.67
D47	1.84	4.73	7.21	121	5.62	26.8	5.30	7.56	5.89	13.2	5.64	14.1	4.12	0.49	0.66	2.86	36.1
D46-P	3.45	3.37	12.6	555	4.40	9.05	2.05	4.10	5.91	7.57	70.8	25.4	1.39	5.03	0.68	5.23	32.5
D45-P	6.17	2.30	15.7	266	9.73	9.36	3.16	3.23	4.00	4.76	62.0	23.1	1.28	15.8	1.29	5.00	134
D44-P	19.2	3.72	10.7	430	4.64	5.86	1.08	0.37	0.96	5.65	119	34.8	1.30	bdl	1.16	3.51	2.64
D43	2.29	3.69	10.2	122	3.98	34.2	4.81	5.23	4.72	27.8	39.7	15.6	1.47	0.52	2.08	2.13	20.5
D42	3.22	4.54	0.75	128	5.87	30.5	3.20	4.39	3.71	15.2	17.7	17.9	2.06	0.44	1.12	1.33	15.8
D41-P	51.1	3.65	7.48	359	7.57	19.1	7.48	1.05	3.71	7.27	31.6	34.3	1.36	0.76	1.04	5.48	22.7

续表

分层样品	Li	Be	B	F	Sc	V	Cr	Co	Ni	Cu	Zn	Ga	Ge	As	Se	Rb	Sr
D40	10.6	3.36	4.99	216	6.84	39.0	4.27	3.51	3.38	19.3	14.8	21.4	1.82	0.92	2.07	2.82	22.1
D39-P	57.6	3.71	9.49	338	10.2	20.8	3.72	1.46	4.05	11.5	25.5	41.7	1.21	0.50	2.90	4.02	8.14
D38	17.7	3.52	6.76	199	7.86	45.5	5.38	2.22	3.84	22.0	27.7	20.6	1.41	0.95	2.04	3.70	21.3
D37-P	81.2	4.41	10.5	403	9.98	17.6	3.92	1.21	3.21	12.7	33.0	44.7	1.12	0.67	1.55	3.76	23.3
D36	3.80	2.46	19.4	304	7.78	30.8	2.81	1.81	1.76	8.35	32.2	26.1	2.87	0.93	0.98	2.47	58.5
D35-P	36.1	2.15	10.3	347	12.0	52.9	5.50	1.29	1.86	10.7	40.2	36.7	1.05	0.61	0.65	3.59	10.7
D34-P	36.0	4.30	7.63	289	9.08	44.7	6.34	3.03	4.08	12.0	27.3	40.6	1.58	0.90	1.09	4.85	22.7
D33	9.18	4.64	2.18	216	5.80	24.3	4.49	2.63	4.64	14.7	421	19.7	1.12	1.22	0.99	3.44	20.4
D32	4.85	6.63	6.98	136	8.16	35.5	7.02	3.34	4.09	24.9	110	14.4	1.21	0.91	1.26	2.03	20.9
D31-P	22.1	4.16	7.26	209	8.31	35.9	7.07	2.15	3.58	22.9	115	38.4	1.92	0.87	1.10	3.30	20.5
D30-P	12.7	2.93	9.61	394	9.62	14.2	3.00	1.20	0.75	11.5	81.2	40.2	1.14	3.48	0.61	7.59	4.40
D29-P	7.42	3.43	10.0	316	7.06	17.3	4.03	1.24	1.40	10.4	82.1	35.6	1.78	0.73	0.59	5.47	9.83
D28-P	15.4	4.07	11.0	341	5.65	16.7	3.93	0.99	1.38	8.69	84.6	39.8	1.44	0.54	0.54	4.38	5.87
D27-P	8.87	4.12	8.59	232	7.59	60.7	7.72	2.35	4.62	19.9	73.2	34.8	2.24	0.66	1.04	4.68	34.0
D26-P	2.61	3.46	14.7	413	8.41	25.1	2.71	3.02	2.04	10.2	179	30.0	1.63	1.13	0.63	6.57	17.4
D25-P	6.51	2.78	8.17	216	18.3	31.9	6.14	1.66	2.47	11.3	78.7	29.8	2.58	0.84	0.62	3.94	73.4
D24-P	9.44	2.64	4.43	624	6.94	7.64	1.58	0.11	0.24	6.78	39.7	34.5	1.11	1.89	0.49	2.21	2.13
D23-P	5.72	1.96	11.1	240	11.6	46.5	5.57	1.53	3.71	10.7	59.1	28.7	2.73	0.43	0.61	4.37	41.8
D22-P	6.36	2.40	3.02	748	7.95	17.0	12.2	6.11	11.8	8.62	140	38.5	1.04	2.64	0.59	2.76	13.2
D21-P	8.31	4.41	10.5	304	9.69	63.8	10.5	2.05	3.30	15.4	117	31.8	2.26	0.86	0.84	5.66	23.5
D20	0.40	5.13	4.20	126	10.2	34.8	6.15	6.22	6.15	18.8	4.10	18.9	4.67	0.73	0.66	1.65	14.3
D19-P	10.2	3.95	13.0	408	6.18	6.6	2.74	1.04	3.97	7.02	231	34.4	1.71	0.76	0.76	6.38	3.30

续表

分层样品	Li	Be	B	F	Sc	V	Cr	Co	Ni	Cu	Zn	Ga	Ge	As	Se	Rb	Sr
D18	4.76	2.69	10.8	207	4.62	54.4	8.12	3.49	5.34	13.1	76.2	13.9	1.57	5.04	1.66	9.23	17.2
D17	14.7	3.92	4.84	265	6.34	101	9.67	1.40	4.90	16.9	5.02	13.9	2.27	0.89	2.15	3.81	10.3
D16	3.14	4.21	3.82	105	9.12	27.4	6.37	6.36	7.24	18.2	5.25	17.6	2.36	0.70	1.90	0.93	20.6
D15-P	33.5	3.89	20.6	341	6.54	14.9	6.52	2.07	7.41	6.61	17.0	26.1	1.74	1.52	0.78	16.8	15.5
D14	3.87	2.43	bdl	114	9.85	22.2	4.87	3.62	5.09	15.2	32.1	15.2	1.86	0.74	1.58	1.80	53.4
D13-P	21.8	4.91	12.2	354	3.54	6.05	2.24	1.37	4.56	9.08	5.35	30.8	1.34	0.72	0.24	4.36	2.11
D12	2.82	3.84	4.69	91.7	7.60	26.1	4.18	6.38	7.03	13.6	1.65	15.3	1.53	9.46	0.87	0.61	26.6
D11	1.23	1.74	0.37	93.9	2.54	6.76	1.25	3.10	7.46	3.65	8.62	4.04	0.99	1.30	0.38	0.28	134
D10	2.86	6.05	0.08	70.9	4.52	14.6	3.68	4.41	6.50	18.6	12.2	9.14	2.00	0.48	1.51	1.06	23.1
D9-P	8.70	2.12	36.3	331	7.66	48.4	22.9	3.54	5.54	17.4	21.5	19.2	1.92	0.71	0.31	49.8	47.4
D8-P	10.4	2.16	22.7	308	7.93	36.4	15.9	4.65	4.63	15.5	60.6	29.2	2.11	0.53	0.31	14.5	44.0
D7-P	10.1	2.51	33.5	338	7.30	51.4	22.4	8.53	12.0	17.6	55.7	22.4	1.47	2.07	0.77	48.5	60.6
D6-P	19.8	4.14	12.4	352	8.51	38.0	11.3	0.95	2.08	10.8	17.0	37.6	1.14	0.64	2.46	11.9	8.04
D5-P	29.1	4.66	9.85	264	11.5	39.5	14.1	0.93	3.31	12.5	29.0	38.4	1.39	0.66	2.91	5.77	33.5
D4-P	19.5	3.37	6.36	297	3.48	14.9	8.66	4.18	12.0	10.7	59.3	58.8	1.97	0.83	1.87	8.16	11.0
D3-P	2.94	3.62	5.79	307	3.65	10.1	4.89	1.36	2.02	13.3	207	61.5	1.85	1.53	1.25	3.04	10.8
D2-P	31.4	5.23	11.0	279	9.75	48.6	9.84	2.18	5.34	16.6	46.3	48.7	1.69	0.90	2.59	5.42	18.1
D1	12.0	2.58	4.48	128	7.97	111	13.5	5.15	7.11	28.9	47.2	23.1	1.84	2.08	3.42	3.40	95.8
D0-P	5.84	2.97	12.8	332	6.22	20.3	1.97	1.27	0.94	12.8	37.6	35.4	1.49	0.49	1.68	10.6	6.50
WA	5.49	4.21	6.57	173	6.41	37.7	5.84	4.16	5.1	17.7	58.6	16.9	2.32	1.28	1.38	2.61	39.9
世界硬煤	14	2	47	82	3.7	28	17	6	17	16	28	6	2.4	8.3	1.3	18	100
CC	0.39	2.11	0.14	2.11	1.73	1.35	0.34	0.69	0.30	1.11	2.09	2.82	0.97	0.15	1.06	0.15	0.40

续表

分层样品	Zr	Nb	Mo	Cd	In	Sn	Sb	Cs	Ba	Hf	Ta	W	Hg	Tl	Pb	Bi	Th	U
D61-R	276	21.5	1.12	0.53	0.05	2.12	0.18	3.39	469	7.90	1.79	11.6	0.13	0.61	52.0	0.74	38.6	7.73
D60-R	944	78.2	1.91	1.32	0.15	4.29	0.20	1.09	152	25.2	2.00	6.74	0.06	0.20	46.2	0.43	23.4	6.34
D59	617	41.6	20.8	1.20	0.11	3.76	0.62	0.49	136	13.4	2.02	8.13	0.17	0.24	29.9	0.32	21.7	5.12
D58	986	30.0	14.1	1.78	0.15	3.91	1.25	0.70	262	17.2	1.93	6.09	0.25	0.20	43.8	0.36	32.6	4.61
D57-P	190	24.1	1.00	0.42	0.05	3.97	0.36	0.59	120	7.60	3.09	3.43	0.51	0.29	46.4	2.87	41.0	11.0
D56-P	713	36.3	6.65	0.92	0.09	5.22	0.72	1.44	255	12.7	2.54	18.5	0.12	0.28	37.5	0.61	22.2	7.34
D55-P	716	11.8	1.01	0.89	0.19	5.32	0.11	1.18	89.9	22.1	0.52	0.55	0.21	0.27	44.2	0.78	37.5	6.60
D54-P	1164	206	18.3	1.23	0.41	17.4	1.26	0.84	255	26.9	9.61	16.4	0.16	0.26	67.1	4.92	41.7	10.8
D53-P	1069	103	2.95	1.25	0.23	14.6	0.34	0.86	143	26.0	6.80	2.43	0.12	0.12	68.6	0.46	45.3	6.68
D52-P	564	39.4	2.77	0.88	0.09	5.03	0.45	1.10	59.3	15.3	2.21	3.60	0.13	0.15	39.1	0.75	18.9	6.75
D51-P	677	131	7.60	0.71	0.18	16.7	0.41	1.36	373	16.5	7.81	8.62	0.11	0.13	51.6	0.82	40.5	7.52
D50-P	481	25.9	4.43	0.74	0.12	2.81	0.28	0.76	273	12.4	1.34	3.68	0.08	0.17	27.1	0.45	19.9	3.29
D49	753	20.0	10.9	1.48	0.12	2.31	0.50	0.97	99.1	16.7	0.69	3.54	0.18	0.13	39.9	0.81	26.0	2.95
D48-P	259	28.1	1.40	0.28	0.06	2.68	0.08	0.51	38.8	8.29	1.38	2.63	0.03	0.15	10.5	0.12	9.0	3.29
D47	533	19.8	13.5	0.83	0.09	1.99	0.44	0.60	95.0	13.0	1.16	4.99	0.21	0.15	19.8	0.67	44.3	7.12
D46-P	255	35.0	4.68	0.54	0.06	2.76	0.57	0.43	41.5	10.5	2.15	1.64	0.35	0.42	36.6	0.48	17.2	7.54
D45-P	420	19.1	3.00	0.84	0.07	4.25	0.90	0.21	210	10.9	1.51	1.56	1.44	1.18	61.4	bdl	37.1	4.92
D44-P	306	34.5	1.76	0.79	0.11	2.67	0.11	0.33	17.5	10.0	1.30	4.34	0.22	0.14	29.8	0.75	11.2	3.67
D43	827	31.1	5.97	1.34	0.19	4.86	0.31	0.26	120	18.8	2.08	4.61	0.18	0.10	44.1	1.46	25.6	3.33
D42	522	19.6	6.82	0.82	0.08	2.80	0.33	0.16	64.6	12.1	0.88	0.64	0.15	0.10	26.5	0.31	14.2	2.83
D41-P	190	14.5	1.33	0.45	0.06	1.75	0.19	0.73	135	5.43	0.79	1.33	0.04	0.21	30.1	0.37	12.0	2.42
D40	570	24.2	5.65	0.94	0.14	2.98	0.35	0.38	110	12.5	1.20	1.24	0.12	0.13	45.9	0.65	14.0	2.60
D39-P	438	41.6	2.16	0.47	0.13	5.24	0.19	0.84	72.7	10.3	2.33	15.6	0.05	0.18	36.0	0.55	15.8	5.28
D38	662	21.6	3.68	1.13	0.16	3.48	0.31	0.73	111	14.9	1.35	7.96	0.12	0.12	28.8	0.75	16.6	3.23

续表

分层样品	Zr	Nb	Mo	Cd	In	Sn	Sb	Cs	Ba	Hf	Ta	W	Hg	Tl	Pb	Bi	Th	U
D37-P	450	55.6	2.16	0.47	0.14	5.88	0.19	0.70	96.8	11.4	3.06	8.72	0.05	0.19	37.0	0.84	17.0	4.52
D36	509	18.4	7.48	0.87	0.11	2.21	1.01	0.31	163	17.1	0.87	0.66	0.17	0.09	28.7	0.35	8.8	2.85
D35-P	500	24.5	1.41	0.57	0.13	3.48	0.20	0.77	88.0	12.0	1.34	1.84	0.05	0.14	37.7	0.51	15.7	2.79
D34-P	534	30.0	3.07	0.90	0.14	4.55	0.30	0.70	115	11.7	1.92	9.51	0.15	0.19	28.7	2.46	26.9	5.69
D33	404	21.2	3.37	1.34	0.10	3.29	0.41	0.51	77.1	9.71	0.97	11.8	0.41	0.22	43.8	0.50	17.4	2.76
D32	404	11.9	5.43	1.03	0.09	2.75	0.40	0.32	92.9	9.42	0.53	5.50	0.24	0.13	34.5	1.64	11.5	2.33
D31-P	776	35.2	5.87	1.87	0.15	4.58	0.41	0.47	111	15.3	2.20	1.64	0.17	0.15	59.0	0.24	24.7	4.57
D30-P	423	32.5	2.17	0.84	0.16	5.58	0.20	0.69	36.2	12.7	1.92	3.33	0.17	0.29	38.2	0.57	21.1	4.44
D29-P	578	23.9	4.64	1.08	0.10	5.55	0.28	0.54	76.6	13.8	1.81	1.20	0.16	0.21	46.3	bdl	27.0	2.72
D28-P	376	30.9	2.33	0.62	0.10	3.40	0.22	0.58	39.4	10.2	1.51	2.85	0.13	0.22	36.0	0.48	16.5	5.07
D27-P	734	35.2	7.56	1.19	0.10	4.69	0.32	0.54	125	14.2	1.81	7.47	0.18	0.18	52.9	bdl	26.2	4.44
D26-P	403	35.2	2.75	0.83	0.13	4.48	0.32	0.49	61.2	12.3	2.19	3.43	0.22	0.26	36.6	0.68	11.2	4.54
D25-P	729	32.6	6.20	1.47	0.11	4.68	0.51	0.32	142	14.6	1.46	1.93	0.20	0.22	46.9	bdl	55.6	7.55
D24-P	329	38.4	0.20	0.58	0.07	4.87	0.26	0.28	16.2	12.9	3.09	1.75	0.21	0.10	61.8	0.94	49.0	9.39
D23-P	996	26.9	5.14	1.65	0.12	6.69	0.40	0.83	134	20.3	1.77	1.46	0.25	0.11	54.1	bdl	98.3	8.93
D22-P	336	36.1	5.32	0.63	0.12	6.75	0.46	0.30	24.4	12.9	2.64	11.8	0.35	0.28	49.9	0.88	16.3	5.27
D21-P	516	26.2	5.14	1.09	0.11	2.97	0.41	0.81	122	11.0	0.99	8.19	0.19	0.20	33.0	bdl	13.4	3.44
D20	393	11.8	13.5	0.68	0.08	1.35	0.97	0.32	49.5	8.65	0.48	1.53	0.18	0.21	20.3	0.61	14.5	3.72
D19-P	311	31.9	0.54	1.04	0.21	7.71	0.92	0.95	27.6	10.9	2.58	21.6	0.38	0.20	51.3	1.17	5.75	4.80
D18	507	15.7	5.80	0.97	0.15	10.3	1.02	1.59	66.7	13.4	1.39	1.80	0.25	0.26	75.9	0.57	38.2	5.47
D17	753	27.4	3.94	1.20	0.14	4.84	0.61	0.59	56.2	18.5	0.56	3.69	0.15	0.09	65.9	1.28	3.23	2.68
D16	255	9.62	11.7	0.49	0.07	1.94	0.80	0.19	50.0	6.93	0.66	3.21	0.38	0.08	27.8	0.65	17.1	5.62
D15-P	222	17.1	2.04	0.33	0.05	4.08	0.34	2.20	63.5	5.37	1.78	19.5	0.12	0.58	24.3	0.95	20.7	5.92
D14	204	9.03	6.58	0.48	0.06	2.09	0.75	0.63	71.8	5.65	0.59	8.09	0.40	0.18	32.2	0.47	23.9	6.07

续表

分层样品	Zr	Nb	Mo	Cd	In	Sn	Sb	Cs	Ba	Hf	Ta	W	Hg	Tl	Pb	Bi	Th	U
D13-P	305	34.4	1.54	0.34	0.11	9.21	0.27	0.55	17.6	8.18	3.06	29.4	0.11	0.18	20.0	1.52	8.6	3.45
D12	296	11.2	7.00	0.51	0.12	1.70	0.60	0.12	47.3	8.36	0.48	2.96	0.40	0.19	26.7	0.29	34.0	5.55
D11	49.9	3.25	3.70	0.13	0.01	0.98	0.16	0.08	143	1.61	0.29	1.43	0.04	0.20	4.21	1.08	4.74	1.54
D10	109	5.37	6.55	0.23	0.05	1.14	0.42	0.15	72.1	3.34	0.38	4.96	0.14	0.13	15.3	0.42	9.09	2.78
D9-P	331	15.8	2.97	0.41	0.07	2.97	0.36	5.51	194	8.28	0.93	4.65	0.09	0.66	24.5	0.73	12.7	3.49
D8-P	432	21.3	4.20	0.61	0.10	4.30	0.45	2.24	109	9.51	1.57	2.60	0.16	0.29	23.7	0.25	25.1	6.46
D7-P	411	12.6	3.61	0.57	0.08	2.86	0.50	5.29	233	8.39	0.98	26.0	0.11	0.62	20.8	0.44	13.9	4.22
D6-P	330	52.5	2.36	0.39	0.10	6.81	0.21	2.38	113	9.09	3.73	4.10	0.04	0.22	40.0	0.73	24.4	6.94
D5-P	748	7.22	0.48	0.81	0.18	1.92	0.04	1.32	155	19.3	0.33	0.61	0.11	0.14	46.5	0.80	40.8	8.35
D4-P	1023	77.2	3.10	1.32	0.27	25.8	0.49	0.87	66.1	28.2	8.14	78.8	0.11	0.20	68.2	0.56	28.4	7.56
D3-P	751	110	3.33	1.39	0.39	30.0	0.59	0.51	55.7	23.7	8.96	5.00	0.24	0.17	79.2	0.82	35.5	10.6
D2-P	717	56.3	3.33	1.12	0.18	12.0	0.40	1.01	87.7	17.6	3.77	11.8	0.12	0.14	47.0	0.31	34.6	6.77
D1	1378	16.6	12.7	2.24	0.16	4.03	1.35	0.60	145	26.6	1.00	1.06	0.22	0.15	42.1	0.75	29.5	3.60
D0-P	330	23.4	2.07	0.48	0.08	6.48	0.30	0.86	23.8	11.2	2.10	1.81	0.10	0.24	41.8	1.46	24.5	6.14
WA	508	18.6	8.33	0.93	0.10	2.82	0.57	0.40	102	11.8	0.95	4.21	0.19	0.15	32.1	0.70	18.1	3.60
世界硬煤	36	4	2.1	0.2	0.04	1.4	1	1.1	150	1.2	0.3	0.99	0.1	0.58	9	1.1	3.2	1.9
CC	14.10	4.65	3.97	4.65	2.50	2.01	0.57	0.36	0.68	9.83	3.17	4.25	1.90	0.26	3.57	0.64	5.66	1.89

注：WA 表示权衡均值；CC 表示富集系数，CC 值=大炭壕煤/世界硬煤；bdl 表示低于检测限。
资料来源：中国煤数据引自 Dai 等 (2012b)；世界硬煤数据引自 Keris 和 Yudovich (2009)。

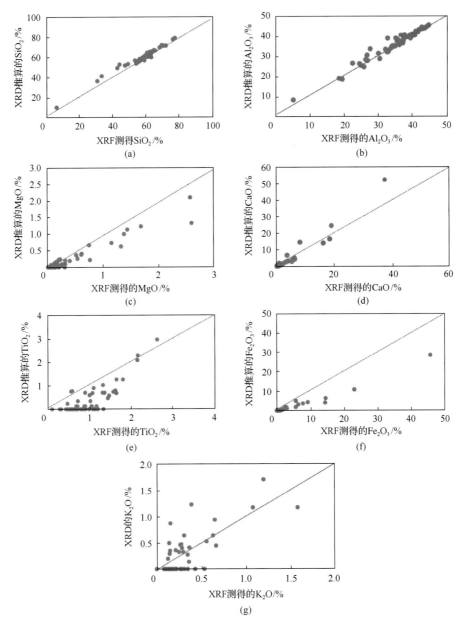

图 3.102　经标准化的 XRF 测得的煤灰中氧化物含量与 XRD 的矿物
结果推算出的常量元素氧化物含量的比较

(a) SiO$_2$；(b) Al$_2$O$_3$；(c) MgO；(d) CaO；(e) TiO$_2$；(f) Fe$_2$O$_3$；(g) K$_2$O

　　经 XRD 推测的和 XRF 直接检测的 SiO$_2$ 和 Al$_2$O$_3$ 含量高度吻合，表明样品中经过 XRD 和 Siroquant 检测到的主要矿物(石英与高岭石)含量是非常可靠的。

　　大炭壕矿 CP2 煤中 Al$_2$O$_3$ 含量为 2.12%～20.3%，均值为 10.5%，与海柳树矿、阿刀亥矿类似，均高于中国煤均值(5.98%)。煤中 Al$_2$O$_3$ 与灰分的线性关系显著(r=0.76)，结合光学显微镜分析，表明该段煤中 Al 主要以黏土矿物高岭石的形式存在，少部分以伊利石的形式存在。

大炭壕矿煤中 SiO_2 含量为 2.55%～31.0%，变化范围大，平均值为 18.1%，与海柳树矿含量接近，远高于中国煤均值，同时高于阿刀亥矿、黑岱沟矿、官板乌素矿及哈尔乌素矿。SiO_2/Al_2O_3 值为 1.20～2.84，平均值为 1.72，高于中国煤均值（1.42；Dai et al.，2012b），以及海柳树矿（1.25）和阿刀亥矿煤（0.84）。煤中 SiO_2 与 Al_2O_3 的相关系数为 0.88，SiO_2 与 K_2O 的相关系数为 0.81，说明大炭壕矿煤中 Si 主要赋存于高岭石中，少部分赋存于伊利石中。大炭壕矿煤的 SiO_2/Al_2O_3 值大于理想高岭石的 SiO_2/Al_2O_3 值（1.18），结合 X 射线衍射分析，说明 Si 元素还赋存于石英中。

经 XRD 推测的和 XRF 直接检测的 CaO 的含量具有强相关性。同样，经 XRD 推测的 MgO 和 Fe_2O_3 也与各自经 XRF 的检测值具有较强的相关性。部分 MgO 和 Fe_2O_3 的数据点稍低于 1∶1 线，表明相对于 XRF 检测值，Siroquant 低估了 MgO 和 Fe_2O_3 的含量。由 SEM-EDS 数据可知，由于类质同象作用，大炭壕矿煤中铁白云石一般都含有部分 Mg。这部分 Mg 在 XRD 数据转化元素计算中则无法体现。

此外，从矿物组成中推测出的 Al_2O_3 稍高于 XRF 的检测值，可能主要是因为部分 Ti 替代了高岭石中的 Al，或者是部分锐钛矿以微小颗粒的形式存在，这部分锐钛矿可能难以被 XRD 和 Siroquant 检测到（Zhao et al.，2012，2013）。

K_2O 的投点相对较分散。这可能是由于 XRD 检测的低含量的伊利石和伊蒙混层矿物的含量具有一定的误差。一方面，XRD 和 Siroquant 检测可能低估了部分样品中伊利石与伊蒙混层矿物的含量；另一方面，铵伊利石的存在也导致与 XRF 检测值相比，Siroquant 检测高估了 K_2O 的含量。大炭壕矿煤中 K_2O 的均值为 0.05%，低于中国煤均值（0.19%；Dai et al.，2012b）。

大炭壕矿煤中 TiO_2 含量（0.36%）高于中国煤均值（0.33%；Dai et al.，2012b），含量为 0.04%～0.75%，平均值为 0.36%。煤中 TiO_2 与 SiO_2、Al_2O_3 正相关性较好（r_{Ti-Si}=0.53，r_{Ti-Al}=0.46），说明了 Ti 元素与黏土矿物关系密切，经 X 射线衍射和扫描电镜分析表明，Ti 主要以锐钛矿的形式存在。同时，SEM-EDS 显示，一些高岭石矿物中含 Ti 元素，说明 Ti 也以类质同象或超细粒径的 Ti 的氧化物形式赋存于黏土矿物中。

大炭壕矿煤中 CaO 平均含量（2.046%）略高于中国煤均值（1.23%；Dai et al.，2012b）。其中 D1、D11 含量较高，均大于 5%。煤中 CaO 与 MgO、Fe_2O_3 具有显著的正相关性（r_{Ca-Mg}=0.86，r_{Ca-Fe}=0.98）。结合 X 射线衍射分析结果可推测，Ca 主要赋存于方解石和铁白云石中，Fe 主要赋存于菱铁矿和黄铁矿中。

大炭壕矿煤中 MgO 和 MnO 含量平均值为 0.24% 和 0.060%，略高于中国煤均值（0.22% 和 0.015%，Dai et al.，2012b）。结合 X 射线衍射及扫描电镜分析推测，Mg 主要赋存于铁白云石中。MnO 在 D11、D45-P 中的含量相对较高，煤中 MnO 与 Fe_2O_3 的相关系数为 0.99，认为 Mn 主要赋存于含铁的矿物中。

（二）微量元素

与 Ketris 和 Yudovich（2009）报道的世界硬煤相比，大炭壕矿煤中富集 Zr（CC>10）、Hf 和 Th（CC>5）；轻度富集 Be、F、Zn、Ga、Nb、Mo、Cd、In、Sn、Ta、Pb 及 REY（2<CC<5）；相对亏损的元素有 Li、B、Cr、Ni、As、Rb、Sr、Cs、Tl（CC<0.5）。其余

微量元素含量则接近世界硬煤均值(0.5＜CC＜2)(表3.47,图3.103)。

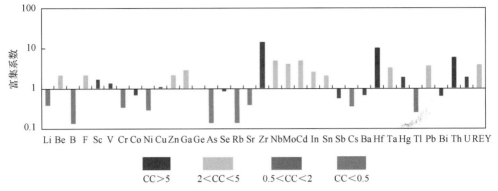

图3.103　大炭壕矿煤中微量元素富集系数(与世界硬煤比较)(见文后彩图)
世界硬煤数据根据Ketris和Yudovich(2009)

(三)Zr、Hf、Nb、Ta

大炭壕矿煤和岩石样品中的Zr和Hf含量的高度正相关关系[r=0.97;图3.104(a)],表明这两种元素具有密切的伴生关系。Nb与Ta的相关系数为0.83,表明Nb和Ta也密切相关[图3.104(b)]。以上数据说明Zr、Hf、Nb、Ta在煤中可能赋存于相同的载体矿物中。

煤中的Zr与Nb都和Al_2O_3呈正相关[$r_{Zr-Al_2O_3}$=0.43,$r_{Nb-Al_2O_3}$=0.64;图3.104(d)、(e)],表明煤中的Zr和Nb主要赋存于高岭石中。尽管大炭壕矿煤中锐钛矿为微量矿物,但锐钛矿也是Zr、Hf、Nb、Ta的重要载体。例如,Nb与TiO_2存在较强的正相关关系[r=0.53;图3.104(f)]。

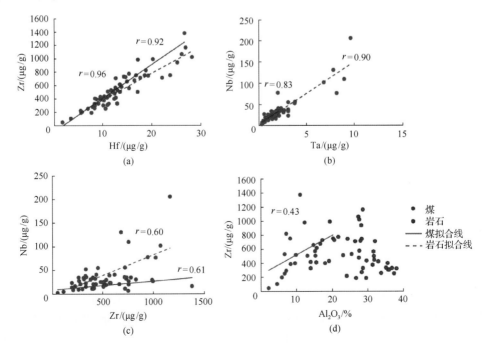

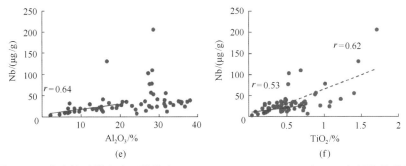

图 3.104　大炭壕矿煤和岩石样品中 Nb、Ta、Zr、Hf、Al$_2$O$_3$ 及 TiO$_2$ 之间的关系(见文后彩图)

尽管煤中 Zr、Nb、Al$_2$O$_3$ 之间呈高度正相关，但是它们在岩石样品无相关关系[图 3.104(d)、(e)]，而岩石样品中这些元素与 TiO$_2$ 呈正相关关系。例如，夹矸样品中的 Nb 和 TiO$_2$ 有一定的相关性[图 3.104(f)]。这表明在岩石样品中，锐钛矿相对高岭石来说是这些元素更为重要的载体。此外，SEM-EDS 在大炭壕矿的夹矸样品中的锐钛矿中也检测到了 Zr 和 Nb(图 3.105)。

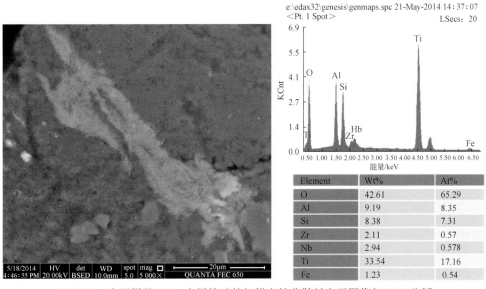

Element	Wt%	At%
O	42.61	65.29
Al	9.19	8.35
Si	8.38	7.31
Zr	2.11	0.57
Nb	2.94	0.578
Ti	33.54	17.16
Fe	1.23	0.54

图 3.105　夹矸样品 D3-P 中锐钛矿的扫描电镜背散射电子图像与 EDS 分析

Ga 与灰分、Al$_2$O$_3$、SiO$_2$ 的相关系数分别为 0.3、0.54[图 3.106(a)]、0.49，且 Ga 与高岭石的相关性较强(r=0.55)，可以推断 Ga 主要赋存于以高岭石为主的黏土矿物中，这区别于阿刀亥矿(硬水铝石和高岭石)、哈尔乌素矿(有机质、高岭石和勃姆石)、黑岱沟矿(勃姆石)和官板乌素矿(磷锶铝石)煤中 Ga 的主要载体。

除了少数偏离点外，煤和岩石中的 REY 都与 P$_2$O$_5$ 呈高度正相关[图 3.106(b)]。REY 与 Al$_2$O$_3$ 的相关性相对较弱[图 3.106(c)]。这些数据表明，大炭壕矿煤与岩石样品中的 REY 主要与 P 相关，而不是与黏土矿物相关。

大炭壕矿煤中 Th、U、REY 存在正相关关系[r_{Th-U}=0.77，r_{Th-REY}=0.54；图 3.106(d)]，表明这些元素可能赋存于相同的载体中。通过 SER-EDS 可在大炭壕矿煤中稀土元素的磷酸盐矿物中检测到 Th 和 U。U 与灰分呈负相关关系(r=−0.29)，表明部分 U 可能与有机质相关。

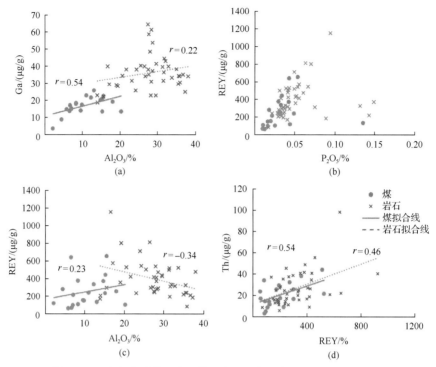

图 3.106　大炭壕矿煤和岩石样品中元素与矿物或元素之间的关系

大炭壕矿煤中 F 与灰分的相关系数为 0.76，与 Al_2O_3、SiO_2 的相关系数分别为 0.79、0.78。另外，F 与高岭石之间的线性关系显著[$r=0.81$；图 3.107(a)]，说明 F 主要赋存于高岭石等黏土矿物中。

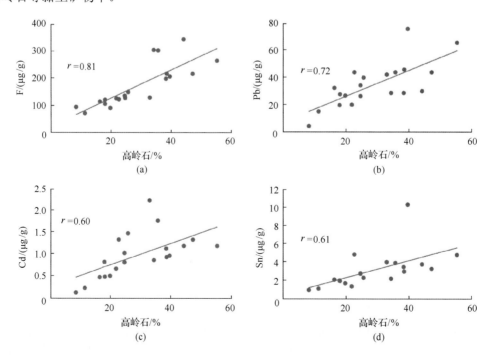

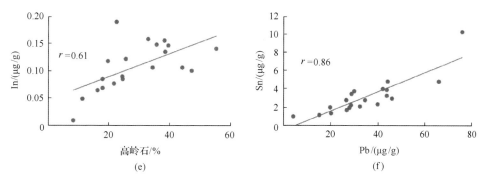

图 3.107　大炭壕矿煤和岩石样品中的高岭石与 F、Pb、Cd、Sn、In 及 Sn 与 Pb 的关系

大炭壕矿煤中 Pb 和 Cd 与 Al_2O_3 呈正相关关系(r_{Pb-Al}=0.72、r_{Cd-Al}=0.54),它们都与高岭石呈高度相关关系(r 分别为 0.72 和 0.60)[图 3.107(b)、(c)]。尽管 Pb 和 Cd 是典型的亲硫元素,但它们与全硫的相关性不明显,因此,大炭壕矿煤中 Cd 的主要载体为高岭石。这与海柳树矿煤不同,其中 Pb 表现出硫化物和/或硒化物亲和性。

与 Pb 和 Cd 类似,煤中 Sn 和 In 也与高岭石呈正相关[图 3.107(d)、(e)]。基于 Pb、Cd、Sn、In 之间的正相关性[如 r_{Sn-Pb}=0.86,图 3.107(f)],这些元素可能具有相同的来源并在成煤作用过程中表现类似的地球化学行为。

煤中 Hg 与灰分的相关系数为-0.25,与 Al_2O_3、SiO_2 的相关性不显著;与全硫具有较高的正相关性[r=0.50;图 3.108(a)],表明 Hg 具有强亲硫性,主要赋存于硫化物矿物中,尽管黄铁矿只在少数煤中被 XRD 检出。其他硫化物矿物包括只在扫描电镜下发现的方铅矿和闪锌矿,也是 Hg 的矿物载体。

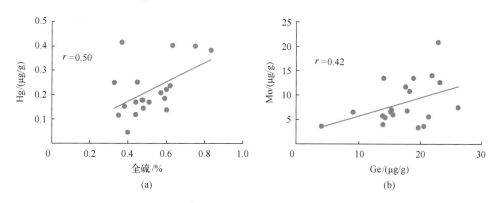

图 3.108　大炭壕矿煤和岩石样品中元素含量之间的关系

尽管 Mo 常表现出亲硫性,但大炭壕矿煤中 Mo 与全硫的相关性较弱(r=0.18)。Mo 与灰分、Al_2O_3 和 SiO_2 相关性均不明显,表明 Mo 既可能赋存于无机矿物中,又可能赋存于有机组分中。Mo 与 Ge 表现出较强的正相关关系[r_{Mo-Ge}=0.42;图 3.108(b)],表明 Mo 与 Ge 具有类似的赋存形式。

大炭壕矿煤中 Be 与灰分、Al_2O_3 和 SiO_2 均不存在明显的相关性(r 分别为-0.29、0.04 和 0.12),尽管在一些中国煤中 Be 赋存于黏土矿物(Zhuang et al.,2000)、含 Ca 和 Mn 的碳酸盐矿物中(Dai et al.,2012b)。其他地区的煤中,Be 通常具有有机亲和性并赋存于黏土矿物中(Kolker and Finkelman，1998；Eskenazy，2006)，但是在富 Be 煤中其绝大部分赋存于有机质中(Eskenazy，2006)。

(四)稀土元素配分模式

大炭壕矿 CP2 煤层上部与中部煤中大多富集 MREY 和 LREY[图 3.109(i)]；下部煤分层中除了最下部一分层，都富集 HREY。

除了 D45-P 和 D54-P 外，夹矸样品都富集 LREY，部分夹矸同时还富集 MREY。与上部煤层相比，下部煤层更富集碳酸盐矿物(方解石、铁白云石及菱铁矿)，尤其是在 D11 煤样中，存在大量的方解石脉体。热液流体可能是大炭壕矿下部煤层富集 HREY 的主要原因。

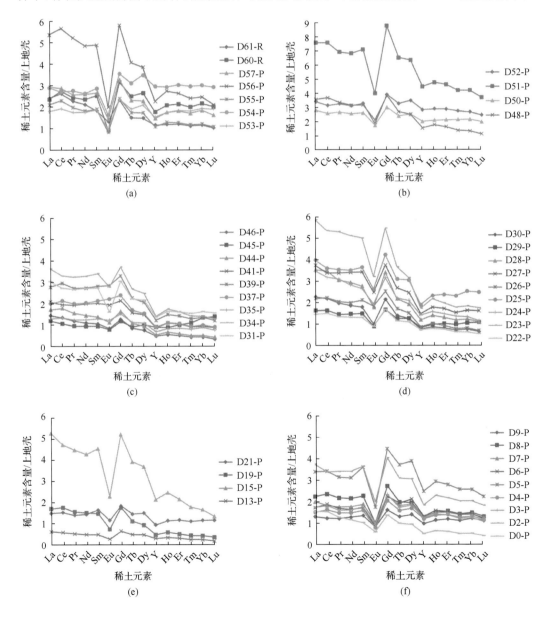

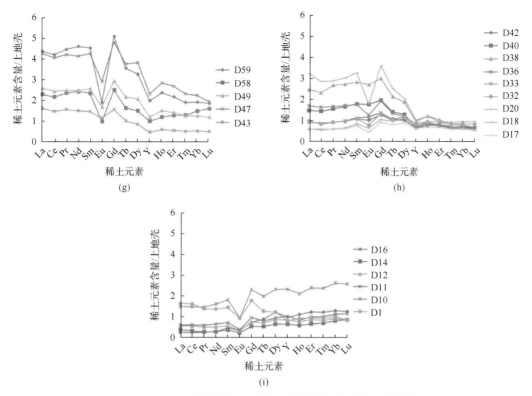

图 3.109　大炭壕矿煤分层的稀土元素配分模式(见文后彩图)

除了 D45-P 和 D54-P 外，夹矸及顶底板样品都为 LREY 富集型，部分样品为 LREY 和 MREY 富集型。D45-P 和 D54-P 则相对富集 HREY(图 3.109)。

酸性火山灰常常导致原始泥炭相对富集 LREY(Seredin and Dai，2012)。这与大炭壕矿煤中夹矸大部分为酸性火山灰的结论相一致。夹矸 D45-P 富集后生的碳酸盐矿物(方解石和铁白云石总量占低温灰的 49.3%)，该样品显著富集 HREY，可能是由成岩作用阶段热液活动导致的。

大炭壕矿煤中 Eu 异常系数(Eu/Eu$_N^*$)值为 0.44～1.06，均值为 0.68，Eu 负异常显著(图 3.109，表 3.48)。大炭壕矿煤及夹矸显著的 Eu 负异常主要受物源控制。物源物质主要为酸-中酸性物质的煤，往往呈现明显的 Eu 负异常(Dai et al.，2016)。这与大炭壕矿煤在泥炭堆积阶段的陆源碎屑物质主要为奥陶系石英砂岩或者震旦系石英岩相一致。

六、煤中微量元素和矿物异常原因讨论

阿刀亥矿 CP2 煤、海柳树矿 Cu2 煤、大炭壕矿 CP2 煤属于同一煤层。与海柳树矿煤和阿刀亥矿煤类似，大炭壕矿煤中 B 含量很低，是煤层形成于陆相沉积环境的结果。大炭壕矿煤中 B 的平均含量为 6.57μg/g，与海柳树矿煤中 B 的均值(3.92μg/g)接近，远低于世界硬煤中 B 的均值(47μg/g；Ketris and Yudovich，2009)。大炭壕矿煤中低含量的 B，表明泥炭的聚积环境主要受淡水影响(Goodarzi and Swaine，1994)。

表 3.48 大炭壕矿煤、夹矸及顶板中稀土元素含量（煤基）

（单位：μg/g）

样品	La	Ce	Pr	Nd	Sm	Eu	Gd	Tb	Dy	Y	Ho	Er	Tm	Yb	Lu	(La/Lu)$_N$	(La/Yb)$_N$	(La/Sm)$_N$	(Gd/Lu)$_N$	Ce$_N$/Ce$_N^*$	Eu$_N$/Eu$_N^*$	Gd$_N$/Gd$_N^*$	REY 富集类型
D61-R	2.43	2.65	2.29	2.13	1.85	1.35	2.35	1.53	1.51	1.19	1.22	1.24	1.15	1.19	1.06	2.30	2.05	1.31	2.22	1.12	0.78	1.43	L
D60-R	2.38	2.75	2.46	2.38	2.54	0.95	3.18	2.53	2.67	1.80	2.10	2.15	2.01	2.18	2.03	1.18	1.09	0.94	1.57	1.14	0.37	1.25	LM
D59	4.33	4.17	4.43	4.57	4.50	1.86	5.05	3.52	3.25	1.95	2.34	2.15	1.87	1.89	1.83	2.36	2.29	0.96	2.76	0.95	0.44	1.31	LM
D58	2.26	2.13	2.32	2.39	2.31	0.96	2.46	1.61	1.47	0.98	1.17	1.26	1.26	1.47	1.57	1.43	1.54	0.98	1.56	0.93	0.46	1.34	LM
D57-P	2.95	2.89	2.60	2.61	2.67	1.46	3.29	2.33	2.30	1.49	1.77	1.83	1.74	1.86	1.65	1.79	1.58	1.11	2.00	1.04	0.57	1.35	L
D56-P	5.35	5.65	5.22	4.85	4.88	2.02	5.81	4.08	3.87	2.29	2.76	2.65	2.42	2.48	2.12	2.52	2.16	1.10	2.74	1.07	0.44	1.34	L
D55-P	2.13	2.31	2.00	1.84	1.92	0.86	2.41	1.77	1.76	1.11	1.31	1.30	1.20	1.24	1.10	1.92	1.72	1.11	2.18	1.12	0.46	1.33	L
D54-P	2.92	2.72	2.78	2.65	2.89	1.66	3.57	3.13	3.51	2.97	2.95	3.05	2.98	3.02	2.94	0.99	0.97	1.01	1.21	0.95	0.56	1.17	H
D53-P	1.82	1.95	1.77	1.78	1.88	0.99	2.38	1.93	2.11	1.56	1.76	1.87	1.83	1.95	1.92	0.95	0.93	0.97	1.24	1.08	0.52	1.25	LM
D52-P	3.36	3.08	3.21	3.06	3.23	1.79	3.86	3.22	3.44	2.78	2.84	2.83	2.70	2.62	2.40	1.40	1.28	1.04	1.60	0.94	0.55	1.20	L
D51-P	7.55	7.56	6.90	6.80	7.08	3.95	8.76	6.50	6.32	4.44	4.73	4.59	4.16	4.16	3.64	2.07	1.82	1.07	2.41	1.05	0.57	1.31	L
D50-P	2.75	2.52	2.61	2.50	2.57	1.68	2.95	2.34	2.46	1.95	2.03	2.06	2.08	2.10	1.92	1.43	1.31	1.07	1.53	0.94	0.68	1.22	L
D49	2.55	2.41	2.45	2.45	2.53	1.65	2.90	2.14	2.04	1.18	1.49	1.39	1.24	1.23	1.17	2.18	2.08	1.01	2.49	0.96	0.69	1.28	L
D48-P	3.51	3.64	3.29	3.10	3.12	2.04	3.79	2.63	2.45	1.48	1.71	1.57	1.31	1.26	1.06	3.32	2.78	1.13	3.59	1.07	0.69	1.36	L
D47	4.23	4.02	4.17	4.10	4.23	2.87	4.77	3.73	3.80	2.29	2.81	2.65	2.29	2.21	1.91	2.22	1.91	1.00	2.50	0.96	0.71	1.22	L
D46-P	1.41	1.31	1.16	1.06	1.02	0.81	1.24	0.82	0.72	0.45	0.52	0.48	0.41	0.41	0.31	4.49	3.44	1.38	3.94	1.02	0.84	1.40	L
D45-P	1.16	1.04	0.92	0.91	0.91	0.75	1.14	0.88	0.99	0.87	0.86	0.98	1.06	1.31	1.36	0.85	0.89	1.27	0.84	1.00	0.84	1.28	H
D44-P	1.68	1.75	1.52	1.41	1.34	1.09	1.61	1.04	0.91	0.51	0.63	0.56	0.47	0.48	0.40	4.23	3.47	1.26	4.05	1.09	0.88	1.41	L
D43	1.58	1.44	1.53	1.47	1.44	1.12	1.54	0.99	0.83	0.44	0.57	0.53	0.48	0.50	0.48	3.31	3.15	1.10	3.21	0.92	0.86	1.35	L
D42	0.99	0.85	0.94	0.98	1.09	1.04	1.28	1.03	1.05	0.66	0.81	0.79	0.73	0.74	0.71	1.39	1.34	0.90	1.80	0.88	0.97	1.22	LM
D41-P	2.05	1.91	1.89	1.96	1.99	1.90	2.12	1.54	1.45	0.86	1.07	1.02	0.89	0.89	0.84	2.43	2.30	1.03	2.51	0.97	1.03	1.25	L

续表

样品	La	Ce	Pr	Nd	Sm	Eu	Gd	Tb	Dy	Y	Ho	Er	Tm	Yb	Lu	$(La/Lu)_N$	$(La/Yb)_N$	$(La/Sm)_N$	$(Gd/Lu)_N$	Ce_N/Ce_N^*	Eu_N/Eu_N^*	Gd_N/Gd_N^*	REY富集类型
D40	1.50	1.46	1.56	1.67	1.80	1.77	1.97	1.43	1.30	0.73	0.91	0.83	0.71	0.70	0.66	2.25	2.15	0.83	2.97	0.95	1.06	1.27	LM
D39-P	2.74	2.93	2.68	2.70	2.78	2.81	3.27	2.23	2.03	1.19	1.45	1.39	1.26	1.33	1.17	2.34	2.07	0.99	2.79	1.08	1.08	1.35	LM
D38	2.47	2.33	2.68	2.73	2.84	2.72	3.01	2.15	1.89	0.97	1.23	1.05	0.85	0.81	0.71	3.50	3.06	0.87	4.26	0.90	1.04	1.27	LM
D37-P	1.98	2.11	1.98	2.01	2.11	2.19	2.37	1.67	1.50	0.87	1.08	1.03	0.91	0.96	0.87	2.28	2.06	0.94	2.73	1.07	1.12	1.31	LM
D36	0.94	0.88	0.93	1.00	1.14	1.18	1.39	1.08	1.06	0.67	0.81	0.77	0.69	0.69	0.66	1.43	1.36	0.83	2.12	0.95	1.06	1.27	LM
D35-P	1.26	1.30	1.21	1.21	1.25	1.19	1.48	1.10	1.06	0.66	0.80	0.82	0.77	0.86	0.73	1.72	1.47	1.01	2.04	1.05	0.99	1.29	L
D34-P	3.59	3.27	3.21	3.25	3.37	2.75	3.68	2.66	2.46	1.37	1.71	1.58	1.39	1.36	1.26	2.86	2.63	1.07	2.93	0.96	0.88	1.27	L
D33	1.71	1.68	1.68	1.73	1.77	1.28	1.93	1.35	1.22	0.74	0.86	0.77	0.66	0.65	0.59	2.89	2.63	0.96	3.27	0.97	0.78	1.30	LM
D32	0.98	0.84	0.92	0.98	1.09	0.80	1.34	1.10	1.18	0.88	0.97	0.96	0.87	0.87	0.86	1.14	1.12	0.90	1.55	0.89	0.73	1.22	LM
D31-P	3.00	2.70	2.64	2.68	2.71	1.57	3.02	2.20	2.14	1.34	1.61	1.57	1.51	1.58	1.53	1.97	1.90	1.11	1.98	0.96	0.62	1.28	L
D30-P	2.29	2.21	2.00	1.89	1.81	1.02	2.17	1.42	1.27	0.80	0.89	0.84	0.74	0.78	0.67	3.40	2.94	1.27	3.22	1.03	0.61	1.40	L
D29-P	1.65	1.66	1.47	1.49	1.52	0.92	1.69	1.27	1.28	0.85	1.01	1.05	1.00	1.08	1.11	1.49	1.53	1.09	1.53	1.07	0.64	1.25	L
D28-P	3.55	3.51	3.07	2.97	2.79	1.80	3.43	2.20	1.95	1.22	1.43	1.33	1.21	1.25	1.12	3.16	2.84	1.27	3.05	1.06	0.69	1.43	L
D27-P	3.76	3.41	3.40	3.43	3.45	2.50	3.77	2.71	2.49	1.50	1.81	1.74	1.55	1.66	1.64	2.30	2.26	1.09	2.30	0.95	0.78	1.28	L
D26-P	2.22	2.25	2.06	2.01	2.13	1.86	2.55	1.74	1.54	0.89	1.04	0.95	0.80	0.84	0.71	3.10	2.64	1.04	3.58	1.05	0.93	1.37	L
D25-P	4.00	3.62	3.56	3.53	3.66	2.65	4.24	3.12	3.08	1.92	2.35	2.40	2.33	2.55	2.51	1.59	1.57	1.09	1.69	0.96	0.76	1.29	L
D24-P	3.50	3.21	3.13	2.85	2.67	1.95	3.18	2.23	2.12	1.44	1.60	1.50	1.39	1.36	1.17	2.98	2.57	1.31	2.71	0.97	0.77	1.34	L
D23-P	5.89	5.37	5.32	5.14	5.03	3.23	5.49	3.69	3.18	1.76	2.20	1.99	1.80	1.86	1.77	3.33	3.16	1.17	3.10	0.96	0.70	1.33	L
D22-P	1.48	1.52	1.37	1.34	1.33	0.91	1.71	1.17	1.12	0.76	0.81	0.78	0.66	0.66	0.57	2.59	2.26	1.11	2.99	1.07	0.71	1.40	L
D21-P	1.48	1.52	1.39	1.43	1.65	1.15	1.83	1.45	1.49	0.94	1.14	1.17	1.10	1.15	1.16	1.28	1.28	0.90	1.58	1.06	0.73	1.21	LM
D20	0.62	0.56	0.62	0.66	0.86	0.66	1.07	0.98	1.13	0.81	0.94	0.98	0.94	0.98	0.98	0.63	0.63	0.72	1.10	0.91	0.74	1.14	MH
D19-P	1.70	1.75	1.55	1.50	1.46	0.74	1.75	1.11	0.93	0.48	0.60	0.51	0.44	0.43	0.37	4.65	3.96	1.16	4.79	1.08	0.55	1.43	L
D18	3.23	2.87	2.90	3.03	3.27	1.79	3.62	2.52	2.04	1.04	1.22	0.96	0.74	0.67	0.55	5.82	4.85	0.99	6.52	0.94	0.59	1.31	LM

续表

样品	La	Ce	Pr	Nd	Sm	Eu	Gd	Tb	Dy	Y	Ho	Er	Tm	Yb	Lu	(La/Lu)$_N$	(La/Yb)$_N$	(La/Sm)$_N$	(Gd/Lu)$_N$	Ce$_N$/Ce$_N^*$	Eu$_N$/Eu$_N^*$	Gd$_N$/Gd$_N^*$	REY富集类型
D17	0.59	0.63	0.59	0.63	0.76	0.47	0.92	0.83	0.91	0.64	0.70	0.69	0.60	0.62	0.57	1.04	0.95	0.77	1.63	1.06	0.60	1.14	LM
D16	0.25	0.25	0.26	0.30	0.47	0.33	0.74	0.89	1.22	0.99	1.11	1.24	1.23	1.30	1.26	0.20	0.19	0.53	0.58	0.97	0.55	0.98	H
D15-P	5.22	4.68	4.43	4.23	4.50	2.27	5.16	3.88	3.66	2.12	2.45	2.14	1.77	1.65	1.34	3.91	3.16	1.16	3.86	0.97	0.53	1.26	L
D14	0.39	0.33	0.28	0.29	0.37	0.24	0.55	0.53	0.66	0.65	0.59	0.67	0.71	0.82	0.87	0.45	0.48	1.07	0.63	0.98	0.56	1.14	H
D13-P	0.63	0.59	0.53	0.49	0.49	0.28	0.65	0.48	0.48	0.31	0.36	0.32	0.26	0.26	0.19	3.28	2.43	1.27	3.41	1.02	0.57	1.34	L
D12	0.56	0.56	0.50	0.51	0.57	0.34	0.75	0.71	0.87	0.86	0.77	0.87	0.85	0.92	0.87	0.65	0.62	1.00	0.86	1.05	0.55	1.14	H
D11	0.62	0.62	0.61	0.66	0.72	0.39	0.96	0.81	0.96	1.02	0.86	1.00	1.01	1.13	1.15	0.54	0.55	0.86	0.83	1.01	0.52	1.23	H
D10	1.49	1.49	1.47	1.61	1.82	0.96	2.31	1.98	2.32	2.33	2.10	2.40	2.38	2.62	2.58	0.58	0.57	0.82	0.89	1.00	0.51	1.20	H
D9-P	1.31	1.24	1.22	1.29	1.36	0.84	1.62	1.32	1.41	0.99	1.15	1.20	1.13	1.23	1.13	1.16	1.06	0.96	1.44	0.98	0.62	1.22	LM
D8-P	2.25	2.36	2.19	2.17	2.28	1.02	2.74	2.00	1.96	1.29	1.51	1.57	1.43	1.50	1.32	1.71	1.50	0.99	2.08	1.06	0.47	1.31	LM
D7-P	2.02	1.83	1.76	1.77	1.89	1.05	2.30	1.82	1.90	1.31	1.50	1.51	1.40	1.43	1.25	1.61	1.41	1.06	1.84	0.97	0.56	1.25	L
D6-P	1.74	1.89	1.70	1.65	1.72	0.85	2.25	1.95	2.13	1.32	1.59	1.55	1.42	1.44	1.21	1.44	1.21	1.01	1.87	1.10	0.47	1.20	L
D5-P	3.39	3.42	3.15	3.11	3.61	1.76	4.45	3.72	3.89	2.50	2.94	2.81	2.58	2.58	2.25	1.51	1.32	0.94	1.98	1.04	0.48	1.21	LM
D4-P	1.52	1.64	1.49	1.49	1.60	0.79	2.06	1.60	1.70	1.21	1.37	1.41	1.27	1.33	1.19	1.28	1.15	0.95	1.73	1.09	0.50	1.29	LM
D3-P	1.74	1.82	1.61	1.63	1.76	0.95	2.34	1.75	1.84	1.25	1.44	1.39	1.22	1.25	1.09	1.60	1.39	0.99	2.15	1.09	0.54	1.34	LM
D2-P	3.75	3.39	3.41	3.42	3.65	2.00	4.04	3.10	3.07	1.85	2.31	2.19	2.04	2.05	1.83	2.05	1.83	1.03	2.21	0.95	0.58	1.23	L
D1	1.64	1.62	1.39	1.37	1.46	0.94	1.77	1.28	1.23	0.82	0.93	0.94	0.93	1.01	0.85	1.91	1.61	1.12	2.07	1.07	0.67	1.33	L
D0-P	1.54	1.55	1.29	1.17	1.04	0.61	1.38	1.01	0.96	0.53	0.66	0.63	0.53	0.54	0.44	3.55	2.87	1.48	3.18	1.09	0.59	1.36	L

注：下标 N 表示 REY 以上地壳值（UCC）进行标准化（Taylor and McLennan, 1985），并计算（La/Lu)$_N$、(La/Yb)$_N$、(La/Sm)$_N$、(Gd/Lu)$_N$；Gd$_N$/Gd$_N^*$= Gd$_N$/(0.33Sm$_N$ + 0.67Tb$_N$）；Ce$_N$/Ce$_N^*$= 2Ce$_N$/(La$_N$ + Pr$_N$)；Eu$_N$/Eu$_N^*$= Eu$_N$/(0.67Sm$_N$ + 0.33Tb$_N$)。

(一)大青山煤田矿物组合变化规律

尽管阿刀亥矿 CP2 煤、海柳树矿 Cu2 煤、大炭壕矿 CP2 煤属于同一煤层并且聚煤环境类似,但大炭壕矿 CP2 煤与阿刀亥矿 CP2 煤及海柳树矿 Cu2 煤的煤阶、矿物组成、地球化学组成差异很大,主要表现为:

大炭壕矿 CP2 煤的挥发分产率介于阿刀亥矿 CP2 煤和海柳树矿 Cu2 煤之间,属于中等挥发分烟煤。同一煤层具有较大的煤阶差别,主要与晚侏罗世—早白垩世的燕山运动所导致的岩浆侵入有关(钟蓉和陈芬,1988)。在阿刀亥矿煤中检测到的一些矿物,如硬水铝石、磷钡铝石、铵伊利石、白云石(或铁白云石),在大炭壕矿煤中没有发现。海柳树矿煤中矿物的最大特征是高度富集高岭石,而大炭壕矿煤除了富集高岭石外,还相对富集石英。

阿刀亥矿、海柳树矿及大炭壕矿同一煤层在煤阶、矿物和地球化学组成上的较大差异主要是由沉积源区、岩浆侵入作用、不同的后生热液流体活动等方面的差异所致。

(二)大炭壕矿的物源

阿刀亥矿、海柳树矿及大炭壕矿有不同的沉积源区,即造山带内不同的次级隆起。阿刀亥矿泥炭聚积时的沉积源区是本溪组风化壳铝土矿,因此阿刀亥矿和准格尔煤田(黑岱沟矿、哈尔乌素矿)煤中矿物组合相似。在阿刀亥矿煤中含量较高的铝的氧化物矿物(如硬水铝石和勃姆石)和铝的磷酸盐矿物(如磷锶铝石)(Dai et al.,2012b)在大炭壕矿煤中并不存在。这反映了二者在泥炭堆积阶段物源物质的区别。阿刀亥矿 CP2 煤的物源部分来自北部和东部本溪组风化壳上氧化的铝土矿,然而该物源物质并非沉积于山间盆地的大炭壕矿 CP2 煤的物源物质。

石英在大炭壕矿大部分煤的低温灰中较为富集(低温灰中占 20%~30%),而在阿刀亥矿和海柳树矿中含量较低,在低温灰中分别仅占<0.5%和<2%。这可能归因于大炭壕矿煤原始泥炭沼泽中陆源碎屑物质不同于阿刀亥矿和海柳树矿。大炭壕矿煤中高含量的石英也表明泥炭堆积阶段陆源碎屑物质输入较为强烈。根据前人的研究(周安朝和贾炳文,2000;周安朝等,2010)可知,晚石炭-早二叠世大青山煤田的物源物质为下古生界碳酸盐矿物与碎屑岩及震旦系石英岩。大炭壕矿 CP2 煤的物源可能为造山带内次生隆起的奥陶系石英砂岩或者震旦系石英岩。而海柳树矿泥炭聚积时的沉积源区是寒武系和奥陶系地层及太古宙的变质岩(周安朝和贾炳文,2000;周安朝等,2010)。

大炭壕矿 CP2 煤大部分夹矸中的石英含量低于其相邻煤分层中的石英含量。这指示一些夹矸的来源可能并不是正常的陆源物质。此外,大部分夹矸中存在 β 石英、麦粒状高岭石、板块状和蠕虫状高岭石,表明这些样品来源于火山灰物质。因此这些夹矸为火山灰蚀变高岭石夹矸,即 tonstein(Spears,1971;Ruppert and Moore,1993)。

(三)岩浆侵入作用

如本章第六节所述阿刀亥矿煤中高含量的方解石和白云石可能来自岩浆热液。大炭壕矿煤中的碳酸盐矿物则低于在阿刀亥矿煤中的含量,这与大青山煤田内煤的变质程度自东向西逐渐增大的趋势相符合。阿刀亥矿 **CP2** 煤中较高含量的伊利石与碳酸盐矿物含量具有一定的相关性，因此认为该煤中伊利石和硬水铝石的形成与岩浆活动有关，然而在大炭壕矿煤中并未发现碳酸盐矿物与伊利石的相关性。

大炭壕矿煤和夹矸中有少量的铵伊利石，其在成因上与阿刀亥矿煤中的铵伊利石相同。铵伊利石被认为赋存于较高煤阶的煤及岩石中，是高岭石与氮反应的产物，而氮则是由有机质在高温下释放的（Daniels and Altaner，1990；Ward and Christie，1994；Permana et al.，2013）。阿刀亥矿煤中铵伊利石的含量远高于大炭壕矿。这也与大青山煤田在岩浆侵入影响下煤的变质程度自东向西逐渐增大的趋势相符合。

（四）碳酸盐矿物

同生的菱铁矿由铁离子与溶解的 CO_2 反应形成（Ward，2016）。CO_2 可能在有机质发酵后溶解于空隙水中。当硫酸根离子不足时，通常会形成菱铁矿（Gould and Smith，1979；Ward，1984；Spears，1987）。正如 Ward（2002，2016）指出的，丰富的同生成因的菱铁矿常常指示非海相或者低硫酸盐含量的泥炭沼泽环境。

比较煤和夹矸样品中碳酸盐矿物的含量发现，菱铁矿含量与方解石和铁白云石含量之和呈正相关关系（图 3.110），$r=0.88$。尽管高的相关系数在很大程度上由其中一个富菱铁矿的煤样（在低温灰中占比为 26.7%）决定，即使排除该样品，相关系数（$r=0.75$）仍然较高。这反映了不同碳酸盐矿物之间的共伴生关系。如前所述，菱铁矿的主要赋存形式是同生结核。而菱铁矿结核周围的有机质在后期压实与脱水作用下会形成裂隙，在成岩作用晚期，裂隙又被方解石与铁白云石充填。因此导致了煤中黄铁矿含量与方解石和铁白云石含量表现正相关关系。

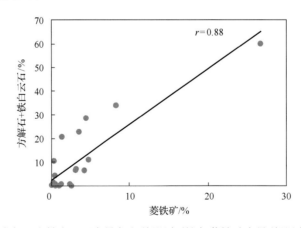

图 3.110　方解石和铁白云石含量之和(低温灰基)与菱铁矿含量(低温灰基)关系图

七、关键金属元素评价

大炭壕矿煤灰中 REO 含量（均值为 976μg/g），与阿刀亥矿煤灰相当，高于海柳树矿；而 $(Zr, Hf)_2O_5$ 含量（均值为 2256μg/g）低于阿刀亥矿煤灰,但高于海柳树煤灰；$(Nb, Ta)_2O_5$ 含量（均值为 80.7μg/g）高于阿刀亥矿和海柳树矿煤灰中的含量；大炭壕矿煤灰中 Al_2O_3

(均值为 30.8%)和 Ga(均值为 53.3μg/g)含量则低于阿刀亥矿和海柳树矿煤灰中的含量
(表 3.49)。

表 3.49 大炭壕矿、阿刀亥矿与海柳树矿煤和夹矸中关键金属元素的含量及各自煤层厚度

矿区	样品	厚度/m	REO/(μg/g)	(Zr,Hf)$_2$O$_5$/(μg/g)	(Nb, Ta)$_2$O$_5$/(μg/g)	Al$_2$O$_3$/%	Ga/(μg/g)
大炭壕矿	煤	3.7	976	2256	80.7	30.8	53.3
	夹矸	8.0	641	1124	81.2	36.8	51.0
	煤+夹矸	11.7	747	1457	81.0	34.6	51.7
阿刀亥矿	煤	16.5	976	3147	75.0	44.6	72.9
	夹矸	5.1	337	763	45.2	46.7	35.8
	煤+夹矸	21.6	827	2587	68.3	45.1	64.3
海柳树矿	煤	3.5	738	1402	71.0	42.2	67.2
	夹矸	1.8	328	779	49.0	40.7	46.0
	煤+夹矸	5.3	597	1187	63.7	41.7	59.8

尽管大炭壕矿煤灰中 REO(976μg/g)接近典型煤灰中 REO 的工业品位(0.1%
REY$_2$O$_3$),但大部分煤灰样品处于不具有开发前景区域(图 3.111)。夹矸样品中的 REO
含量(均值为 641μg/g,灰基;表 3.49)则明显低于典型煤灰中可回收 REY 的边界品位。

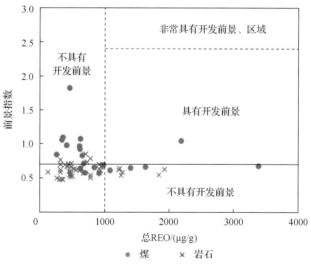

图 3.111 大炭壕煤和岩石样品中 REY 评价

前景指数(Coutl)=[(Nd + Eu + Tb + Dy + Er + Y)/∑REY]/[(Ce + Ho + Tm + Yb + Lu)/∑REY]

大炭壕矿煤灰(Zr,Hf)$_2$O$_5$ 达到了沿海砂矿类型工业利用标准(1600～2400μg/g)及风
化壳沉积类型 Zr(Hf)矿的边界品位(3000μg/g)。大炭壕矿煤和夹矸样品中(Nb,Ta)$_2$O$_5$ 分
别为 80.7 和 81.2μg/g(灰基;表 3.49),接近风化壳沉积类型 Nb(Ta)矿的边界品位和工业
品位(分别为 80～100μg/g 和 160～200μg/g)。

此外,Ga 在全层样品(煤+夹矸)中的含量为 51.7μg/g(灰基;表 3.49),高于 Dai 等

(2012a)及 Seredin 和 Dai(2012)提出的煤灰中 Ga 的利用参考标准(煤层厚度大于 5m、Ga＞50μg/g，灰基)，因此大炭壕矿煤中 Ga 具有开发利用的潜在价值。

八、本节小结

大炭壕矿主采煤层为 CP2 煤，和同属大青山煤田的阿刀亥矿 CP2 煤及海柳树矿 Cu2 煤属于同一煤层。大炭壕矿为高灰分低硫的中等挥发分烟煤。矿物组成主要为石英、高岭石、不同含量的碳酸盐矿物(方解石、铁白云石、菱铁矿)，少量的白云母、伊利石、黄铁矿及锐钛矿。煤层黏土岩夹矸具有和煤类似的矿物组成，但是石英含量相对较低。大炭壕煤的泥炭聚积环境与阿刀亥矿煤、海柳树矿煤类似，主要受淡水影响。

大炭壕矿煤的变质程度低于阿刀亥矿煤，但是高于海柳树矿煤。岩浆侵入对阿刀亥矿煤的影响最大，对海柳树矿煤几乎没有造成影响，而对大炭壕矿煤的影响介于二者之间。大炭壕矿煤中铵伊利石的形成是岩浆侵入产生的热作用的结果。

大炭壕矿煤与海柳树矿煤中的矿物组成有明显区别。最典型的是石英含量上的区别，石英在大炭壕矿煤中较为丰富，而在海柳树矿煤中只是属于微量矿物。虽然大炭壕矿和海柳树矿均沉积于造山带内的山间盆地，但是二者在泥炭堆积阶段周边不同的次级隆起的物源区造成它们的矿物组成产生差别。大炭壕矿 CP2 煤的物源可能为造山带内次生隆起的奥陶系富石英的砂岩或者震旦纪石英岩。大炭壕矿 CP2 煤夹矸大部分为火山灰蚀变黏土岩夹矸，其原始岩浆为高挥发分且富硅成分。

大炭壕矿煤大部分表现为相对富集轻中稀土元素，煤层下部几乎都为重稀土富集类型，归因于热液流体的活动。大炭壕矿煤显著的 Eu 负异常与其造山带内次生隆起的奥陶系富石英砂岩或者震旦纪石英岩的物源物质相一致。

大炭壕矿煤中相对富集 Zr、Hf、Th、Be、F、Zn、Ga、Nb、Mo、Cd、In、Sn、Ta、Hg、W、Pb、REY。其中，Zr、Nb、Ta、Hf、Ga 的载体为以高岭石为主的黏土矿物。REY、Th、U 的主要载体则为锐钛矿，另外，U 部分赋存于有机质中。F、Pb、Cd、Sn、In 的主要载体也为高岭石。Hg 则赋存于硫化物矿物中。大炭壕矿煤中 REY、Zr、Hf、Nb、Ta、Ga 有潜在利用价值。

第四章　准格尔电厂燃煤产物中的金属元素[①]

煤炭在开采、运输、存储和利用过程中可能会对周围的环境产生影响，其中煤燃烧对环境的影响最大。电厂煤燃烧后的产物主要有底灰、飞灰和气体。燃煤过程中释放的有害微量元素，在一些国家和地区已严重影响到动植物的正常生长和人类的身体健康。煤中的矿物质是粉煤灰的主要来源，随着有机质的燃烧，煤中大部分矿物质在锅炉高温条件下经过一系列复杂的物理和化学反应形成新的产物，构成燃煤产物的主要成分。

燃煤产物中的矿物是元素的主要载体，在飞灰中发现的矿物和矿物相大约有 316 种和 188 种(Vassilev and Vassileva，2007)，根据成因可将其分为原生矿物、次生矿物和新生矿物 3 种(Vassilev and Vassileva，1996a，1996b)。Vassilev 和 Vassileva(2007)认为元素的赋存形式往往比元素含量在粉煤灰的利用研究过程中更有意义。另外，煤中的矿物质在锅炉内的转化过程和行为能影响锅炉的结渣程度，对锅炉运行的安全性和经济性有重要影响(Gupta et al.，1999)。因此，研究燃煤产物的矿物组成及煤燃烧过程中矿物质的转化机理有重要的理论和现实意义。

内蒙古准格尔煤田黑岱沟矿煤中超常富集镓和铝，并且燃煤电厂粉煤灰中高度富集镓和铝(陈江峰，2005；赵蕾，2007；赵蕾等，2008；Dai et al.，2010b)，其中铝的富集程度非常罕见。因此对内蒙古国华准格尔发电有限责任公司(简称准格尔电厂)燃煤产物的矿物组成进行研究，不仅对评估燃煤产物对环境的影响具有重要的理论价值，而且对铝和镓的提取技术的研究更具有重要的现实意义。

值得指出的是，煤利用过程中可能产生一系列环境问题，如煤燃烧过程也是一些有害微量元素迁移和重新富集的过程。因此，在开发煤型金属矿床时需要注意该问题。

本章论述了准格尔电厂高铝燃煤产物(飞灰和底灰)中矿物和元素的含量和分布。准格尔电厂的燃煤产物富含 Al_2O_3($>50\%$)。飞灰的主要组成是玻璃体和莫来石，还有少量的刚玉、石英、残炭、方解石及长石。飞灰中的莫来石含量高达 37.4%，归因于入炉煤中高含量的勃姆石和高岭石。刚玉是勃姆石经燃烧后生成的典型矿物。

省煤器飞灰按照粒径被筛分为 6 个级别的分级飞灰(<120 目、$120\sim160$ 目、$160\sim300$ 目、$300\sim360$ 目、$360\sim500$ 目、>500 目)。随着飞灰粒径的减小，刚玉含量上升，玻璃体和莫来石含量总体上分别呈减少和上升趋势。总的来说，粒径较小的飞灰中莫来石含量相对较高，可能是由于颗粒较小的飞灰是由较细颗粒的黏土矿物转化形成的，它们在炉膛内受热温度更高，更有利于莫来石结晶。细颗粒的刚玉是由煤中的勃姆石转化而来的。省煤器飞灰还被分为 3 个物相，即磁性飞灰相、莫来石-刚玉-石英相(MCQ 相)、玻璃相。磁性飞灰相的组成矿物是赤铁矿、磁铁矿、镁铁矿和 $MgFeAlO_4$ 晶体。MCQ 相

[①] 本章主要引自 Dai S F, Zhao L, Peng S, et al. 2010. Abundances and distribution of minerals and elements in high-alumina coal fly ash from the Jungar Power Plant, Inner Mongolia, China. International Journal of Coal Geology, 81(4):320-332.和 Dai S F, Zhao L, Hower J C, et al. 2014. Petrology, mineralogy, and chemistry of size-fractioned fly ash from the Jungar power plant, Inner Mongolia, China, with emphasis on the distribution of rare earth elements. Energy & Fuels, 28: 1502-1514. 以上两篇文献已获得 Elsevier 授权使用。

主要是由莫来石(89%)、刚玉(6.1%)、石英(4.5%)和钾长石(0.5%)(Siroquant 软件产出结果的误差为±0.1%)组成。

尽管 XRD 数据显示飞灰中的玻璃体含量是随粒径的减小而逐渐增加的,但是光学显微镜下的定量鉴定结果显示出相反的规律。可能是因为显微镜下观察到的玻璃体中包含了一定量的莫来石和刚玉。大于 300 目(约 50μm)的部分主要是由未完全熔融的岩屑组成的。

总体上,飞灰中明显富集 Al_2O_3,而 SiO_2、Fe_2O_3、CaO、MgO、Na_2O、P_2O_5、As 亏损。莫来石中富集 As、TiO_2、Th、Al_2O_3、Bi、La、Ga、Ni、V,磁性飞灰中富集 Fe_2O_3、CaO、MnO、TiO_2、Cs、Co、As、Cd、Ba、Ni、Sb、MgO、Zn、V,其余元素在玻璃相中富集。随着飞灰颗粒粒径的减小,SiO_2 和 Hg 含量下降,K_2O、Na_2O、P_2O_5、Nb、Cr、Ta、U、W、Rb、Ni 含量不随飞灰颗粒粒径的变化而变化,其余的元素(如 F、V、Zn、Pb)具有不同程度的挥发性,含量随飞灰粒径的减小而上升。

相对于上地壳,分级飞灰富集 REY,呈 Eu、Ce、Y 负异常特征。相对于未分级飞灰,分级飞灰表现为 Eu 正异常和 Ce 负异常。细粒径飞灰(<300 目)相对富集 LREY。相对于底灰,所有分级飞灰都显示明显的 Ce 负异常。La、Ce、Pr、Nd 可以在飞灰玻璃相的矿物中被 SEM-EDS 检测到。

第一节　电厂概况、样品采集和实验方法

准格尔电厂装机容量为 2×100MW,锅炉年发电量为 12 亿 kW·h 左右。飞灰采用水膜除尘器收集,包括飞灰和底灰在内的灰渣年排放量为 38 万 t,其中飞灰占 90% 左右,是主要的燃烧产物。收集的飞灰和底灰通过管道输送到距电厂东南方向约 3km 的小纳林沟灰场堆放储存。

在准格尔电厂连续 5 天采集了省煤器飞灰、除尘器飞灰、底灰及入炉煤样品,其中除尘器飞灰为水膜除尘器出口的固液混合物经过自然沉淀后得到的固体。利用 120 目、160 目、300 目、360 目和 500 目的分级筛将省煤器飞灰分离为 6 个粒径级别的飞灰。

按粒径分级选取省煤器飞灰而不是除尘器飞灰,是考虑到飞灰具有火山灰活性,经过水膜除尘器的作用,会表现出胶凝性质;即使经过干燥后,飞灰颗粒之间可能还有较多的颗粒相互粘连,造成分离后的飞灰样品偏离要求的粒径范围;此外除尘器飞灰经过水膜除尘器后,与水发生反应,一些成分可能发生变化,如石灰转变为方解石、硬石膏转变为石膏等,影响实验结果的准确性。

在装有石墨单色器铜靶的 X 射线衍射仪上进行矿物组成分析,用 40kV 和 40mA 功率的全谱扫描记录 X 射线衍射谱,扫测范围 2θ 为 20°~70°。利用 VEGA II.LMU 型 SEM-EDS 对燃煤产物进行矿物学研究和显微结构观察,SEM-EDS 的加速电压为 20kV,标样为 Co 标,电流为 10^{-10}A。

第二节　电厂入炉煤的特征

表 4.1 列出了准格尔电厂入炉煤(样品 C20~C24)的水分、灰分和硫分含量,以及黑岱沟矿煤的均值。5 天采集的样品分析结果没有明显变化。入炉煤为低硫煤($S_{t,d}<1.0\%$),

入炉煤的灰分(33.0%)与矿区煤灰分均值(17.70%)相比显著增高。出现这种情况的原因是只有矿区煤质相对较差的 6 号煤下部分层(ZG6-5~ZG6-7)的煤进入选煤厂洗选，并且电厂用煤为选煤厂中煤，而不是最优质的精煤。

表 4.1　准格尔电厂入炉煤的工业分析　　　　　　(单位：%)

样品编号	C20	C21	C22	C23	C24	入炉煤均值	黑岱沟矿
M_{ad}	3.62	3.51	3.35	3.13	2.91	3.3	5.19
A_d	36.9	34.1	33.2	30.5	30.2	33.0	17.72
$S_{t,d}$	0.33	0.41	0.42	0.43	0.39	0.4	0.73

注：C20~C24 分别为连续 5 天所采入炉煤。

资料来源：黑岱沟矿数据引自 Dai 等(2006)。

　　Dai 等(2006)的研究结果表明，准格尔矿区主采煤层的矿物组成主要有高岭石、勃姆石、石英和方解石，其中勃姆石在煤层矿物总量中的平均含量为 33.7%，高含量的勃姆石是其区别于其他矿区煤的显著特点(Dai et al.，2006)。显微镜下观察分析发现准格尔电厂入炉煤中的矿物成分非常单一，主要是高岭石和勃姆石。尽管电厂用煤主要来自矿区的 6 号煤下分层，而最富集勃姆石的 6 号煤中分层(ZG6-3~ZG6-4)的煤没有进入电厂，但勃姆石在入炉煤的矿物组成中仍然占矿物总量的 21.1%，高岭石、石膏、方解石和石英分别占 71.1%、3%、2.5%和 1.9%(陈江峰，2005)。因此，以勃姆石为主要载体的 Al 和 Ga 都在飞灰中高度富集(Dai et al.，2006；张战军，2006)。

<h2 align="center">第三节　燃煤产物的物相组成</h2>

　　飞灰和底灰的平均颗粒粒径分别为 75μm 和 200μm(图 4.1)。依据 ASTM 对飞灰的

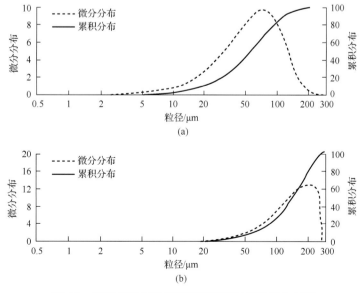

图 4.1　准格尔电厂省煤器飞灰和底灰的粒径分布图
(a)省煤器飞灰；(b)底灰

化学分类标准(ASTM，2017)，利用 Si、Al、Fe 的氧化物含量之和，可知准格尔电厂的飞灰属于 F 类。

一、飞灰和底灰中的物相

利用扫描电镜对准格尔电厂的飞灰进行整体和单个颗粒图像观察(图 4.2)。可以看出，粉煤灰由大小不一、形状不规则的颗粒组成，部分颗粒接近球状，一些颗粒之间有不同程度的粘连，部分大颗粒表面有破碎的痕迹，有的粒径较大的微珠表面黏附着细小颗粒的微珠。

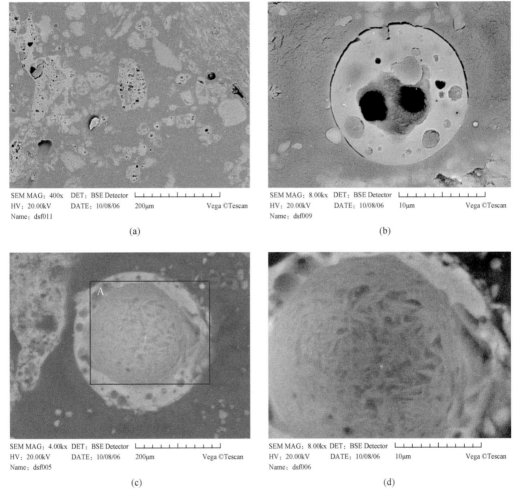

图 4.2　准格尔电厂的飞灰(扫描电镜背散射电子图像)

(a)准格尔电厂飞灰的整体面貌；(b)硅铝质空心微珠；(c)硅铝质微珠；(d)微珠表面的针状莫来石[图 4.2(c)中 A 区域的放大图]

准格尔电厂燃煤产物的 X 射线衍射谱图如图 4.3 所示。表 4.2 列出了燃煤产物的物相组成和烧失量。飞灰和底灰的成分都以无定型的玻璃体和矿物为主，有少量残炭。底灰的烧失量明显高于除尘器飞灰和省煤器飞灰的烧失量，而省煤器飞灰的烧失量稍高于除尘器飞灰的烧失量(表 4.2)。烧失量在一定程度上可以反映飞灰中的残炭量，表明底灰中的残炭量明显高于飞灰，飞灰在锅炉到烟道的迁移过程也是残炭量降低的过程。

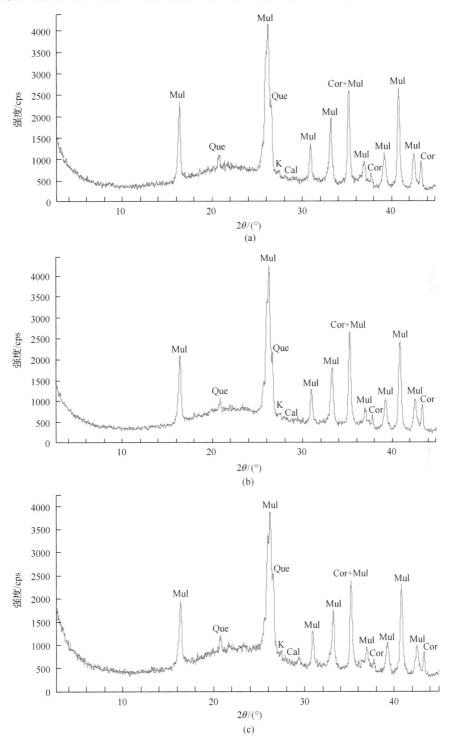

图 4.3 准格尔电厂燃煤产物的 X 射线衍射谱图（均为第二天所采样品）

(a)除尘器飞灰；(b)省煤器飞灰；(c)底灰；Mul-莫来石；Que-石英；Cor-刚玉；K-钾长石；Cal-方解石

表 4.2　准格尔电厂燃煤产物的物相组成　　　　　　　（单位：%）

样品	矿物					玻璃体	烧失量
	莫来石	刚玉	石英	方解石	钾长石		
除尘器飞灰	37.4	3.9	2	0.2	0.2	52.6	3.7
省煤器飞灰	34.9	4	1.6	0.3	0.2	54.8	4.1
底灰	27.2	3.2	2	0.5	0.3	54.4	12.4

注：烧失量为测试条件750℃下灼烧4h的结果；Siroquant软件产出结果的误差为±0.1%。

能够被 X 射线衍射检测出来的矿物种类较为单一，主要是莫来石、刚玉、石英及痕量的方解石和钾长石（表 4.2），这主要是由入炉煤比较单一的矿物组成决定的。飞灰和底灰中能够检测到的物相种类相同，只有含量上有差别。莫来石和刚玉在底灰中的含量远低于飞灰。而省煤器飞灰中莫来石和玻璃体含量又分别低于和高于除尘器飞灰。

1. 莫来石

莫来石是燃煤产物中常见的矿物，主要来源是入炉煤中的高岭石（Raask，1985；Spears，2000）。具有高含量高岭石的煤的燃烧产物中一般富集莫来石（Vassilev and Vassileva，1996b）。准格尔电厂入炉煤矿物中含量高达 71.1%的高岭石（陈江峰，2005）决定了飞灰中高含量的莫来石（34.9%～37.4%），其含量远高于邵龙义等（2004）检测的莫来石在北京首钢电力厂飞灰中的含量（3.95%～15.52%）。

底灰中莫来石含量低于省煤器飞灰和除尘器飞灰，表明莫来石含量与灰粒停留在高温区的时间呈正相关关系。准格尔电厂硅铝质微珠内部的针状莫来石结晶[图 4.2(d)]表明莫来石是由熔融的玻璃体结晶析出的，而不是原有矿物直接发生相变得到的。莫来石是玻璃体继续结晶形成的，这一点可以由莫来石保持的球状外形得到验证，这些矿物保持了球状外形，说明它们在燃烧过程中经历了黏性的液相过程（Henry et al.，2004）。硅铝质飞灰中不同方向的针状莫来石提供了飞灰表面的张力（Sokol et al.，2000）。

2. 刚玉

刚玉在煤和燃煤产物中都非常少见，尽管其在一些煤（Vassilev et al.，1994）、高温灰（Ward，2002）或燃煤产物（Vassilev et al.，2003；Vassilev and Menendez，2005）中以副矿物的形式存在。准格尔电厂炉入炉煤中未检测到刚玉，并且刚玉的熔融温度高达 2050℃。它应该是煤燃烧过程中由勃姆石转化形成的次生矿物，因此是高铝粉煤灰中的典型矿物。刚玉在 3 种燃烧产物中的含量和莫来石有相似的变化趋势，只是在省煤器飞灰和除尘器飞灰中差别不大。这也说明了刚玉是由玻璃体充分结晶形成的。

3. 其他矿物

其余的矿物如石英、方解石和钾长石在底灰和飞灰中的含量不具有明显的变化规律。

石英是燃煤产物中的常见矿物。但是由于准格尔电厂入炉煤中的石英含量较低，飞灰中的石英含量也较低（≤2%）。石英可能是燃煤产物中的原生矿物，其熔点很高（1713℃），因此一些学者认为石英在燃烧过程中并不会熔融。也有一些学者认为石英在燃烧过程中发生了部分熔融（Spears，2000；Demir et al.，2001）。煤粉炉的高温区温度一般在 1500～

1600℃，并且由于焦炭在燃烧过程中发生的是放热反应，局部实际温度可能高于炉膛温度。石英也可能是次生成因，形成于 SiO_2-Al_2O_3 系统（Vassilev and Vassileva，1996a，1996b）。省煤器飞灰中的石英略低于除尘器飞灰（表 4.2），有可能与石英在熔体中继续结晶有关。

准格尔电厂飞灰中的方解石和钾长石刚刚高于检测限。原煤中存在少量的方解石（0～1.1%），但是其在燃烧过程中应该发生了分解。飞灰中的方解石可能是次生矿物，在低温条件下由 CaO 生成。石灰与水反应可能生成方解石（Hower et al.，1999b；Kukier et al.，2003），因此水膜除尘器飞灰中含有的方解石可能部分属于新生矿物。

4. 玻璃体

玻璃体是飞灰和底灰中含量最高的组分，其含量在省煤器飞灰和底灰中的含量差别不大（分别为 54.8% 和 54.4%），除尘器飞灰中玻璃体含量（52.6%）低于省煤器飞灰和底灰中的玻璃体含量。Mardon 和 Hower（2004）研究入炉煤美国肯塔基东部亚烟煤的电厂飞灰时，发现玻璃体在省煤器飞灰、机械除尘器飞灰、电除尘器飞灰中的含量是逐渐增加的。准格尔电厂粉煤灰中有较高含量的莫来石，而莫来石是由玻璃体结晶产生的，省煤器飞灰在锅炉中的停留时间较除尘器飞灰要短，结晶出来的莫来石量要低于省煤器飞灰，因此玻璃体含量相对较多。

二、磁性和非磁性飞灰中的物相

近些年来，随着对粉煤灰利用率和利用水平的提高，人们意识到对粉煤灰进行物理、化学分离后得到的产物往往具有较高的利用价值。尤其是磁选得到的磁性飞灰、浮选得到的空心微珠等。准格尔电厂的飞灰中铁的含量较低，但是研究磁性飞灰对于揭示磁性飞灰组成、潜在利用价值仍然具有一定的现实意义。

磁性飞灰在飞灰中的比例较小，一般为 0.5%～18.1%（Bibby，1997）。磁性飞灰主要由含铁的矿物如常见的磁铁矿、赤铁矿、镁铁矿、铁尖晶石和磁性的玻璃体组成，此外一般还含有非磁性矿物和以硅铝质为主的玻璃体及残炭。在燃煤飞灰中检测到的含铁矿物见表 4.3（Zhao et al.，2006）。

表 4.3 燃煤飞灰中的含铁矿物

种类	矿物	化学式
硫化物	磁黄铁矿	$Fe_{1-x}S$
碳酸盐	铁白云石	$Ca(MgFe)(CO_3)_2$
硅酸盐	钙铁硅酸盐	
	绿泥石	$(Mg,Fe,Al)_6[(Si,Al)_4O_{10}][OH]_8$
	黑云母	$K(Mg,Fe)_3[AlSi_3O_{10}](OH,F)_2$
硅酸盐	含钙和铁的铝硅酸盐	
	含铁和镁的铝硅酸盐	
	含钙、铁和镁的铝硅酸盐	

续表

种类	矿物	化学式
硫酸盐	黄钾铁矾	$KFe_3(SO_4)_2(OH)_6$
	水铁矾	$FeSO_4 \cdot H_2O$
	四水白铁矾	$FeSO_4 \cdot 4H_2O$
	针绿矾	$Fe_2[SO_4]_3 \cdot 9H_2O$
氧化物	方铁矿	FeO
	赤铁矿	Fe_2O_3
	磁赤铁矿	Fe_2O_3
	磁铁矿	Fe_3O_4
	镁铁矿	$MgFe_2O_4$
	含铁尖晶石（ferrian spinel）	$Mg(AlFe)_2O_4$
	铁酸钙	$CaFe_2O_4$
	黑钙铁矿	$Ca_2Fe_2O_5$
	钛铁矿	$FeTiO_3$
	锰铁矿	$MnFe_2O_4$
	铁尖晶石	$FeAl_2O_4$
	钛铁尖晶石	$TiFe_2O_4$
	钙铁铝石	$Ca_4Al_2Fe_2O_{10}$
	铬铁矿	$FeCr_2O_4$
	针铁矿	$FeOOH$
	纤铁矿	$FeOOH$
	尖晶石	$(Me,Fe,Zn,Mn)(Al,Cr,Fe)_2O_4$
	铬尖晶石	$CrFe_2O_4$

资料来源：Zhao 等（2006）。

用磁铁人工磁选的方法分选出的磁性飞灰在准格尔电厂原始飞灰（省煤器飞灰，本章下同）中占 1.8%。准格尔电厂磁性和非磁性飞灰的物相组成定量结果见表 4.4。XRD 检测出的磁性飞灰中主要的含铁矿物是赤铁矿、磁铁矿。虽然在 XRD 图谱中发现了镁铁矿和另一种晶体 $MgFeAlO_4$ 的衍射峰，但由于其含量少，并且都和磁铁矿的衍射峰重合，一并计入了磁铁矿的含量中。飞灰中的这些含铁氧化物是煤中含铁矿物在熔融过程中熔合了少量硅酸盐相后结晶出来的（Hansen et al.，1981），也有的学者认为从这些单个铁氧化物的形态、组成和大小上来看，它们中的一部分具有黄铁矿和白铁矿的假象（Vassilev et al.，1996）。

表 4.4　准格尔电厂磁性和非磁性飞灰的物相组成定量结果　（单位：%）

样品	矿物/晶体种类和含量							非晶质
	莫来石	石英	刚玉	斜长石	方解石	赤铁矿	磁铁矿（包括镁铁矿和 $MgFeAlO_4$）	
磁性飞灰	25.1	2.5	2.3	0.8	0.4	13.0	1.5	54.4
非磁性飞灰	38.1	2.1	4.0	0	0	0	0	55.8

　　磁性飞灰在原煤中的主要矿物来源有含铁、镁、锰的硫化物、硫酸盐、碳酸盐、蒙脱石、绿泥石、黑云母等（Vassilev et al.，2003）。黑岱沟矿 ZG6-1、ZG6-6、ZG6-7 煤分层是燃煤电厂入炉煤的主要来源，主要的含铁矿物是黄铁矿和菱铁矿。

　　飞灰中铁质矿物种类与质量分数的差异是因其受热温度的差异而产生的。随着温度的升高，Fe_3O_4 先氧化为 $\gamma2Fe_2O_3$ 或 $\gamma2Fe_2O_3$ 与 Fe_3O_4 的固熔体，然后再转变为 $\alpha2Fe_2O_3$；当温度超过 1400℃时，Fe_2O_3 又转化为 Fe_3O_4（孙俊民等，2005）。准格尔电厂飞灰中主要的磁性矿物是赤铁矿，所占比例为 13%，远超过磁铁矿的含量，说明电厂锅炉的温度应该不超过 1388℃（Kukier et al.，2003）。Vassilev 等（1996）发现粗大飞灰颗粒中有更多的磁铁矿而细小飞灰颗粒中有更多的赤铁矿，验证了细小飞灰颗粒形成过程中有更加充分的氧化条件。

　　准格尔电厂磁性飞灰中含有较多的非晶质，其含量与非磁性飞灰中的玻璃相相当。赵永椿等（2006）根据磁性飞灰中铁含量的不同将其分成 4 类：铁氧化物相 [$w(Fe) \geqslant 75\%$]、含铝硅的铁氧化物相 [$75\% > w(Fe) \geqslant 50\%$]、富铁的铝硅酸盐相 [$50\% > w(Fe) \geqslant 25\%$] 和含铁的铝硅酸盐相 [$w(Fe) < 25\%$]。铁氧化物相是由含铁矿物直接氧化而成；内在含铁矿物与黏土矿物以不同比例熔合分别形成含硅铝的铁氧化物相、富铁的铝硅酸盐相和含铁的铝硅酸盐相；外在含铁矿物与内在黏土矿物的熔合也可以形成含铝硅的铁氧化物相。准格尔电厂磁性飞灰中的玻璃体大多数属于含铁的铝硅酸盐相。

　　磁性飞灰中含有更多的石英，以及非磁性飞灰中没有发现的斜长石和方解石。按照 Vassilev 和 Vassileva（1996a）的分类，飞灰中这 3 种矿物都属于原生矿物，即其原来就赋存于煤中，在燃烧过程中未发生相的变化，说明磁性飞灰含有的残炭多于非磁性飞灰。扫描电镜下也可以看出磁性飞灰中的残炭较多。这可能是因为残炭和磁性飞灰在熔融状态时相互粘连而聚结，并最终一起被分选出来。其他学者分离出来的磁性飞灰中的残炭含量一般都低于总的飞灰中的残炭含量（Hower et al.，2000；Vassilev et al.，2004）。被分选到磁性飞灰中的还含有非磁性的其他矿物（莫来石和刚玉）和玻璃相，这是因为它们与磁性矿物和玻璃体熔融在一起而聚结成团。

　　准格尔电厂非磁性飞灰中一半以上是硅铝质玻璃体，与磁性飞灰相比，含有更多的莫来石和刚玉，XRD 未检测到磁性矿物及方解石和斜长石，这可能是因为方解石和斜长石主要是原生矿物，较多赋存于残炭中，而在磁选过程中，残炭被较多地选入磁性飞灰中。

　　扫描电镜下观察到准格尔电厂磁性飞灰以球形的磁珠为主 [图 4.4(a)]，按照前人的命名标准，可以辨别出多种磁珠类型：子母珠 [图 4.4(b)～(d)]、空心磁珠 [图 4.4(e)]、多孔磁珠 [图 4.4(f)]、实心磁珠 [图 4.4(g)] 等。

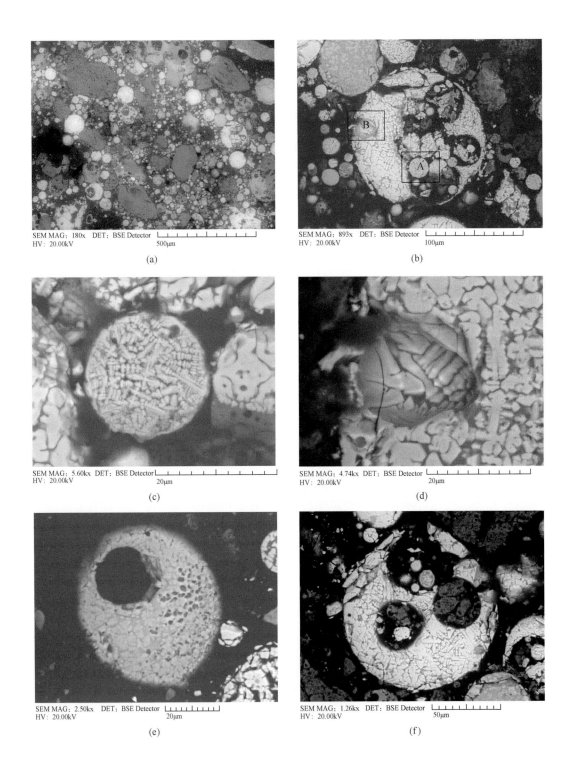

(a)

(b)

(c)

(d)

(e)

(f)

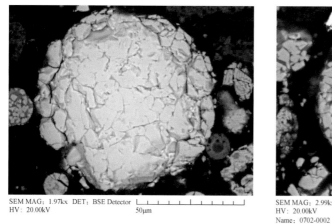
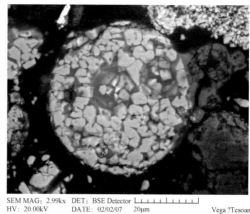

SEM MAG：1.97kx　DET：BSE Detector
HV：20.00kV　　　　　　　　　　50μm
(g)

SEM MAG：2.99kx　DET：BSE Detector
HV：20.00kV　　　DATE：02/02/07　　20μm
Name：0702-0002
(h)

Vega ?Tcsoan

图 4.4　磁性飞灰的扫描电镜背散射电子图像

(a)磁性飞灰全貌图；(b)磁性子母珠(扫描电镜背散射电子图像)；(c)表面有树枝状磁铁矿结晶的磁珠[图(b)中 A 区的放大图]；(d)表面有骨骼状磁铁矿结晶的磁珠[图(b)中 B 区的放大图]；(e)富 Mg 的空心磁珠；(f)多孔磁珠；(g)表面有赤铁矿晶体的实心磁珠；(h)磁珠，表面为粒状赤铁矿晶体

　　磁珠表面有不同程度的铁氧化物晶体析出，其绝大部分是赤铁矿和磁铁矿结晶。镜下可以看出，铁氧化物晶体结晶程度的差异很大，有的结晶较差，可以推测出其熔融过程中发生了迅速淬灭；结晶较好的大部分呈树枝状[图 4.4(c)]、骨骼状[图 4.4(d)]及粒状[图 4.4(h)]等。

　　利用 EDS 检测磁性子母珠发现，外壳中的铁含量大于子珠中的铁含量。一般认为含较多 Fe 的铝硅酸盐相熔融状态时的黏性较小(Sokol et al.，2000)，更容易形成空心微珠(Veneva et al.，2004)，因此高铁的母珠在熔融状态下的黏性要小于子珠，更易形成空心，而子珠则更易形成细小的实心微珠，或者说母珠是由低黏性的铝硅酸盐熔融体(因为更具有流动性)包裹到密实的子珠相后形成的。

　　应用物理方法只能分离出磁性飞灰，剩余的是非磁性的玻璃体和晶体矿物交错结合的结构。在扫描电镜下很难区分粉煤灰中的玻璃体和晶体。Qian 等(1988)用高分辨率透射电子显微镜观察结果揭示，粉煤灰在纳米尺度上是玻璃体和晶体的复合体，晶体分散在连续的玻璃体中，透射电镜照片显示晶体和玻璃体存在明显的界面。因此非磁性的玻璃体和晶体部分需要用化学方法进行分离。玻璃体即无定性部分相对于具有同样化学组成的晶体有更大的能量，因此不管在酸性还是碱性条件下，玻璃体都是支配反应行为的部分，这是因为玻璃体相对晶体键角、键距的改变等结构的缺陷使其化学键更容易断裂(Henry et al.，2004)。一般用酸溶解玻璃体，得到不溶物为莫来石、刚玉和石英的混合矿物相，以达到分离玻璃体和晶体的目的。比较常用的酸溶液有氢氟酸、盐酸、醋酸、草酸等(钱觉时，2002)。Henry 等(2004)用的是 15%的 HF 和 25%的 HNO_3 的混合溶液溶解玻璃体以达到分离目的。

　　Hulett 等(1980)用 1%的 HF 溶解磁选出非磁性的粉煤灰，扫描电镜下可以观察到莫来石以组成原始粉煤灰骨架的形式保留了下来。可以推测出玻璃相被溶解之前是填充于莫来石骨架之间的。扫描电镜下可观察到石英晶体，但是其不像莫来石那样保持着球状轮廓。

HF 对刚玉和石英都有一定的溶解能力，但非磁性飞灰中刚玉和石英含量都较少，分别只有 4% 和 2.1%。并且石英在 1% 的 HF 中溶解得非常缓慢(Hulett et al.，1980)。

准格尔电厂的飞灰采用 4% 的 HF 来溶解。可以近似认为刚玉和石英在低浓度的 HF 中不易溶解或者溶解速度极慢。XRD 结果显示莫来石、刚玉和石英的衍射峰仍然较强，可以推测出它们基本上未受侵蚀。经 HF 溶解后的残留相为以莫来石为主的矿物相，为了表述方便，下面将其称为莫来石相。粉煤灰中 3 个不同物相的元素含量见表 4.5。

表 4.5　准格尔电厂飞灰的物相组成　　　　　　　　　(单位：%)

磁性飞灰	莫来石相	玻璃相
1.8	43.4	54.8

三、不同粒径级别飞灰中的物相

不同粒径级别飞灰所占原始飞灰的比例见表 4.6。可以看出，大部分飞灰粒径小于 160 目，这部分飞灰的体积占全部飞灰体积的 81.2%。

表 4.6　飞灰颗粒粒径分布

粒径/目	>120	120~160	160~300	300~360	360~500	<500
比例/%	8.7	10.1	40.5	9.0	16.0	15.7

根据显微镜镜下观察的结果，分级飞灰的主要成分仍然是玻璃体，并且玻璃体的含量随着粒径的减小而增加。

未完全熔融的岩屑也是飞灰的重要组成部分，尤其是 >300 目(即 >50μm)的级别。岩屑[图 4.5(a)、(e)、(f)]一般存在部分熔融的岩屑核，有的含热变质的残炭。如图 4.5(a)所示，岩屑常常被包裹在玻璃体内。不同级别飞灰中各种形态的玻璃体如图 4.5(b)、(d)~(h)所示。未燃碳只是 >120 目粒径飞灰中的主要成分[表 4.7，图 4.5(c)]。

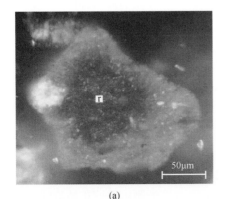
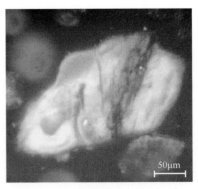

(a)　　　　　　　　　　　　　　　　(b)

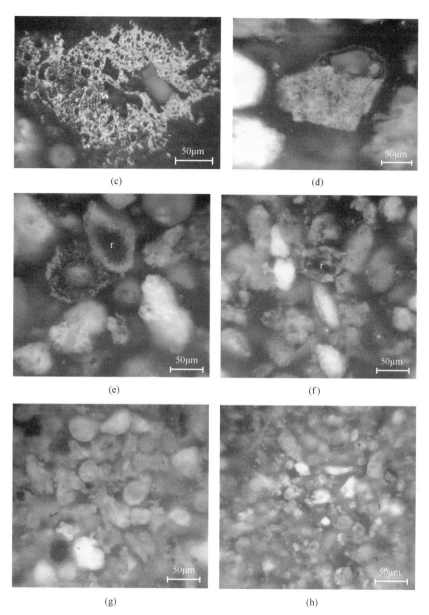

图 4.5　光学显微镜下分级飞灰的岩石学鉴定

(a)被玻璃体包围的岩屑，＞120 目粒径飞灰；(b)飞灰中的玻璃体，＞120 目粒径飞灰；(c)各向异性的未燃炭，＞120 目粒径飞灰；(d)飞灰中的玻璃体，120～160 目粒径飞灰；(e)飞灰中的玻璃体及被玻璃体包围的岩屑，160～300 目粒径飞灰；(f)飞灰中的玻璃体及被玻璃体包围的岩屑，300～360 目粒径飞灰；(g)飞灰中的玻璃体，360～500 目粒径飞灰；(h)飞灰中的玻璃体，＜500 目粒径飞灰，岩屑；r 表示岩屑

表 4.7　光学显微镜下分级飞灰的岩石学定量结果　　　　　　（单位：%）

粒径/目	＞120	120～160	160～300	300～360	360～500	＜500
玻璃体	77.2	86.8	86.8	92.8	95.6	97.2
莫来石	0.0	0.0	0.0	0.0	0.0	0.0

粒径/目	>120	120~160	160~300	300~360	360~500	<500
尖晶石	Trace	0.0	Trace	Trace	0.8	Trace
石英	4.0	5.6	8.4	5.2	2.8	0.4
岩屑	7.6	7.2	4.4	1.6	0.8	1.6
各向同性未燃炭	1.2	0.0	0.0	Trace	0.0	0.0
各向异性未燃炭	7.2	Trace	Trace	0.4	Trace	0.4
惰质组	2.8	0.4	0.4	Trace	Trace	0.4

注：Trace 表示痕量。

　　然而岩石学鉴定结果(表4.7,图4.6~图4.9)与 XRD 和 Siroquant 定量分析及 SEM-EDS 分析提供的飞灰无机成分结果(表4.8)并不完全相同。很显然，部分在显微镜下被鉴定

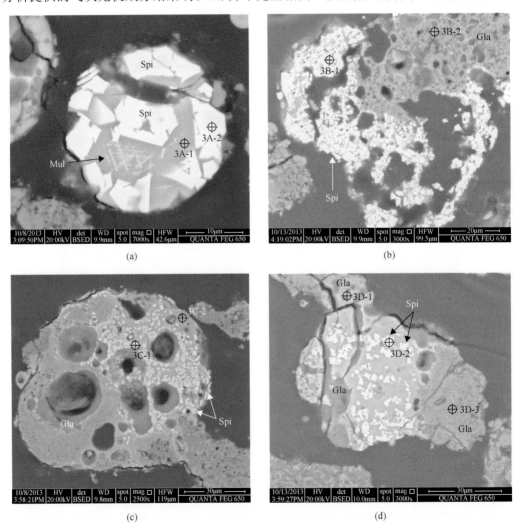

图 4.6　分级飞灰中莫来石、尖晶石、玻璃体的扫描电镜背散射图像

(a)、(b)、(d)120~160 目样品；(c)160~300 目样品；Spi-尖晶石；Mul-莫来石；Gla-玻璃体

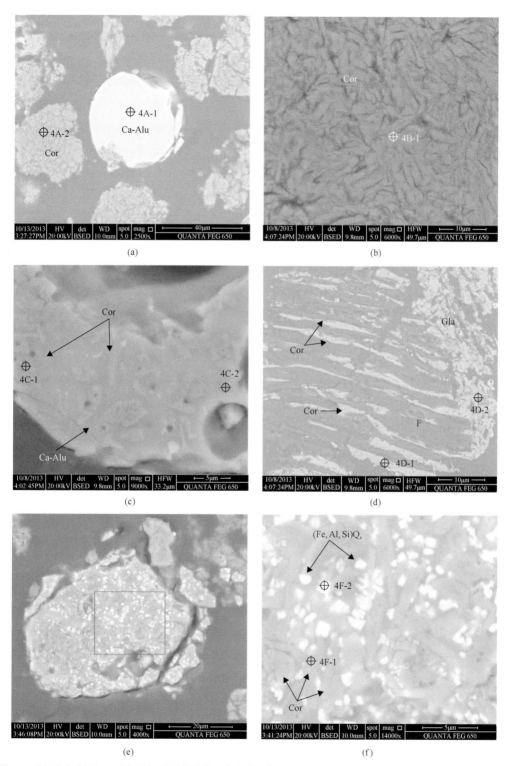

图 4.7　分级飞灰中刚玉、含钙的铝硅酸盐矿物、玻璃体及化学成分为 $(Fe,Al,Si)O_x$ 相的扫描电镜背散射电子图像
(a) 300～360 目粒径飞灰；(b)～(d) >120 目粒径飞灰；(e)、(f) 300～360 目粒径飞灰，(f) 为 (e) 图方框的放大图；Gla-玻璃体；Cor-刚玉；Ca-Alu-含钙的铝硅酸盐矿物；F-丝质体

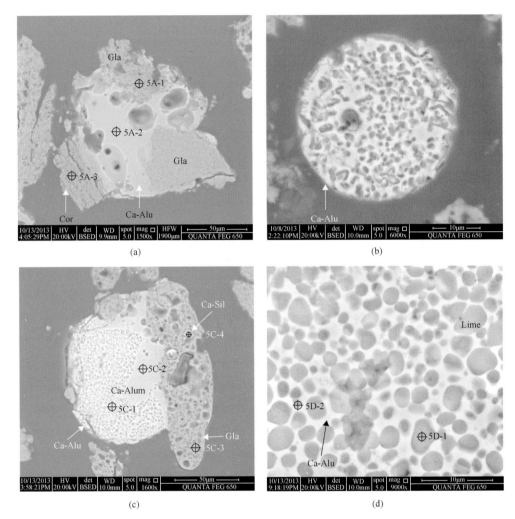

图 4.8　分级飞灰中含钙的铝酸盐、铝硅酸盐和硅酸盐矿物的扫描电镜背散射图像

(a)、(c)、(d) 为 120~160 目粒径飞灰；(b) 为 360~500 目粒径飞灰；Gla-玻璃体；Cor-刚玉；Ca-Alu-含钙的铝硅酸盐矿物；

Ca-Sil-含钙的硅酸盐矿物；Ca-Alum-含钙的铝酸盐矿物；Lime-石灰

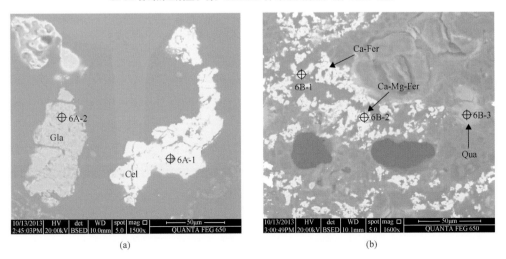

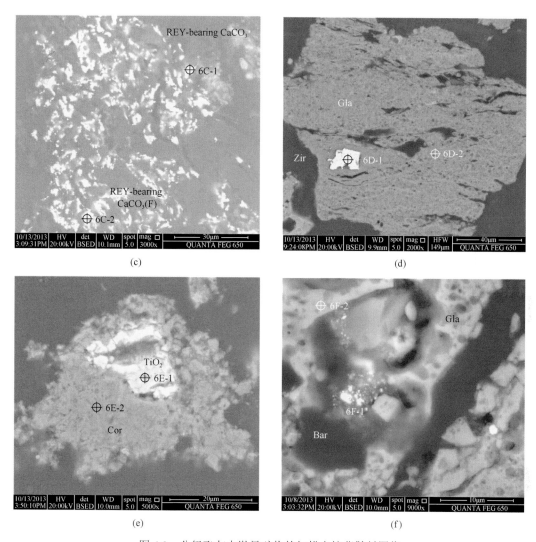

图 4.9 分级飞灰中微量矿物的扫描电镜背散射图像

(a)~(c)>120 目粒径飞灰；(d)120~160 目粒径飞灰；(e)300~360 目粒径飞灰，其中白色物质的化学成分为 TiO$_2$，可能是金红石；(f)360~500 目粒径飞灰；Gla-玻璃体；Cel-钡长石；Ca-Fer-含钙的铁酸盐矿物；Ca-Mg-Fer-含钙镁的铁酸盐矿物；Qua-石英；Zir-锆石；Bar-重晶石；Cor-刚玉；REY-bearing CaCO$_3$-含钙的稀土碳酸盐矿物；REY-bearing CaCO$_3$(F)-含钙和氟的稀土碳酸盐矿物

表 4.8 XRD 和 Siroquant 检测的分级飞灰矿物组成 (单位：%)

粒径/目	石英	莫来石	刚玉	石膏	玻璃体	正长石
>120	0.5	35.5	1.1	bdl	62.9	bdl
120~160	0.8	35.6	2.8	0.4	60.5	bdl
160~300	2.0	36.7	4.3	0.1	56.9	bdl
300~360	0.5	38.0	5.9	0.3	55.3	bdl
360~500	2.8	38.0	7.7	4.5	46.9	bdl
<500	3.1	42.4	10.5	bdl	43.8	0.1

注：bdl 表示低于检测限；Siroquant 软件产出结果的误差为±0.1%。

为玻璃体(无定型)的物质实际上是矿物相,因为莫来石和刚玉等矿物的颗粒过小,无法在显微镜下鉴别出来。飞灰中含莫来石和刚玉,不含钙长石,这与飞灰中几乎均等含量的 Al_2O_3 和 SiO_2 及低含量的 CaO 的化学特征是一致的。考虑到在烟道气流中飞灰快速冷却,因此很可能任何结晶过程都无法进行彻底,飞灰中高含量的玻璃体也可以证明这一点。随着飞灰粒径的减小,莫来石和刚玉含量增加,玻璃体含量减少(表 4.8)。然而,有研究表明,细粒径飞灰中玻璃体含量高于粗粒径飞灰(Matsunaga et al.,2002;钱觉时,2002;徐文东,2004)。准格尔电厂细粒径飞灰中更富集莫来石和刚玉,这与 Goodarzi (2006a,2006b)的研究结果一致。Goodarzi(2006a,2006b)发现,在同一个电厂中,更易捕集细粒径飞灰的布袋除尘器飞灰比电除尘器飞灰中含更多的莫来石。

细粒径飞灰中高含量的莫来石和刚玉表明,细粒径飞灰在锅炉中经历了相对较高的温度。玻璃微珠表面的针状莫来石结晶[图 4.6(a)]表明,莫来石是从无定型的铝硅酸盐熔融物高温后的冷却过程中结晶出来的。

在飞灰中,刚玉有 3 种赋存形式:最主要的形式为隐晶质团块[图 4.7(a)、(b)],其次是隐晶质的胞腔填充物[图 4.7(d)],少量以结晶度较好的晶体[图 4.7(c)、(e)、(f)]形式赋存。尽管一般认为勃姆石在煤燃烧过程中是不发生变化的(Creelman et al.,2013),但是准格尔电厂飞灰中的刚玉是入炉煤中的勃姆石在燃烧过程中形成的,是富铝的氢氧化物(如勃姆石)在高温下转化形成的典型矿物。此外,贫 Si 的煤也倾向于形成玻璃体或莫来石。

尽管与中国煤(Dai et al.,2012b)相比,准格尔电厂入炉煤中 CaO 含量相对较低(表 4.9),并且含钙矿物低于 XRD 和 Siroquant 检测限(表 4.8),但 SEM-EDS 在飞灰中检测到了痕量的含钙矿物(图 4.8),包括含钙的铝酸盐矿物、含钙的铝硅酸盐矿物[可能是钙(铝)黄长石]和少量含钙的硅酸盐矿物(可能是钙硅石)。飞灰中形成以上含钙矿物主要取决于燃烧系统中 Al 和 Si 的相对含量。形成含钙矿物所需的 Ca 可能来自方解石,也可能来自有机物。方解石分解后可以形成生石灰,生石灰继而可能与黏土矿物(如变高岭石)反应,形成含钙的铝硅酸盐矿物(如钙铝黄长石),或与勃姆石反应形成含钙的铝酸盐矿物,再或与自由的 SiO_2 反应形成含钙的硅酸盐矿物 (如钙硅石)。存在于有机质中的 Ca 在锅炉的高温环境中有可能被释放出来,因为这种形式的 Ca 更具反应活性,所以其有更多的机会与硅铝质、铝质、硅质的残余物反应,在锅炉中形成难熔的含钙矿物。

其他含量虽然低于 XRD 和 Siroquant 检测限但是可以被 SEM-EDS 鉴定出来的矿物包括钡长石、石英、含钙的铁酸盐矿物、含钙镁的铁酸盐矿物、含钙和氟的稀土碳酸盐矿物 $CaCO_3(F)$、锆石、金红石、重晶石(图 4.9)。尽管钡长石在煤和燃煤产物中非常罕见,但它在少数煤(Vassilev and Vassileva,1997;Karayigit et al.,2001;Vassileva et al.,2003)和飞灰(Vassilev and Vassileva,1997;Vassileva et al.,2003)中曾报道过。钡长石可能是飞灰中的新生矿物,由含钡矿物(如磷钡铝石)中释放的钡与黏土矿物的残余物(如偏高岭石)反应生成。含钙的铁酸盐及含钙镁的铁酸盐可能是燃烧过程中从不同矿物和无机组分中释放的 Ca 和 Mg 的产物(Huffman et al.,1981;Raask,1985;Reifenstein et al.,1999)。

从表4.8中可以看出，飞灰的粒径越小，所含的玻璃体越少，而刚玉有增多的趋势，进一步验证了刚玉是玻璃相继续结晶形成的。莫来石的含量则是随着粒径的减小而增大。而一些已有的研究成果（Matsunaga et al.，2002；Mardon and Hower，2004）认为，小颗粒的粉煤灰比大颗粒的粉煤灰有更多的玻璃相；徐文东（2004）研究烟道飞灰时发现，除了最小粒径级别的飞灰外，莫来石随着飞灰粒径的减小而减少，玻璃体的含量则相反，但是在最细的粒径飞灰中，莫来石和石英含量仍然较高；Goodarzi（2006b）发现布袋除尘器收集到的飞灰颗粒粒径小于静电除尘器，并且前者的玻璃体和莫来石含量都大于后者。然而本书与上述研究成果都不相同。陈江峰（2005）进行粉煤灰合成莫来石实验时发现，提高温度和延长受热时间都有利于莫来石的形成，但相对而言高温下缩短恒温时间比低温下延长恒温时间更有利于莫来石的形成。莫来石是准格尔电厂飞灰中的主要矿物，并且基本上都是次生的，颗粒较小的飞灰虽然可能在炉膛内停留时间较短，但局部受热温度更高，更有利于莫来石的结晶，因此莫来石含量越高，玻璃体含量则越少。

石英含量很少，并且石英含量与飞灰的粒径没有明显的关系。

第四节　燃煤产物中的元素

一、飞灰和底灰中的常量和微量元素

准格尔电厂入炉煤、省煤器飞灰(取自省煤器出口)、飞灰(取自水膜除尘器出口)和底灰中的元素含量及相关参数见表4.9。

表4.9　准格尔电厂入炉煤、省煤器飞灰、飞灰和底灰中的元素含量及相关参数

元素	入炉煤	省煤器飞灰	飞灰	底灰	f/b	Re$_f$	Re$_b$	Kv
Al$_2$O$_3$	15.64	50.84	51.87	42.52	1.22	1.1	0.9	0
SiO$_2$	14.57	39.87	39.92	31.75	1.26	0.9	0.72	7.5
CaO	0.37	1.75	1.33	1.36	0.98	1.23	1.28	0
K$_2$O	0.29	0.47	0.52	0.37	1.41	0.6	0.43	38.9
TiO$_2$	0.83	0.69	0.67	0.77	0.87	0.27	0.31	71.3
Fe$_2$O$_3$	1.19	0.93	0.82	1.22	0.67	0.23	0.34	74.8
MgO	0.05	0.15	0.19	0.2	0.95	1.18	1.28	0
Na$_2$O	0.04	0.12	0.2	0.22	0.91	1.88	1.98	0
MnO	0.01	0.01	0.01	0.01	1.00	0.53	0.48	45.0
P$_2$O$_5$	0.1	0.09	0.12	0.09	1.33	0.42	0.32	57.0
Li	147	453	413	358	1.15	0.93	0.8	3.9
Be	2.16	5.14	6.1	3.45	1.77	0.94	0.53	5.6
F	493	655	711	273	2.60	0.48	0.19	52.6
Sc	8.34	18.93	23	15	1.53	0.91	0.59	7.9
V	34.87	68.87	89.5	54.8	1.63	0.85	0.52	14.3
Cr	13.17	39.99	36.9	34.1	1.08	0.94	0.86	2.3
Co	1.39	3.36	5.98	9.7	0.62	1.3	2.28	0

续表

元素	入炉煤	省煤器飞灰	飞灰	底灰	f/b	Re_f	Re_b	Kv
Ni	3.96	11.58	19	30.6	0.62	1.57	2.5	0
Cu	17.01	38.86	41.2	27	1.53	0.8	0.52	19.0
Zn	58.19	48.79	63.2	36.2	1.75	0.45	0.26	54.8
Ga	24.26	44.37	60.2	43	1.40	0.82	0.58	16.5
Ge	1.15	2.94	3.47	2.05	1.69	1	0.59	0
As	0.99	0.98	1.38	0.37	3.73	0.5	0.14	51.2
Se	5.01	2.87	2.52	0.96	2.63	0.16	0.06	84.2
Rb	5.09	11.1	14.4	9.8	1.47	0.96	0.65	2.6
Sr	208	411	545	313	1.74	0.87	0.5	12.6
Y	20.49	42.1	54.2	33.8	1.60	0.88	0.55	11.1
Zr	402	762	1000	599	1.67	0.82	0.49	17.4
Nb	29.1	78.7	89.3	60.6	1.47	1.01	0.69	0
Mo	2.39	3.97	5.02	3.42	1.47	0.69	0.47	29.9
Ag	0.45	0.74	1.03	0.65	1.58	0.77	0.48	22.3
Cd	0.09	0.08	0.2	0.08	2.50	0.75	0.3	25.9
In	0.09	0.12	0.21	0.07	3.00	0.76	0.24	25.6
Sn	3.28	2.53	8.42	3.45	2.44	0.85	0.35	16.0
Sb	0.28	0.42	0.72	0.25	2.88	0.84	0.3	17.4
Cs	0.34	0.79	0.99	0.71	1.39	1.03	0.74	0
Ba	49.9	124	152	125	1.22	1	0.84	0
La	41.2	85.4	104.3	67.3	1.55	0.84	0.54	15.0
Ce	71.77	141	178	117.4	1.52	0.82	0.54	16.9
Pr	8.1	17.3	21.5	13.9	1.55	0.87	0.56	12.0
Nd	27.6	58.5	72.5	46.8	1.55	0.87	0.56	12.0
Sm	5.24	10.6	13.5	8.66	1.56	0.85	0.55	14.0
Eu	0.92	1.8	2.39	1.47	1.63	0.86	0.53	13.2
Gd	4.67	9.11	11.7	7.52	1.56	0.82	0.53	17.0
Tb	0.7	1.4	1.83	1.13	1.62	0.86	0.53	13.2
Dy	4.22	8.62	10.76	6.94	1.55	0.84	0.54	15.0
Ho	0.83	1.68	2.13	1.34	1.59	0.85	0.54	14.1
Er	2.38	4.92	6.17	3.96	1.56	0.86	0.55	13.0
Tm	0.34	0.7	0.87	0.56	1.55	0.85	0.55	14.0
Yb	2.28	4.77	5.98	3.93	1.52	0.87	0.57	11.9
Lu	0.32	0.68	0.86	0.55	1.56	0.88	0.57	10.9
Hf	10.7	23.3	27.6	18.9	1.46	0.86	0.59	12.6
Ta	1.87	4.74	5.34	3.83	1.39	0.94	0.68	4.1
W	2.63	15.7	56.7	116	0.49	8.78	18.11	0
Re	0.002	0.004	0.006	0.009	0.67	0.95	2.09	0
Au	0.033	0.06	0.077	0.056	1.38	0.78	0.57	20.4

续表

元素	入炉煤	省煤器飞灰	飞灰	底灰	f/b	Re$_f$	Re$_b$	Kv
Hg	0.22	0.07	0.08	0.02	4.00	0.14	0.03	86.4
Tl	0.22	0.45	0.5	0.19	2.63	0.76	0.29	25.1
Pb	35.7	54.1	84.5	22.8	3.71	0.78	0.21	24.0
Bi	0.75	0.86	1.58	0.26	6.08	0.7	0.12	32.5
Th	24.3	48.1	63	40.2	1.57	0.86	0.55	13.0
U	5.38	11.7	14.8	10.3	1.44	0.91	0.63	7.5

注：f/b = 某元素在飞灰中的含量/该元素在底灰中的含量；Re = ([X]a/[X]c)×(A$_{ad}$/100)；[X]a 表示元素 X 在飞灰或底灰中的含量；[X]c 表示元素 X 在入炉煤中的含量；A$_{ad}$ 表示入炉煤的灰分；Re$_f$ 表示元素 X 在飞灰中的富集系数；Re$_b$ 表示元素 X 在底灰中的富集系数；Kv=(1−Re$_f$×0.9/95%−Re$_b$×0.1)×100%，表示元素挥发率，当实际计算的 Kv 值<0 时，用 0 代替；原煤、省煤器飞灰、飞灰、底灰中氧化物单位为%，其他元素单位为 μg/g。

与已发表的数据相比(Roy and Griffin，1982；Moreno et al.，2005；Goodarzi，2006a，2006b；Mardon et al.，2008；Depoi et al.，2008；Levandowski and Kalkreuth，2009)，准格尔电厂燃煤产物明显富集 Al$_2$O$_3$，但是贫 CaO、SiO$_2$、Fe$_2$O$_3$、MgO、As、Cr、Cu、Co、Zn、Ni、V。飞灰和省煤器飞灰中 Al$_2$O$_3$ 的平均含量分别为 51.87%和 50.84%。两个取自电厂东南方向约 3km 距离的小纳林沟储灰场的灰也具有较高的 Al$_2$O$_3$ 含量(51.2%和50.1%)。准格尔电厂飞灰中的 Al$_2$O$_3$ 含量是其他一些飞灰中 Al$_2$O$_3$ 含量的 2 倍(Roy and Griffin，1982；Moreno et al.，2005；Goodarzi，2006a，2006b；Mardon et al.，2008；Depoi et al.，2008；Levandowski and Kalkreuth，2009)。Al$_2$O$_3$/SiO$_2$ 值高达 1.3，而其他报道(Roy and Griffin，1982；Moreno et al.，2005；Goodarzi，2006a，2006b；Mardon et al.，2008；Depoi et al.，2008；Levandowski and Kalkreuth，2009)中飞灰的 Al$_2$O$_3$/SiO$_2$ 值一般在 0.5 左右。与其他电厂相比，准格尔电厂燃煤产物具有高铝和低硅的显著特征。飞灰中的高铝含量主要是由入炉煤中较高的黏土矿物和勃姆石的矿物组成特征决定的。

除了 Li、Cr、Se，飞灰中大部分元素含量高于省煤器飞灰(表 4.9)。这是因为除尘器飞灰比省煤器飞灰含有更多细小颗粒飞灰，而细小颗粒飞灰相对含有更大的比表面积，更有利于挥发性元素的沉积/吸附。此外，有研究(Sakulpitakphon et al.，2000；Mastalerz et al.，2004；Mardon and Hower，2004)发现飞灰距离燃烧区域越远，其中大部分半挥发性(semi-volatile)元素含量越多。

为了考察燃煤产物中的元素含量及其分布，本书利用以下指标：

(1)f/b=[X]$_f$/[X]$_b$([X]$_f$ 和[X]$_b$ 分别表示元素 X 在飞灰和底灰中的含量)，用来考察元素的挥发性程度。

(2)相对富集系数 Re = ([X]$_a$/[X]$_c$)×(A$_{ad}$/100)([X]$_a$ 表示元素 X 在飞灰或者底灰中的含量，[X]$_c$ 表示元素 X 在入炉煤中的含量)，用来衡量飞灰和底灰中元素的富集程度(Meij，1994)。用 Re$_f$ 和 Re$_b$ 分别表示飞灰和底灰中元素的相对富集系数。某元素的 Re=1 表示该元素在飞灰或底灰中既不富集也不亏损，而 Re>1 和 Re<1 则分别表示该元素富集或者亏损。

(3)元素挥发率 Kv=(1−Re$_f$×0.9/95%+Re$_b$×0.1)×100%。Kv 被用来衡量元素在燃煤

过程中的挥发性。准格尔电厂飞灰和底灰的产率比约为 9∶1，而飞灰的捕集率约为 95%。

对飞灰中以上指标的计算结果见表 4.9。

除了 CaO、TiO_2、Fe_2O_3、MgO、Na_2O、Co、Ni、W、Re，大部分元素(或元素的氧化物)在飞灰中的含量高于底灰(f/b>1)。依据 f/b 值，可将元素分为以下 3 组。

第 I 组：f/b 值小于 0.8 的元素(或元素的氧化物)。Fe_2O_3、W、Co、Ni 和 Re 的 f/b 值分别为 0.67、0.49、0.62、0.62 和 0.67，表明这些元素在底灰中的含量远高于飞灰。

第 II 组：f/b 值在 0.8~1.2 的元素(或元素的氧化物)。CaO、TiO_2、MgO、Na_2O、MnO、Li、Cr。这组元素在飞灰和底灰中基本是是均匀分布的。其中 TiO_2、MnO、Li、Cr 的 Re_f 和 Re_b 都小于 1，表明它们在飞灰和底灰中都呈现一定的亏损。

第III组：包括 f/b 值大于 1.2 的元素(或元素的氧化物)。这组元素在飞灰中相对于底灰更富集。除了 Al_2O_3、Ge、Nb、Cs、Ba 的 Re_f 不小于 1，本组其余元素的 Re_f 和 Re_b 值都小于 1，表明这些元素在飞灰和底灰中都亏损。

根据燃煤过程中元素的挥发程度(Kv)，又可将元素(或元素的氧化物)分为 4 组。

A 组中元素或氧化物的 Kv 值小于 20%，包括 Al_2O_3、SiO_2、CaO、MgO、Na_2O、Li、Be、Sc、V、Cr、Co、Ni、Cu、Ga、Ge、Rb、Sr、Y、Zr、Nb、Sn、Sb、Cs、Ba、REE、Hf、Ta、W、Re、Th、U。该组元素在燃煤过程中几乎不挥发。

因为 Ga 在入炉煤中富集，飞灰中的 Ga 具有潜在的提取和利用价值(Dai et al.，2008b)。总体上讲，由于 Ga 沸点较高，不易在燃煤过程中挥发。然而，准格尔煤田煤中 Ga 的载体为勃姆石和有机质(Dai et al.，2006，2008b)，部分 Ga 可能形成具挥发性的 Ga 的化合物。煤在 1200℃ 的温度下燃烧时大约 20% 的 Ga 能够挥发(张勇等，2008)。准格尔电厂 Ga 的 Kv 值为 16.5%，与张勇等(2008)结果一致。

一些研究表明 REE 挥发率较低，在飞灰和底灰中基本均匀分布(Llorens et al.，2001；王文峰等，2003)。Li 等(2005)和孙俊民等(2001)的研究显示底灰比飞灰中更富集 REY。准格尔电厂燃煤产物中 REY 的 Kv 值为 10.9%~17.0%。此外，REY 在飞灰中的含量高于底灰(f/b=1.52%~1.63%)。准格尔电厂燃煤产物中 REY 的分布和挥发性与前人的研究结果(孙俊民等，2001；Llorens et al.，2001；王文峰等，2003；Li et al.，2005)存在差别，这主要归因于 REY 的赋存状态。总体上，REY 主要赋存于黏土矿物中(任德贻等，2006；Sun et al.，2007)，但是准格尔煤田煤中的 REY 赋存于勃姆石和有机质中(Dai et al.，2006，2008b)。以有机质形式赋存的 REY 能够部分挥发，继而在飞灰颗粒表面冷凝，致使飞灰中的 REY 含量高于底灰。勃姆石和有机质中的 REY、Al 等元素可能在勃姆石分解和有机质燃烧过程中形成极细的颗粒，并易于在细粒径飞灰中富集。

B 组中元素或氧化物的 Kv 值为 20%~50%，包括 K_2O、MnO、Mo、Ag、Cd、In、Au、Tl、Pb、Bi，该组元素在燃煤过程中部分挥发。尽管 Pb 的沸点很高(1750℃)，但可以形成挥发性的 Pb 的化合物，如低沸点的 Pb 的氯化物，因此其可以在燃煤过程中挥发。

C 组中元素或氧化物的 Kv 值为 50%~80%，包括 TiO_2、Fe_2O_3、P_2O_5、F、Zn、As。该组元素在燃煤过程中大部分将挥发掉。除了 Fe_2O_3 和 TiO_2，其余元素的 Re_f 值高于 Re_b

值。F 和 As 可能凝聚在湿灰颗粒表面的惰性部分，因此它们的 Re_f 值远高于 Re_b 值。As 很容易挥发，约一半以上的 As 会挥发至大气中，只有小部分的 As 会凝结在飞灰颗粒表面。本书中 F 的挥发性与 Meij 和 te Winkel(2007)的结果不同，后者将荷兰煤中的 F 划分为易挥发类元素。

D 组元素的 Kv＞80%，包括元素 Se 和 Hg。Se 和 Hg 的 Kv 值分别为 84.2% 和 86.4%，表明大部分 Se 和 Hg 在燃煤过程中挥发掉了。Se 和 Hg 的 Re_f 和 Re_b 都极低（表 4.9）。Finkelman 等(1990)的研究表明，Hg 在 150℃时开始挥发，在不高于 550℃的温度下，40%~75% 的 Hg 可以挥发掉。Rizeq 等(1994)发现在低于 800℃的条件下，几乎所有的 Hg 都可以挥发尽。准格尔煤田煤中 Se 主要赋存于方铅矿、硒铅矿、硒方铅矿中，这些含硒矿物易在锅炉中分解而释放出 Se。Meij 和 te Winkel(2007) 也发现 Hg 和 Se 只有少部分保留在飞灰中，大部分都在赋存于气相中。

二、飞灰中不同相的元素组成

对于分选出来的磁性飞灰和非磁性飞灰的元素含量分别进行 SEM-EDS 半定量检测，结果列于表 4.10。非磁性飞灰的主要组成元素是 Al 和 Si，因为非磁性飞灰主要是硅铝质矿物和玻璃体，CaO、K_2O、Na_2O、TiO_2、MgO 和 P_2O_5 也在非磁性飞灰中相对富集。磁性飞灰的主要组成元素是 Fe，其他常量元素在其中并没有明显的富集趋势。总的来说，磁性飞灰和非磁性飞灰的元素组成差异较大，二者各自的化学组成的波动范围也较大，这表明粉煤灰的物质组成具有不均一性。

表 4.10　准格尔电厂磁性飞灰和非磁性飞灰的 SEM-EDS 半定量结果　（单位：%）

元素	非磁性飞灰(检测点数为 12)			磁性飞灰(检测点数为 10)		
	最小值	最大值	平均值	最小值	最大值	平均值
Al_2O_3	23.92	50.19	39.40	19.58	28.60	23.36
SiO_2	0.28	58.60	36.91	14.02	20.78	17.20
CaO	bdl	56.96	8.44	1.18	15.75	4.35
K_2O	bdl	0.62	0.24	bdl	0.17	0.09
TiO_2	0.19	17.56	3.20	0.27	0.79	0.49
Fe_2O_3	0.59	21.14	7.53	35.26	61.88	53.62
MgO	bdl	43.97	3.96	0.08	3.03	0.78
Na_2O	bdl	0.43	0.11	bdl	bdl	bdl
MnO	bdl	0.83	0.11	bdl	0.40	0.12
P_2O_5	bdl	1.16	0.11	bdl	bdl	bdl

注：bdl 表示低于检测限。

如上所述，将磁选后的非磁性飞灰进一步分离为玻璃相和莫来石相两个部分，从而获得组成飞灰的 3 个不同的相：磁性飞灰、玻璃相和莫来石相，各相所占比例见表 4.11。这里要说明的是，这 3 个相中的玻璃相主要是硅铝质玻璃体，而磁性飞灰中也含有 54.4%的玻璃体，但主要是富铁的玻璃体。磁性飞灰和莫来石相的元素组成由化学方法直接检测得到，玻璃相中的元素含量由如下平衡公式计算得到：

$$C = gC_g + mgC_{mg} + mC_m$$

式中，C、C_g、C_{mg}、C_m 分别为元素在原始飞灰、磁性飞灰、玻璃相、莫来石相中的含量；g、mg、m 分别为磁性飞灰、玻璃相和莫来石相在原始飞灰中的比例。

表 4.11　准格尔电厂磁性飞灰、莫来石相和玻璃相中元素的含量和相应的富集系数

元素	原始飞灰/%	磁性飞灰		莫来石相		玻璃相	
		含量/%	EF	含量/%	EF	含量/%	EF
Al$_2$O$_3$	49.88	22.95	0.46	66.84	1.34	37.33	0.75
SiO$_2$	41.74	23.27	0.56	23.61	0.57	56.71	1.36
CaO	2.03	3.54	1.74	0.39	0.19	3.28	1.62
K$_2$O	0.41	0.16	0.39	0.04	0.1	0.71	1.73
TiO$_2$	0.67	0.9	1.35	1.23	1.84	0.22	0.33
Fe$_2$O$_3$	0.8	39.14	48.93	0.67	0.84	0	0
MgO	0.17	0.36	2.09	0.01	0.06	0.29	1.71
Na$_2$O	0.12	0.06	0.46	0.01	0.08	0.21	1.74
MnO	0.012	0.108	9.01	0.003	0.21	0.016	1.36
P$_2$O$_5$	0.079	0.079	1	0.005	0.06	0.14	1.74
Li	408.	31.3	0.08	76.4	0.19	682.	1.67
Be	5.23	1.75	0.33	3.36	0.64	6.83	1.31
Sc	17.0	11.1	0.65	10.6	0.63	22.2	1.31
V	68.3	99.2	1.45	69.7	1.02	66.1	0.97
Cr	90.2	80	0.89	36.3	0.4	133.	1.48
Co	2.92	13.7	4.69	1.44	0.49	3.74	1.28
Ni	12.3	33.2	2.71	12.8	1.04	11.1	0.91
Cu	37.7	37.3	0.99	19.1	0.51	52.4	1.39
Zn	48.1	94.3	1.96	20.8	0.43	68.1	1.42
Ga	43.4	13.2	0.3	49	1.13	39.9	0.92
As	1.12	11.8	10.5	6.02	5.36	0	0
Se	3.64	0.21	0.06	0.63	0.17	6.13	1.69
Rb	8.49	84.9	10.0	1.34	0.16	11.6	1.37
Sr	346.5	186	0.54	54.6	0.16	582.9	1.68
Y	34.3	24.7	0.72	29	0.85	38.7	1.13
Zr	713	367	0.52	429	0.6	948	1.33
Nb	81.9	14.5	0.18	44.6	0.54	114.	1.39
Mo	3.51	0.75	0.21	3.29	0.94	3.77	1.07
Cd	0.1	0.29	2.94	0.07	0.72	0.11	1.16
In	0.12	0.05	0.44	0.03	0.27	0.2	1.59
Sn	2.7	2.53	0.94	2.35	0.87	2.97	1.1
Sb	0.45	0.97	2.18	0.24	0.53	0.6	1.34
Cs	0.69	5.58	8.15	0.1	0.15	0.99	1.44

续表

元素	原始飞灰/%	磁性飞灰		莫来石相		玻璃相	
		含量/%	EF	含量/%	EF	含量/%	EF
Ba	150	428	2.85	140	0.93	149	0.99
La	62.2	43	0.69	70.9	1.14	55.94	0.9
Ce	107	81.8	0.76	91.4	0.85	120.1	1.12
Pr	12.4	9.99	0.81	10.2	0.82	14.2	1.15
Nd	43.4	37.7	0.87	36.9	0.85	48.7	1.12
Sm	8.02	7.4	0.92	7.19	0.9	8.7	1.08
Eu	1.43	1.56	1.09	1.26	0.88	1.56	1.09
Gd	7.2	6.65	0.92	5.82	0.81	8.31	1.15
Tb	1.17	0.87	0.74	0.87	0.75	1.41	1.21
Dy	7.21	5.18	0.72	4.95	0.69	9.06	1.26
Ho	1.44	1.01	0.7	0.92	0.64	1.87	1.3
Er	4.07	2.91	0.72	2.75	0.68	5.14	1.27
Tm	0.6	0.43	0.71	0.43	0.71	0.74	1.24
Yb	4.07	2.85	0.7	2.93	0.72	5.01	1.23
Lu	0.58	0.4	0.68	0.44	0.76	0.7	1.2
Hf	24.4	7.4	0.31	17.9	0.74	30.0	1.23
Ta	4.23	0.94	0.22	4.14	0.98	4.4	1.04
W	4.82	2.01	0.42	4.19	0.87	5.41	1.12
Re	0.004	0.001	0.25	0.003	0.75	0.005	1.22
Tl	0.47	0.49	1.04	0.04	0.08	0.81	1.72
Pb	55.5	25.8	0.47	22	0.4	82.9	1.5
Bi	0.89	0.51	0.57	1.1	1.24	0.74	0.83
Th	37.0	13.6	0.37	56.9	1.54	21.9	0.59
U	10.6	3.07	0.29	6.37	0.6	14.2	1.34

注：EF 表示富集系数。

　　与莫来石相和玻璃相相比，磁性飞灰中 Fe_2O_3（39.14%）和 MnO（0.108%）的含量较高，但是 Al_2O_3（22.95%）和 SiO_2（23.27%）的含量较低。氧化物 CaO、TiO_2、MgO 也在磁性飞灰中富集且富集系数都大于 1.3，而在磁性飞灰中富集的微量元素有 Cs、Co、As、Cd、Ba、Ni、Sb、Zn、V。除了 Al_2O_3（EF=1.34）和 TiO_2（EF=1.84）外，莫来石相中的常量元素含量都较低；莫来石相中富集的微量元素有 As、Th、Bi、La、Ga、Ni、V。玻璃相富集大部分常量元素，除了 Al_2O_3、TiO_2 和 Fe_2O_3。

　　富集系数小于 1 的大部分微量元素在磁性飞灰中贫化。在磁性飞灰中富集的元素包括 As、Rb、Cs、Co、Cd、Ba、Ni、Sb、Zn、V、Eu、Tl（按富集系数大小排列）。这些元素大部分是亲石元素（Rb、Cs、Ba）或亲铜元素（As、Sb、Zn、Cd）。值得注意的是，As 在磁性飞灰中高度富集，富集系数高达 10.5。Li 等（2005）发现 As 在铁的氧化物和富 Si-Al-Fe-O 的玻璃相中含量较高，但在 Si-Al 玻璃相中含量较低。在磁性飞灰中富集系数小于 0.5 的微量元素包括 Li、Be、Ga、Se、Nb、Mo、In、Hf、Ta、W、Re、Pb、Th、U，绝大部分是亲石元素。

微量元素 As、Bi、Th 在莫来石相中富集，但是其余元素在莫来石中的含量整体远低于或接近在原始飞灰中的含量(表 4.11)。除了 V、Ni、Ga、As、Ba、La、Bi、Th 之外，大部分微量元素在玻璃相中富集。大多数稀土元素在玻璃相中富集，但是在磁性飞灰和莫来石相中亏损。与 LREE(La～Eu)(富集系数<1.2)相比，玻璃相中的 HREE(Gd～Lu)更富集(除 Gd 外，EF>1.2)。然而 LREE 在莫来石相和磁性飞灰相中较 HREE 更富集。

三、不同粒径级别飞灰中的常量和微量元素

分级飞灰中的元素含量及其相应的富集系数见表 4.12。可以看出，大部分元素(或元素的氧化物)的含量都随飞灰粒径的减小而增加。表明大部分元素(或元素的氧化物)在燃煤过程中都具有或多或少的挥发性。细粒径飞灰因为有更大的比表面积而比粗粒径飞灰更易吸附挥发性元素。此外，副矿物一般粒径为 0.1～1μm，也更易富集在细粒径飞灰中(Vassilev and Vassileva，1996a)。副矿物是飞灰中部分元素的重要载体(Vassilev and Vassileva，1996a)。

表 4.12　准格尔电厂 6 个分级飞灰中的元素含量和相应的富集系数

元素	>120 目		120～160 目		160～300 目		300～360 目		360～500 目		<500 目	
	含量	EF	含量	EF	含量	EF	含量	EF	含量	EF	含量	EF
Al_2O_3	43.84	1	45.98	1	48.33	1	49.12	1	51.93	1	52.22	1
SiO_2	36.91	1.01	39.75	1.03	38.12	0.94	36.22	0.88	33.78	0.78	33.13	0.76
CaO	1.23	0.69	1.68	0.9	2.2	1.12	2.82	1.41	3.71	1.76	3.76	1.77
K_2O	0.25	0.69	0.32	0.85	0.36	0.91	0.38	0.94	0.36	0.84	0.37	0.86
TiO_2	1.12	1.9	1.27	2.06	1.33	2.05	1.57	2.38	1.71	2.45	1.92	2.74
Fe_2O_3	1.52	2.16	1.62	2.2	2.12	2.73	2.48	3.15	2.52	3.03	3.52	4.2
MgO	0	0	0.032	0.2	0.053	0.32	0.043	0.26	0.059	0.33	0.089	0.5
Na_2O	0.18	1.71	0.17	1.54	0.17	1.46	0.18	1.52	0.2	1.6	0.19	1.51
MnO	0.013	1.23	0.013	1.18	0.015	1.29	0.017	1.44	0.019	1.52	0.022	1.75
P_2O_5	0.075	1.08	0.076	1.04	0.082	1.07	0.091	1.17	0.1	1.22	0.12	1.45
Li	280	0.78	348	0.93	326	0.83	327	0.81	344	0.81	335	0.79
Be	4.06	0.88	3.35	0.69	5.2	1.03	5.78	1.12	7.43	1.36	8.19	1.5
F	474	1.04	535	1.12	598	1.19	789	1.55	684	1.27	1162	2.15
Sc	13.6	0.91	15.7	1	19.8	1.21	23.7	1.42	25.4	1.44	29.4	1.66
V	51.3	0.86	57.8	0.92	64.1	0.97	88.3	1.31	103	1.45	109	1.53
Cr	16	0.2	19.9	0.24	22.2	0.25	28.8	0.32	37.3	0.4	42.6	0.45
Co	1.63	0.64	1.74	0.65	2.15	0.76	2.9	1.01	3.61	1.19	4.44	1.45
Ni	6.46	0.6	8.14	0.72	8.87	0.75	9.97	0.83	10.6	0.83	13.1	1.02
Cu	28.3	0.85	46.6	1.34	42.4	1.16	48.9	1.32	59.9	1.53	70.6	1.79
Zn	26.2	0.62	54.4	1.23	40.4	0.87	50.3	1.06	67.5	1.35	86.8	1.73
Ga	25.2	0.66	34.2	0.86	34.4	0.82	41.1	0.96	49.5	1.1	61.2	1.35
As	0.18	0.18	0.33	0.32	0.71	0.66	1.01	0.91	0.42	0.36	1.38	1.17
Se	2.00	0.63	2.29	0.68	2.84	0.81	3.89	1.09	5.33	1.41	5.94	1.56

续表

元素	>120目		120~160目		160~300目		300~360目		360~500目		<500目	
	含量	EF	含量	EF	含量	EF	含量	EF	含量	EF	含量	EF
Rb	5.55	0.74	9.66	1.24	10.9	1.33	10.9	1.3	10.7	1.21	10.8	1.22
Sr	351	1.15	298	0.93	409	1.22	564	1.65	651	1.8	794	2.19
Y	30.7	1.02	34.8	1.1	43.3	1.3	52.8	1.57	57.5	1.61	65.5	1.83
Zr	479	0.76	479	0.73	665	0.96	811	1.16	959	1.29	1077	1.44
Nb	43	0.6	61.5	0.82	70.2	0.89	76.8	0.95	81.6	0.96	83	0.97
Mo	3.59	1.17	3.1	0.96	3.38	1	4.05	1.17	5.18	1.42	5.67	1.55
Cd	0.12	1.38	0.15	1.62	0.16	1.65	0.18	1.93	0.26	2.58	0.34	3.35
In	0.044	0.4	0.075	0.66	0.095	0.79	0.136	1.11	0.183	1.42	0.237	1.83
Sn	3.65	1.54	4.37	1.76	4.05	1.55	5.66	2.13	6.67	2.38	8.62	3.06
Sb	0.35	0.89	0.26	0.63	0.36	0.82	0.52	1.17	0.72	1.55	0.92	1.97
Cs	0.46	0.77	0.82	1.3	0.89	1.33	0.80	1.18	0.71	1	0.74	1.03
Ba	73.9	0.56	166	1.2	150	1.03	141	0.95	150	0.96	150	0.95
La	60.1	1.1	57.9	1.01	77.9	1.29	103	1.68	121	1.87	136	2.09
Ce	104	1.11	104	1.05	112	1.08	167	1.59	206	1.85	246	2.2
Pr	11.7	1.07	11.8	1.03	15.8	1.32	21	1.72	24.6	1.91	28.5	2.2
Nd	39.1	1.03	40.2	1	53.7	1.28	71.4	1.67	84.7	1.87	102	2.24
Sm	7.13	1.01	7.48	1.01	9.88	1.27	12.9	1.63	14.6	1.75	17.2	2.05
Eu	1.25	0.99	1.37	1.04	1.76	1.27	2.31	1.64	2.6	1.75	3.11	2.08
Gd	6.4	1.01	6.85	1.03	9.37	1.34	11.9	1.68	13.3	1.77	15.4	2.04
Tb	1.02	0.99	1.15	1.07	1.48	1.31	1.85	1.61	2.02	1.66	2.33	1.9
Dy	5.99	0.95	6.86	1.03	8.66	1.24	10.4	1.47	11.2	1.49	13	1.72
Ho	1.24	0.98	1.4	1.05	1.76	1.26	2.11	1.49	2.32	1.55	2.66	1.76
Er	3.6	1.01	4.04	1.08	5	1.27	5.9	1.47	6.29	1.49	7.53	1.77
Tm	0.53	0.99	0.59	1.06	0.70	1.21	0.85	1.44	0.90	1.44	1.04	1.65
Yb	3.39	0.95	3.69	0.98	4.74	1.2	5.42	1.35	5.89	1.39	6.88	1.61
Lu	0.50	0.98	0.55	1.02	0.69	1.23	0.79	1.37	0.84	1.39	0.98	1.61
Hf	14.2	0.66	16.4	0.73	20.3	0.86	23	0.96	26.6	1.05	29.5	1.16
Ta	2.85	0.77	4.04	1.04	4.51	1.1	4.91	1.18	5.07	1.15	5.26	1.19
W	3.3	0.78	4.03	0.91	3.9	0.84	3.98	0.84	4.37	0.87	4.55	0.9
Re	0.008	2.3	0.003	0.81	0.003	0.77	0.004	1.02	0.006	1.44	0.005	1.19
Hg	0.120	2.85	0.076	1.72	0.134	2.9	0.100	2.12	0.126	2.53	0.09	1.79
Tl	0.18	0.43	0.31	0.71	0.45	0.99	0.54	1.16	0.65	1.33	0.8	1.63
Pb	16	0.33	30.3	0.59	45.3	0.84	63.5	1.16	81.2	1.41	97.8	1.68
Bi	0.21	0.27	0.40	0.48	0.61	0.71	0.91	1.04	1.27	1.37	1.61	1.73
Th	36.6	1.13	37.2	1.09	44.5	1.24	53.8	1.48	59.4	1.54	66.9	1.73
U	7.89	0.85	9.02	0.92	10.5	1.02	10.9	1.04	12.3	1.11	12.7	1.14

注：氧化物单位为%，微量元素单位为 μg/g。

　　根据不同粒径飞灰中的元素含量，可以划分出 4 类元素。

　　a 类为随着飞灰粒径的减小富集程度有下降趋势的元素：SiO_2 和 Hg（图 4.10）。

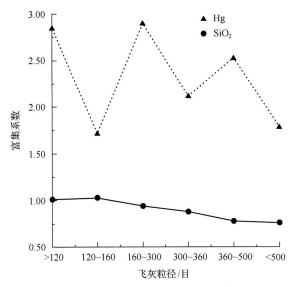

图 4.10　a 类元素在分级飞灰中的富集系数

　　随着粒径的减小，飞灰中的莫来石和刚玉含量增加，玻璃体含量减小（表 4.8）。而 Si 在莫来石相中的含量小于在玻璃体中的含量，因此 Si 的含量随着粒径的减小呈降低趋势。

　　Hg 的含量总的来说随分级飞灰粒径的减小有下降趋势，主要原因是随着粒径减小，飞灰的残炭量增高，残炭对 Hg 有一定的吸附作用。Hg 的含量与残炭量存在弱正相关关系（相关系数为 0.35，基于 6 个样品的分析）。在不同的烟气温度下收集的飞灰颗粒中都可发现，飞灰中 Hg 的含量基本上随着烟气温度的降低而升高，同时也随着飞灰残炭量的升高而升高（Sakulpitakphon et al.，2000，2003；Hower et al.，2000），但是相比之下，Hg 在低温捕集的飞灰中的含量明显大于在残炭量高的飞灰中的含量（Hower et al.，2000）。准格尔电厂飞灰与残炭量呈弱相关关系，相关系数为 0.35。

　　b 类为随着粒径的减小富集程度基本没有明显变化规律的元素或氧化物：K_2O、Na_2O、P_2O_5、Nb、Cr、Rb、Ta、U、W 和 Ni（图 4.11）。这类元素在煤中主要赋存于黏土矿物等硅酸盐矿物之中，经高温转化后进入莫来石晶格或者玻璃体中而被固定下来，因此极少逃逸出去。它们的沸点大多高于锅炉高温区的温度，在燃烧过程中很难以气态形式释放出来。除了 K_2O 和 P_2O_5 外，其他元素在电厂的挥发率都小于 10%。这些元素在不同粒径飞灰中分布比较均匀，说明它们的富集程度和飞灰颗粒的表面积没有太大关系，基本上比较均匀地分布于飞灰颗粒的表面和内部，反映了这些元素的单质或化合物在高温状态下很少有气化-凝结的过程。

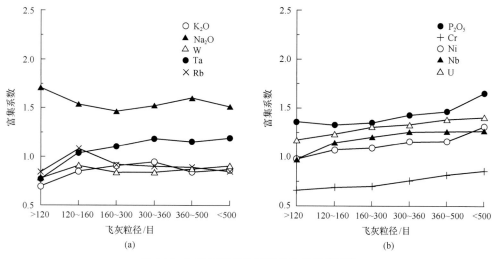

图 4.11　b 类元素在分级飞灰中的富集系数

c 类为随着粒径的减小富集程度有小幅度增加的元素或氧化物：TiO_2、MnO、Be、Ga、Sc、Hf、Th、MgO、Sc、Ba、Mo（图 4.12）。这组元素都是亲石元素，大都赋存于难熔矿物中，但也有少部分赋存于易熔矿物或者有机质中。

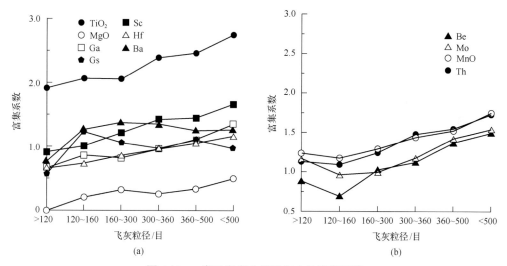

图 4.12　c 类元素在分级飞灰中的富集系数

d 类为随着粒径的减小富集程度明显上升的元素或氧化物：CaO、Fe_2O_3、Se、F、Co、V、Cu、Zn、As、Sr、Zr、Cd、Sn、Sb、Tl、Pb、Bi、In、REY（图 4.13）。其中 Fe_2O_3 随着粒径的减小，富集系数明显增加。这组元素基本上都是亲铜元素，少数为亲铁元素。这些元素在炉膛高温条件下往往有多种沸点较低的气、固态产物，部分产物的沸点低于除尘器出口的温度，另一部分产物的沸点低于炉膛温度，但是高于除尘器出口的温度，能够强烈富集在飞灰中，这是因为粒径越小的飞灰供元素凝结的表面积越大。Se 的挥发率很高（84.2%），但是该组部分元素的挥发率极低（如 CaO、Co、V、Cu、Sr、Zr），部分元素的挥发率中等（Fe_2O_3、F、Zn、As、Cd、Sn、Sb、Tl、Pb、Bi），随着粒径的减小，LREE 的富集系数较 HREE 提高更多[图 4.13（g）]。

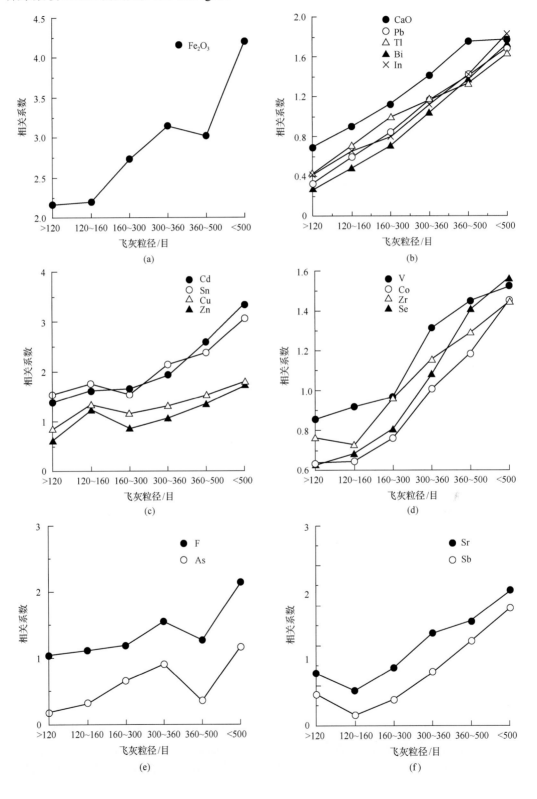

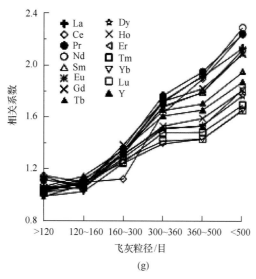

图 4.13 d 类元素在分级飞灰中的富集系数

四、不同粒径级别飞灰中的稀土元素

入炉煤原始飞灰、分级飞灰及飞灰、底灰中常量元素的氧化物、全硫、烧失量、微量元素的含量见表 4.13。由表可知，REE、LRE、HRE 的含量，以及 Seredin（2010）、Seredin 和 Dai（2012）分类中的参数（LREY、MREY、HREY；紧要的、不紧要的、过多的 REY）都随着粒径的减小（从＞120 目至＜500 目）而增大。而 LREE/HREE、紧要 REY/总 REY（REY$_{critical}$/REY）并没有明显变化。总体上，与上地壳（Taylor and McLennan，1985）相比，分级飞灰[图 4.14（a）]、原始飞灰和底灰[图 4.14（b）]富集轻稀土元素，且具有 Eu、Ce、Y 负异常特征，这与准格尔电厂入炉煤[图 4.14（b）]、准格尔煤田煤（Dai et al.，2006，2008b）的特征是一致的。

表 4.13 原始飞灰、底灰、入炉煤和分级飞灰中常量元素的氧化物、全硫、烧失量、微量元素

元素	＞120 目	120～160 目	160～300 目	300～360 目	360～500 目	＜500 目	原始飞灰	底灰	入炉煤
SiO_2/%	43.45	45.49	46.03	43.86	43.14	40.72	41.74	28.9	16.3
TiO_2/%	1.23	1.33	1.59	1.83	1.93	2.24	0.67	0.93	0.75
Al_2O_3/%	43.72	47.29	46.99	48.37	48.78	48.78	49.88	36.24	17.47
Fe_2O_3/%	1	1.27	1.47	1.79	2	2.2	0.8	1.1	0.94
MnO/%	0.007	0.009	0.011	0.014	0.015	0.018	0.012	0.013	0.007
MgO/%	0.12	0.12	0.15	0.17	0.18	0.19	0.17	0.24	0.05
CaO/%	0.73	1.08	1.24	1.66	1.82	2.58	2.03	2.19	0.23
Na_2O/%	0.05	0.04	0.04	0.04	0.04	0.04	0.12	0.28	0.04
K_2O/%	0.38	0.42	0.48	0.54	0.54	0.56	0.41	0.33	0.31
P_2O_5/%	0.06	0.05	0.06	0.07	0.075	0.108	0.079	0.097	0.109
S_t/%	0.03	0.06	0.05	0.1	0.04	0.06	0.05	0.08	0.41
LOI/%	9.02	2.69	1.64	1.3	1.08	1.89	4.12	30.05	64.36

元素	>120目	120~160目	160~300目	300~360目	360~500目	<500目	原始飞灰	底灰	入炉煤
Li/(μg/g)	296	271	254	240	225	240	408	316	164
Be/(μg/g)	2.6	2.57	3.45	4.3	4.82	6.36	5.23	4.36	2.9
F/(μg/g)	347	275	256	278	292	695	1034	229	534
Sc/(μg/g)	13.6	15.7	19.8	23.7	25.4	29.4	17	16.4	8.5
V/(μg/g)	41.8	45.1	57.3	70.8	77.3	97	68.3	63.8	34.6
Cr/(μg/g)	22	12.6	15.2	21.1	21.6	30	90.2	25.7	11.8
Co/(μg/g)	1.12	1.27	1.58	2.1	2.15	2.98	2.92	21.4	1.37
Ni/(μg/g)	7.4	8.24	9.16	10.2	12.1	13.7	12.3	65.5	4.25
Cu/(μg/g)	23.1	29.9	42.9	53.5	59.2	51.2	37.7	27.3	20
Zn/(μg/g)	11.5	13.8	22.8	35.5	31.5	42	48.1	32.9	127
Ga/(μg/g)	24.6	25	24.9	27	26.8	37.6	43.4	35.4	26.7
Ge/(μg/g)	0.66	0.69	0.78	0.95	1.01	1.62	1.46	2.26	1.2
Rb/(μg/g)	9.25	10.3	10.4	12.3	12.1	11.9	8.49	8.82	5.19
Sr/(μg/g)	108	86	107	171	186	322	347	412	254
Y/(μg/g)	20.1	23.7	30.3	35.2	39.9	54.4	34.25	38.3	20.1
Zr/(μg/g)	376	411	517	646	732	904	713	706	423
Nb/(μg/g)	40.1	46.3	50.7	57.5	58.6	65.1	81.9	59.6	29.2
Mo/(μg/g)	3.33	3.26	3.39	3.73	4.05	5.95	3.51	3.3	2.31
Cd/(μg/g)	0.41	0.45	0.59	0.79	0.81	1.03	0.1	0.09	0.11
In/(μg/g)	0.051	0.063	0.079	0.104	0.12	0.17	0.124	0.067	0.094
Sn/(μg/g)	3.98	4.21	5.26	5.73	5.75	8.52	2.7	3.99	3.16
Sb/(μg/g)	0.22	0.24	0.31	0.42	0.53	0.75	0.45	0.32	0.28
Cs/(μg/g)	0.82	0.88	0.9	0.92	0.93	0.9	0.69	0.67	0.31
Ba/(μg/g)	29.9	31.3	46.9	43.5	26.3	44	150	91.1	43.8
Hf/(μg/g)	11.6	12.9	15.6	18.5	20.5	24.7	24.4	20.6	11.5
Ta/(μg/g)	2.99	3.34	3.68	4.15	4.17	4.62	4.23	3.69	1.88
W/(μg/g)	3.95	4.09	3.93	4.13	4.06	4.68	4.82	242	4.45
Hg (ng/g)	155	50	42	28	27	31	50	10	500
Tl/(μg/g)	0.15	0.19	0.27	0.33	0.37	0.46	0.47	0.19	0.19
Pb/(μg/g)	14.6	20.8	34.3	46.5	54.6	77.2	55.5	23.9	36.7
Bi/(μg/g)	bdl	0.12	bdl	bdl	1.44	0.5	0.89	0.31	0.74
Th/(μg/g)	36.6	37.2	44.5	53.8	59.4	66.9	37	44.8	26.2
U/(μg/g)	6.89	7.7	9.14	10.1	10.9	12.7	10.6	10.9	5.39
La/(μg/g)	37.3	43.8	56.5	76.2	84.9	112	62.2	75.4	46.2
Ce/(μg/g)	78.2	94.7	123	152	165	222	107	118	80.1
Pr/(μg/g)	8.04	9.6	11.7	16.1	17.9	22.3	12.4	14.7	8.9
Nd/(μg/g)	27.1	32.8	41.3	55	60.6	81.7	43.4	49.4	29.7
Sm/(μg/g)	4.71	5.67	6.9	9.08	10.4	13.8	8.02	9.58	5.45

续表

元素	>120目	120~160目	160~300目	300~360目	360~500目	<500目	原始飞灰	底灰	入炉煤
Eu/(μg/g)	0.79	0.97	1.21	1.56	1.78	2.38	1.43	1.62	0.96
Gd/(μg/g)	4.95	5.94	7.18	9.33	10.71	13.8	7.2	8.46	4.79
Tb/(μg/g)	0.7	0.83	1.03	1.27	1.44	1.91	1.17	1.3	0.71
Dy/(μg/g)	4.26	4.95	6.07	7.47	8.38	10.9	7.21	7.86	4.16
Ho/(μg/g)	0.79	0.9	1.13	1.36	1.52	2.01	1.44	1.53	0.82
Er/(μg/g)	2.26	2.61	3.2	3.89	4.32	5.57	4.07	4.49	2.42
Tm/(μg/g)	0.32	0.36	0.45	0.54	0.61	0.79	0.6	0.62	0.35
Yb/(μg/g)	2.24	2.5	3.08	3.72	4.19	5.25	4.07	4.43	2.25
Lu/(μg/g)	0.29	0.34	0.41	0.5	0.56	0.72	0.58	0.62	0.32
LREE/(μg/g)	156	188	241	310	341	454	234	269	171
HREE/(μg/g)	15.8	18.4	22.6	28.1	31.7	41	26.3	29.3	15.8
LREE/HREE	9.9	10.2	10.7	11.0	10.7	11.1	8.9	9.2	10.8
REE/(μg/g)	172	206	263	338	372	495	261	298	187
LREY/(μg/g)	155	187	239	308	339	452	233	267	170
MREY/(μg/g)	30.8	36.4	45.8	54.8	62.2	83.4	51.3	57.5	30.7
HREY/(μg/g)	5.9	6.71	8.27	10	11.2	14.3	10.8	11.7	6.16
REY/(μg/g)	192	230	293	373	412	550	295	336	207
紧要的	55.2	65.9	83.1	104	116	157	91.5	103	58.1
非紧要的	55	65	82.3	111	124	162	89.8	108	65.3
过量的	81.8	98.8	128	158	172	231	114	125	83.8
La/Yb	16.7	17.5	18.3	20.5	20.3	21.3	15.3	17	20.5
REY$_{critical}$/REY	28.8	28.7	28.4	27.9	28.2	28.5	31	30.7	28.1

注: LOI 表示烧失量; S$_t$ 表示全硫; LREE 表示 La~Eu 含量之和; HREE 表示 Gd~Lu 含量之和; LREY 表示 La~Sm 含量之和; MREY 表示 Eu~Dy 及 Y 含量之和; HREY 表示 Ho~Lu 含量之和; bdl 表示低于检测限; REY$_{critical}$ 表示紧要的 REY。

本表数据为 2013 年重新检测的数据, 与 2007 年测得的表 4.12 所列数据一致性较好。

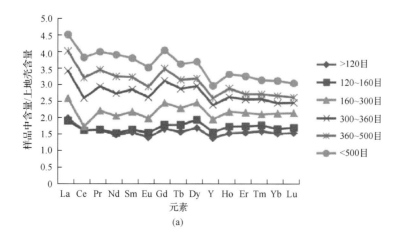

(a)

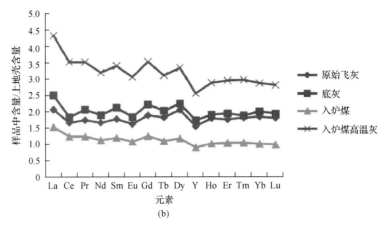

(b)

图 4.14 相对上地壳(UCC)标准化的稀土元素配分模式图

上地壳含量数据引自 Taylor 和 Mclennan(1985)

然而，与实验室高温灰、原始飞灰和底灰相反，在分级飞灰中 REY 呈现一定的分异性(图 4.15)。

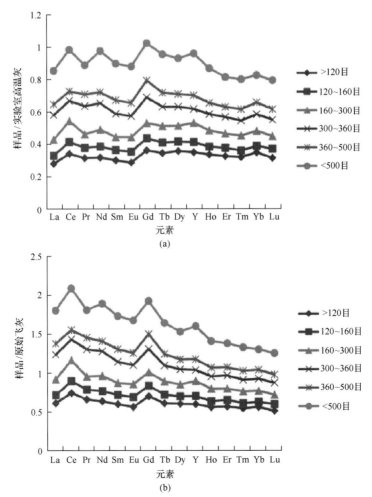

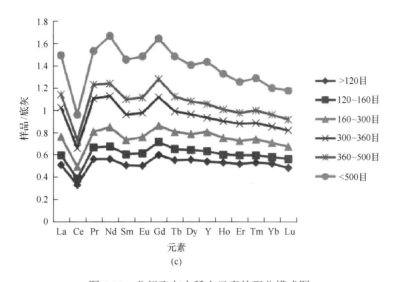

图 4.15　分级飞灰中稀土元素的配分模式图

(a)以实验室高温灰为基准进行标准化；(b)以原始飞灰为基准进行标准化；(c)以底灰为基准进行标准化

(1)相对于实验室高温灰(815℃)，所有粒径飞灰中几乎所有的 REY 都亏损，可能是因为飞灰和入炉煤并不完全对应，尽管其都是在同一时间采集的。所有粒径飞灰中的 REY 都属于 MREY 型($La_N/Sm_N<1$，$Gd_N/Lu_N>1$)，尽管 MREY 的富集并不十分显著。在所有粒径飞灰中，Ce 和 Eu 都分别表现出正异常和负异常，但是 Y 未表现出明显的异常(除了<500 目的粒径飞灰)。

(2)相对于未筛分的原始飞灰,细粒径飞灰(<300 目)富集 LREY,REY 含量较高（除了 300～360 目中的 Ho～Lu)，但是 REY 在粗粒径飞灰中(>300 目)的分异并不明显。相对于未筛分飞灰，分级飞灰中的 Ce 和 Eu 分别表现出正异常和负异常，实验室高温灰具有类似的特征。

(3)与底灰相比，轻 LREY 在细粒径飞灰中有轻微富集(<300 目)，但是稀土元素在较粗粒径飞灰中的分异并不明显(>300 目)。所有的分级飞灰都表现明显的 Ce 负异常，并且随着粒径的减小，Ce 的负异常更加明显。此外，所有的分级飞灰都表现出 Eu 的弱负异常。但是除了<500 目级飞灰，Y 并不分异。

Hower 等(2013b)在用电子探针结合波谱研究飞灰中 REY 时，利用 REY 中最富集的元素 Ce 作为 REY 的代表。Ce 主要在玻璃体中分散分布，因此 Ce 在飞灰中的含量随着玻璃体含量的升高而升高。但是 REY 含量并不足以在所有准格尔电厂飞灰玻璃质中检测出来，如在图 4.6(a)所示的玻璃体-尖晶石中就低于检测限。类似地，图 4.7 和图 4.8 中的玻璃体中也未检测出 REY。Y、La、Ce、Pr、Nd 在图 4.9(c)的飞灰颗粒中含钙的稀土碳酸盐矿物及含钙和氟的稀土碳酸盐矿物中被检测出来(飞灰的微区能谱半定量结果见表 4.14)。与 Hower 等(2013b)发现的 REY 与玻璃体具有明显的相关关系不同，发现准格尔电厂飞灰矿物中 REY 含量在一个较大范围内波动。

表 4.14　准格尔分级飞灰矿物和玻璃质的 SEM-EDS 数据

（质量分数，%）

测点	C	O	F	Mg	Al	Si	P	S	K	Ca	Ti	Fe	Y	Zr	Ba	La	Ce	Pr	Nd	Th	U
3A-1	7.59	31.65			13.11	23.52				3.51		20.63									
3A-2	5.88	24.54			14.98							54.60									
3B-1	7.12	21.6			17.62	4.08						49.58									
3B-2		35.05			30.27	34.68															
3C-1	6.54	25.76			24.61	3.90						39.19									
3C-2	8.67	32.15			19.62	23.83				1.51	1.17	12.92									
3D-1		33.45			22.09	31.74				4.81	1.64	6.27									
3D-2	7.11	18.93			12.34	1.78						59.84									
3D-3		32.31			31.05	36.64															
4A-1	4.81	32.65			23.97	12.19				25.23	1.15										
4A-2		37.03			59.67	3.31															
4B-1		35.82			64.18																
4C-1		36.67			54.04	5.84				3.45											
4C-2		32.95			28.53	19.42				11.37											
4D-1		28.97			60.11	10.92															
4D-2	12.64	30.57			26.0	29.75															
4F-1		32.65			45.18	6.19						15.98									
4F-2	5.40	28.67			22.72	8.71			0.25	0.4	0.91	32.94									
5A-1		34.11			27.56	38.34															
5A-2		27.51			27.37	21.52				23.61											
5A-3		31.37			68.63																

续表

测点	C	O	F	Mg	Al	Si	P	S	K	Ca	Ti	Fe	Y	Zr	Ba	La	Ce	Pr	Nd	Th	U
5C-1		24.97			8.23	14.11				52.70											
5C-2	6.37	22.59			23.99	6.07				40.98											
5C-3		36.06			25.30	38.64															
5C-4	7.97	21.95		0.85	3.37	14.59				51.28											
5D-1		19.47			3.16	1.25				76.12											
5D-2		23.83		1.06	10.04	4.55				54.27		6.25									
6A-1	7.65	16.72			14.48	14.19	1.02								45.93						
6A-2		32.3			30.48	37.22															
6B-1	9.31	16.16		2.57		0.96				26.99		43.99									
6B-2	9.11	13.05		6.37						3.15		67.18									
6B-3		38.69				61.31															
6C-1	27.86	6.09			0.97	3.87				6.37			2.08			7.85	26.85	3.86	14.20		
6C-2	23.46	10.32	4.08			3.09				6.34			2.71			7.82	24.85	3.23	11.82	2.29	
6D-1	13.31	21.56			1.87	14.85				1.56				42.93						2.60	1.31
6D-2	9.01	34.34			24.63	32.01															
6E-1		33.28			0.99						65.73										
6E-2		34.27			61.37	4.36															
6F-1	23.33	16.90			5.21	11.64		7.04	0.34	2.03		1.26			32.25						
6F-2	10.28	43.29			19.14	25.28			0.74		1.27										

注：除了测点6C-1和6C-2之外，所测碳含量都来自电镜实验所需的碳涂层；测点位置如图4.6～图4.9所示。

第五节　本 章 小 结

准格尔电厂燃煤产物的矿物组成主要由入炉煤的矿物组成决定，入炉煤中高含量的高岭石和勃姆石决定了燃煤产物中高含量的莫来石。准格尔电厂飞灰和底灰主要由玻璃体、莫来石、刚玉、石英、残炭及少量方解石和钾长石组成。

玻璃体是飞灰（52.6%～54.8%）和底灰（54.4%）最重要的成分。莫来石则是高铝飞灰（34.9%～37.4%）和底灰（27.2%）中含量最高的矿物，它是由高岭石转变的熔融玻璃体结晶形成的。刚玉是高铝燃煤产物的典型矿物成分，在准格尔电厂飞灰和底灰中的含量分别为3.9%～4%和3.2%。刚玉由入炉煤中的勃姆石转化而形成。

XRD分析结果显示，随着飞灰粒径的减小，刚玉含量呈上升趋势，而玻璃体含量呈降低趋势。莫来石含量随着飞灰粒径的减小而升高，可能颗粒较小的飞灰虽然在炉膛内停留时间较短，但局部受热温度更高，更有利于莫来石的结晶；总的来说，粒径较小的飞灰中莫来石含量相对较高，可能是由于颗粒较小的飞灰是由较细颗粒的黏土矿物转化形成的，它们在炉膛内的受热温度更高，更有利于莫来石的结晶。

与XRD分析结果相反，经光学显微镜下鉴定，玻璃体含量随粒径减小而减小。这可能是因为显微镜下观察到的玻璃体中包含了一定量的莫来石和刚玉。光学显微镜的鉴定方法受制于光学分辨率，电子探针和扫描电镜技术可以在微细范围内定量部分元素。

准格尔电厂飞灰中明显富集Al_2O_3（均值为51.87%），而SiO_2、Fe_2O_3、CaO、MgO、Na_2O、P_2O_5、As亏损。除了CaO、TiO_2、Fe_2O_3、MgO、Na_2O、Co、Ni、W，大部分元素（或元素的氧化物）在飞灰中较底灰中富集。根据元素或氧化物在飞灰和底灰中含量的比值f/b，可将它们分为3组：第Ⅰ组（Fe_2O_3和W）中的元素或氧化物的f/b<0.8；第Ⅱ组（CaO、TiO_2、MgO、Na_2O、MnO、Li、Cr、Co、Ni、Re）中的元素或氧化物的f/b为0.8～1.2；第Ⅲ组中的元素的f/b大于1.2，它们在飞灰中较底灰中富集更明显。

根据元素在燃煤过程中的挥发率（Kv），可以将元素或氧化物划分为A、B、C、D四组。A组（Al_2O_3、SiO_2、CaO、MgO、Na_2O、Li、Be、Sc、V、Cr、Co、Ni、Cu、Ga、Ge、Rb、Sr、Y、Zr、Nb、Sn、Sb、Cs、Ba、REE、Hf、Ta、W、Re、Th、U）的Kv值小20%；B组（K_2O、MnO、Mo、Ag、Cd、In、Au、Tl、Pb、Bi）的Kv值为20%～50%；C组（TiO_2、Fe_2O_3、P_2O_5、F、Zn、As）的Kv值为50%～80%，该组元素或氧化物在燃煤过程中表现了较大的挥发性；D组（Se和Hg）的Kv值大于80%，表明该组元素在燃煤过程中具有极强的挥发性。

莫来石相中富集As、TiO_2、Th、Al_2O_3、Bi、La、Ga、Ni、V，磁性飞灰中富集Fe_2O_3、CaO、MnO、TiO_2、Cs、Co、As、Cd、Ba、Ni、Sb、MgO、Zn、V，其余元素在玻璃相中富集。随着飞灰粒径的减小，SiO_2和Hg含量下降，K_2O、Na_2O、P_2O_5、Nb、Cr、Ta、U、W、Rb、Ni含量不随飞灰粒径的大小发生变化，其余元素（如F、V、Zn、Pb）具有不同程度的挥发性，含量随飞灰粒径的减小而上升。

准格尔电厂飞灰中的稀土元素值得特别关注。相对于原始飞灰，分级飞灰的Ce和Eu分别呈正异常和负异常，细粒径飞灰（<300目，即<50μm）相对富集LREE。相对于

底灰，所有的分级飞灰都表现明显的 Ce 负异常。场发射扫描电镜结合能谱可以检测出被包裹在飞灰玻璃体内矿物中的稀土元素 La、Ce、Pr、Nd。紧要的稀土元素(Nd、Eu、Tb、Dy、Y、Er)在细粒径飞灰中的含量高于粗粒径飞灰中的含量。而不紧要的(La、Pr、Sm、Gd)和过多的(Ce、Ho、Tm、Yb、Lu)稀土元素与紧要的稀土元素含量有相似的上升速度，导致所有的稀土元素都在细飞灰中相对富集。

稀土元素在不同粒径级别的飞灰中有不完全相同的配分模式，这应该归因于不同粒径飞灰组成的差别，粗粒径飞灰中未燃尽碳的含量较高，部分玻璃化的岩石碎屑的含量也较高，而细粒径飞灰相对更富玻璃体。

第五章 结 论

内蒙古准格尔煤田和大青山煤田是世界上非常罕见的煤型镓铝矿床，该类矿床同时富集稀土元素和锂等关键金属元素。国际著名煤地质专家、俄罗斯科学院 Vladimir Seredin 教授于 2012 年在能源领域国际著名期刊《国际煤地质学杂志》(*International Journal of Coal Geology*) 发表文章(Seredin, 2012)，对煤型镓铝矿床的发现和开发利用给予了评价，主要评价是：①"这是煤地质学上的第三个重要历史事件"；②"这是中国煤地质学家在过去 10 年的最重要发现"；③"从准格尔煤中利用关键金属元素，不仅对中国，而且对其他国家有潜在的重大价值"；④"煤中镓和镓矿床的发现，让煤中关键金属的提炼、传统或替代能源选择向前迈进了重要一步"。这是 Elsevier 自 1981 年《国际煤地质学杂志》创刊以来，首次以评述性文章介绍某一项研究成果。该矿床的基本特征总结如下。

1. 准格尔煤田和大青山煤田煤的基本特征

准格尔煤田黑岱沟矿、哈尔乌素矿、官板乌素矿主采煤层均主要为中低灰分、低硫、高挥发分的烟煤，整个煤田内 6 号煤的镜质组反射率变化不大。

大青山煤田阿刀亥矿主采煤层属于中灰分、低硫煤；而海柳树矿和大炭壕矿晚石炭世主采煤层均主要为高灰低硫的烟煤。大青山煤田煤的镜质组反射率在煤田内由东向西逐渐变低。其中，阿刀亥矿主采煤层因受晚侏罗纪、早白垩纪岩浆侵入活动的影响，镜质组反射率最高，而海柳树矿主采煤层受到岩浆热液影响甚微，煤镜质组反射率最低。

准格尔煤田和大青山煤田主采煤层的聚煤环境均以陆相为主，硫分在两个煤田均较低且变化不大。

2. 煤中矿物的主要成因

准格尔煤田黑岱沟矿、哈尔乌素矿、官板乌素矿煤的矿物组成相似，煤中勃姆石、磷锶铝石和部分高岭石来源于盆地北部物源区的本溪组风化壳铝土矿。大青山煤田阿刀亥矿与准格尔煤田主采煤层在泥炭堆积阶段具有类似的沉积源区。阿刀亥矿煤中的主要矿物有勃姆石、硬水铝石、磷钡铝石、方解石、白云石、菱铁矿和黏土矿物(主要是高岭石和铵伊利石)。形成硬水铝石、勃姆石和磷钡铝石的物质来自物源区本溪组风化壳铝土矿。

准格尔煤田和大青山煤田煤的矿物学与地球化学特征的差别主要归因于泥炭堆积阶段沉积源区的差别。准格尔煤田和大青山煤田阿刀亥矿主采煤层的物源以本溪组风化壳铝土矿为主，部分来源于聚煤盆地北部和西部的阴山古陆中元古代钾长花岗岩；海柳树矿和大炭壕矿主采煤层沉积于阴山古陆造山带内的次级拗陷(山间盆地)，其沉积源区是造山带内的次级隆起，主要由寒武-奥陶系及太古宙的变质岩组成。此外，不同的后生热液流体也是煤中矿物组成产生差异的原因之一。

大炭壕矿与海柳树矿煤中的矿物组成有明显区别，主要表现为石英含量上的差异，石英在大炭壕矿煤中较为丰富，但在海柳树矿煤中含量较微。大炭壕矿和海柳树矿的煤均沉积于造山带内的山间盆地，这两个煤矿煤中矿物组成的差异可能是由二者在泥炭堆积阶段周边不同的次级隆起作为沉积物源区所导致。

岩浆热液作用导致了阿刀亥矿与大炭壕矿煤中一些次生矿物的形成。阿刀亥矿煤中的硬水铝石是三水铝石在岩浆侵入烘烤作用下脱水的产物；岩浆侵入的烘烤作用还导致煤中的氮从有机质中释放出去，铵伊利石是高岭石和氮反应的产物；后生的方解石和白云石可能主要来源于岩浆热液。铵伊利石还赋存于大炭壕矿中，而在海柳树矿中未见。这是因为岩浆侵入对阿刀亥矿的煤影响较大，对海柳树矿的煤几乎没有造成影响，而对大炭壕矿的煤的影响介于二者之间。

3. 煤中关键金属元素的丰度特征

准格尔煤田和大青山煤田主采煤层中高度富集 Ga、Al、REY 等关键金属元素。表 6.1 总结了准格尔煤田和大青山煤田各矿主采煤层煤灰中关键金属元素含量及开发前景指数。准格尔煤田和大青山煤田煤灰中 Ga 含量均高于其工业品位。除大炭壕矿外，Al_2O_3 在各矿中的含量均高于工业品位；除海柳树矿外，REO 在各矿煤灰中的含量均高于工业品位。官板乌素矿中 REY 的开发前景指数(Seredin and Dai，2012)高于其他各矿。Li_2O 仅在官板乌素矿达到工业品位。

表 6.1 官板乌素矿、黑岱沟矿、哈尔乌素矿和阿刀亥矿煤灰中关键金属元素含量及开发前景指数

煤矿	厚度*/m	A_d/%	Al_2O_3/%	Ga/(µg/g)	Li_2O/(µg/g)	REO/(µg/g)	C_{outl}	$(Zr, Hf)_2O_5$	$(Nb, Ta)_2O_5$
官板乌素	11.50	20.25	43.88	77.8	2085	1121	1.23	1041	83.2
黑岱沟	27.81	17.62	62.44	44.5	499	1461	0.83	1861	251.8
哈尔乌素	28.41	18.05	53.43	135	1281	1404	0.92	2705	141.8
阿刀亥	16.50	24.95	44.46	72.9	57.4	976	0.93	3147	75.4
大炭壕	3.70	34.70	30.80	53.3	32.7	976	0.86	2256	80.7
海柳树	3.50	32.53	42.20	67.2	147.3	738	0.63	1402	71
工业品位	>5.00		40.00	50	2000	800~900	0.70	1600~2400** 3000***	80~100** 160~200***

注：元素值均为灰分基准；C_{outl} 表示稀土元素开发前景指数[引自 Seredin 和 Dai(2012)]。
*表示夹矸后的厚度；**表示沿海砂型矿床的工业利用标准；***表示风化壳沉积类型的边际品位。

除官板乌素矿和海柳树矿外，其他矿煤的$(Zr,Hf)_2O_5$含量高于沿海砂型矿床的工业利用标准，其中阿刀亥矿煤中$(Zr,Hf)_2O_5$含量高于风化壳沉积类型的边际品位。除阿刀亥矿和海柳树矿外，$(Nb,Ta)_2O_5$在其他各矿煤中含量均高于沿海砂型矿床的工业利用标准，其中黑岱沟矿煤中$(Nb,Ta)_2O_5$含量高于风化壳沉积类型的边界品位。

总之，除了个别矿含量低于工业品位外，准格尔煤田与大青山煤田煤中均富集 Al 和 Ga，证明其存在与煤共(伴)生的镓铝矿床。此外，REY、Zr、Hf、Nb、Ta 均有不同程度的富集，并且在大部分矿区煤中含量高于工业品位。官板乌素矿 6 号煤中的 Li_2O 具备从燃煤产物中提取利用的前景。

4. 煤中关键元素的主要矿物载体和赋存状态

Al：黑岱沟矿、哈尔乌素矿及官板乌素矿煤中 Al 的主要载体是勃姆石和高岭石；阿刀亥矿煤中黏土矿物、硬水铝石和磷钡铝石是 Al 的主要载体。

Ga：黑岱沟矿煤中 Ga 的主要载体是勃姆石；哈尔乌素矿煤中 Ga 的主要载体是勃姆石和有机质；官板乌素矿煤中 Ga 主要赋存于磷锶铝石中；阿道亥矿煤中 Ga 的主要载体是硬水铝石和高岭石；大炭壕矿煤中 Ga 的载体为以高岭石为主的黏土矿物。

REY：准格尔煤田与大青山煤田煤中稀土元素普遍与黏土矿物、磷酸盐矿物有关。大炭壕矿煤中 REY 的主要载体则为锐钛矿。

Li：官板乌素矿煤中 Li 的主要载体是热液成因的富锂绿泥石，其次为高岭石和伊利石。

Nb、Ta、Zr、Hf：准格尔煤田与大青山煤田煤中 Zr、Nb、Ta、Hf 的载体均为以高岭石为主的黏土矿物。

5. 准格尔电厂燃煤产物的组成及飞灰中镓的提取

准格尔电厂飞灰和底灰主要由玻璃体、莫来石、刚玉、石英、残炭及少量方解石和钾长石组成。玻璃体是飞灰(52.6%～54.8%)和底灰(54.4%)最重要的成分。莫来石则是高铝飞灰(34.9%～37.4%)和底灰(27.2%)中含量最高的矿物，它是由高岭石转变的熔融玻璃体结晶形成的。刚玉是高铝燃煤产物的典型矿物成分，由原煤中的勃姆石转化而形成。准格尔电厂飞灰中明显富集 Al_2O_3(51.87%)和 Ga(60.2μg/g)。飞灰中高度富集的稀土元素也值得关注。稀土元素在不同粒径级别的飞灰中有不完全相同的配分模式，主要是由粗细粒径飞灰组成的差别所致，粗粒径飞灰中未燃尽碳的含量较高，部分玻璃化的岩石碎屑的含量也较高，而细粒径飞灰相对更富玻璃体。

根据内蒙古准格尔电厂的燃煤产物中镓的赋存状态，设计开发了经济可行的从粉煤灰中提取铝和镓的实验方法。为了实现资源的最大化利用，亦需要考虑稀土元素、锂、硅等其他高附加值产品的回收利用，因此提出了粉煤灰综合利用的工艺方案和途径。关键金属元素的开发和利用，对保证关键金属资源的供给，保证资源的充分、合理利用，实现矿区的经济良性循环发展具有重要作用。

参 考 文 献

陈江峰. 2005. 准格尔电厂高铝粉煤灰特征及其合成莫来石的试验研究. 北京: 中国矿业大学(北京): 8-59.

陈钟惠. 1984. 内蒙准格尔煤田晚古生代含煤系的沉积和聚煤条件. 地球科学, (3): 105-113.

陈钟惠, 张守良, 熊文俊. 1984. 内蒙准格尔旗煤田晚古生代含煤岩系的沉积和聚煤条件. 地球科学, 9(3): 105-114.

程东, 沈芳, 柴东浩. 2001. 山西铝土矿的成因属性及地质意义. 太原理工大学学报, 32(6): 576-579.

代世峰. 2002. 煤中伴生元素的地质地球化学习性与富集模式. 北京: 中国矿业大学(北京): 39-56.

代世峰, 任德贻, 唐跃刚. 2005. 煤中常量元素的赋存特征与研究意义. 煤田地质与勘探, 33(2): 1-5.

代世峰, 任德贻, 李生盛. 2006a. 内蒙古准格尔超大型镓矿床的发现. 科学通报, 51(2): 177-185.

代世峰, 任德贻, 李生盛, 等. 2006b. 鄂尔多斯盆地东北缘准格尔煤田中超常富集勃姆石的发现. 地质学报, 80(2): 294-300.

代世峰, 任德贻, 周义平, 等. 2014. 煤型稀有金属矿床: 成因类型、赋存状态和利用评价. 煤炭学报, 39(8): 1707-1715.

冯宝华. 1989. 我国北方石炭-二叠纪火山灰沉积水解改造而成的高岭岩. 沉积学报, 7(1): 101-108.

高华. 2004. 离子选择电极法测定铝土矿、赤泥中的氟. 山西科技, (2): 73-744.

国家技术监督局. 1995. 煤岩术语: GB/T 12937—1995. 北京: 中国标准出版社: 74-83.

国家技术监督局. 1997. 煤中氟的测定方法: GB/T 4633—1997. 北京: 中国标准出版社: 1-4.

国家市场监督管理总局, 中国国家标准化管理委员会. 2018. 煤炭质量分级 第1部分: 灰分: GB/T 15224.1—2018. 北京: 中国标准出版社: 1.

韩德馨. 1996. 中国煤岩学. 徐州: 中国矿业大学出版社: 98-168.

韩德馨, 杨起. 1980. 中国煤田地质学: 下册. 北京: 煤炭工业出版社.

何季麟. 2003. 中国钽铌工业的进步与展望. 中国工程科学, 5(5): 40-46.

何锡麟, 张玉瑾, 朱梅丽. 1990. 内蒙准格尔旗晚古生代含煤地层与生物群. 徐州: 中国矿业大学出版社.

和政军, 李锦轶, 牛宝贵, 等. 1998. 燕山—阴山地区晚侏罗世强烈推覆—隆升事件及沉积响应. 地质评论, 44(4): 407-418.

黄维清, 周俊杰, 郑荣华. 2007. 济宁煤田金乡矿区岩浆活动及对煤层煤质的影响. 中国煤田地质, 19(5): 16-17, 64.

黄文辉, 孙磊, 马延英, 等. 2007. 内蒙古自治区胜利煤田锗矿地质及分布规律. 煤炭学报, 32(11): 1147-1151.

李洪喜, 杜松金, 张庆龙, 等. 2004. 内蒙古大青山地区构造特征与成矿关系. 地质与勘探, 40(2): 46-50.

广东轻工职业技术学院. 一种含镓矿物中镓的提取方法: CN 01129995.9.

李生盛. 2005. 鄂尔多斯盆地东缘晚古生代煤中微量元素地球化学研究. 北京: 中国矿业大学(北京): 25-64.

李星学. 1954. 内蒙古大青山石拐子煤田的地层及其间几个不整合的意义. 地质学报, 34(4): 411-436.

梁汉东. 2001. 中国典型超高硫煤有机相中分子氯存在的实验证据. 燃料化学学报, 29(5): 385-389.

梁绍暹, 任大伟, 王水利, 等. 1997. 华北石炭—二叠纪煤系粘土岩夹矸中铝的氢氧化物矿物研究. 地球科学, 32(4): 478-485.

廖克光. 1987. 太原西山煤田石炭-二叠纪孢粉组合及比较. 煤炭科学技术, 6(增刊): 65-71.

林万智. 1984. 中朝板块晚古生代的古地磁特征. 物探与化探, 8(5): 297-305.

刘长龄, 时子祯. 1985. 山西、河南高铝粘土铝土矿矿床矿物学研究. 沉积学报, 3(2): 18-36.

刘长龄, 覃志安. 1999. 论中国岩溶铝土矿的成因与生物和有机质的成矿作用. 地质找矿论丛, 1999, 14(4): 24-28.

刘焕杰, 张瑜瑾, 王宏伟, 等. 1991. 准格尔煤田含煤建造岩相古地理学研究. 北京: 地质出版社: 1-35.

刘钦甫, 张鹏飞. 1997. 华北晚古生代煤系高岭岩物质组成和成矿机理研究. 北京: 海洋出版社: 24-38.

刘英俊, 曹励明. 1993. 元素地球化学导论. 北京: 地质出版社.

刘英俊, 曹励明, 李兆麟, 等. 1984. 元素地球化学. 北京: 科学出版社: 548.

鲁百合. 1996. 我国煤层中氟与氯的赋存特征. 煤田地质与勘探, 24(1): 9-12.

农衡才. 1999. 浅谈区域岩浆热液对广西煤变质的影响. 中国煤田地质, 11(3): 11-13.

戚华文, 胡瑞忠, 苏文超, 等. 2003. 陆相热水沉积成因硅质岩与超大型锗矿床的成因-以临沧锗矿床为例. 中国科学(D辑), 33(3): 236-246.

琪木道尔吉. 1980. 内蒙主要含煤建造与构造体系的关系. 煤田地质与勘探, 1(1): 26-30.

钱觉时. 2002. 粉煤灰特性与粉煤灰混凝土. 北京: 科学出版社: 278.

全国矿产储量委员会办公室. 1987. 矿产工业要求参考手册. 北京: 地质出版社: 195-196.

任德贻, 赵峰华, 代世峰, 等. 2006. 煤的微量元素地球化学. 北京: 科学出版社: 421-422.

邵义义, 陈江峰, 吕劲, 等. 2004. 燃煤电厂粉煤灰的矿物学研究. 煤炭学报, 29(4): 449-452.

宋晓林. 2014. 煤型稀有金属矿床: 成因类型、赋存状态和利用评价. 煤炭学报, 39(8): 1707-1715.

孙俊民, 孙志宽, 姚强, 等. 2001. 燃煤固体产物中元素分布特征. 热能动力工程, 16(6): 601-603.

孙俊民, 姚强, 刘惠永, 等. 2005. 燃煤飞灰中铁质微珠的显微结构及其组成研究. 燃料化学学报, 33(3): 263-266.

孙枢. 1966. 沉积岩中的含硫和钙的磷锶铝石. 地质科学, (1): 22-31.

唐修义, 黄文辉. 2004. 中国煤中微量元素. 北京: 商务印书馆: 6-11, 24-25.

涂光炽, 高振敏, 胡瑞忠, 等. 2004. 分散元素地球化学及成矿机制. 北京: 地质出版社: 368-395.

王冠, 李华玲, 任静, 等. 2013. 高分辨电感耦合等离子体质谱法测定地质样品中稀土元素的氧化物干扰研究. 岩矿测试, 32(4): 561-567.

王双明. 1996. 鄂尔多斯盆地聚煤规律及煤炭资源评价. 北京: 煤炭工业出版社: 439.

王水利, 葛岭梅. 2007. 大青山煤田煤系高岭岩稀土元素地球化学特征. 煤田地质与勘探, 35(1): 1-5.

王素娟. 1982. 内蒙准格尔旗窑沟煤矿晚石炭世和早二迭世孢粉组合. 煤炭学报, 7(2): 36-44.

王文峰, 秦勇, 宋党育. 2003. 燃煤电厂中微量元素迁移释放研究. 环境科学学报, 23(6): 748-752.

徐文东. 2004. 电厂燃煤中主要有害元素的种类、迁移及潜在环境影响. 北京: 中国科学院研究生院: 19-94.

鄢明才, 迟清华. 1997. 中国东部地壳与岩石的化学组成. 北京: 科学出版社.

杨起. 1999. 中国煤的叠加变质作用. 地学前缘, 6(S1): 1-8.

张国斌. 2001. 大高庄井田煤系稀有元素赋存特征与开发利用前景. 中国煤田地质, 13(2): 15, 21, 118.

张慧, 贾炳文, 周安朝, 等. 2000a. 大青山巨厚煤层夹矸中高岭石的显微特征及其成因意义. 矿物学报, 20(2): 117-120.

张慧, 周安朝, 郭敏泰, 等. 2000b. 沉积环境对降落火山灰蚀变作用的影响——以大青山晚古生代煤系为例. 沉积学报, 18(4): 515-520.

张军营. 1999. 煤中潜在毒害微量元素富集规律及其污染性抑制研究. 北京: 中国矿业大学(北京).

张庆龙, 金曒昆. 1999. 济宁煤田金乡勘探区岩浆岩的侵入特征以及对煤层的影响. 河北建筑科技学院学报, 16(3): 72-78.

张勇, 王西勃, 孙莹莹, 等. 2008. 煤灰化过程中有益元素镓的迁移和变化特征——以内蒙古准格尔富镓煤为例. 矿物岩石地球化学通报, 27(2): 133-136.

张战军, 孙俊民, 赫英, 等. 2006. 高铝粉煤灰中部分主微量元素的分布规律研究. 地球化学, 35(6): 660-666.

章柏盛. 1984. 黔中石炭纪铝土矿矿床成因等若干问题的初步探讨. 地质评论, 30(6): 553-560.

赵蕾. 2007. 准格尔燃煤电厂高铝粉煤灰的化学组成与物相特征. 北京: 中国矿业大学(北京): 82.

赵蕾, 代世峰, 张勇, 等. 2008. 内蒙古准格尔燃煤电厂高铝粉煤灰的矿物组成与特征. 煤炭学报, 33(10): 1168-1172.

赵永椿, 张军营, 高全, 等. 2006. 燃煤飞灰中磁珠的化学组成及其演化机理研究. 中国机电工程学报, 26(1): 82-86.

赵跃民. 2004. 煤炭资源综合利用手册. 北京: 科学出版社.

中国煤田地质总局. 1996. 鄂尔多斯盆地聚煤规律及煤炭资源评价. 北京: 煤炭工业出版社.

中华人民共和国国家质量监督检验检疫总局, 中国国家标准化管理委员会. 2008. 煤层煤样采取方法: GB/T 482—2008. 北京: 中国标准出版社: 1-9.

中华人民共和国国家质量监督检验检疫总局, 中国国家标准化管理委员会. 2010. 煤炭质量分级 第 2 部分: 硫分: GB/T 15224.2—2010. 北京: 中国标准出版社: 1-2.

中华人民共和国国家质量监督检验检疫总局. 2002. 固体矿产地质勘查规范总则: GB/T 13908—2002. 北京: 中国标准出版社.

中华人民共和国国土资源部. 2003. 煤、泥炭地质勘查规范: DZ/T 0215—2002. 北京: 地质出版社.

钟蓉, 陈芬. 1988. 大青山煤田石炭纪含煤建造研究. 北京: 地质出版社: 64.

周安朝, 贾炳文. 2000. 内蒙古大青山煤田晚古生代沉积砾岩的物源分析. 太原理工大学学报, 31(5): 498-504.

周安朝, 贾炳文, 马美玲, 等. 2001. 华北板块北缘晚古生代火山事件沉积的全序列及其主要特征. 地质评论, 47(2): 175-183.

周安朝, 刘东娜, 马美玲. 2010. 大青山煤田砂岩特征及其构造意义. 煤炭学报, 35(6): 969-974.

周义平. 1999. 中国西南龙潭早期碱性火山灰蚀变的 TONSTEINS. 煤田地质与勘探, 27(6): 5-9.

周义平, 任友谅. 1982. 西南晚二叠世煤田煤中镓的分布和煤层氧化带内镓的地球化学特征. 地质论评, 28(1): 47-59, 46.

周义平, 任友谅. 1994. 滇东黔西晚二叠世煤系中火山灰蚀变粘土岩的元素地球化学特征. 沉积学报, 12(2): 123-132.

周义平, 汤大忠, 任友谅. 1992. 滇东晚二叠世煤田中火山灰蚀变粘土岩夹矸(TONSTEIN)的锆石特征. 沉积学报, 10(2): 28-38.

庄汉平, 卢家烂, 傅家谟, 等. 1998. 临沧超大型锗矿床锗赋存状态研究. 中国科学(D 辑), 28(增刊): 37-42.

邹建华, 李大华, 刘东, 等. 2012. 内蒙古阿刀亥矿晚古生代煤中矿物的赋存状态及成因. 矿物岩石地球化学通报, 31(2): 135-138.

Ardini F, Soggia F, Rugi F, et al. 2010. Comparison of inductively coupled plasma spectrometry techniques for the direct determination of rare earth elements in digests from geological samples. Analytica Chimica Acta, 678: 18-25.

ASTM. 2007a. Test Methods for Total Sulfur in the Analysis Sample of Coal and Coke: ASTM Standard D3177-02. ASTM International, West Conshohocken, PA.

ASTM. 2007b. Standard Test Method for Forms of Sulfur in Coal: ASTM Standard D2492-02. ASTM International, West Conshohocken, PA.

ASTM. 2011a. Test Method for Moisture in the Analysis Sample of Coal and Coke: ASTM Standard D3173-11. ASTM International, West Conshohocken, PA.

ASTM. 2011b. Test Method for Ash in the Analysis Sample of Coal and Coke: ASTM Standard D3174-11. ASTM International, West Conshohocken, PA.

ASTM. 2011c. Test Method for Volatile Matter in the Analysis Sample of Coal and Coke: ASTM Standard D3175-11. ASTM International, West Conshohocken, PA.

ASTM. 2011d. Standard Practice for Preparing Coal Samples for Microscopical Analysis by Reflected Light: ASTM Standard D2797/D2797M-11a. ASTM International, West Conshohocken, PA.

ASTM. 2011e. Standard Test Method for Microscopical Determination of the Vitrinite Reflectance of Coal: ASTM Standard D2798-11. ASTM International, West Conshohocken, PA.

ASTM. 2011f. Standard Test Method for Microscopical Determination of the Maceral Composition of Coal: ASTM Standard D2799-11. ASTM International, West Conshohocken, PA.

ASTM. 2012. Classification of Coals by Rank: ASTM Standard D388-12. ASTM International, West Conshohocken, PA.

ASTM. 2015. Standard Test Method for Total Fluorine in Coal and Coke by Pyrohydrolytic Extraction and Ion Selective Electrode or Ion Chromatograph Methods: ASTM D5987-96. ASTM Internationa West Conshohocken, PA.

ASTM. 2017. Standard Specification for Coal Fly Ash and Raw or Calcined Natural Pozzolan for Use in Concrete: ASTM Standard C618-17. ASTM International, West Conshohocken, PA.

Bailey S W, Lister J S. 1989. Structures, compositions and X-ray diffraction identification of dioctahedral chlorites. Clays and Clay Minerals, 37(3): 193-202.

Balme B E. 1995. Fossil in situ spores and pollen grains: an annotated catalogue. Review of Palaeobotany and Palynology, 87: 81-323.

Banerji P K. 1998. A plea for systematic study on some unusual aspects of bauxite at Salal, Jammu and Kashmir [India]. Indian Minerals, 42(1): 65-70.

Bao Z W, Zhao Z H. 2008. Geochemistry of mineralization with exchangeable REY in the weathering crusts of granitic rocks in South China. Ore Geology Reviews, 33: 519-535.

Bau M, Dulski P. 1996. Distribution of yttrium and rare-earth elements in the Penge and Kuruman iron-formations, Transvaal Supergroup, South Africa. Precambrian Research, 79: 37-55.

Belkin H E, Tewalt S J, Hower J C, et al. 2010. Petrography and geochemistry of Oligocene bituminous coal from the Jiu Valley, Petroşani Basin (southern Carpathian Mountains), Romania. International Journal of Coal Geology, 82: 68-80.

Bibby D M. 1997. Composition and variation of pulverized fuel ash obtained from the combustion of sub-bituminous coals, New Zealand. Fuel, 56(4): 427-431.

Bohor B F, Triplehorn D M. 1993. Tonsteins: altered volcanic-ash layers in coal-bearing sequences. Geological Society of America, Special Paper, 285: 44.

Boudou J P, Schimmelmann A, Ader M, et al. 2008. Organic nitrogen chemistry during low-grade metamorphism. Geochimica et Cosmochimica Acta, 72(4): 1199-1221.

Bouška V. 1981. Geochemistry of Coal.Amsterdam: Elsevier: 284.

Bouška V, Pesek J. 1983. Boron in the aleuropelites of the Bohemian massif. In 5th Meeting of the European Clay Groups, Prague: 147-155.

Bouška V, Pešek J. 1999. Quality parameters of lignite of the North Bohemian Basin in the Czech Republic in comparison with the world average lignite. International Journal of Coal Geology, 40: 211-235.

Bouška V, Pešek J, Sýkorová I. 2000. Probable modes of occurrence of chemical elements in coal. Acta Montana, 10(117): 53-90.

Brown K L, McDowell G D. 1983.pH control of silica scaling. Proceedings of the 5th New Zealand Geothermal Workshop, Aukland: 157-161.

Brownfield M E, Affolter R H, Cathcart J D, et al. 2005. Geologic setting and characterization of coal and the modes of occurrence of selected elements from the Franklin coal zon, Puget Group, John Henry No. 1 mine, King county, Washington. International Journal of Coal Geology, 63: 247-275.

Burger K, Zhou Y P, Tang D Z. 1990. Synsedimentary volcanic-ash-derived illite tonsteins in Late Permian coal-bearing formations of southwestern China. International Journal of Coal Geology, 15: 341-356.

Burger K, Bandelow F K, Bieg G. 2000. Pyroclastic kaolin coal-tonsteins of the Upper Carboniferous of Zonguldak and Amasra, Turkey. International Journal of Coal Geology, 45: 39-53.

Cai D J, Rui Y K. 2011. Determination of rare earth elements in Camellia oleifera seeds from rare earth elements mining areas in Southern Jiangxi, China by ICP-MS. Journal für Verbraucherschutz und Lebensmittelsicherheit, 6: 349-351.

Calder J, Gibling M, Mukhopadhyay P K. 1991. Peat formation in a Westphalian B piedmont setting, Cumberland Basin, Nova Scotia: implications for the maceral-based interpretation of rheotrophic and raised paleomires. Bulletin de Lasociete Geologique de France, 162(2): 283-298.

Cao X D, Yin M, Wang X R. 2001. Elimination of the spectral interference from polyatomic ions with rare earth elements in inductively coupled plasma mass spectrometry by combining algebraic correction with chromatographic separation. Spectrochimica Acta Part B: Atomic Spectroscopy, 56: 431-441.

Caswell S A. 1981. Distribution of water-soluble chlorine in coals using stains and acetate peels. Fuel, 60: 1164-1166.

Caswell S A, Holmes I F, Spears D A. 1984.Water-soluble chlorine and associated major cations from the coal and mudrocks of the Cannock and North Staffordshire coalfields. Fuel, 63: 774-781.

Chen H W. 2007. Rare earth elements (REEs) in the late Carboniferous coal from the Heidaigou Mine, Inner Mongolia, China. Energy Exploration & Exploitation, 25: 185-194.

Chou C L. 1997.Abundances of sulfur, chlorine, and trace elements in Illinois Basin coals, USA. Proceedings of the 14th Annual International Pittsburgh Coal Conference & Workshop, Taiyuan: 76-87.

Chou C L. 2012. Sulfur in coals: a review of geochemistry and origins. International Journal of Coal Geology, 100: 1-13.

Cox J A, Przyjazny A, Schlyter C, et al. 1992. Application of ion chromatography to the analysis of coal. Singapore City: World Scientific Press: 33-48.

Creelman R A, Ward C R, Schumacher G, et al. 2013. Relation between coal mineral matter and deposit mineralogy in pulverized fuel furnaces. Energy Fuels, 27: 5714-5724.

Crock J G, Lichte F E. 1982. Determination of rare earth elements in geological materials by inductively coupled argon plasma/atomic emission spectrometry. Analytical Chemistry, 54: 1329-1332.

Crowley S S, Stanton R W, Ryer T A. 1989. The effects of volcanic ash on the maceral and chemical composition of the C coal bed, Emery Coal Field, Utah. Organic Geochemistry, 14: 315-331.

Dai S F, Chou C L. 2007. Occurrence and origin of minerals in a chamosite-bearing coal of Late Permian age, Zhaotong, Yunnan, China. American Mineralogist, 92: 1253-1261.

Dai S F, Ren D Y. 2007.Effects of magmatic intrusion on mineralogy and geochemistry of coals from the Fengfeng-Handan coalfield, Hebei, China. Energy and Fuels, 21: 1663-1673.

Dai S F, Finkelman R B. 2018. Coal as a promising source of critical elements: progress and future prospects. International Journal of Coal Geology, 186: 155-164.

Dai S F, Ren D Y, Tang Y G, et al. 2002.Distribution, isotopic variation and origin of sulfur in coals in the Wuda Coalfield, Inner Mongolia, China. International Journal of Coal Geology, 51: 237-250.

Dai S F, Ren D Y, Ma S M. 2004. The cause of endemic fluorosis in western Guizhou Province, Southwest China. Fuel, 83: 2095-2098.

Dai S F, Ren D Y, Tang Y G, et al. 2005.Concentration and distribution of elements in Late Permian coals from western Guizhou Province, China. International Journal of Coal Geology, 61:119-137.

Dai S F, Ren D Y, Chou C L, et al.2006. Mineralogy and geochemistry of the No. 6 Coal (Pennsylvanian) in the Jungar Coalfield, Ordos Basin, China. International Journal of Coal Geology, 66: 253-270.

Dai S F, Ren D Y, Zhou Y P, et al. 2008a. Mineralogy and geochemistry of a superhigh-organic-sulfur coal, Yanshan Coalfield, Yunnan, China: evidence for a volcanic ash component and influence by submarine exhalation. Chemical Geology, 255: 182-194.

Dai S F, Li D, Chou C L,et al. 2008b. Mineralogy and geochemistry of boehmite-rich coals: new insights from the Haerwusu Surface Mine, Jungar Coalfield, Inner Mongolia, China. International Journal of Coal Geology, 74: 185-202.

Dai S F, Tian L, Chou C L, et al. 2008c. Mineralogical and compositional characteristics of Late Permian coals from an area of high lung cancer rate in Xuan Wei, Yunnan, China: occurrence and origin of quartz and chamosite. International Journal of Coal Geology, 76: 318-327.

Dai S F, Zhou Y P, Zhang M, et al.2010a. A new type of Nb (Ta)–Zr(Hf)–REE–Ga polymetallic deposit in the late Permian coal-bearing strata, eastern Yunnan, southwestern China: possible economic significance and genetic implications. International Journal of Coal Geology, 83: 55-63.

Dai S F, Zhao L, Peng S P, et al. 2010b. Abundances and distribution of minerals and elements in high-alumina coal fly ash from the Jungar Power Plant, Inner Mongolia, China. International Journal of Coal Geology, 81: 320-332.

Dai S F, Wang X B, Zhou Y P, et al.2011. Chemical and mineralogical compositions of silicic, mafic, and alkali tonsteins in the late Permian coals from the Songzao Coalfield, Chongqing, Southwest China. Chemical Geology, 282: 29-44.

Dai S F, Jiang Y F, Ward C R, et al.2012a. Mineralogical and geochemical compositions of the coal in the Guanbanwusu Mine, Inner Mongolia, China: further evidence for the existence of an Al (Ga and REE) ore deposit in the Jungar Coalfield. International Journal of Coal Geology, 98: 10-40.

Dai S F, Ren D Y, Chou C L, et al. 2012b. Geochemistry of trace elements in Chinese coals: a review of abundances, genetic types, impacts on human health, and industrial utilization. International Journal of Coal Geology, 94: 3-21.

Dai S F, Wang X B, Seredin V V, et al.2012c. Petrology, mineralogy, and geochemistry of the Ge-rich coal from the Wulantuga Ge ore deposit, Inner Mongolia, China: new data and genetic implications. International Journal of Coal Geology, 90-91: 72-99.

Dai S F, Zou J H, Jiang Y F, et al. 2012d. Mineralogical and geochemical compositions of the Pennsylvanian coal in the Adaohai Mine, Daqingshan Coalfield, Inner Mongolia, China: modes of occurrence and origin of diaspore, gorceixite, and ammonian illite. International Journal of Coal Geology, 94: 250-270.

Dai S F, Zhang W G, Seredin V V, et al.2013a. Factors controlling geochemical and mineralogical compositions of coals preserved within marine carbonate successions: a case study from the Heshan Coalfield, southern China. International Journal of Coal Geology, 109-110: 77-100.

Dai S F, Zhang W G, Ward C R, et al. 2013b. Mineralogical and geochemical anomalies of late Permian coals from the Fusui Coalfield, Guangxi Province, southern China: influences of terrigenous materials and hydrothermal fluids. International Journal of Coal Geology, 105: 60-84.

Dai S F, Luo Y B, Seredin V V, et al.2014a. Revisiting the late Permian coal from the Huayingshan, Sichuan, southwestern China: enrichment and occurrence modes of minerals and trace elements. International Journal of Coal Geology, 122: 110-128.

Dai S F, Zhao L, Hower J C, et al. 2014b. Petrology, mineralogy, and chemistry of size-fractioned fly ash from the Jungar Power Plant, Inner Mongolia, China, with emphasis on the distribution of rare earth elements. Energy & Fuels, 28: 1502-1514.

Dai S F, Seredin V V, Ward C R, et al. 2014c. Composition and modes of occurrence of minerals and elements in coal combustion products derived from high-Ge coals. International Journal of Coal Geology, 121: 79-97.

Dai S F, Wang P P, Ward C R, et al.2015a. Elemental and mineralogical anomalies in the coal-hosted Ge ore deposit of Lincang, Yunnan, southwestern China: key role of N_2–CO_2-mixed hydrothermal solutions. International Journal of Coal Geology, 152, （Part A）: 19-46.

Dai S F, Yang J Y, Ward C R, et al.2015b. Geochemical and mineralogical evidence for a coal-hosted uranium deposit in the Yili Basin, Xinjiang, northwestern China. Ore Geology Reviews, 70: 1-30.

Dai S F, Vladimir V V, Ward C R, et al. 2015c. Enrichment of U-Se-Mo-Re-V in coals preserved within marine carbonate successions: geochemical and mineralogical data from the Late Permian Guiding Coalfield, Guizhou, China. Miner Deposita, 50:159-186.

Dai S F, Li T, Jiang Y F, et al.2015d. Mineralogical and geochemical compositions of the Pennsylvanian coal in the Hailiushu Mine, Daqingshan Coalfield, Inner Mongolia, China: implications of sediment-source region and acid hydrothermal solutions. International Journal of Coal Geology, 137: 92-110.

Dai S F, Graham I T, Ward C R. 2016.A review of anomalous rare earth elements and yttrium in coal. International Journal of Coal Geology, 159: 82-95.

Dai S F, Xie P P, Ward C R, et al.2017a. Anomalies of rare metals in Lopingian super-high-organic-sulfur coals from the Yishan Coalfield, Guangxi, China. Ore Geology Reviews, 88: 235-250.

Dai S F, Xie P P, Jia S H, Ward C R, et al. 2017b. Enrichment of U-Re-V-Cr-Se and rare earth elements in the Late Permian coals of the Moxinpo Coalfield, Chongqing, China: genetic implications from geochemical and mineralogical data. Ore Geology Reviews, 80: 1-17.

Dai S F, Yan X Y, Ward C R, et al.2018a. Valuable elements in Chinese coals: a review. International Geology Review, 60: 590-620.

Dai S F, Nechaev V P, Chekryzhov I Y, et al.2018b. A model for Nb–Zr–REE–Ga enrichment in Lopingian altered alkaline volcanic ashes: key evidence of H-O isotopes. Lithos, 302-303: 359-369.

Daniels E J, Altaner S P. 1990. Clay mineral authigenesis in coal and shale from the Anthracite region, Pennsylvania. American Mineralogist, 75: 825-839.

Daniels E J, Altaner S P. 1993. Inorganic nitrogen in anthracite from eastern Pennsylvania, Washington. International Journal of Coal Geology, 22: 21-35.

Daybell G N, Pringle W J S. 1958. The mode of occurrence of chlorine in coal. Fuel, 37: 283-292.

Demir I, Hughes R E, De Maris P J. 2001. Formation and use of coal combustion residues from three types of power plants burning Illinois Coals. Fuel, 80: 1659-1673.

Depoi F S, Pozebon D, Kalkreuth W D. 2008. Chemical characterization of feed coals and combustion-by-products from Brazilian power plants. International Journal of Coal Geology, 76: 227-236.

Diessel C F K. 1982. An appraisal of coal facies based on maceral characteristics. Australian Journal of Coal Geology, 4: 474-484.

Diessel C F K. 1986. The correlation between coal facies and depositional environments. Proceedings of 20th Symposium on Advances in the Study of the Sydney Basin, Newcastle: 19-22.

Dolcater D L, Syers J K, Jackson M L. 1970. Titanium as free oxide and substituted forms in kaolinites and other soil minerals. Clays and Clay Minerals, 18: 71-79.

Doughten M W, Gillison J R. 1990. Determination of selected elements in whole coal and in coal ash from the eight Argonne Premium coal samples by atomic absorption spectrometry, atomic emission spectrometry, and ion-selective electrode. Energy Fuels, 4(5): 426-430.

Du G, Zhuang X, Querol X, et al. 2009.Ge distribution in the Wulantuga high-germanium coal deposit in the Shengli Coalfield, Inner Mongolia, northeastern China. International Journal of Coal Geology, 78: 16-26.

Duddy I R. 1980. Redistribution and fractionation of rare-earth and other elements in a weathering profile. Chemical Geology, 30: 363-381.

Eskenazy G M. 1978. Rare-earth elements in some coal basins of Bulgaria. Geologica Balcanica, 8: 81-88.

Eskenazy G M. 1987a. Rare earth elements in a sampled coal from the Pirin Deposit, Bulgaria.International Journal of Coal Geology, 7: 301-314.

Eskenazy G M. 1987b. Rare earth elements and yttrium in lithotypes of Bulgarian coals. Organic Geochemistry, 11: 83-89.

Eskenazy G M. 1987c. Rare earth elements in a sampled coal from the Pirin Deposit, Bulgaria. International Journal of Coal Geology, 7: 301-314.

Eskenazy G M. 1999. Aspects of the geochemistry of rare earth elements in coal: an experimental approach. International Journal of Coal Geology, 38: 285-295.

Eskenazy G M. 2006. Geochemistry of beryllium in Bulgarian coals. International Journal of Coal Geology, 66: 305-315.

Eskenazy G M, Mincheva E I, Rousseva D P. 1986. Trace elements in lignite lithotypes from the Elhovo coal basin. Comptes rendus del' Académie bulgare des Sciences, 39(10): 99-101.

Eskenazy G M, Delibatova D, Mincheva E. 1994. Geochemistry of boron in Bulgarian coals. International Journal of Coal Geology, 25: 93-110.

Eskenazy G M, Finkelman R B, Chattarjee S. 2010. Some considerations concerning the use of correlation coefficients and cluster analysis in interpreting coal geochemistry data. International Journal of Coal Geology, 83: 491-493.

Faraj B S M, Fielding C R, Mackinnon I D R. 1996. Cleat mineralization of Upper Permian Baralaba/Rangal Coal Measures, Bowen Basin, Australia. Geological Society London Special Publications, 109(1): 151-164.

Finkelman R B. 1981. Modes of occurrence of trace elements in coal. US Geological Survey Open-File Report, 81-99: 301-332.

Finkelman R B. 1985. Mode of occurrence of accessory sulfide and selenide minerals in coal. Neuvième Congrès International de Stratigraphie et de Gèologie du Carbonifère, Washington and Champaign–Urbana: 407-412.

Finkelman R B. 1993. Trace and minor elements in coal. Organic Geochemistry, 11: 593-607.

Finkelman R B. 1994. Mode of occurrence of potentially hazardous elements in coal: levels of confidence. Fuel Processing Technology, 39: 21-34.

Finkelman R B. 1995. Modes of Occurrence of Environmentally-Sensitive Trace Elements of Coal. Dordrecht: Kluwer Academic Publishers: 24-50.

Finkelman R B, Palmer C A, Krasnow M R, et al. 1990. Combustion and leaching behavior of elements in the Argonne Premium coal samples. Energy and Fuels, 4: 755-766.

Finkelman R B, Bostick N H, Dulong F T, et al. 1998. Influence of an igneous intrusion on the inorganic geochemistry of a bituminous coal from Pitkin County, Colorado. International Journal of Coal Geology, 36: 223-241.

Frazer F W, Belcher C B. 1973.Quantitative determination of the mineral matter content of coal by a radio-frequency oxidation technique. Fuel, 52: 41-46.

Gmur D, Kwiecińska B K. 2002. Facies analysis of coal seams from the Cracow Sandstone Series of the Upper Silesia Coal Basin, Poland. International Journal of Coal Geology, 52: 29-44.

Goodarzi F. 2006a. Assessment of elemental content of milled coal, combustion residues, and stack emitted materials: possible environmental effects for a Canadian pulverized coal-fired power plant. International Journal of Coal Geology, 65: 17-25.

Goodarzi F. 2006b. Characteristics and composition of fly ash from Canadian coal-fired power plants. Fuel, 85: 1418-1427.

Godbeer W C, Swaine D J. 1987. Fluorine in Australian coals. Fuel, 66: 794-798.

Goodarzi F, Swaine D J. 1994. Paleoenvironmental and environmental implications of the boron content of coals. Geology Survey of Canada Bulletin, 471: 1-46.

Goodarzi F, Foscolos A E, Cameron A R. 1985. Mineral matter and elemental concentrations in selected western Canadian coals. Fuel, 64: 1599-1605.

Golab A N, Carry P F. 2004. Changes in geochemistry and mineralogy of thermally altered coal, Upper Hunter Valley, Australia. International Journal of Coal Geology, 57: 197-210.

Gould K W, Smith J W. 1979. The genesis and isotopic composition of carbonates associated with some Permian Australian coals. Chemical Geology, 24: 137-150.

Gray A L, Williams J G. 1987. Oxide and doubly charged ion response of a commercial inductively coupled plasma mass spectrometry instrument. Journal of Analytical Atomic Spectrometry, 2: 81-82.

Grigoriev N A. 2009. Chemical Element Distribution in the Upper Continental Crust. Ekaterinburg: Ural Branch of the Russian Academy of Sciences: 382.

Guerra S M, Cazzulo K M, Santos J O S, et al. 2008. Radiometric age determination of tonsteins and stratigraphic constraints for the Lower Permian coal succession in southern Paraná Basin, Brazil. International Journal of Coal Geology, 74: 13-27.

Gupta R, Wall T F, Baxter L A. 1999. The impact of mineral impurities in solid fuel combustion. New York: Plenum: 768.

Hansen L, Silberman D, Fisher G. 1981. Crystalline components of stack-collected, size-fractionated coal fly ash. Environmental Science and Technology, 15(9): 1057-1062.

Harvey R D, Ruch R R. 1986. Mineral matter in Illinois and other US coals. American Chemical Society Symposium Series, 301: 10-40.

Hayashi K I, Fujisawa H, Holland H D, et al. 1997. Geochemistry of 1.9 Ga sedimentary rocks from northeastern Labrador, Canada. Geochimica et Cosmochimica Acta, 61(19): 4115-4137.

He B, Xu Y G, Zhong Y T, et al. 2010. The Guadalupian–Lopingian boundary mudstones at Chaotian (SW China) are clastic rocks rather than acidic tuffs: implication for a temporal coincidence between the end-Guadalupian mass extinction and the Emeishan volcanism. Lithos, 119: 10-19.

He M, Hu B, Jiang Z. 2005. Electrothermal vaporization inductively coupled plasma mass spectrometry for the determination of trace amount of lanthanides and yttrium in soil with polytetrafluroethylene emulsion as a chemical modifier. Analytica Chimica Acta, 530: 105-112.

Henry J, Towler M R, Stanton K T, et al. 2004. Characterisation of the glass fraction of a selection of European coal fly ashes. Journal of Chemical Technology and Biotechnology, 79(5): 540-546.

Hower J C, Robertson J D. 2003. Clausthalite in coal. International Journal of Coal Geology, 53: 219-225.

Hower J C, Trinkle E J, Graese A M, et al. 1987. Ragged edge of the Herrin (No. 11) coal, western Kentucky. International Journal of Coal Geology, 7: 1-20.

Hower J C, Ruppert L F, Eble C F. 1999a. Lanthanide, yttrium, and zirconium anomalies in the fire clay coal bed, Eastern Kentucky. International Journal of Coal Geology, 39: 141-153.

Hower J C, Rathbone R F, Robertson J D, et al. 1999b. Petrology, mineralogy, and chemistry of magnetically-separated sized fly ash. Fuel, 78: 197-203.

Hower J C, Finkelman R B, Rathbone R F, et al. 2000. Intra- and inter-unit variation in fly ash petrography and mercury adsorption: examples from a western Kentucky power station. Energy & Fuels, 14: 212-216.

Hower J C, Williams D A, Eble C F, et al. 2001. Brecciated and mineralized coals in Union County, Western Kentucky coal field. International Journal of Coal Geology, 47: 223-234.

Hower J C, Campbell J L, Teesdale W J, et al. 2008. Scanning proton microprobe analysis of mercury and other trace elements in Fe-sulfides from a Kentucky coal. International Journal of Coal Geology, 75: 88-92.

Hower J C, O'Keefe J M K, Eble C F, et al. 2011. Notes on the origin of inertinite macerals in coal: evidence for fungal and arthropod transformations of degraded macerals. International Journal of Coal Geology, 86: 231-240.

Hower J C, O'Keefe J M K, Wagner N J, et al. 2013a. An investigation of Wulantuga coal (Cretaceous, Inner Mongolia) macerals: paleopathology of faunal and fungal invasions into wood and the recognizable clues for their activity. International Journal of Coal Geology, 114: 44-53.

Hower J C, Groppo J G, Joshi P, et al. 2013b. Location of cerium in coal-combustion fly ashes: implications for recovery of lanthanides. Coal Combustion & Gasification Products, 5: 73-78.

Hower J C, Eble C F, O'Keefe J M K, et al. 2015. Petrology, palynology, and geochemistry of gray Hawk Coal (Early Pennsylvanian, Langsettian) in Eastern Kentucky, USA. Minerals, 5: 592-622.

Hower J C, Eble C F, Dai S F, et al. 2016. Distribution of rare earth elements in eastern Kentucky coals: indicators of multiple modes of enrichment? International Journal of Coal Geology, 160-161: 73-81.

Hrinko V. 1986.Technological, chemical, and mineralogical characteristics of bauxites and country rocks near Drienovec [Slovakia]. Mineralia Slovaca, 18(6): 551-555.

Hu R Z, Bi X W, Su W C, et al. 1999. Ge rich hydrothermal solution and abnormal enrichment of Ge in coal. Chinese Science Bulletin, 44 (S): 257-258.

Hu R Z, Qi H W, Zhou M F, et al. 2009. Geological and geochemical constraints on the origin of the giant Lincang coal seam-hosted germanium deposit, Yunnan, SW China: a review. Ore Geology Reviews, 36: 221-234.

Huffman G P, Huggins F E, Dunmyre G R. 1981. Investigation of the high temperature behaviour of coal ash in reducing and oxidizing atmospheres. Fuel, 60: 585-597.

Huggins F E, Huffman G P. 1995. Chlorine in coal: an XAFS spectroscopic investigation. Fuel, 74: 556-559.

Hulett L D, Weinberger A J, Northcutt K J, et al. 1980. Chemical species in fly ash from coal-burning power plants. Science, 210(19): 1356-1358.

ICCP. 1998. The new vitrinite classification (ICCP System 1994). Fuel, 77: 349-358.

ICCP. 2001. The new inertinite classification (ICCP System 1994). Fuel, 80: 459-471.

Jarvis K E, Gray A L, McCurdy E. 1989. Avoidance of spectral interference on europium in inductively coupled plasma mass spectrometry by sensitive measurement of the doubly charged ion. Journal of Analytical Atomic Spectrometry, 4: 743-747.

Johanneson K H, Zhou X. 1997. Geochemistry of the rare earth element in natural terrestrial waters: a review of what is currently known. Chinese Journal of Geochemistry, 16: 20-42.

Kalaitzidis S, Siavalas G, Skarpelis N, et al. 2010. Late Cretaceous coal overlying karstic bauxite deposits in the Parnassus-Ghiona Unit, Central Greece: coal characteristics and depositional environment. International Journal of Coal Geology, 81: 211-226.

Karayigit A I, Gayer R A, Ortac F E, et al. 2001. Trace elements in the Lower Pliocene fossiliferous Kangal lignites, Sivas, Turkey. International Journal of Coal Geology, 47: 73-89.

Ketris M P, Yudovich Y E. 2009. Estimations of Clarkes for Carbonaceous biolithes: world averages for trace element contents in black shales and coals. International Journal of Coal Geology, 78: 135-148.

Kimura T. 1998. Relationships between inorganic elements and minerals in coals from the Ashibetsu district, Ishikari coal field, Japan. Fuel Processing Technology, 56: 1-19.

Kimura T, Kubonoya M. 1995. Mineralogical composition of the Ashibetsu coals in the Ishikari coalfield. III. Carbonate and phosphate minerals, and boehmite. Fuel and Energy Abstracts, 36: 403.

Kirschenbaum H. 1989. The determination of fluoride in coal by ion-selective electrode. Methods for Sampling and Inorganic Analysis of Coal, Bulletin, US Geological Survey, Washington, 1823: 59-61.

Kisch H J, Taylor G H. 1966. Metamorphism and alteration near an intrusive-coal contact. Economic Geology, 61: 343-361.

Knight J A, Burger K, Bieg G. 2000. The pyroclastic tonsteins of the Sabero Coalfield, north-western Spain, and their relationship to the stratigraphy and structural geology. International Journal of Coal Geology, 44: 187-226.

Kolker A. 2012. Minor element distribution in iron disulfides in coal: a geochemical review. International Journal of Coal Geology, 94: 32-43.

Kolker A, Chou C L. 1994. Cleat-filling calcite in Illinois Basin coals: trace element evidence for meteoric fluid migration in a coal basin. Journal of Geology, 102: 111-116.

Kolker A, Finkelman R B. 1998. Potentially hazardous elements in coal: modes of occurrence and summary of concentration data for coal components. Coal Preparation, 19: 133-157.

Kortenski J. 1992. Carbonate minerals in Bulgarian coals with different degrees of coalification. International Journal of Coal Geology, 20: 225-242.

Kortenski J, Sotirov A. 2002. Trace and major element content and distribution in Neogene lignite from the Sofia Basin, Bulgaria. International Journal of Coal Geology, 52: 63-82.

Koukouzas N, Ward C R, Li Z. 2010. Mineralogy of lignites and associated strata in the Mavropigi field of the Ptolemais Basin, northern Greece. International Journal of Coal Geology, 81: 182-190.

Kukier U, Ishak C F, Sumner M E, et al. 2003. Composition and element solubility of magnetic and non-magnetic fly ash fractions. Environmental Pollution, 123 (2): 255-266.

Kwiecinska B K, Hamburg G, Vleeskens J M. 1992. Formation temperatures of natural coke in the Lower Silesian coal basin, Poland: evidence from pyrite and clays by SEM-EDX. International Journal of Coal Geology, 21: 217-235.

Levandowski J, Kalkreuth W. 2009. Chemical and petrographical characterization of feed coal, fly ash and bottom ash from the Figueira Power Plant, Paraná, Brazil. International Journal of Coal Geology, 77: 269-281.

Li S S, Zhao L. 2007. Geochemistry and origin of lead and selenium in the No. 6 Coal from the Junger Coalfield, North China. Energy Exploration & Exploitation, 25: 175-184.

Li X, Dai S F, Zhang W, et al. 2014. Determination of As and Se in coal and coal combustion products using closed vessel microwave digestion and collision/reaction cell technology (CCT) of inductively coupled plasma mass spectrometry (ICP-MS). International Journal of Coal Geology, 124: 1-4.

Li Z S, Moore T A, Weaver S D, et al. 2001. Crocoite: an unusual mode of occurrence for lead in coal. International Journal of Coal Geology, 45: 289-293.

Li Z S, Clemens A H, Moore T A, et al. 2005. Partitioning behaviour of trace elements in a stoker-fired combustion unit: an example using bituminous coals from the Greymouth coalfield (Cretaceous), New Zealand. International Journal of Coal Geology, 63: 98-116.

Llorens J F, Fernandez-Turiel J L, Qurerol X. 2001. The fate of trace elements in a large coal-fired power plant. Environment Geology, 40 (4-5): 409-415.

Loges A, Wagner T, Barth M, et al. 2012. Negative Ce anomalies in Mn oxides: the role of Ce^{4+} mobility during water–mineral interaction. Geochimica et Cosmochimica Acta, 86: 296-317.

Lyons P C, Palmer C A, Bostick N H, et al. 1989. Chemistry and origin of minor and trace elements in vitrinite concentrates from a rank series from the eastern United States, England, and Australia. International Journal of Coal Geology, 13: 481-527.

Lyons P C, Krogh T E, Kwok Y Y, et al. 2006. Radiometric ages of the Fire Clay tonstein [Pennsylvanian (Upper Carboniferous), Westphalian, Duckmantian]: a comparison of U–Pb zircon single-crystal ages and 40Ar/39Ar sanidine single-crystal plateau ages. International Journal of Coal Geology, 67: 259-266.

Mackowsky M-T. 1982. Minerals and trace elements occuring in coal 3rd ed. Berlin: Gebruder Borntraeger: 153-170.

Mardon S M, Hower J C. 2004. Impact of coal properties on coal combustion by-product quality: examples from a Kentucky power plant. International Journal of Coal Geology, 59: 153-169.

Mardon S M, Hower J C, O'Keefe J M K, et al. 2008. Coal combustion by-product quality at two stoker boilers: coal source vs. fly ash collection system design. International Journal of Coal Geology, 75: 248-254.

Martinez-Tarazona M R, Suarez-Fernandez G P, Cardin J M. 1994. Fluorine in Asturian coals. Fuel, 73: 1209-1213.

Mastalerz M, Drobniak A. 2007. Arsenic, cadmium, lead, and zinc in the Danville and Springfield coal members (Pennsylvanian) from Indiana. International Journal of Coal Geology, 71: 37-53.

Mastalerz M, Hower J C, Drobniaka A, et al. 2004. From in-situ coal to fly ash: a study of coal mines and power plants from Indiana. International Journal of Coal Geology, 59: 171-192.

Matsunaga T, Kim J K, Hardcastle S, et al. 2002. Crystallinity and selected properties of fly ash particles. Materials Science and Engineering, 325(1-2): 333-343.

McIntyre N S, Martin R R, Chauvin W J, et al. 1985. Studies of elemental distributions within discrete coal macerals: use of secondary ion mass spectrometry and X-ray photoelectron spectroscopy. Fuel, 64: 1705-1711.

McKie D. 1962. Goyazite and florencite from two African carbonatites. Mineralogical Magazine and Journal of the Mineralogical Society, 33: 281-297.

McLennan S M. 1989. Rare earth elements in sedimentary rocks: influence of provenance and sedimentary processes. Reviews in Mineralogy and Geochemistry, 21: 169-200.

Meij R. 1994. Trace element behaviors in coal-fired power plants. Fuel Processing Technology, 39: 199-217.

Meij R, te Winkel H. 2007. The emissions of heavy metals and persistent organic pollutants from modern coal-fired power stations. Atmospheric Environment, 41: 9262-9272.

Michard A. 1989. Rare earth element systematics in hydrothermal fluids. Geochemica et Cosmochimica Acta, 53: 745-750.

Moreno N, Querol X, Andrés J M, et al. 2005. Physico-chemical characteristics of European pulverized coal combustion fly ashes. Fuel, 84: 1351-1363.

Nieto F. 2002. Characterization of coexisting NH_4- and K-micas in very low-grade metapelites. American Mineralogist, 87: 205-216.

O'Keefe J, Bechtel A, Christanis K, et al. 2013. On the fundamental difference between coal rank and coal type. International Journal of Coal Geology, 118: 58-87.

Palmer C A, Filby R H. 1984. Distribution of trace elements in coal from the Powhatan No. 6 mine, Ohio. Fuel, 63: 318-328.

Pecht M G, Kaczmarek R E, Song X, et al. 2012. Rare Earth Materials: Insights and Concerns. College Park: CALCE EPSC Press: 194.

Permana A K, Ward C R, Li Z, et al. 2013. Distribution and origin of minerals in high-rank coals of the South Walker Creek area, Bowen Basin, Australia. International Journal of Coal Geology, 116-117: 185-207.

Pickel W, Kus J, Flores D, et al. 2017.Classification of liptinite – ICCP System 1994. International Journal of Coal Geology, 169: 40-61.

Pin C, Joannon S. 2007. Low‐level analysis of Lanthanides in eleven Silicate rock reference materials by ICP‐MS after group separation using Cation‐Exchange Chromotography. Geostandards and Geoanalytical Research, 21(1): 43-50.

Puvvada G V K, Chandrasekhar K, Ramachandrarao P. 1996. Solvent extraction of gallium from an Indian Bayer process liquor using Kelex-100. Minerals Engineering, 9(10): 1049-1058.

Puvvada G V K. 1999. Liquid-liquid extraction of gallium from Bayer process liquor using Kelex 100 in the presence of surfactants. Hydrometallurgy, 52: 9-19.

Qi H, Hu R, Zhang Q. 2007. Concentration and distribution of trace elements in lignite from the Shengli Coalfield, Inner Mongolia, China: implications on origin of the associated Wulantuga Germanium Deposit. International Journal of Coal Geology, 71: 129-152.

Qian J C, Lachowski E E, Glasser F P. 1988. Microstructure and chemical variation in class F fly ash glass. Materials Research Society Symposia Proceedings, 113: 45-54.

Querol X, Fernandez-Truiel J L, Lopez-Soler A. 1995. Trace elements in coal and their behavior during combustion in a large station. Fuel, 74(3): 331-343.

Querol X, Whateley M K G, Fernandez-Turiel J L, et al. 1997. Geological controls on the mineralogy of the Beypazari lignite, central Anatolia, Turkey. International Journal of Coal Geology, 33: 255-271.

Querol X, Klika Z, Weiss Z, et al. 2001. Determination of element affinities by density fractionation of bulk coal samples. Fuel, 80: 83-96.

Raask E. 1985. Mineral impurities in coal combustion. Washington: Hemisphere Publishing Corporation: 484.

Rao P D, Walsh D E. 1997. Nature and distributions of phosphorus minerals in Cook Inlet coals, Alaska. International Journal of Coal Geology, 33: 19-42.

Raut N M, Huang L S, Aggarwal S K, et al. 2003. Determination of lanthanides in rock samples by inductively coupled plasma mass spectrometry using thorium as oxide and hydroxide correction standard. Spectrochimica Acta Part B: Atomic Spectroscopy, 58: 809-822.

Raut N, Huang L S, Lin K C, et al. 2005. Uncertainty propagation through correction methodology for the determination of rare earth elements by quadrupole based inductively coupled plasma mass spectrometry. Analytica Chimica Acta, 530(1): 91-103.

Reifenstein A P, Kahraman H, Coin C D A, et al. 1999. Behaviour of selected minerals in an improved ash fusion test: quartz, potassium feldspar, sodium feldspar, kaolinite, illite, calcite, dolomite, siderite, pyrite and apatite. Fuel, 78: 1449-1461.

Reimann C, de Caritat P. 1998. Chemical Elements in the Environment. New York: Springer-Verlag: 397.

Rigin V I. 1987.Ion-chromatographic determination of halides, nitrogen, phosphorus and sulfur in fossil coal. Zhurnal Analiticheskoi Khimii, 42: 1073-1076.

Rizeq R G, Hansell D W, Seeker W R. 1994. Predictions of metals emissions and partitioning in coal-fired combustion systems. Fuel Process Technology, 39: 219-236.

Roy W R, Griffin R A. 1982. A proposed classification system for coal ash in multidisciplinary research. Journal of Environmental Quality, 11(4): 563-568.

Rudnick R L, Gao S. 2004. Composition of the continental crust. Treatise on Geochemistry, 3: 1-64.

Ruppert L F, Moore T A. 1993. Differentiation of volcanic ash-fall and water-borne detrital layers in the Eocene Senakin coal bed, Tanjung Formation, Indonesia. Organic Geochemistry, 20: 233-247.

Ruppert L, Finkelman R, Boti E, et al. 1996. Origin and significance of high nickel and chromium concentrations in Pliocene lignite of the Kosovo Basin, Serbia. International Journal of Coal Geology, 29: 235-258.

Sakulpitakphon T, Hower J C, Trimble A S, et al. 2000. Mercury capture by fly ash: study of the combustion of a high-mercury coal at a utility boiler. Energy and Fuels, 14: 727-733.

Sakulpitakphon T, Hower J C, Trimble A S, et al. 2003. Arsenic and Mercury Partitioning in fly ash at a Kentucky Power Plant. Energy Fuels, 17: 1028-1033.

Seredin V V. 1991. About the new type of rare earth element mineralization in the Cenozoic coal-bearing basins. Doklady of the Academy of Sciences of the USSR (Translations), 320: 1446-1450.

Seredin V V. 1996. Rare earth element-bearing coals from the Russian Far East deposits. International Journal of Coal Geology, 30: 101-129.

Seredin V V. 2001. Major regularities of the REE distribution in coal. Doklady Earth Sciences, 377: 250-253.

Seredin V V. 2004. Metalliferous coals: formation conditions and outlooks for development. Moscow Geoinformmark: 452-519.

Seredin V V. 2010.A new method for primary evaluation of the outlook for rare earth element ores. Geology Ore Deposits, 52: 428-433.

Seredin V V. 2012. From coal science to metal production and environmental protection: a new story of success. International Journal of Coal Geology, 90-91: 1-3.

Seredin V V, Shpirt M Y. 1999. Rare earth elements in the humic substance of metalliferous coals. Lithology and Mineral Resources, 34: 244-248.

Seredin V V, Finkelman R B. 2008. Metalliferous coals: a review of the main genetic and geochemical types. International Journal of Coal Geology, 76: 253-289.

Seredin V V, Dai S F. 2012. Coal deposits as a potential alternative source for lanthanides and yttrium. International Journal of Coal Geology, 94: 67-93.

Seredin V V, Dai S F. 2014. The occurrence of gold in fly ash derived from high-Ge coal. Miner Deposita, 49: 1-6.

Seredin V V, Shpirt M Y, Vassyanovich A. 1999. REE contents and distribution in humic matter of REE-rich coals. Balkema, Rotterdam, Brookfield, 267-269.

Seredin V V, Dai S F, Sun Y Z, et al. 2013. Coal deposits as promising sources of rare metals for alternative power and energy-efficient technologies. Applied Geochemistry, 31: 1-11.

Shao L, Jones T, Gayer R, et al. 2003. Petrology and geochemistry of the high-sulphur coals from the Upper Permian carbonate coal measures in the Heshan Coalfield, southern China. International Journal of Coal Geology, 55: 1-26.

Shoval S, Panczer G, Boudeulle M. 2008.Study of the occurrence of titanium in kaolinites by micro-Raman spectroscopy. Optical Materials, 30: 1699-1705.

Skipsey E. 1975. Relations between chlorine in coal and the salinity of strata water. Fuel, 54: 121-125.

Smith I M. 1987. Trace Elements from Coal Combustion: Emissions. London: IEA Coal Research: 87.

Sokol E V, Maksimova N V, Volkova N I, et al. 2000.Hollow silicate microspheres from fly ashes of the Chelyabinsk brown coals (South Urals, Russia). Fuel Processing Technology, 67: 35-52.

Spears D A. 1971.The mineralogy of the Stafford tonstein, proceedings of the Yorkshire. Geological Society, 38: 497-516.

Spears D A. 2000.Role of clay minerals in UK coal combustion. Applied Clay Science, 16: 87-95.

Spears D A. 2005.A review of chlorine and bromine in some United Kingdom coals. International Journal of Coal Geology, 64: 257-265.

Spears D A. 2012.The origin of tonsteins, an overview, and links with seatearths, fireclays and fragmental clay rocks. International Journal of Coal Geology, 94: 22-31.

Spears D A, Manzanares-Papayanopoulos L I, Booth C A. 1999.The distribution and origin of trace elements in a UK coal; the importance of pyrite. Fuel, 78: 1671-1677.

Spears D A, Duff P M D, Caine P M. 1988. The West Waterberg tonstein, South Africa. International Journal of Coal Geology, 9: 221-233.

Staub J R, Cohen A D. 1978. Kaolinite-enrichment beneath coals: a modern analog, Snuggedy swamp, South Carolina. Journal of Sedimentary Petrology, 48: 203-210.

Sun Y Z. 2003. Petrologic and geochemical characteristics of "barkinite" from the Dahe mine, Guizhou Province, China. International Journal of Coal Geology, 56: 269-276.

Sun Y Z, Lin M, Qin P, et al. 2007. Geochemistry of the barkinite liptobiolith (Late Permian) from the Jinshan Mine, Anhui Province, China. Environmental Geochemistry Health ,29: 33-44.

Sun Y Z, Zhao C L, Zhang J, et al. 2013. Concentrations of valuable elements of the coals from the Pingshuo Mining District, Ningwu Coalfield, northern China. Energy Exploration & Exploitation, 31: 727-744.

Susilawati R, Ward C R. 2006. Metamorphism of mineral matter in coal from the Bukit Asam deposit, south Sumatra, Indonesia. International Journal of Coal Geology, 68: 171-195.

Swaine D J. 1990. Trace Elements in Coal. London: Butterworths: 270.

Sykes R, Lindqvist J K. 1993. Diagenetic quartz and amorphous silica in New Zealand coals. Organic Geochemistry, 20: 855-866.

Tatsuo K. 1998. Relationships between inorganic elements and minerals in coals from the Ashibetsu district, Ishikari coal field, Japan. Fuel Processing Technology, 56: 1-19.

Tatsuo K, Makoto K. 1993. Mineral matter in the Ashibetsu coals. Shigen to Kankyo, 2: 491-499.

Tatsuo K, Makoto K. 1996. Mineralogical composition of the Ashibetsu coals in the Ishikari coalfield, Japan. Shigen Chishitsu, 46(1): 13-24.

Taylor S R. 1964. Abundances of chemical elements in the continental crust: a new table. Geochimica Cosmochimica Acta, 28(8): 1273-1285.

Taylor J C. 1991. Computer programs for standardless quantitative analysis of minerals using the full powder diffraction profile. Powder Diffraction, 6: 2-9.

Taylor S R, McLennan S M. 1985. The Continental Crust: Its Composition and Evolution. London: Blackwell: 312.

Taylor G H, Teichmüller M, Davis A, et al. 1998. Organic Petrology. Berlin: Gebrüder Borntraeger: 704.

Teichmüller M. 1989. The genesis of coal from the viewpoint of coal petrology. International Journal of Coal Geology, 12: 1-87.

Tian L W. 2005.Coal Combustion Emissions and Lung Cancer in Xuan Wei, China. Berkeley: University of California, Berkeley.

Vassilev S V, Vassileva C G. 1996a. Mineralogy of combustion wastes from coal-fired power stations. Fuel Processing Technology, 47(3): 261-280.

Vassilev S V, Vassileva C G. 1996b. Occurrence, abundance and origin of minerals in coals and coal ashes. Fuel Processing Technology, 48: 85-106.

Vassilev S V, Vassileva C G. 1997. Geochemistry of coals, coal ashes and combustion wastes from coal-fired power stations. Fuel Processing Technology, 51: 19-45.

Vassilev S V, Vassileva C G. 1998. Comparative chemical and mineral characterization of some Bulgarian coals. Fuel Processing Technology, 55: 55-69.

Vassilev S V, Menendez R. 2005. Phase-mineral and chemical composition of coal fly ashes as a basis for their multicomponent utilization. 4. Characterization of heavy concentrates and improved fly ash residues. Fuel, 84: 973-991.

Vassilev S V, Vassileva C G. 2007. A new approach for the classification of coal fly ashes based on their origin, composition, properties, and behaviour. Fuel, 86(10-11): 1490-1512.

Vassilev S V, Yossifova M G, Vassileva C G. 1994. Mineralogy and geochemistry of Bobov Dol coals, Bulgaria. International Journal of Coal Geology, 26: 185-213.

Vassilev S V, Kitano K, Vassileva C G. 1996. Some relationships between coal rank chemical and mineral composition. Fuel, 75: 1537-1542.

Vassilev S V, Eskenazy G M, Vassileva C G. 2000. Contents, modes of occurrence and origin of chlorine and bromine in coal. Fuel, 79: 903-921.

Vassilev S V, Menendez R, Alvarez D, et al. 2003.Phase-mineral and chemical composition of coal fly ashes as a basis for their multicomponent utilization.Characterization of feed coals and fly ashes. Fuel, 82: 1793-1811.

Vassilev S V, Menendez R, Borrego A G, et al. 2004. Phase-mineral and chemical composition of coal fly ashes as a basis for their multicomponent utilization. Characterization of magnetic and char concentrates. Fuel, 83: 1563-1583.

Veneva L, Hoffmann V, Jordanova D, et al. 2004. Rock magnetic, mineralogical and microstructural characterization of fly ashes from Bulgarian power plants and the nearbyanthropogenic soils. Physics and Chemistry of the Earth, 29: 1011-1023.

Wang X B. 2009. Geochemistry of Late Triassic coals in the Changhe Mine, Sichuan Basin, southwestern China: evidence for authigenic lanthanide enrichment. International Journal of Coal Geology, 80: 167-174.

Wang Y, Qiu Y, Gao J, et al. 2003. Proterozoic anorogenic magmatic rocks and their constraints on mineralizations in the Bayan Obo deposit region, Inner Mongolia. Science in China, 46: 26-39.

Wang X B, Dai S F, Ren D Y, et al. 2011a. Mineralogy and geochemistry of Al-hydroxide/oxyhydroxide minerals-bearing coals of the Late Paleozoic age from the Weibei coalfield in southeastern Ordos Basin, China. Applied Geochemistry, 26: 1086-1096.

Wang X B, Dai S F, Sun Y Y, et al. 2011b. Modes of occurrence of fluorine in the Late Paleozoic No. 6 coal from the Haerwusu Surface Mine, Inner Mongolia, China. Fuel, 90: 248-254.

Wang W F, Qin Y, Liu X, et al. 2011c. Distribution, occurrence and enrichment causes of gallium in coals from the Jungar Coalfield, Inner Mongolia. Science China Earth Sciences, 54: 1053-1068.

Ward C R. 1974. Isolation of mineral matter from Australian bituminous coals using hydrogen peroxide. Fuel, 53: 220-221.

Ward C R. 1978. Mineral matter in Australian bituminous coals. Australasian Institute of Mining and Metallurgy, 267: 7-25.

Ward C R. 1984. Coal Geology and Coal Technology. Melbourne: Blackwell: 345.

Ward C R. 1989. Minerals in bituminous coals of the Sydney Basin(Australia) and the Illinois Basin (Washington, A). International Journal of Coal Geology, 13: 455-479.

Ward C R. 2002. Analysis and significance of mineral matter in coal seams. International Journal of Coal Geology, 50: 135-168.

Ward C R. 2016. Analysis, origin and significance of mineral matter in coal: an updated review. International Journal of Coal Geology, 165: 1-27.

Ward C R, Christie P J. 1994. Clays and other minerals in coal seams of the Moura-Baralaba area, Bowen Basin, Australia. International Journal of Coal Geology, 25: 287-309.

Ward C R, Taylor J C. 1996. Quantitative mineralogical analysis of coals from the Callide Basin, Queensland, Australia using X-ray diffractometry and normative interpretation. International Journal of Coal Geology, 30: 211-229.

Ward C R, Warbrooke P R, Roberts F I. 1989. Geochemical and mineralogical changes in a coal seam due to contact metamorphism, Sydney Basin, New South Wales, Australia. International Journal of Coal Geology, 11: 105-125.

Ward C R, Corcoran J F, Saxby J D, et al. 1996. Occurrence of phosphorus minerals in Australian coal seams. International Journal of Coal Geollgy, 31: 185-210.

Ward C R, Spears D A, Booth C A, et al. 1999. Mineral matter and trace elements in coals of the Gunnedah Basin, New South Wales, Australia. International Journal of Coal Geology, 40: 281-308.

Ward C R, Taylor J C, Matulis C E, et al. 2001. Quantification of mineral matter in the Argonne Premium Coals using interactive Rietveld-based X-ray diffraction. International Journal of Coal Geology, 46: 67-82.

Wei Q, Rimmer S M. 2017.Acid solubility and affinities of trace elements in the high-Ge coals from Wulantuga (Inner Mongolia) and Lincang (Yunnan Province), China. International Journal of Coal Geology, 178, 39-55.

Wong A S, Robertsoh J D, Francis H A. 1992. Determination of Fluorine in coal and coal fly ash by proton-induced gammaray emission analysis.Journal of Trace Microprobe Technology, 10: 169-181.

Yudovich Y E. 2003. Notes on the marginal enrichment of Germanium in coal beds. International Journal of Coal Geology, 56: 223-232.

Yudovich Y E, Ketris M P. 2002. Inorganic Matter in Coal. Ekaterinburg: Ural Division of the Russian Academy of Sciences Press: 422.

Yudovich Y E, Ketris M P. 2005. Mercury in coal: a review: Part 1.Geochemistry. International Journal of Coal Geology, 62: 107-134.

Yudovich Y E, Ketris M P. 2006. Selenium in coal: a review. International Journal of Coal Geology, 67: 112-126.

Zawisza B, Pytlakowska K, Feist B, et al. 2011. Determination of rare earth elements by spectroscopic techniques: a review. Journal of Analytical Atomic Spectrometry, 26: 2373-2390.

Zeng R S, Zhuang X G, Koukouzas N, et al. 2005. Characterization of trace elements in sulphur-rich Late Permian coals in the Heshan coal field, Guangxi, south China. International Journal of Coal Geology, 61: 87-95.

Zhang J Y, Ren D Y, Zheng C G, et al. 2002. Trace element abundances in major minerals of Late Permian coals from southwestern Guizhou Province, China. International Journal of Coal Geology, 53: 55-64.

Zhang Y F, Jiang Z C, He M, et al. 2007. Determination of trace rare earth elements in coal fly ash and atmospheric particulates by electrothermal vaporization inductively coupled plasma mass spectrometry with slurry sampling. Environmental Pollution, 148（2）: 459-467.

Zhao L, Ward C R, French D, et al. 2012. Mineralogy of the volcanic-influenced Great Northern coal seam in the Sydney Basin, Australia. International Journal of Coal Geology, 94: 94-110.

Zhao L, Ward C R, French D, et al. 2013. Mineralogical composition of Late Permian coal seams in the Songzao Coalfield, southwestern China. International Journal of Coal Geology, 116-117: 208-226.

Zhao L, Ward C R, French D, et al. 2014. Mineralogy and major-element geochemistry of the lower Permian Greta Seam, Sydney Basin, Australia. Australian Journal of Earth Sciences, 61: 375-394.

Zhao L, Ward C R, French D, et al. 2015. Major and trace element geochemistry of coals and Intra-seam claystones from the Songzao Coalfield, SW China. Minerals, 5: 870-893.

Zhao L, Dai S F, Graham I T, et al. 2016. New insights into the lowest Xuanwei Formation in eastern Yunnan Province, SW China: implications for Emeishan large igneous province felsic tuff deposition and the cause of the end-Guadalupian mass extinction. Lithos, 264: 375-391.

Zhao L, Dai S F, Graham I T, et al. 2017. Cryptic sediment-hosted critical element mineralization from eastern Yunnan Province, southwestern China: mineralogy, geochemistry, relationship to Emeishan alkaline magmatism and possible origin. Ore Geology Reviews, 80: 116-140.

Zhao L, Ward C R, French D, et al. 2018. Origin of a kaolinite-NH4-illite-pyrophyllite-chlorite assemblage in a marine-influenced anthracite and associated strata from the Jincheng Coalfield, Qinshui Basin, Northern China. International Journal of Coal Geology, 185: 61-78.

Zhao Y C, Zhang J Y, Sun J M, et al. 2006.Mineralogy, chemical composition, and microstructure of ferrospheres in fly ashes from coal combustion. Energy and Fuels, 20: 1490-1497.

Zheng B S, Ding Z H, Huang R G, et al. 1999. Issues of health and disease relating to coal use in southwest China. International Journal of Coal Geology, 40: 119-132.

Zheng Q M, Liu Q F, Shi S. 2016. Mineralogy and geochemistry of ammonian illite in intra-seam partings in Permo-Carboniferous coal of the Qinshui Coalfield, North China. International Journal of Coal Geology, 153: 1-11.

Zhou Y P, Bohor B F, Ren Y. 2000. Trace element geochemistry of altered volcanic ash layers (tonsteins) in Late Permian coal-bearing formations of eastern Yunnan and western Guizhou Provinces, China. International Journal of Coal Geology, 44: 305-324.

Zhou Y P, Ren Y L, Bohor B F. 1982. Origin and distribution of tonsteins in late permian coal seams of Southwestern China. International Journal of Coal Geology, 2: 49-77.

Zhuang X G, Querol X, Zeng R S, et al. 2000.Mineralogy and geochemistry of coal from the Liupanshui mining district, Guizhou, south China. International Journal of Coal Geology, 45: 21-37.

Zhuang X G, Querol X, Alastuey A, et al. 2006. Geochemistry and mineralogy of the Cretaceous Wulantuga high germanium coal deposit in Shengli coal field, Inner Mongolia, Northeastern China. International Journal of Coal Geology, 66: 119-136.

Клер В Р, Волкова Г А, Гурвич Е М и др. 1987. Металлогения и геохимия угленосных и сланцесодержащих толщ СССР. Геохимия элементов. Москва: Наука: 239с.

Шпирт М Я, Клер В Р, Перциков И З. 1990. Неорганические компоненты твердых топлив. Москва: Химия: 240с.

Юдович Я Э, Кетрис М П, Мерц А В. 1985. Элементы-примеси в ископаемых углях. Ленинград: Наука: 239с.

彩　图

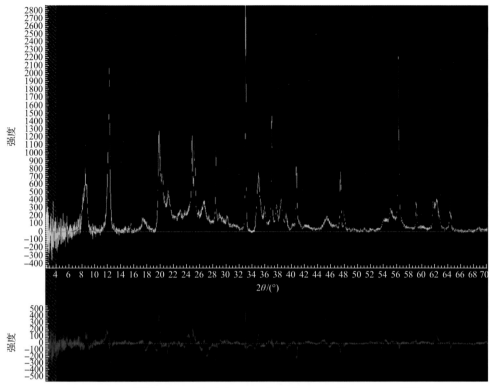

图 2.4　利用 Siroquant™ 软件导入的原始 XRD 谱图（黄线）、利用 Siroquant™ 软件生成的衍射图（红线），以及二者之间的差值（蓝线）

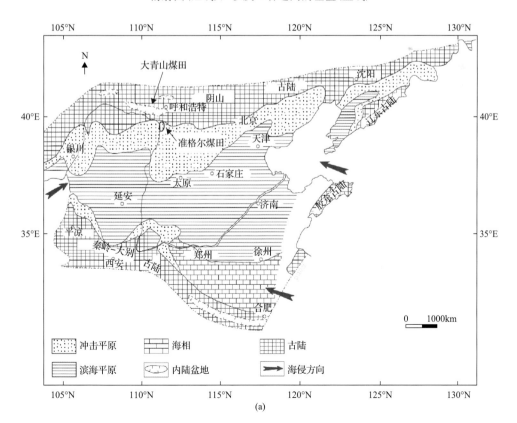

(a)

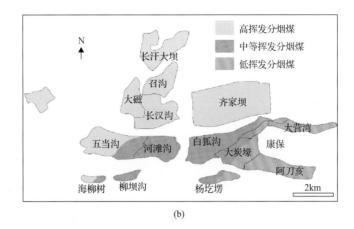

(b)

图 3.6　华北聚煤盆地古地理图和大青山煤田位置及大青山煤田的矿井分布

(a)根据韩德馨和杨起(1980)；(b)根据 Dai 等(2012d)

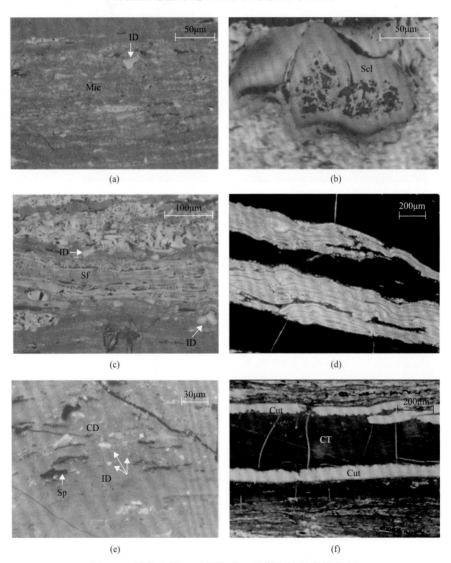

图 3.13　准格尔煤田黑岱沟矿 6 号煤中的显微组分(2)

(a)样品 ZG6-4 中顺层理分布的微粒体和碎屑惰质体(油浸，反射光)；(b)样品 ZG6-2 中的分泌体(油浸，反射光)；(c)样品 ZG6-3 中的碎屑惰质体和半丝质体(油浸，反射光)；(d)样品 ZG6-1 中的大孢子体(透射光)；(e)样品 ZG6-3 基质镜质体中的小孢子体和碎屑惰质体(油浸，反射光)；(f)样品 ZG6-1 中的厚壁角质体和均质镜质体(透射光)；Sp-孢子体；Sf-半丝质体；CT-均质镜质体；Cut-角质体；ID-碎屑惰质体；Scl-分泌体；Mic-微粒体；CD-基质镜质体

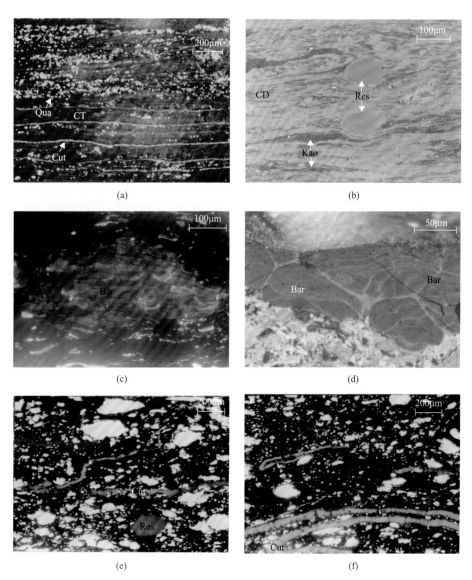

图 3.14　准格尔煤田黑岱沟矿煤中类脂组显微组分

(a)样品 ZG6-1 中的薄壁角质体镶嵌在均质镜质体边缘(透射光)；(b)样品 ZG6-1 基质镜质体中的树脂体和顺层理分布的黏土矿物
(反射光)；(c)样品 ZG6-1 中被氧化的树皮体(透射光)；(d)样品 ZG6-3 中的树皮体(油浸，反射光)；(e)样品 ZG6-2 中被氧化的树脂体和
角质体(透射光)；(f)样品 ZG6-2 中被氧化的角质体(透射光)；Res-树脂体；CT-均质镜质体；CD-基质镜质体；Cut-角质体；Bar-树皮体；
Qua-石英；Kao-高岭石

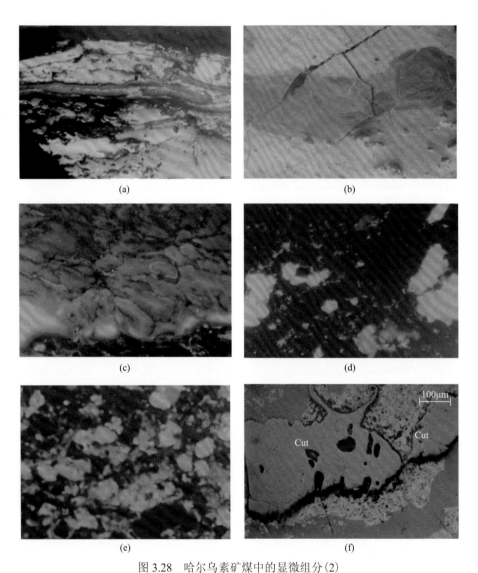

图 3.28　哈尔乌素矿煤中的显微组分(2)

(a)大孢子体，油浸反射单偏光，×346，H18 分层；(b)木栓质体，油浸反射光，×346，H19 分层；

(c)树皮体，荧光，×878，H2 分层；(d)树脂体和藻类体，荧光，×878，H22 分层；

(e)藻类体，荧光，×878，H2 分层；(f)厚壁角质体，油浸反射单偏光；Cut-角质体

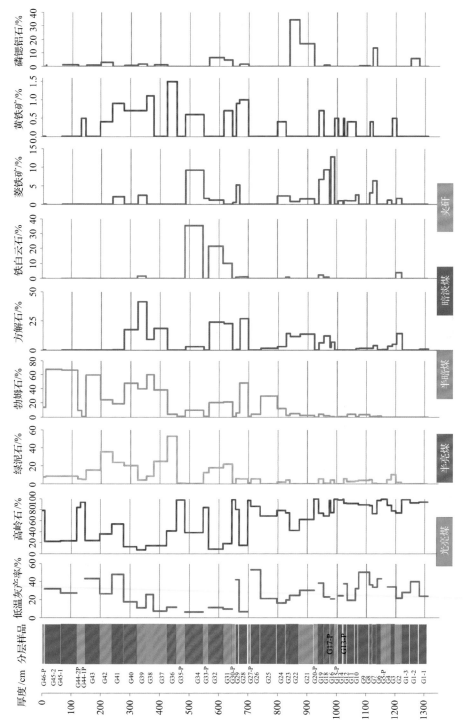

图 3.44 官板乌素矿 6 号煤的宏观煤岩类型、低温灰产率及矿物在剖面上的分布

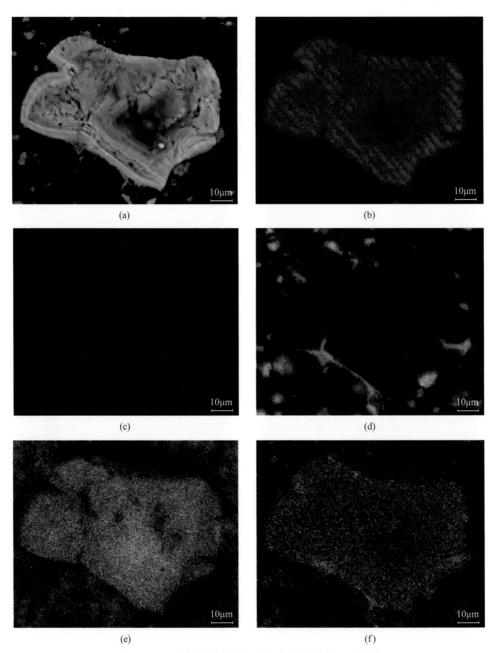

图 3.55　Ti 的氯氧化物或羟基氯化物矿物的元素分布

(a)扫描电镜背散射电子图像；(b)~(f)分别为元素 Ti、O、Al、Cl、Fe 的面扫描图

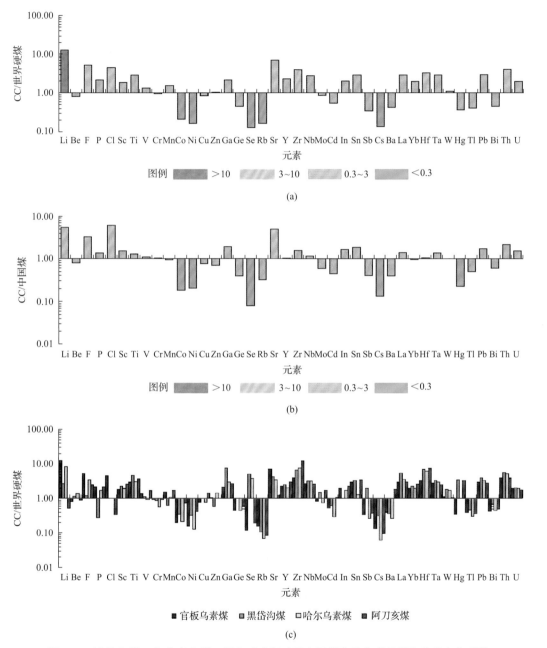

图 3.56 准格尔煤田和大青山煤田煤中元素相对于中国煤均值和世界煤均值的富集系数

(a)官板乌素矿煤和世界硬煤均值；(b)官板乌素矿煤和中国煤均值；(c)官板乌素矿、哈尔乌素矿、黑岱沟矿、阿刀亥矿煤和世界硬煤

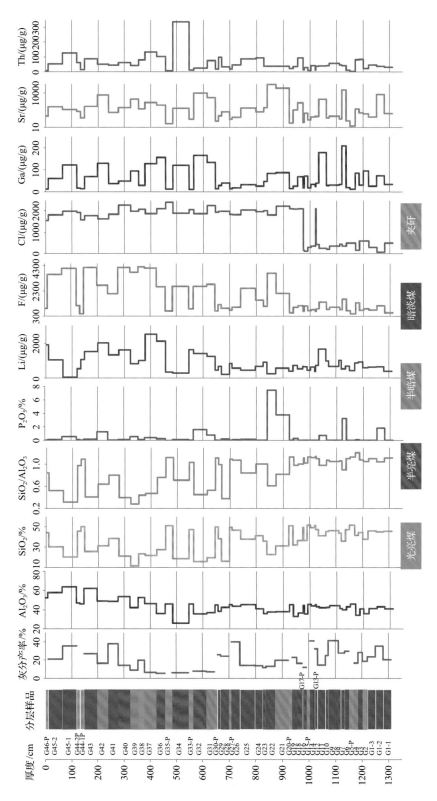

图 3.60　典型元素在官板乌素矿 6 号煤层剖面的变化规律

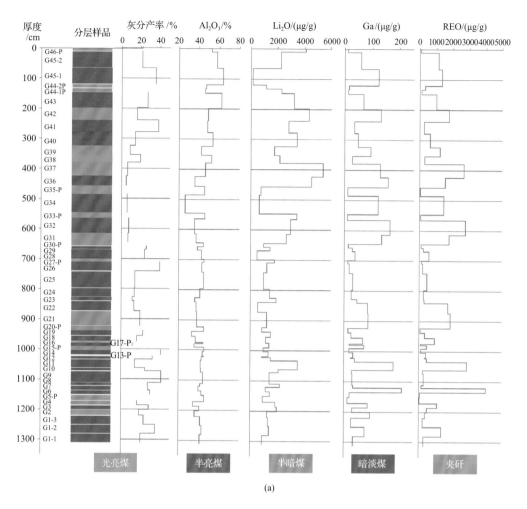

(a)

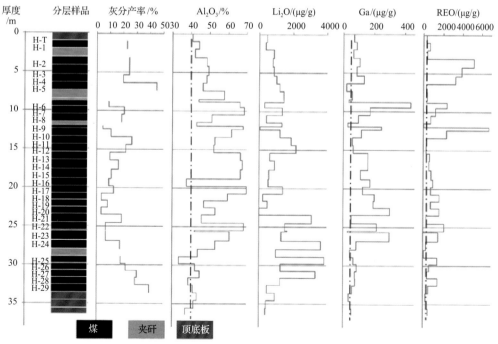

(b)

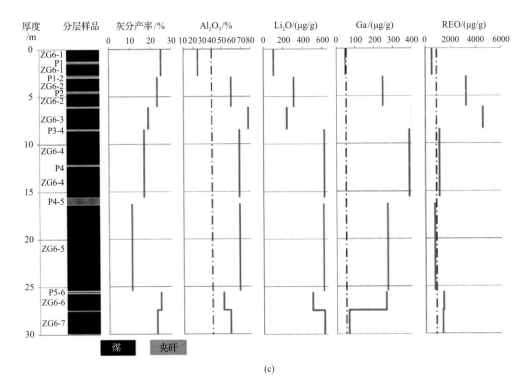

(c)

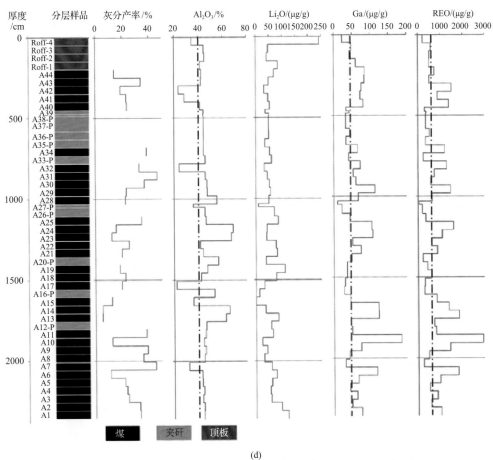

(d)

图 3.63　官板乌素矿、哈尔乌素矿、黑岱沟矿、阿刀亥矿煤层纵剖面
Al_2O_3、Ga、Li_2O 和 REO 的分布规律

图中红线表示推荐的工业品位；(a)官板乌素矿；(b)哈尔乌素矿；(c)黑岱沟矿；(d)阿刀亥矿

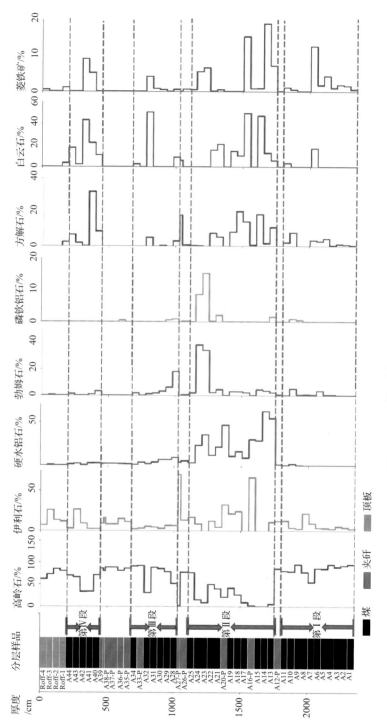

图3.69 CP2煤层剖面上的矿物含量分布图

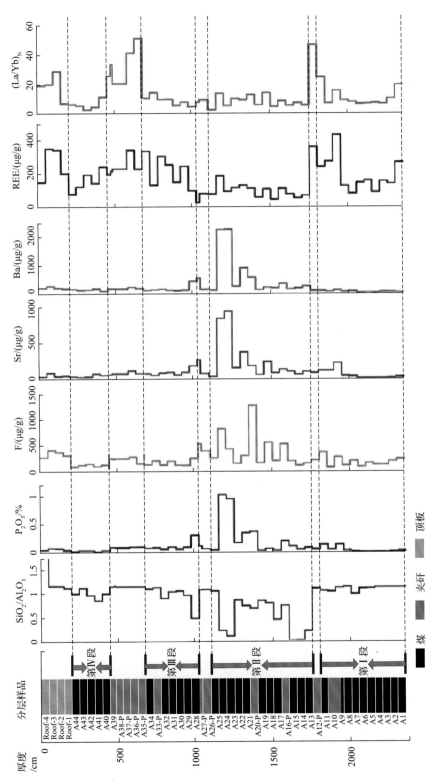

图3.78　CP2煤层剖面上SiO₂/Al₂O₃及部分元素含量的变化图

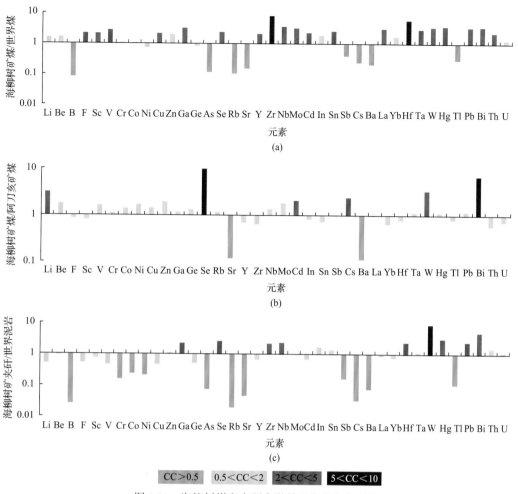

图 3.91　海柳树煤和夹矸中微量元素的富集系数

(a)海柳树矿煤的富集系数；(b)海柳树矿煤和阿刀亥矿煤中微量元素对比；(c)海柳树矿夹矸和世界泥岩夹矸对比；阿刀亥矿煤数据根据 Dai 等(2012d)；世界硬煤数据根据 Ketris 和 Yudovich(2009)；世界泥岩数据根据 Grigoriev(2009)

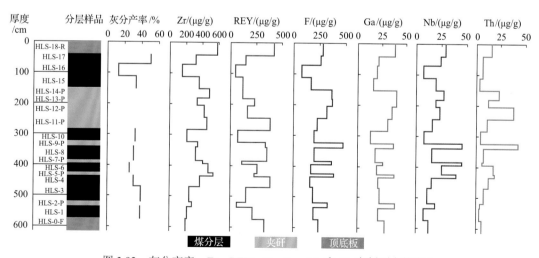

图 3.92　灰分产率、Zr、REY、F、Ga、Nb 和 Th 在剖面上的变化

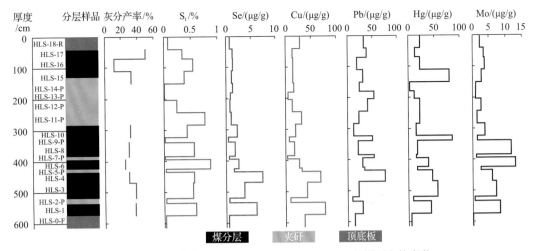

图 3.93 灰分产率、S_t、Se、Cu、Pb、Hg、Mo 在剖面上的变化

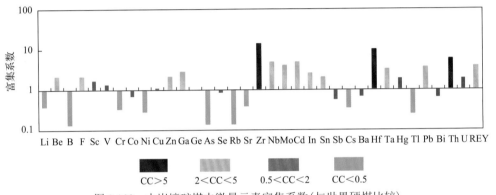

图 3.103 大炭壕矿煤中微量元素富集系数(与世界硬煤比较)

世界硬煤数据根据 Ketris 和 Yudovich(2009)

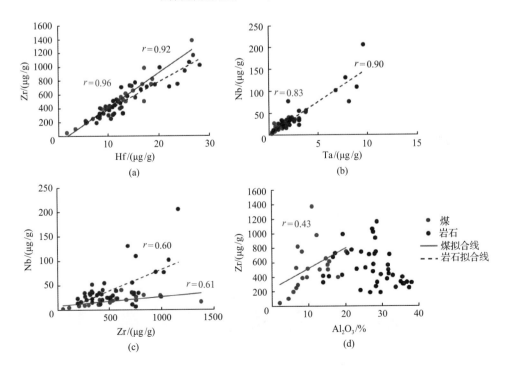

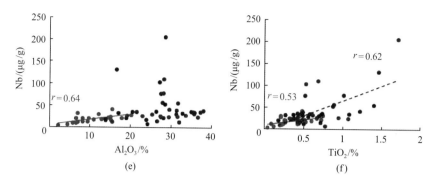

(e)   (f)

图 3.104   大炭壕矿煤和岩石样品中 Nb、Ta、Zr、Hf、Al$_2$O$_3$ 及 TiO$_2$ 之间的关系

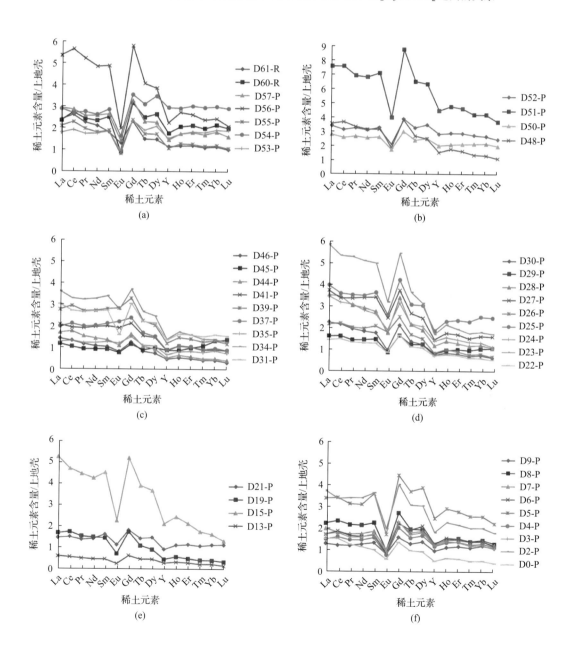

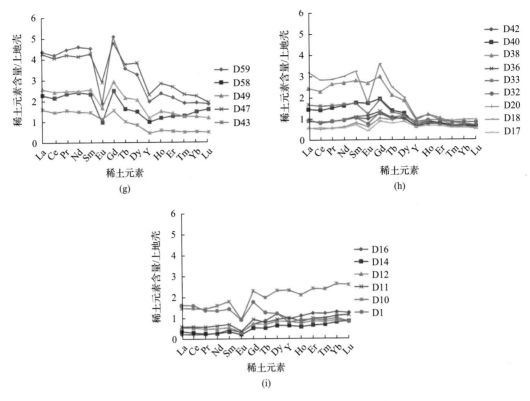

图 3.109　大炭壕矿煤分层的稀土元素配分模式